JN441260

수산양식원론

김 남 길

도서출판해암

머 리 말

해양 생명과학이나 양식 생명과학을 강의하면서 늘 교재의 부족함에 우리 학생들에게 미안한 감이 없지 않았다. 기존에 출판되었던 교재들은 그 내용이나 과학적 사실들이 시대에 뒤 떨어지고 또, 현실과도 상당히 괴리가 있는 내용이어서 그러한 교재들을 활용하기에는 상당한 고민이 뒤 따라야 했다.

그러던 중 양식생명과학과 관련된 현실적인 내용과 실무적인 내용들을 포함하는 새로운 교재를 만들어 우리 학생들의 부족한 교재 욕구를 채워줌과 동시에 수, 해양계 공무원 시험이나 관련 국책 연구기관 및 사업기관 등의 수험 준비용 교과서로 활용하고자 기존 양식 관련 내용과 최신 자료 사진을 보강, 편집하여 교재를 집필 출간하게 되었다.

급하게 내용을 만들고 수정하느라 부분적 오류도 있겠지만 그러한 부분은 이 교재를 활용하면서 자연적으로 드러나게 될 것이다. 그럴 경우 이러한 오류는 더 알차고 실속 있는 내용으로 수정, 증보판을 만드는 소중한 원료로 재탄생하게 될 것으로 믿어 의심치 않는다. 아무쪼록 이 교재가 각종 시험을 준비하고 학습하는 학생들에게 작은 길잡이 역할을 하길 바라면서 그 출간의 의미를 부여하고자 하였다.

2023년 2월

편저자 김 남 길

목 차

제 1 편 총 론

제 1 장 양식의 개념

제1절 수산 양식의 개념

1. 수산 양식의 뜻

일반적으로 수산업은 어업, 수산양식업, 수산제조업 등 크게 3종류로 나눌 수 있는데, 우리나라의 '수산양식' 정의는 1953년 최초로 제정된 「수산업법(1953.09.09. 법률 제295호)」 제8조에서 '일정한 수면에서 구획 기타 시설을 하여 양식하는 어업'으로 규정하고 있다. 이후 수산양식업은 수산업의 한 분야로 양식산업발전법(법률 제19137호 일부개정 2022. 12. 27)에 의한 양식산업과 관련된 용어를 정리하면 다음과 같다.

1. “양식”이란 수산동식물을 인공적인 방법으로 길러서 거두어들이는 행위(수산종자를 생산하는 행위를 포함한다)와 이를 목적으로 어선·어구를 사용하거나 양식시설물을 설치·운영하는 행위를 말한다.

2. “양식업”이란 수산동식물을 양식하는 사업을 말한다.

3. “양식관련사업”이란 양식용 종자·사료·약품·기자재의 제조·생산업과 양식수산물의 운반·가공·유통·판매 등 그 밖에 대통령령으로 정하는 사업을 말한다.

4. "양식산업"이란 양식업과 양식관련사업을 말한다.

5. "해수면"이란 바다, 바닷가[만조수위선(滿潮水位線)과 지적공부(地籍公簿)에 등록된 토지의 바다 쪽 경계선 사이를 말한다] 및 인공적으로 해수로 조성한 육상의 수면을 말한다.

6. "외해(外海)"란 육지에 둘러싸이지 아니한 개방된 해수면으로서 대통령령으로 정하는 수면을 말한다.

7. "내수면"이란 하천·댐·호수·늪·저수지와 그 밖에 인공적으로 조성된 담수 (淡水)나 기수(汽水, 바닷물과 민물이 섞인 물)의 물흐름 또는 수면을 말한다.

8. "양식업권"이란 제10조에 따라 면허를 받아 양식업을 경영할 수 있는 권리를 말한다.

9. "양식장"이란 제10조에 따라 면허를 받거나 제43조제1항에 따라 허가를 받아 양식하는 일정한 수면을 말한다.

10. "양식시설"이란 양식업을 하기 위하여 필요한 건축물, 시설물, 장비 등을 말한다.

11. "양식수산물"이란 양식을 통해 생산 중이거나 생산된 수산동식물을 말한다.

12. "양식업자"란 양식업을 경영하는 자를 말한다.

13. "양식업종사자"란 양식업자를 위하여 수산동식물을 양식하는 일에 종사하는

자를 말한다.

1) 수산 양식

양식산업발전법에 의한 정의와 달리 통상, 수산양식(Aquaculture)이란, 일정한 구역이나 시설을 독점적으로 소유하면서 그곳에서 자신이 선택한 유용 수중생물의 생활과 환경을 잘 관리하여 그 생물의 번식과 성장을 꾀하면서 자원조성이나 상품용으로 키워 내는 생산 방법을 말한다(그림 1-1). 즉, 육상의 농업과 같이 인간의 생활에 필요한 수산생물의 종자를 자연 또는 인공적으로 생산하여 일정한 수역에서 사육하거나 성장시켜 식용이나 기타 목적에 이용하여 경제적 이익을 얻는 것이다. 그러므로 양식은 '수중농업'이라고도 할 수 있다.

<그림 1-1> 원형가두리를 이용한 참치양식장

원시시대에는 부족들이 생활 터전 주변의 강이나 바닷가에서 수렵을 통하여 어류를 포획하였지만, 오늘날에는 천연의 어장인 연근해나 원양에서 어획하고 있다. 즉, 원시시대에는 자가 소비 수단으로 먹을거리를 구하고자 어류를 잡았지만, 오늘날에는 먹을거리 외에 상업의 수단으로 어획한다. 하지만 어류 자원이 무한하다고 생각하여 마구 잡거나 고도로 발달된 어구로 대량 어획함으로써 그 자원이 크게 감소되고 있다.

이에 따라 우리나라에서는 수산 증식이라는 이름으로 수산 자원을 늘리려는 방법이 고안되었고, 1970년대부터는 개인 사업으로서 수산 양식업이 확대되었다.

양식 산업은 1차 산업이지만, 사업 후 그 성패가 극명하게 드러나므로 벤처(venture)산업이며 세계에서 가장 빨리 성장하는 식량산업으로 선진국에서는 인기가 있는 업종이다. 요즘에는 식량 생산 분야에서도 인간의 건강 유지 면에서 기호도가 가장 높은 어류와 패류를 연중 생산하는 웰빙(well-being)산업이다.

이렇듯 인구 증가와 고급 식품의 수요 증가에 의해 수산물이 인류의 단백질 공급원으로서 그 위치를 굳혀가고 있으며, 축산물의 생산 한계를 대신할 새로운 자원으로 인정받고 있다. 그러나 연안의 간척 사업과 환경오염 등으로 수산물의 생산이 날로 감소하고 있다. 따라서 수산 자원이 바다에 널려 있어 그냥 줍기만 하면 된다는 생각으로부터 벗어나 양식으로 생산을 늘려야 할 시점이다.

우리나라 양식 산업의 경우 중국, 일본, 러시아, 타이완 등 주변 1개국으로부터의 어류와 패류의 수입 폭증, 연안환경의 부영양화에 따른 생산성 감소, 유통 및 소비 구조의 개선 미흡 등으로 인해 소득이 적은 사업자는 양식장을 폐업할 수밖에 없는

<그림 1-2> 노르웨이의 연어양식 시스템

지경이다. 이처럼 주먹구구식 양식 산업의 운용이 국제 경쟁 사회에서 더는 통하지 않는다는 점을 고려하여 체계적이고 보다 합리적인 양식생산 관리 기법(그림 1-2)을 개발하여 이를 표준화한 계획 생산을 추진해야 한다. 또한 양식 산업은 양식 어패류의 질병 대책을 대증적 차원에서 예방적 차원으로 전환한 무병양식과 체중 성장 위주의 생산 체계를 벗어나 생리 활성이 높은 고품질 어패류를 생산할 수 있는 생리 양식을 지향해야 한다.

앞으로 양식 산업이 우주식량의 생산까지 담당해야 한다는 사명감을 갖고 한 단계 업그레이드시킨 우주 양식(space aquaculture) 개발뿐만 아니라, 환경 친화적인 수산물 생산을 위한 바다목장도 꾸준히 발전시켜야 한다.

2) 어업 자원 관리와 양식업의 차이

어업 자원의 조성이나 야생 동식물의 보호 관리 등은 자연 자원의 관리에 속하는 것으로 증식이라고 불리기도 하는데, 양식과는 뜻이 다르다.

그 이유는 자원 생물의 관리도 생물을 돌보고 기르는 일은 양식과 마찬가지이지만, 자기가 수확해야 할 생물을 돌보는 것이 아니라, 다른 어업자를 위해서 어업 자원을 증강시키기 위한 일이기 때문이다. 즉, 연안이나 호소(湖沼), 하천 등에 종자를 방류하여 그 곳의 어획량을 높이기 위한 자연 자원의 조성 수단에 따른다. 이 경우, 대개는 국가나 공공단체의 비용으로 종자를 방류함으로써 지역 어민에게 어획량을 증가시키는 역할을 하며(그림 1-3), 종자의 방류자와 성장 후의 포획자가 다르다는 점이 양식의 경우와 다르다. 그러나 지역 어민이 종자를 방류하고, 그 이후의 관리와 성장 후의 어획까지 하는 경우는 조방적(粗放的)양식의 범위에 해당된다. 이렇듯 이동성이 큰 동물을 방양(放養)한다거나 또는 광대한 수면에서는 성장 후의 어획 대상물의 방류, 관리한 사람의 손으로 들어가기 어렵다. 그러므로 해양에서는 이동성이 아주 약하거나 없

<그림 1-3> 강원도 연안의 명태 종자 방류 행사

는 생물(전복, 피조개 등)또는 회귀성 동물(연어류 등)에 한해서 실시한다.

2. 수산 양식의 목적

수산 양식업의 가장 기본적이고 중요한 목적은 인류의 식량 자원 생산에 있다. 어업 자원이 개발 한계점에 도달한 오늘날 양식업의 비중이 더욱 커지고 있다.

수산 양식업의 목적은 생산물의 이용 방법에 따라 다음과 같이 나눌 수 있다. ① 인류의 식량 생산 ② 자연 자원의 증강을 위한 방류용 또는 이식용 종자의 생산 ③ 수산 제품의 원료, 또는 다른 산업용 재료의 생산 ④ 체험 어업(낚시, 조개잡이)용 어패류 생산 ⑤ 미끼용 생물 생산 ⑥ 관상용 생물 생산 ⑦ 유기물의 재활용 등이 있다.

산업용 바이오 소재 또는 원료 생산이라 함은 한천이나 카라기난 등의 생산을 위한 해조류 생산, 진주조개 양식에 의한 양식 진주 생산, 사료 또는 비료용 어분과 해조류분(海藻紛) 생산을 위한 동물이나 해조류의 생산, 화학공학적 기법에 의해 담치의 족사로부터 합성해 낸 수중 접착제, 생명 공학 기법에 의해 개발된 의약 원료 확보를 위한 수산 생물의 생산 등을 들 수 있다. 또한, 유기물의 재활용은 친환경 양식법의 하나로 자연 생산력을 이용하여 조방적으로 어류를 기를 때에 유기물질을 흘려 먹이 생물을 배양하고 이 먹이생물을 다시 어류 먹이로 하여 양식하는 경우이다. 그렇게 함으로써 과도한 부영양화를 방지하고, 유용한 생물을 생산할 수 있다.

3. 수산 양식의 방법

1) 해조류의 양식 방법

(1) 말목식(지주식, 支柱式) 양식

간조시 노출되는 수심이 얕은 바다에서 바닥에 소나무나 참나무로 된 말목을 박고, 여기에 김발을 수평으로 매다는 방법이다. 그러나 최근 말목을 구하기 힘들고 시설비도 많이 들어 왕 대나무를 코팅한 말목을 대용으로 사용하고 있다(그림 1-4). 또한 김발의 재료는 예전에는 대나무를 쪼개서 엮은 대발을 사용하였으나, 최근에는 대발 대신 합성 섬유로 만든 그물을 이용한 김발을 사용하고 있다(그림 1-5).

<그림 1-4> 말목 재료인 소나무 말목(좌)과 코팅된 왕대나무 말목(우)

<그림 1-5> 말목식 김 양식. 좌: 지네발; 우, 그물발

(2) 뜬흘림발식 양식(부류식)

수심이 비교적 깊은 바다에서 말목 대신 뜸과 닻줄을 이용하여 김이 수중에서 지속적으로 햇빛을 받으며 성장할 수 있도록 하는데 이런 김발을 뜬흘림발(부류식 김발)이라고 한다. 이 방법은 김을 채취기계를 이용한 기계식 김 수확 방법을 쓸 수 있어 노동력을 줄일 수 있다는 잇점도 있다. 그러나 이 방법은 노출되지 않고 양식을 한다는 측면에서 파래와 같은 김의 경쟁생물이나 해적생물이 부착하기 쉽고, 갯병에 노출되기 쉬운 약점이 있어 최근에는 선박을 이용하여 인위적으로 김발을 뒤집어 일정시간 노출시켜 주는 뒤집기식 뜬흘림발 양식 방법을 활용하고 있다. 이 방법은 어업인들에 의해 개발된 양식기술로 해적생물이나 김의 갯병으로부터의 피해를 예방함으로써 김을 건강하고 성장시킬 수 있을 뿐만 아니라 이를 통해 김의 품질을 높이는 효과까지 거두고 있는 효율 좋은 김 양식법이다(그림 1-6).

<그림 1-6> 뜬흘림발 양식(우측: 뒤집어진 상태의 뒤집기식 뜬흘림발)

(3) 밧줄(Rope) 수하식 양식

종전에는 바위에만 붙어 살 던 것을 밧줄에 붙어 살 수 있도록 수면 아래의 일정한 깊이에 밧줄을 설치하는 양식 방법이다. 이 밧줄을 어미줄이라고 하며 어미줄에는 종자가 붙어 있는 실, 즉 씨줄을 감아 붙이거나 씨줄을 짧게 끊어 일정한 간격으로 어미줄에 끼워서 싹이 자라도록 한다. 이러한 방법은 미역, 다시마, 톳, 모자반 등이 양식에 이용된다(그림 1-7).

<그림 1-7> 다시마 종자와 밧줄식 다시마 양식

2) 부착 및 포복 동물의 양식 방법

(1) 수하식 양성

굴, 담치, 우렁쉥이 등 부착성 무척추동물의 양식을 위해서는 이들 생물을 부착할 수 있는 기질(基質, substrate)에 붙여, 뗏목이나 밧줄 등에 매달아 물속에 넣어 기른다. 부착용 기질은 생물의 종류에 따라 다르다. 채묘된 부착 기질을 일정 간격을 두고 꿴 줄을 수하연이라고 한다.

가) 뗏목 수하식 양성

대나무 또는 파이프 등을 가로, 세로로 엮어서 뗏목을 짠 다음, 이것을 물에 띄어 놓고 이 뗏목을 알맞은 양성장에 옮겨 로프와 닻을 사용하여 고정시키는 양식 방법이다. 뗏목 아래에 굴이나 담치 등 부착 동물의 치패가 붙은 수하연을 매단다. 뗏목의 부력을 크게 하기 위해서 플라스틱이나 스티로폼으로 만든 뜸을 뗏목 아래에 부착시

<그림 1-8> 뗏목 수하식 진주 양성장

킨다(그림 1-8).

나) 말목 수하식 양성

대체로 수심이 얕은 연안의 간조선 근처에서부터 수심 4 m 되는 곳까지 수심이 얕은 연안에 설치한다. 바닥에는 두 줄의 말목을 박고 말목 위에 옆으로 나무를 걸친 다음, 이 나무에 수하연을 매단다. 비교적 얕은 연안에서만 실시할 수 있고, 주로 굴의 종자 생산에 이용된다(그림 1-9).

<그림 1-9> 말목 수하식 양성시설과 굴의 종자생산

다) 밧줄(Rope) 수하식 양식

플라스틱으로 만든 뜸을 해면에 띄워 놓고, 이것을 밧줄로 연결해서 밧줄의 양 끝을 닻으로 고정시킨 다음, 그 밧줄에 수하연을 매달아 양식하는 방법이다(그림 1-10). 밧줄 수하식 양식은 파도에 견디는 힘이 강한 이점이 있기 때문에 외해의 영향을 많이 받는 내만이나 파도가 많은 외해에서도 이용할 수 있으므로 뗏목 수하식보다 양식할 수 있는 수면적이 넓다는 장점이 있다. 주로 굴이나, 담치, 우렁쉥이 등의 양식에 이용된다.

<그림 1-10> 남해안의 밧줄 수하식 굴 양식장

라) 바닥식 양식

얕은 바다의 모래 바닥이나 바위에 붙어서 기어 다니며 사는 포복 동물의 양식에 이용된다. 대합, 바지락, 피조개, 고막, 참가리비 등은 주로 펄이나 모래 바닥에 사는 생물이며, 전복, 해삼 등은 암석 지대에 사는 생물이다. 이들 생물은 별도의 시설을 하지 않는 것이 보통이다(그림 1-11).

<그림 1-11> 참가리비 바닥식 양식

3) 유영 동물의 양식 방법

(1) 지수식 양식

자연 상태의 못을 그대로 두고 유영 동물을 기르는 방법으로, 못의 물이 줄어들지 않는 한 물을 더 넣지 않고 인공적 산소 보충을 할 수도 있다. 먹이를 주는 경우와 먹이를 주지 않는 대신 못 속의 천연 먹이 번식을 조장하기 위하여 거름을 넣는 일이 있다. 우리나라의 서해안에서 숭어, 농어, 감성돔, 새우류의 양식에 주로 사용되는 축제식(築堤式) 양식장은 규모가 큰 지수식 양식의 한 예이다.

(2) 유수식 양식

사육지에 물을 연속적으로 통과하게 하는 방법으로 유입되는 물의 양에 비례하여 사육 동물의 수용 밀도를 높여서 성장시킨다. 유수식 양어지는 일반적으로 콘크리트 구조이며, 유수식 양식에서 가장 중요한 일은 사육 기간을 통하여 풍부한 수량을 잠시도 중단되는 일이 없도록 계속 공급해야 한다.

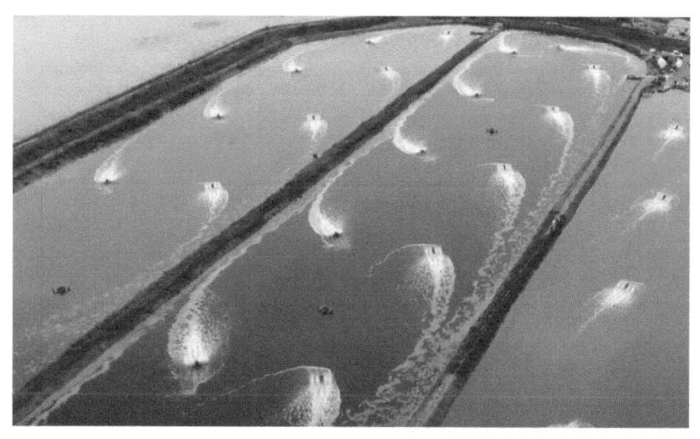

<그림 1-12> 서해안의 축제식 새우 양식장

(3) 순환 여과식 양식

순환 여과식(RAS, Recycling Aquaculture System) 사육 장치에는 사육조, 물 순환용 수로와 펌프, 침전조 또는 찌꺼기 여과장치, 생물학적 질산화 여과조, 용해 유기물의 제거 장치, 소독 장치, 산소 보충 장치 등이 필요하다.

순환 여과식 양식 시설의 장점은 다음과 같다. ① 물을 한번 채우면 그 후 보충 수량이 아주 적으므로 물 자원이 절약되어 물이 귀한 곳에서도 양식이 가능하다. ② 배출수 처리가 간단하다. ③ 보온 시설을 하면 열대성 어류나 온수성 어류를 어느 지역에서나 기를 수 있다. ④ 외부와 완전히 차단시킬 수 있으므로 해적과 질병 대책이 용이하다. ⑤ 고밀도로 기를 수 있어 양식 시설의 면적이 적게 들고, 물도 적게 들기 때문에 대도시 근처에 시설하여 소비자와 직접 연계시켜 이득을 높일 수 있다. ⑥ 해산어의 육상 수조 유수식 양식장보다 양수용 소비 전력을 크게 절약할 수 있다.

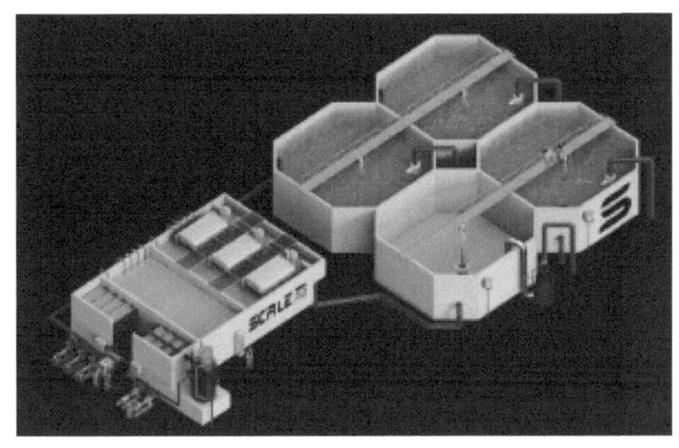

<그림 1-13> 순환여과식 양식장 기본 모형

(4) 가두리 양식

고요한 내만이나 내륙의 인공호 및 자연 호소에 어류를 가두어 기를 수 있는 장치(가두리)를 만들어 그 속에서 기르는 양식 방법이다. 그물코를 통하여 가두리 안팎의 물이 자유롭게 통과하므로 가두리 속에 비교적 많은 양의 어류를 수용하여 기를 수 있다. 따라서 작은 시설에 많은 어류를 기를 수 있어 시설 면에서는 매우 경제적이다. 우리나라에서는 넙치, 조피볼락, 방어, 참돔 등의 해수 어류를 기르는데 가두리 양식이 이용되고 있다. 최근에는 가두리 양식에 의한 수질 오염 문제가 사회적으로 크게 부각됨으로써 앞으로 가두리 양식한 외해형 가두리 외에는 그 발전을 기대하기 어렵다. 외해에서 가두리 양식을 하기 위하여 내파성 가두리 및 모선식 가두리 양식 방법의 개발이 이루어지고 있다.

<그림 1-14> 가두리 어류 양식장

(5) 방류 재포 양식

연어와 같이 강한 회귀성을 가진 어류의 어린 종자를 생산하여 공유 수면에 방류하면, 북태평양 같은 외양에서 성장·성숙한 후 산란하기 위해서 방류한 지점으로 돌아오는 것을 잡는 양식 방법이다. 그 밖에 전복, 해삼 등을 어촌계와 같은 배타적 수역에 방류한 후 집중적인 관리를 한 다음, 재포획하는 양식법도 있다.

<그림 1-15> 회귀 연어의 재포 모습

제 2 장 수산양식의 발달

1. 수산 양식의 발달

1). 수산양식의 역사

(1) 세계의 양식 역사

역사에 나타난 양식의 기원은 상당히 오래 된다. 최초의 기록은 이집트의 마에리스(Maeris)왕이 못을 만들어 22종의 어류를 길렀다고 하는 BC 1800년으로 거슬러 올라 가고, 중국에서는 이미 춘추 전국 시대에 도주공이 식량 생산을 위해 잉어 양식을 권장하였으며, 기원전 500년경에는 양식 기술지인 『양어경(養魚經)』이 저술되었는데, 이 책에는 못을 만들고 잉어를 기르면 실리를 얻을 수 있다고 기록되어 있다. 로마 제국의 번영기인 기원전 100년경에는 국립 양어장을 만들었다는 기록이 있다. 13세기에는 뱀장어를 연안 지소(池沼)에서 길렀다고 한다. 근대에 이르러서는 15세기 프랑스의 동 팽송(Dom Pinchon)이 송어 인공부화에 성공하고, 1757년 오스트리아의 야코비(Jacobi)는 송어 인공수정란을 상자에 담아 하천 속에 설치하여 부화하였다는 기록이 있다. 그러나 보다 활발한 양식 활동이 이루어진 것은 19세기부터라고 할 수 있다. 프랑스에서는 1842년에 레미(Remy)가 송어를 인공 부화시켜 하천에 방류하였으며, 1851년에는 대규모의 국립 양어장이 설립되었다. 미국에서는 1848년 대서양 산 섀드(shad, 전어의 일종)를 앨라배마강에 이식한 것이 성공함으로써, 3년 후에는 멕시코 만에서도 섀드가 어획되기에 이르렀다.

(2) 우리나라의 양식 역사

우리나라의 양식이 언제부터 시작되었는지 확실히 알 수 없으나 고구려 대무신왕 11년(서기 28년) 잉어를 못에 길렀다고 하며, 1431년 태종실록에 섬진강 하구의 굴 양식과 여자만의 꼬막 양식이 기록되어 있으며, 인조(仁祖, 1623~1649)때 에는 전남 광양의 태인도에서 해변에 표류해 온 참나무 가지에 김이 붙어 있는 것에서 암시를 얻어 김여익(金汝瀷, 1606년～1660년)공이 대나무와 참나무 가지를 간석지에 세워 섶양식을 했다고 한다(그림 2-1). 이와 같이 우리나라 김의 섶양식 역사는 적어도 350년 이상이나 된다. 그 후 김양식 기술은 점차 발달하여 한말(韓末)에는 지역에 따라 제법 활발하였다.

수산양식의 발달단계는 양식기술개발과정과 수산정책이 함께 변화하고 있는데 이를 단계별로 보면, 양식 대상종의 초기 개발 단계(1945년 이전)를 시초로 해조류의 확대 개발 및 천해 간석지 개발 이용단계(1946-1975)와 양식 신품종의 개발과 신기술의 보급단계(1976-1990)를 거쳐 양식 생산성 향상 기술개발 단계(1991 이후)로 구분할 수 있다.

최초의 해조류 양식법인 김 양식 개발이후, 비타민과 무기질이 풍부해 즐겨먹는 '미역'은 1972년부터 약 40년간 주요 양식품종이었고, '조미 김' 개발에 따른 국내 소비는 물론 수출 증가로 2022년부터는 김이 수출 1위를 차지하고, 마른 김 생산에서는 세계 1위의 생산량을 나타내고 있다. 1960년대 이후 피조개·가리비등 다양한 패류품종이 양식되었고, 바다의 산삼 '전복'은 주요 먹이인 미역과 다시마의 양식생산량이 증가하면서 생산량도 증가해 패류 양식 산업의 선두 주자로 자리매김 되고 있다.

1964년 방어의 단기간 축양기술로 시작된 어류양식은 1980년 이후 경제발전에 따른 생활향상으로 고급어종에 대한 급속한 수요 증가로 양식기술 개발의 전환기를 맞아, 오늘날 국민횟감으로 자리 잡은 넙치 양식기술이 본격적으로 개발되기 시작했다.

<그림 2-1>. 김 양식 창안자인 김여익 공과 광양의 김시식지 및 마른 김 건조 모습

굴이나 고막류는 구한말에 광양만과 여자만에서 각각 양식되고 있었으나 그다지 활발하지 못했다(조선총독부, 1908). 한편, 담수양식의 경우, 1912년에 함경남도 고원에 연어 인공부화장이 설치되었고, 매년 200~300만 마리의 치어를 생산하여 덕지강에 방류하였다. 그 후 일제 강점기하의 조선총독부시절 양식에 관한 시험 및 연구에 대한 노력이 활발해졌는데, 1929년 경남 진해, 1942년 경기도 청평에 국립양어장(현재 충남 금산에 국립수산과학원 중앙내수면연구소로 통합 기관으로 운영)이 세워져 잉어, 빙어, 가물치 등의 양식이 이루어졌고, 그 후 강원도 양양에 연어, 송어와 같은 냉수성 어류의 종자생산과 방류 및 사육 연구를 위한 연구소가 설립되어 국가 차원의 본격적인 어류양식 연구가 이루어졌으며, 각 도에는 도립양어장인 내수면개발시험장이 설치되어 내수면개발에 힘써왔다. 또 해양생물의 양식과 자원조성을 위하여 국립수산과학원의 전신인 국립수산진흥원 산하의 수산종자배양장이 각 도에 설치되면서 해산어 양식용 종자뿐만 아니라 방류를 위한 종자도 생산하게 되

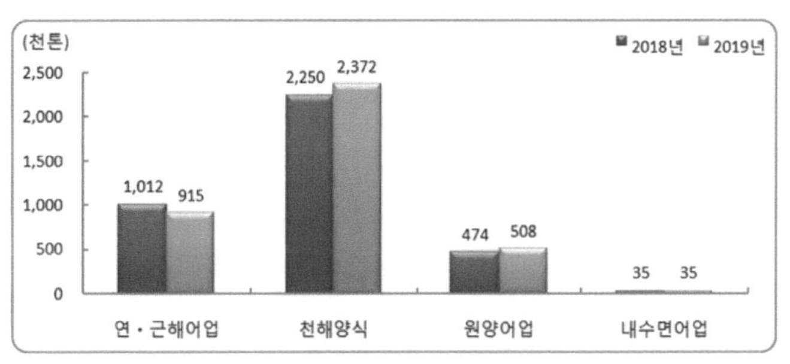

<그림 2-2> 우리나라의 어업별 생산량

었으며, 이와 같은 시험연구 결과는 수산양식 개발에 많은 성과를 가져 오는 계기가 되었다. 2019년 현재 수산양식 생산량은 내수면, 연근해 어업 및 원양업의 총 생산량 1,458,000의 약 1.6배인 2,372,000을 생산하여 우리 국민의 확실한 단백질 공급원으로 자리매김 되고 있다(그림 2-2).

2) 양식업의 현황과 전망

(1) 세계 양식업의 현황과 전망

자연 자원을 채취하는 어업의 생산량은 그동안 꾸준히 증가하고 있는데, 그것은 어선의 대형화, 어선 수의 증가, 어획 장비의 개선과 기술 향상, 그리고 새로운 미개발 어장을 개척해 온 결과이다. 그러나 최근 어업 생산량은 노력의 증가에 비례하여 늘지 않고 있다. 이는 자연 자원량이 한계점에 도달했음을 알려주는 것이며, 어업에 의한 생산량은 앞으로 크게 증가할 전망이 없다고 전문가들은 예측하고 있다. 하지만 양식업에 의한 세계의 생산량은 앞으로 계속해서 증가할 전망이다.

양식업은 단위 면적당 생산량을 높이기 위한 양식 기술의 발달과 양식장 면적의 확장을 통하여 그 생산량을 크게 높일 수 있으므로 식량, 특히 단백질의 공급에 있어 양식업이 기여할 수 있는 비중은 점차 확대되고 있다. 따라서 세계 인구의 증가와 생활수준의 향상에 따라 신선하고도 건강에 보다 유익한 고급 단백질 식품의 생산이 늘고 있으며, 소비량은 빠르게 증가하고 있다. 수요량을 자연 자원의 어획에 의한 공급만으로는 도저히 충족시킬 수 없어 양식업의 발전이 필연적으로 요구됨으로써 양식에 의한 이들 식량 증산의 중요성이 점차 주목받고 있다. 특히 최근 육상 스마트 양식기술의 발달과 순환여과식(RAS) 육상양식 시스템에 의한 연어 양식 등의 기술이 보급되면서 수산양식에 의한 고급 어종의 생산량뿐만 아니라 고급 횟감을 찾는 소비자들의 기호와 밀키트 제품을 선호하는 MZ세대들의 수요 증가에 따른 소비량도 크게 증가할 전망이다.

(2) 우리나라 양식업의 현황과 전망

2019년 현재 우리나라 천해양식어업 생산량은 어업 생산량의 1.6배를 넘어설 정도로 우리나라 수산업 분야에서 중요한 위치를 차지하고 있다. 2019년 우리나라는 348만여 톤의 어업 생산고를 올리고 있는데, 우리나라의 수산물 생산을 어업별로 나누어 보면 연.근해어업 23.96%, 천해양식업 61.9%, 원양어업 13.3%, 내수면 어업 0.9%의 순이다. 이는 양식업이 제1차 산업으로서 우리나라의 농, 축산업 못지않게 중요한 산업으로 자리매김하고 있다. 그러나 양식업 내부의 생산 구조를 보면, <그림 2-3>과 같이 패류와 해조류의 양식 생산이 전체 양식 생산의 94.85%를 차지하고 있어 대부분의 양식 생산량이 이 두 종류의 어종에 치우쳐 있음을 알 수 있다. 반면, 이를 총 생산금액으로 평가하였을 때에는 어류가 34.7%, 패류 32.4%, 해조류 29.7% 및 가리비, 멍게, 해삼과 같은 기타 수산동물이 3.2%를 차지하여 그 위상을 달리하고 있음을 알 수 있다.

오늘날 양식업을 급속하게 발달시킨 밑거름은 나일론, PE (polyethylene), PP (polypropylene) 및 PVC (polyvinyl chloride)등 석유 화학 제품의 대량 생산으로부터 공급되어 온 양식 기자재와 이 재료의 등장에 의해 양식 시설 방법이 크게 발전되었다. 또한, 인위적으로 영양을 조절할 수 있는 배합 사료의 개발과 질병 퇴치를 위한 어병 방역 또한 생산성을 높이는데 한몫을 하였다. 더욱이 질 좋은 종자를 대량 생산할 수 있는 인공 성숙촉진과 산란 유도 기술의 획기적 발전도 양식 생산량 증가에 큰 기여를 해 왔다. 앞으로도 양식업은 계속 육성시켜 나가야 할 산업이며, 정부에서도 양식업의 발전을 위해 매년 중요한 사업 계획을 제시하고 있다. 양식 생산을 늘리기 위하여 횟감 등 국민의 수산 단백질 수요증가도 한몫을 하겠지만 무엇보다도 중요한 것은 양식 생산의 텃밭인 천해역의 특성을 이해하고 양식을 위한 환경을 효율적으로 관리해야 한다.

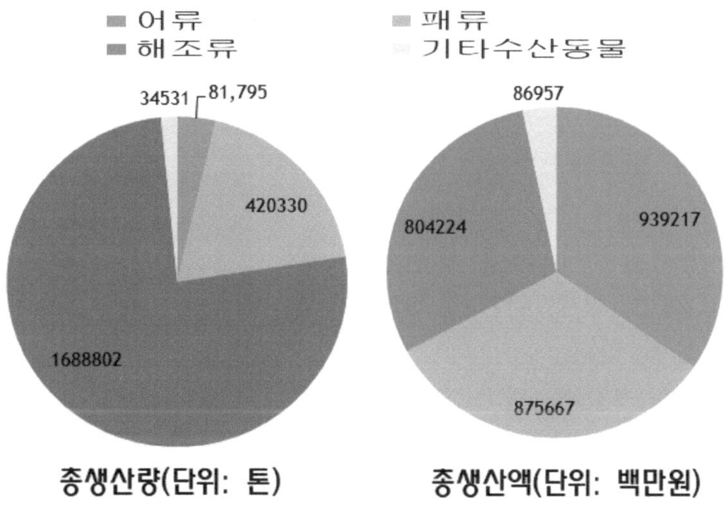

<그림 2-3> 우리나라의 어종별 양식 생산량 및 생산액
(2019, 통계청, http://kostat.go.kr)

내만이나 천해역은 접근성이 좋아 양식업의 적지로 꼽히고 있지만 많은 양식장이 밀집되어 있고, 장기간의 연작으로 인해서 어장이 노화되어 있다는 취약점을 나고 있다. 이와 같은 양식장에서는 밀식을 피하고 필요할 경우 어장 휴식년 제도를 도입해서 해역의 자정기능을 통해 청정한 해역으로 회복될 수 있도록 환경 개선에 노력해야 최대 지속적 생산이 가능하다.

양식 생산의 궁극적인 목표는 인간과 자연이 조화를 이룰 수 있는 쾌적한 수계

환경의 조성과 양식 생산을 균형 있게 발전시켜 가는데 있다. 양식업은 과거 수년간 우리나라를 비롯하여 전 세계적으로 빠르게 성장하여 왔으며, 스마트 양식기술 도입 등 기술적 분야에서도 첨단 기술을 활용하는 등 급속도로 발전이 이루어지고 있다. 또한 최근에는 우리나라 대형 기업이 강원도 양양, 경상북도 포항 등에 연어 양식과 같은 대규모 육상 양식업에 참여하고 있는 추세에 있어 앞으로 일반 어민들이 참여하지 못하는 기업형 양식산업 분야도 확대되면서 양식산업의 패러다임이 새로운 국면을 맞고 있다. 양식생명산업은 새로운 인식과 각오로 무장된 진취적인 많은 젊은 세대들의 블루오션으로 자리매김 될 수 있을 것으로 생각된다.

3) 새로운 양식

(1) 냉동 보존 정자를 활용한 어패류의 종자 생산

인공 수정에 의해 연중 어느 때라도 어패류 종자를 성공적으로 만들어내기 위해서는 알과 정자의 대량 보존 기술이 필요하다.

정자 보존 기술의 장점은 다음과 같다.

① 종자 생산엔 있어 어미의 산란·방정 시간이 불일치하거나 성비가 고르지 못할 때 발생하는 채란·채정의 비동시화 문제가 해결된다.

② 능성어와 같은 자성선숙(protogyny) 어종 및 감성돔과 같은 웅성선숙(protandry) 어종의 인공수정이 용이해진다.

③ 우량종의 선택 교배가 가능하다.

④ 우량종과 유전공학에 의해 생산된 신품종 어류의 격리 보존, 멸종 위기에 놓은 희귀 어종의 종 보존 등이 있다.

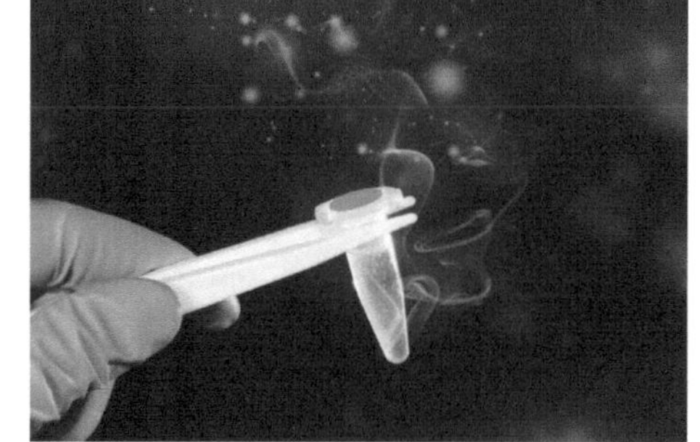

<그림 2-4> 냉동보존 정자의 활용

어류 정자의 냉동 보존에 관한 연구를 통해 얻어진 결과들은 수산종자 생산업에서 유용하게 활용 될 수 있을 것이고, 대학에서의 교육과 어업인 지도에도 유용한 자료가 될 것이다. 이렇듯 정자 냉동 보존 기술은 멸종위기에 처한 종의 보존에도 상당한 기여를 할 것이다(그림 2-4).

토착어종의 보존차원에서 어류의 정자은행을 설치하여 필요로 하는 분야에 분양해 주는 시스템 구축이 절실하다. 이와 더불어 어류 인공 수정사라는 새로운 직업이 창출되기를 기대한다.

(2) 생태계 복원형 갯지렁이 친환경 양식

2012년 전라남도 여수 일대에서 개최된 해양엑스포는 마구잡이식 수산물의 어획과 그동안 무분별하게 개발되어 왔던 양식장 설립 등으로 오염된 연안을 다시 점검하는 계기가 되었다. 이에 따라 살아있는 바다, 숨 쉬는 연안, 깨끗한 해변을 조성하고자 한다면, 양식장도 환경 친화적으로 관리해야 한다.

그러므로 하루에 사람의 배설물 2 kg을 정화하는 능력을 가진 갯지렁이 500마리를 통해 연안 갯벌의 오염을 해소하고 자연자원의 생태계 일원으로서 그 중요성이 부각되고 있는 갯지렁이 양식 및 종자 방류에 의한 자원조성을 꾀할 필요성이 있다. 다양한 종류의 갯지렁이 종자를 대량 생산하여 갯벌에 뿌려 자원 조성을 꾀하거나 어촌 마을 단위로 앞바다 갯벌을 갯지렁이 양식장으로 조성하여 새로운 소득원이 되게 해야 한다. 갯지렁이 양식은 오염된 갯벌을 복원할 수 있는 친환경 양식과 생태통합양식(IMTA, Integrated Multi-Trophic Aquaculture)에서 중요한 생태적 지위를 가지는 대상 종으로서 각광받고 있다(그림 2-5).

<그림 2-5> 양식 바위털갯지렁이(좌), 두토막눈썹참갯지렁이(중), 참갯지렁이(우)

최근 전남 진도에서는 참갯지렁이(일명, 혼무시 本蟲) 대량 양식에 성공한 귀어인이 연매출 2억원을 올리고 있다 해서 화제가 된 적이 있다. 대표적인 종자생산이나 양성에 성공한 종류로는 바윗털갯지렁이(*Marphysa sanguine*), 청개비 또는 청갯지렁이로 불리는 두토막눈썹참갯지렁이(*Perinereis aibuhitensis*), 참갯지렁이(*Hediste japonica*)가 있다.

(3) 자체 오염 물질 흡수형 복합 순환 여과 양식

해산 어류 양식에서 넙치 육상 수조식 양식장의 배출수 처리를 위한 정화조 설치가 의무화되자 저오염형 순환여과 양식 방법이 대두되었다(그림 2-6). 여기에 순환여과 사육수 처리조를 별도의 생물학적 여과 수조이자 생물 양식조로 이용하자는 구상이 제안되었다. 따라서 넙치 양식장에 갯지렁이 양식을 겸한 복합 양식을 실시함으로써, 넙치의 배설물 제거와 갯지렁이 생산을 통한 소득의 증가를 꾀할 수 있는 양식으로 발전시켜 나갈 수 있다.

또한 전남 해역에 김, 미역 양식장이 많은 점을 이용하여 해조류 양식장과 어류 양식장을 적절히 혼합 배치함으로써, 양식장 환경을 복원시키는 생태계 복원형 복합 양식(Polyculture)으로 발전시켜 나갈 수 있다.

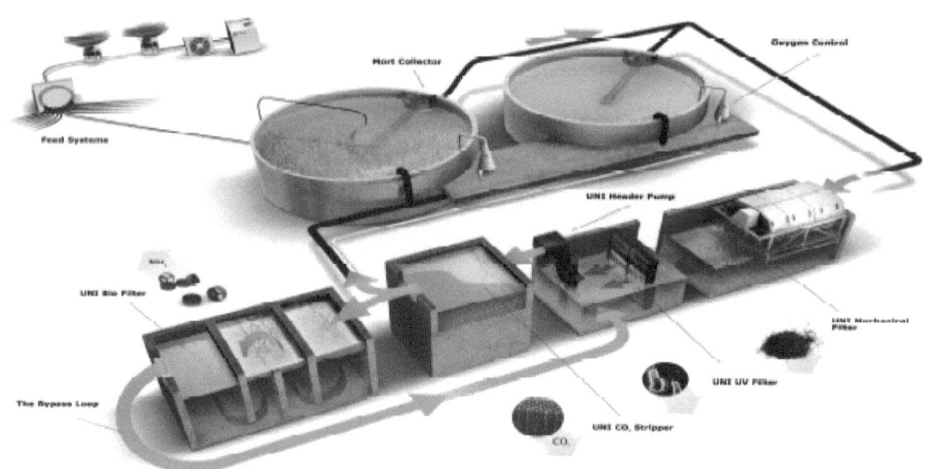

<그림 2-6> 순환여과양식시스템의 운영 개념도(AKVA 제공)

(4) 등 푸른 생선의 횟감을 공급하는 참다랑어 외해 양식

<그림 2-7> 원형 가두리식 참다랑어 양식장과 유영 중인 참다랑어 떼(통영)

최근에는 식생활이 다양화, 고급화됨에 따라 참다랑어와 같은 고급 어류에 대한 수요가 증가하였다. 이에 따라 일본은 30년 전부터 참다랑어의 인공종자 생산에 의한 양식 연구를 진행하여 최근에 성공하였다. 우리나라에서도 제주도와 경남 통영의 욕지도에서 참다랑어 양식을 시도하고 있으며 계속 확대할 필요가 있다(그림 2-7).

(5) 해수어의 담수 양식

우리나라의 담수어류 양식은 댐과 호수의 가두리 양식장 철거와 수입 개방에 의한 중국산 담수어류의 대량 반입으로 인해 경쟁력이 떨어져 존폐 위기에 놓여 있다. 댐과 호수에서의 담수어 양식은 수질오염의 원인이 된다고 하여 그 생산이 위축되고 있으며, 그동안 자연산 치어의 수집에 의한 뱀장어 양식을 위하여 외국 도입종인 이스라엘잉어와 틸라피아의 가격마저도 크게 하락하여 채산성이 맞지 않는 등 여러 가지 문제점이 있다.

내수면 양식사업자들은 토착어종인 메기, 쏘가리, 동자개 등의 양식 개발에 힘을 쏟고 있지만 아직 기술적으로 어려운 실정에 놓여있다. 따라서 생산성이 잉어류에 버금가면서도 고급어류로 인정받는 새로운 양식대상종의 선택이 크게 부각되고 있다. 감성돔, 농어, 숭어와 같이 광염성 해수어류로 연안 생태계에 잘 적응하는 어류를 유휴 내수면, 기수성 양식장 및 하구 지역에서 시험양식 해야 한다.

<그림 2-8> 담수에서 양성 중인 감성돔

담수어류와 해수어류는 각각 250~350 m Osm/kg, 350~500 m Osm/kg의 혈액 삼투질 농도를 가지며, 담수(0 m Osm/kg)와 해수(1,000 m Osm/kg)의 서식환경 속에서 체내의 생리적 조건을 일정하게 하는 항상성을 유지하기 위해 체액의 삼투압을 끊임없이 조절한다. 따라서 바다에 분포하는 고급 어류인 감성돔 수정란을 인공부화 시켜 얻은 감성돔 치어의 성장에 따른 삼투압 조절 능력을 조사하고, 담수 적응 및 사육 실험을 거쳐 감성돔의 담수 양식 방법을 개발하였다(그림 2-8). 부화 6주 이후의 감성돔 종자를 담수에 수용하여 통상적인 방법에 따라 양식하는 기술이 개발되었으며, 담수에서 1 kg까지 성장시킨 연구결과가 있다.

(6) 해상 가두리식 전복 양식

전복은 1980년대 방류 재포식 양식을 위해 주로 연안 암반 지역 살포용으로 종자생산이 진행되었다. 그러나 방류 재포식 전복 양식은 관리가 어렵고 집약적인 양식이 되지 못하는 단점이 있다. 이에 완도에서는 전복의 먹이인 미역과 다시마가 대량생산될 뿐만 아니라 전복 양식장에서 전복의 먹이로 미역과 다시마가 충분한 가치가 있다고 판단하여, 전복 가두리 양식을 시도하여 성공함으로써 오늘날 완도가 전복 양식의 메카로 급부상하는 계기가 되었다.

<그림 2-9> 전복 가두리 양식장과 관리선의 이용

양식 전복 생산량은 1995년 260톤에서 2017년 16,127톤, 2021년 23,199톤으로 비약적으로 증가하였다. 전복 가두리 양식 방법은 매우 간단하나 대량의 먹이를 수확하여 공급하거나, 전복을 양식하고 있는 가두리 망을 인양하여 관리해야 하므로 작업용 크레인을 관리선에 설치하는 등 고가의 장비 설치가 필요하다. 이 문제는 전복 양식 단지에서 집단적으로 구매하여 공동 사용하는 방법을 도입하여 해결하기도 하였으나 어가의 경제력이 높아진 최근에는 개인 어가에서 크레인을 장착한 관리선을 건조하여 직접 전복 양식에 사용하고 있는 추세이다(그림 2-9).

(7) 체험 어업형 관광 양식

수산 양식에 있어 생산의 장과 생산물은 국민들의 볼거리를 제공하는 생동적인 부분이 많다. 수산물은 국소성, 국시성의 취약성을 지닌 식품이기 때문에 생산을 원만하게 하더라도 유통과 소비의 통로가 막히게 되면, 가격이 크게 폭등하거나 폭락하게 된다. 그러므로 양식 생산물의 부가가치를 높이고 소득을 배가시키려면 양식 생산물을 지역관광 사업과 연계하여 관광 상품화해야 한다.

최근 국내에서는 어가소득이 줄어가는 어촌계를 회생시키고자 어촌계가 주축이 되어 체험형 관광양식장을 운영하고 있다(그림 2-10). 작은 만을 그물로 막고 여기에 방어, 전갱이, 참돔 등의 어류를 사육하면서 낚시터, 횟집 및 숙박시설 등으로 운영하고 있다. 경남 거제와 사천 강진군 마량 등 우리나라에서도 경관이 수려하고 수질이 깨끗한 수역에 관광양식 시설을 설치하여 어촌계의 활성화와 어가소득의 향상을 꾀하고 있으며, 이들 어촌계에서는 에어컨이나 히터 등 냉, 난방 및샤워 시설을 갖춘 현대식 숙박시설을 해상에 계류시켜 놓고 연중 관광객들을 수용하고 있다. 이러한 사업은 국민의 연안 이용에 대한 인식 개선과 낙후된 어촌지역의 발전 및 소득향상에 크게 기여할 것으로 보인다.

<그림 2-10> 체험어업형 관광 양식 시설

가) 바지락 양식장

서남해안의 조간대 간석지에는 바지락이 많이 서식하고 있다. 이 간석지를 바지락 양식장으로 개발할 경우에는 대량의 종패가 필요하다. 타 지역으로부터의 종패 반입을 꾀하는 것 보다는 자체 양식장 내의 지반이나 지형의 형상에 따른 조류의 이동 상황을 시뮬레이션 하여 자연 산란되어 부화 성장한 유생이 한곳에 침착할 수 있는 장소를 선정해야 한다. 또한 호안으로부터 와류 및 완류 조성 축제 및 시설을 설치하여 인위적으로 바지락 유생이 침하하여 치패가 발생하도록 유도해야 한다.

바지락 양식장을 국민 교육의 장으로서 활용하기 위하여 채취 체험을 즐길 수 있는 장소를 개설하고 도시로부터 가족 단위로 왕래하는 관광객에게도 개방해야 한다. 아울러 채취된 바지락은 현장 식당에서 요리하여 제공할 수 있도록 하고, 일부는 포장하여 가져갈 수 있도록 한다.

나) 고막류 갯것장

남해안 간석지 중 환경이 양호하고 고막 및 새고막의 서식이 가능한 곳을 선장하여 고막류 갯것장을 조성한다. 갯것장으로 개발하는 데 대량의 종패가 필요하므로 현지에서 치패의 발생을 유도하는 방법과 인근의 채묘장으로부터 가져다 뿌리는 방법이 가능하다.

개설된 고막류 갯것장을 대도시로부터 가족단위로 왕래하는 관광객에서 개방하고 펄썰매 등을 이용하여 고막을 채취할 수 있게 한다. 갯것장의 일부에는 개펄 놀이터를 만들어 개펄욕을 즐길 수 있도록 유도한다. 또한 육지부에서는 샤워시설, 식당 및 주차장을 설치하여 채취한 고막을 현지에서 요리할 수 있도록 하며 일부는 포장하여 가져가도록 하여, 수산 식품에 대한 인식을 제고할 수 있도록 한다.

다) 축제식 관광 양식장

바닷가를 찾아오는 낚시인과 피서 및 휴양객의 수가 매년 늘어나고 있는 것을 착안하여 연안의 형태 및 환경을 고려한 축제식 양식장을 낚시터, 종자 배양장, 가두리 양식장 등과 같이 활용하여 수산 교육의 현장으로 활용하며 관광자원으로 개발한다.

작은 만을 막아 제방을 쌓고 저온에 내성이 강한 숭어, 조피볼락, 쥐노래미, 농어 등을 양식한다. 관광객을 양식장내에 유료 입장시키고 유료 낚시와 양식장이 관광 또는 유료 사료를 직접 주면서 즐길 수 있는 기회를 부여한다. 또한 주변에 가족이 직접 요리를 할 수 있는 방갈로 등의 숙박, 레스토랑, 레저시설 등을 설치하여 종합적인 휴양 시설을 조성한다.

라) 모선식 관광 양식장

외해 양식장 개발과 발맞추어 모선식 어류양식장을 개발해야 한다. 양식시설은 청정한 외해역에 위치하게 되므로 주변 경관도 매우 수려하다. 이곳에서 사육, 생산되는 어류는 소비를 위하여 육지로 수송하는 물량 외에는 바로 양식 모선에서 횟집을 경영하여 자체 소비하는 방향으로 관광 양식을 겸할 수 있도록 계획되어야 한다.

8) 바다 목장화

1998년 농림수산식품부는 경남 통영에 10년간 240억원을 투입해 조성한 통영 바다목장에서 수산자원이 7배가량 증가했다고 밝혔다. 당시 농수산식품부에 따르면 통영 바다 목장의 자원량을 조사한 결과, 조성 첫해인 1998년 118톤에서 2006년에는 약 750톤으로 늘어난 것으로 나타났다. 이미 조성이 끝난 통영을 비롯해, 여수(다도해형), 태안(갯벌형), 울진·북제주(관광·체험형) 등 4개소에서 유형별로 바다목장 개발을 위한 연구, 개발(R&D)이 2012년까지 추진되었으며, 이 가운데 통영 바다목장은 2007년 6월 완공돼 현재 어업인이 직접 '자율관리협의회'를 구성해 운영하고 있으며, 바다목장에서 어획된 수산물의 브랜드화를 통해서 어업인 소득증대를 꾀하고 있다. 한편, 통영 바다목장 조성에 대한 경제성 분석결과(한국해양수산개발원)에 의하면, 2016년경에 자원이 7100톤에 달할 것으로 예측한 바 있으나 현지 어업인들은 이와 같은 예측은 현실과 괴리가 있는 것으로 보고 있다. 이후 정부에서는 2011년 연어 등 인공종자의 생산과 방류, 수산자원관리 및 인공어초와 바다숲 사업을 총괄하는 한국수산자원공단(FIRA)를 설립하여 약 50억원 규모의 소규모 바다목장 조성사업과 관리 사업을 통해 연안 생태계를 복원하고 자원 회복 노력에 많은 투자와 노력을 투입하고 있다.

2. 수산 양식 생물 관리의 기본 요소

1) 수산 양식 생물 관리의 기본 개념

양식 생물은 수중에서 사는 생물이기 때문에 대기 중에서 사는 사람이 쉽게 느끼지 못하는 환경의 변화 속에 놓여 있으므로 양식 생물을 기르는 일은 육상 생물의 관리에 비해 어려운 점이 많다. 양식 생물을 죽이지 않고 건강하게, 그리고 빨리 자라게 하기 위해서는 생물의 종류나 양식 방법에 따라서 해야 할 일이 다양하고, 또 까다로운 점도 대단히 많다. 그러나 이러한 일을 잘 간추려 보면 다음과 같은 세 가지 기본 요건으로 나눈다.

① 양식 생물의 서식 조건에 적합한 수질 환경을 마련해 주어야 한다.

② 양식 생물이 필요로 하는 영양을 적절하게 공급해 주어야 한다.

③ 양식 생물은 질병과 해적, 그 밖의 장해에 대해 보호를 받아야 하고, 질병의 치료 등 필요한 대책을 세워야 한다.

자연계에 사는 수중 생물은 인간이 자연 환경을 파괴하지 않는 한 이러한 조건이 잘 갖춰져 있으면 충실하고 건강하게 자란다. 하지만 양식장에서는 인간의 실수로 인하여 이러한 조건을 깨뜨리기 쉽고, 결국 양식 생물의 건강을 해치는 경우가 많다. 양식 생물의 관리 중 성장부진, 질병, 폐사 등의 문제가 일어났을 때에는 이상 세 가지 중 어느 항에 해당하는 문제인지를 먼저 생각하고 그 원인을 찾도록 노력해야 한다. 그 중에서도 처음 두 가지 요건만 잘 갖추어진다면 대개는 성공적인 양식이 가능하다.

2) 양식 대상 생물종의 보존과 환경 관리 의무

양식 생물은 인공적으로 종자를 생산하여 양식장에서 사료를 주면서 키우므로 동종 자연산 생물과는 점점 거리가 멀어진다. 양식 생물은 생태계 속에 들어가면 매우 위험한 위해 생물이 될 수도 있다. 예를 들어, 종자 생산장에서 생산된 넙치의 종자가 정상이 아닌 기형 또는 백화 개체라 해서 그냥 바다에 버린다거나 종자로서 방류한다면 자연자원의 생태계에 위험을 줄 수 있다. 그러므로 사육자는 양식 생물의 소비를 위한 출하 외에 양식장으로부터 양식 생물이 유출되는 일이 없도록 각별히 주의해야 한다.

양식 생물 중 보다 성장이 빠르고 활력이 좋으며 생존율이 높은 것은 생산 이력을 확보하고 선발 육종하는 것이다. 종 보존을 통해 차기 양식에서 더욱 질 좋은 양식 생산물을 만들어야 한다. 이를 위해서는 양식 생물의 포자, 배우자, 발생배 및 유생을 냉동 보존하여 종 보존을 해 둘 필요가 있다. 이 방법은 우량한 양식 생물의 종자보존은 물론 태풍, 쓰나미(일본어 "진파"에서 유래한 용어, Tsunami) 등 자연재해에 의한 우량종의 급격한 자원량 감소 시 좋은 대책이 된다.

양식생물은 사람과 같이 숨 쉬고 먹고 놀고 자라면서, 사람처럼 노폐물 및 배설물을 체외로 내보내므로 양식 생산이 많은 연안은 양식 이전의 환경보다 열악한 수질환경이다. 그러므로 주택에서 환기를 하고 배설물을 하수 처리장에 모아 처리하듯이 양식 생물의 사육장에서도 자연 환경이 오염되지 않도록 최대한 노력해야 한다.

3) 수산 양식업 종사자의 직업 윤리

인간이 수산 생물을 직접 길러서 대량으로 생산, 공급해야 하는 것은 당연한 일이다. 그러므로 수산 양식업에 종사하는 사람들은 인류의 식량 공급자로서 사회에 기여한다는 것을 인식하고, 긍지와 사명감을 가지고 양식 생산에 힘써야 한다.

수산 양식은 산업적으로 가치 있는 수중 생물의 대상으로 그 종의 개체 수나 개체의 크기를 늘려서 생산량을 증가시키는 일이므로, 사람이 만들어 놓은 공정에 의해 제품이 생산되는 공업과는 근본적으로 생산 체계가 다르다. 그러므로 대상 생물의 품종에 대한 생리적, 생태적 조건의 이해가 필요하다. 양식 생물은 수중에서 살면서 사람이 주는 먹이를 먹기 때문에 대기 중에서 생활하는 사람이 쉽게 관찰할 수 없다. 이 때문에 양식장에서는 사람의 잘못된 관리로 양식 생물이 죽더라도 여러 날 발견하지 못하고 더 큰 피해를 볼 수 있다. 양식 생물을 기르는 일은 육상 생물을 기르는 일보다 더 많은 노력과 비용이 든다.

양식장의 어류가 일생 동안 성장하는 과정은 그림 Ⅰ-25와 같이 S자형 곡선을 그리게 된다.

사육자가 키워가는 도중에 같은 양의 먹이를 주더라도 더 이상 빠른 성장이 보이지 않는 시기에 도달하면, 어류를 수확하여 상품으로 판매한다. 수확 이전에 최대 성장 시기는 가장 건강도가 좋고 맛도 있다. 이 시기에는 거의 병들지 않고 먹이를 잘 먹는 시기이므로 질병에 걸릴 확률이 매우 낮을 것인데, 왜 양식장에서는 사육 중에 질병이 많이 발생하는 것일까? 그것은 그림에서 보는 것 같이 사육자가 먹이나 환경 관리를 충분히 해주지 않는 데서 비롯된다는 것을 알 수 있다.

여기서 양식업 종사자의 적성 판단사례를 예로 들면, 졸업을 앞둔 두 학생이 어류 양식 회사에 면접을 치르기 위해 대기한다. 사장님은 출하를 위해 수확 중인 넙치 수조에 데려가 족대를 맡기고 작업을 시켜본다. 작업인부는 운반용기를 가지고 다니며 20 m 떨어진 활어수송차에 어류를 넣고 있다. 두 학생은 쪽대로 미리 잡은 넙치를 작업 인부의 운반용기에 넣어주기 위해 기다린다.

사육자는 생물을 사랑하고 기르는 데 적성이 맞아야 하며, 이를 토대로 쾌적한 사육 환경의 유지와 양식 생물의 성장과 건강 유지에 필요한 균형 잡힌 먹이의 공급에 많은 배려를 해야 한다. 그 밖에도 열심히 일하고, 항상 지켜보며, 정성을 다 해야 하고, 많은 실무 경험이 있어야 한다.

이를 통해 양식생산 과정을 건전한 직업윤리 의식을 갖춘 사육자가 영양이 갖춰진 사료를 주면서 정성을 다하여 사육 관리를 하면, 양식어류는 건강한 식품으로 자라나고, 이것을 먹는 사람은 건강한 사람이 된다는 사육자→소비자 사이에 건전한 인식의 정착이 필요하다. 또한 친환경 수산물 및 생산 이력제 도입으로 양식 생산자는 소비자에게 웰빙 양식 생산물을 출하해야만 할 뿐만 아니라, 고급 어종을 보다 싼 가격으로 공급할 수 있는 기술 개발에도 최선을 다해야만 한다.

제 3 장 양식

양식은 수중에서 필요한 종자를 자연에서 또는 인위적으로 생산하여 양성하는 것이다. 종자는 양성하는데 기본이 되는 수산생물이며, 양성은 종자로부터 상품 크기까지 기르는 일이다. 양식에는 종자를 생산하여 판매하는 경우도 있고, 종자생산에서부터 양성까지 전과정에 걸쳐 생물을 생산하여 판매하는 경우도 있다. 따라서 양식의 과정을 종자생산과 양성으로 나누어 설명할 수 있다.

제 1 절 종자생산

1. 종자 생산의 개요

1) 종자 생산의 뜻

종자(種子)라 함은 원래 육상 식물에서 비롯된 용어로서, 식물체의 전부 또는 일부가 번식용으로 제공된 것을 말한다. 이전까지는 종묘(種苗)로 표기하여 왔으나 정부에서는 수산 종묘와 종자라는 표현을 혼용하고 있다하여 최근 수산종자 또는 종자로 통일하여 이 용어를 수산 동·식물에 적용시킴으로써 수산 종자라는 용어가 생겨나게 되었으며, 이는 곧 수산 생물의 생산을 위한 씨앗을 의미한다고 볼 수 있다. 수산 생물을 인위적으로 키울 때에는 먼저 어린 개체가 필요하다.

양식 생산의 실체는 대상 생물의 개체 수 증가와 개체 크기 증대에 있다. 개체 수 증가는 번식 현상을 관리하는 일이며, 개체 크기 증대는 성장 현상을 관리하는 일이다. 번식 현상이란, 자기와 같은 종류의 새로운 개체를 생산하는 것으로, 새로운 개체의 탄생은 배우자인 알과 정자가 형성되는 과정과 이들의 수정 과정 및 발생 과정 등으로 나눠진다. 여기에서 가장 기본이 되는 것은 번식 현상의 출발 재료인 알과 정자이며, 이것은 종자 생산의 원료인 셈이다.

수산용 종자는 양식용과 방류용으로 나누어진다. 양식용 종자는 사업 주체가 개인인 양식장에 투입되어 개인 소득을 올리는 종자이며, 방류용 종자는 국가나 지방자치 단체가 수역에 방류하여 자원 조성에 기여하도록 하는 것을 말한다. 종자에는 자연 종자(naturally grown seed)와 인공 종자(artificially reared seed)가 있다. 자연 종자 생산은 자연 상태에서 저절로 생겨난 어린 새끼를 수집하는 방법이며, 인공 종자 생산은 시설을 설치하여 양성된 어미나 자연산의 어미로부터 인공적으로 새끼를 만드는 방법이다.

종자 생산은 양식을 위해서 뿐만 아니라 어업 자원 생물의 관리를 위한 방류용으로서 그 중요성이 날로 높아져 가고 있다. 종자 생산 및 어미 양성 기술의 발달에 따라, 과거에는 불가능했던 종류도 점차 종자를 인공적으로 생산할 수 있게 되었다. 즉, 불완전 양식을 완전 양식으로 발전시켜 가고 있는 것이다.

수산 생물은 원래 많은 알 또는 포자를 방출하지만, 자연에서의 초기 생존율은 낮다. 이것은 부화와 유생 사육 기술만 향상시키면 그만큼 적은 수의 어미로부터 많은 종자를 생산할 수 있다는 뜻이다. 양성한 어미로부터 인공적으로 종자 생산을 하면 생산 효율이 높아져서 자연산 종자를 수집하는 것에 비해 경제적으로 큰 이익이 된다.

2) 종자 생산의 필요성

어패류는 육상 생물과 달리 수천에서 수천만 개의 알을 낳으므로 알의 크기가 매우 작을 뿐만 아니라 난황의 양도 적다. 이것은 알 또는 유생으로부터 어미가 될 때까지 죽지 않고 자랄 수 있는 것이 적다는 것을 의미한다. 개체의 생활사 중 생존에 위협을 받는 가장 위기적인 시기는 산란부터 유생(larva), 치어(juvenile) 단계라 할 수 있다. 이 시기의 것들은 자연 상태에서 다른 동물들의 먹이가 되며, 대부분의 어미 어류들은 새끼의 보육능력을 가지지 않기 때문에 산란량에 대한 생존율이 극히 낮아지게 된다. 그러므로 이들 자원을 증강시키기 위해서는 인간이 부모 역할을 해야 할 필요가 있다. 이와 같이, 수산 생물의 자원 조성을 위한 종자 방류 또는 양식을 위한 종자 생산시에 알로부터 정상적인 개체 생활을 유지할 수 있는 치어까지 인공적으로 기르는 일을 종자 생산이라 한다. 종자 생산 방법은 인공 종자 생산, 자연 종자 생산, 자연산 종자 수집으로 나눈다.

인공 종자 생산은 육상의 수조에서 어미로부터 받아 낸 알과 정자를 인공 수정하여 먹이를 주면서 치어까지 키워내는 적극적인 생산 과정이다. 자연 종자 생산은 자연의 생태계 속에서 발생한 유생을 채묘기(collector)에 붙여 물속에서 자연산 먹이를 먹고 자라도록 하는 생태계 이용과 인공적 보육이 합쳐진 생산 과정이다. 자연산 종자 수집은 자연 상태에서 자라나 한 장소에 무리를 이루고 있는 종자들을 수집하는 소극적인 생산 방법이다. 인공 종자 생산에서 주로 어류, 새우류, 게류, 전복, 해삼, 성게, 우렁쉥이 등을 생산하고, 자연 종자 생산에서는 어린 시기 또는 일생을 통하여 고형물에 붙어사는 습성을 지닌 패류인 피조개, 새고막, 굴, 담치 등을 생산한다. 자연산 종자의 수집에서는 아직 인공 종자 생산이 어려운 뱀장어, 바지락 등의 어패류가 그 대상이 된다. 이렇게 생산된 종자는 양식용으로 쓰이거나 연안의 수족 자원 조성을 위하여 바다에 방류되고 있다.

3) 양식 생물의 번식

수산 생물은 육상 생물에 비하여 자연계에서 엄청나게 많은 수의 알과 정자를 방출하고 있으나, 어미가 될 때까지 죽지 않고 자랄 수 있는 양은 그리 많지 않다. 따라서, 수산 생물의 경우 산란, 부화 및 어릴 때의 관리를 효과적으로 한다면 비교적 적은 수의 어미로도 많은 종자를 생산할 수 있다.

그러나 한편으로, 생식 세포의 수가 많다는 것은 성장 도중에 그만큼 많은 수가 죽어 없어진다는 뜻도 된다. 따라서, 인공 종자 생산할 때에는 양식 생물의 번식 기능에 관한 보다 과학적인 지식과 기술이 필요하다. 종자생산 방법에는 자연종자생산과 인공종자생산이 있다.

2. 자연 종자 생산

양성을 위해 자연에서 발생한 종자를 다양한 방법으로 수집 및 채묘하여 생산하는 것을 자연 종자 생산이라고 한다. 이를 위해 대상 생물의 초기 상태를 잘 알아야만 한다. 자연 종자 생산을 통해 종자를 생산하는 대표적인 수산생물은 해조류의 파래류와 매생이, 패류의 참굴, 피조개, 미더덕, 바지락, 어류의 방어, 숭어 등이 있다.

1) 자연산 채포

어류나 무척추동물 중에는 종자를 인위적으로 만들 수 없거나 만들 수는 있지만 비경제적이어서 현실적으로 인공 종자 생산이 어려운 종류들이 있다. 이러한 종류들의 양성용 종자는 자연에서 발생된 것을 모으거나 수집하여 사용한다. 방어 자.치어의 경우 부유조(drifting algae)에 몸을 은신하면서 유어기를 보내기도 하는데 떠다니는 부유조를 채집하면서 양식에 필요한 다량의 방어 종자를 채포하기도 한다(그림 3-1).

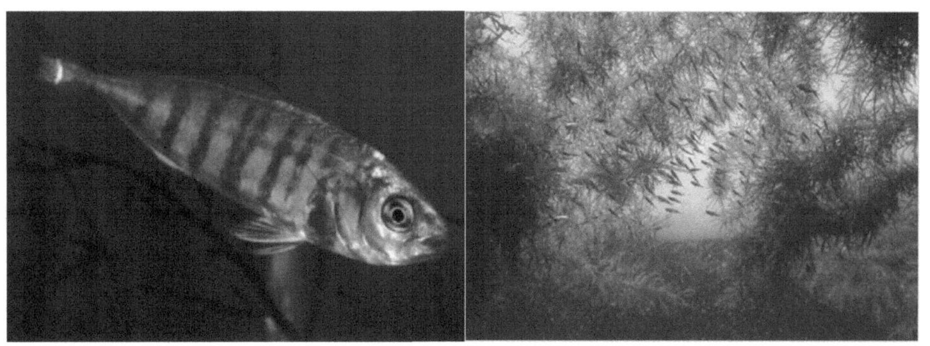

<3-1> 방어의 자연 종자와 부유조와 함께 이동하는 자어무리

2) 자연 채묘

자연 채묘의 대상이 되는 종류는 자연산 어미의 자원량이 많아 유생이 많이 발생하는 종이다. 이들을 대상으로 채묘 예보를 한 다음 알맞은 곳에 채묘 시설을 하여 채묘하고 종자로 사용할 수 있는 크기까지 관리한다.

(1) 채묘 예보

채묘 예보는 부유 유생과 치패를 조사해서 채묘에 알맞은 시기와 수역 및 수층을 알아내어 이 결과를 알리는 일인데 일반적으로 패류가 주 대상이 된다.

부유 유생의 분포는 표층 가까이에 많이 분포하는 종류와 저층 가까이에 많이 분포하는 종류들이 있다. 부유 유생은 가장 큰 것도 수백㎛ 이하로서 대단히 작고 육안으로는 관찰이 어렵다. 따라서 해수 유동 등을 극복하여 운동할 수 있는 힘이 없기 때문에 거리적인 이동은 해수의 유동에 지배된다. 같은 내만에서도 유속이 서로 다르면 유생의 분포도 달라지고 같은 장소에서도 시간에 따라 달라진다.

부유 유생기 이후의 치패 분포도 해수의 유동에 따라 달라진다. 같은 내만이어도 지점과 시간에 따라 부유 유생과 치패의 현존량이 다르기 때문에 한두 번의 조사 결과로부터 채묘 예보는 어렵다. 따라서 채묘 예보는 이러한 점을 충분히 고려하여 부유 유생과 치패의 현존량, 해수의 유동과 그 전망, 기타 여러 가지 환경 요인들을 참고하여 실시해야만 한다.

(2) 채묘 시설

채묘 시설은 치패의 생태적 특징을 고려하여 시설하여야만 한다. 치패가 부착성인 것은 그들이 잘 부착할 수 있는 부착 기질을 사용해서 만든 채묘기를 알맞은 부착층에 시설하여 채묘한다. 비부착성인 치패는 치패들이 쉽게 또 많이 침강해서 모일 수 있는 시설을 하여 모은다.

부착성 치패의 경우에도 부유 유생의 분포 양식에 따라 달리 시설한다. 표층 분포형 유생인 참굴과 같은 종류는 고정식 채묘 시설(말목식 채묘 시설)이나 부동식 채묘 시설(뗏목식, 밧줄식 채묘 시설)로서 채묘한다.

고정식 채묘 시설은 간석지에 말목을 세워 채묘상을 만들고 여기에 패각 채묘연을 수직으로 수하시켜 채묘한다. 이 방법은 유생수나 부착 치패수가 적은 대신 해수 유동범위가 상하로 넓기 때문에 부착이 균일해서 채묘가 쉽고, 부착한 치패는 간출작용으로 환경 변화에 대해 저항력이 강해진다.

부동식 채묘 시설은 수심이 깊은 곳에서 뗏목이나 밧줄 시설한 다음 채묘하는 것인데 패각 채묘연을 수직으로 수하하여 채묘한다. 이 방법은 농밀한 부착층의 범위가 좁기 때문에 부착이 균일하지 않아 채묘가 어려운 점이 있으나 정확한 조사 결과로서 채묘 할 경우 많은 양을 균일하게 부착시킬 수 있다.

부유 유생이 저층 분포형은 피조개와 같은 종류는 침설 수하식 채묘시설이나 침설 고정식 채묘시설로서 채묘한다.

침설 수하식 채묘 시설은 수심이 깊은 곳의 저층에 닻과 수중 뜸통 및 밧줄 등을 사용해서 채묘기를 설치하여 채묘하는 방법이다. 침설 고정식 채묘 시설은 수심이 비교적 얕은 곳의 저층에 대나무, 닻 및 밧줄 등을 사용해서 채묘기를 설치하여 채묘하는 방법이다.

치패가 비부착성인 바지락이나 대합 등은 간석지에 치패들이 쉽게 많이 침강할 수 있도록 대나무나 나뭇가지 등을 세워주거나 기타 방법으로 해수 흐름을 완만하게 조절해 주는 완류식 채묘 시설을 이용하여 치패를 모은다.

(3) 부착 치패의 관리

부착 치패의 관리 방법은 생활 습성에 따라 다르다. 부착 생활을 하는 종류, 부착 생활을 마친 다음 저서 생활로 들어가는 종류 및 처음부터 부착력이 없거나 약해서 저서 생활을 하는 종류 등이 있다. 부착 생활을 하는 참굴의 경우에도 1년생 양성인가 혹은 2년생 양성인가에 따라 관리방법이 다르다. 이 내용은 굴 양식 편에서 상세히 다룬다.

부착 생활을 마친 다음 저서 생활을 하는 피조개나 가리비의 채묘 장소는 수심이 깊은 곳이다. 이들은 약 1개월간의 부착 생활을 마치면 부착 기질에서 탈락하는데 탈락 전 치패가 빠져나가지 못할 정도의 그물로 만든 채롱에 채묘기를 넣어 관리한다. 그 후 치패들이 부착 기질에서 거의 탈락하면 부착기를 채롱에서 꺼내며 부니가 쌓이지 않도록 채롱을 정기적으로 갈아주거나 흔들어서 깨끗이 씻어주어야 한다.

부착력이 없거나 약해서 처음부터 저서 생활을 하는 바지락이나 대합 등은 수심이 얕은 간석지에서 채묘한다. 여기에 모인 치패를 지반 변동이 없는 안정한 곳으로서 해수 중에 잠기는 수심이 다소 깊은 곳이나 간석지라 하더라도 간출한 다음 해수가 괴어 있는 곳으로 옮겨 관리한다.

3. 인공 종자 생산

자연산 어미의 자원량이 현저히 줄어들었거나 자연 발생량이 적어서 자연 종자 생산이 어려운 경우에는 인공 종자 생산을 하여야 한다. 또한 자연 종자의 발생량은 해황에 따라 변동이 심하기 때문에 자연 종자 생산으로서 종자를 확보한다는 것은 종자 수급의 안정성이 낮지만 인공 종자 생산은 안정성이 크기 때문에 양식을 계획화 할 수 있다.

1) 어미의 선정과 그 관리

채란용 어미를 확보할 때에는 언제나 충실한 것을 골라야 한다. 자연 방란에 의한 채란을 할 때에도 영양 상태가 좋고 완전히 성숙한 것이어야 한다. 어미는 반드시 성숙 연령에 도달한 것을 사용해야 한다. 연령이 너무 어린 것은 알의 수가 적고 연령이 너무 많은 것은 알 수는 많지만 산란과 부화 성적이 좋지 않은 경우가 있다. 어미를 채포하거나 운반할 때 스트레스를 받지 않도록 하고 방란 직전의 상태에 있는 어미가 좋다.

채란용 어미의 선정 시기는 산란기의 전기나 중기가 좋고 후기는 좋지 않다. 특히 무척추동물의 경우 산란기 후기가 되면 부분적인 산란을 한 개체들이 많아 채란 성적이 좋지 않고, 새우류는 부분적으로 알을 가지고 있더라도 채란한 알의 부화율이 아주 나쁘다.

선정한 어미는 채란 시까지 좋은 환경을 만들어 충분한 먹이를 주면서 잘 관리해야 한다. 일반적으로 패류의 성숙한 어미는 저온 장치로 조절한 저온 해수 중에 수용해서 유수시켜 주면 상당히 오랫동안 관리하더라도 채란할 수 있다.

2) 채란 및 수정법

채란법에는 자연 채란법과 인위적 채란법이 있다. 자연 채란법은 어미의 자연 방란에 의해 채란하는 것으로서 널리 사용된다. 인위적 채란법은 복부를 절개하여 알을 꺼내거나 어류의 알을 짜내는 방법으로 채란하는 방법이다.

어미들 중에는 채란이 잘 안되는 경우도 있고 때로는 특수한 산란 유발법을 써야만 하는 것도 있다. 또한 성숙 시기를 앞당기고자 하는 경우에도 산란 촉진법을 사용한다. 산란 촉진법은 간출이나 정자 등에 의한 자극 외에도 온도, 자외선 조사 및 호르몬 주사 등이 있다. 일반적으로 패류의 인공 종자 생산시에는 간출 및 자외선 조사 해수를 이용한 촉진법을 병행하여 사용한다.

3) 부화 및 유생사육

부화 성적은 부화 유생의 건강과 부화할 때까지의 관리 방법에 따라 차이가 난다. 종류에 따라 복잡한 부화 시설을 하기도 하지만 무척추동물에서는 특별한 부화 시설이 필요하지 않다. 부화율은 수온, 염분, 탁도, 산소 및 물리적인 충격 등에 따라 다르기 때문에 부화 관리에 주의해야 한다. 알에서 부화한 어린 것은 처음에는 알 속에 저장되어 있던 영양 물질로 성장하지만 며칠 후에는 먹이를 먹어야 한다. 인공 종자 생산에서는 이 시기 동안 알맞은 먹이를 제대로 먹지 못하면 대량 폐사하는 일이 많이 일어나기 때문에 위험기라고 한다.

무척추동물의 유생은 먹이 선택성이 까다롭기 때문에 사육이 힘든 편이다. 조개류는 부화 후 며칠이 지나면 식물플랑크톤(*Pavlova lutheri*, *Cyclotella nana*, *Chaetoceros calcitrans*)을 먹는다. 유생 사육 시 성장은 유생의 크기와 먹이의 종류에 따라 다르므로 적합한 먹이와 적정 먹이량을 공급해야 한다. 조개류의 유생은 성장한 다음이라고 하더라도 소형 먹이 생물을 계속 먹는다. 같은 종류라고 하더라도 성장 단계에 따라 알맞은 먹이가 다른 경우가 있기 때문에 알맞은 먹이를 공급하면서 사육해야 한다.

사육 시설에는 육상 시설과 해상 시설이 있는데 육상 인공 종자 생산 시설은 관리는 편하지만 경비가 많이 들고, 해상 인공 종자 생산 시설은 경비는 적게 들지만 관리가 다소 불편하다. 어떤 시설이든 유생이 건강하게 자라게 하려면 먹이, 수온, 명분, 용존산소, 해수의 유동조건이 좋아야 하고 환수를 알맞게 해 주어야 하며 환수 시 충격에 유의해야 한다.

4. 종자생산 현황

인공종자 생산량의 약 94%가 무상분양으로 양식업에 이용이 되며 나머지는 자원증식을 위한 방류사업으로 이용된다. 생산량을 살펴보면, 참굴의 경우 부착기유생의 생산이 이루어지고 있으며, 북방대합, 큰우럭 및 참담치는 기술개발의 단계에서 일부 생산됨으로써 앞으로 생산량 증대가 기대된다. 부착성 식물인 김, 미역 및 다시마 등은 인공종자생산 기술이 확립 후 양식업자에게 기술이 이미 이전되어 산업화가 이루어지고 있다.

과거 우리나라의 종자생산 기술은 외국에 비해 뒤떨어져 있었던 것이 사실이나, 현재는 다양한 종에 있어 그 기술이 개발되어 일부 패류를 제외한 대부분 종자가 인공종자생산기술로 생산되고 있다. 그 외에도 여러 어종에 대한 인공종자 생산기술이 개발 중에 있어 금후 인공종자생산에 의한 종자 보급이 확대될 것으로 기대된다. 그러나, 아직도 많은 부분을 자연채묘나 수집에 의존하는 종에 있어서는 해황의 변화에 따른 생산량의 변화가 크므로 보다 안정적인 생산을 위해서는 인공종자 생산기술의 산업화가 이루어져야 할 것이다.

제 2 절 양 성

양성은 종자로부터 상품크기까지 기르는 일인데 양성 형태에 따라 집중관리양성(集中管理養成)과 방류재포양성(放流再捕養成)으로 나눈다. 집중관리양성은 일정한 수역에서 종자를 집중적으로 사육하거나 성장시켜 수확하는 것이고, 방류재포양성은 자연상태의 방대한 넓은 수역이나 종자 방류장에 종자를 방류한 다음 성장한 것을 재포하는 것이다. 우리나라에서는 현재까지 주로 집중관리양성을 실시해 왔다. 방류, 재포 양성의 대상은 연어, 참돔, 넙치, 대하, 보리새우 및 꽃게 등이다. 여기에서 다루고자하는 것은 우리나라에서 주로 시행되고 있는 양성형태인 집중관리양성이다.

양성 생물은 그들의 생태에 따라 각각 알맞은 양성법이 있고, 양성법마다 다른 특성을 가지는 양성장이 있다. 생물을 양성하는 데 있어 알맞은 양성법으로 그 생물에게 적합한 양성장에서 양성하는 경우, 양성 생물의 성장이나 생산을 억제하는 요인을 제거하는 것과 부족한 것을 충족시키는 것 등 양성 관리가 매우 중요하다. 또한 양성 관리를 한다 하더라도 해적 생물에 의하여 피해를 입거나 여러 가지 질병이 발생하는 경우가 있기 때문에 그에 대한 예방이나 대책도 고려되어야 한다.

1. 양성법

양성법은 양성 생물의 생태에 따라 다르며, 유영성 동물, 유영성 저서동물, 포복성 동물, 비부착성 동물, 일시 부착성 동물, 부착성 동물 및 부착성 식물은 그들의 생태가 서로 다르고, 같은 유영 동물이라 하더라도 어류나 두족류는 그 생태가 다르므로 양성장이나 양성법도 다르다. 양성 생물의 생태와 양성법, 환경 조건과 양성장 등은 서로 밀접한 관계가 있기 때문에, 이들 중에서 어떤 한 가지만을 분리시켜 생각할 수 없고 이들 조건이 모두 알맞아야 한다.

일반적으로 양성법에는 운동이 심하고 많은 이동을 하는 유영 동물과 같이 먹이를 주어서 양성하는 동물이나 여기에 준하는 동물을 양성하는 폐쇄식 양성과, 이동이 적거나 없는 부착 동물이나 비부착성 동물과 같이 먹이를 주지 않고 양성하는 개방식 양성이 있다.

1) 폐쇄식 양성

유영동물의 양성은 인위적으로 제한한 시설 또는 구획한 자연어장에 모두 수용하여 폐쇄식으로 한다. 특수한 목적에 따라 부착성 동물(일시 부착성 동물)이나 비부착성 잠입 동물로서 이동이 심한 종류나, 포복성 저서 동물로서 먹이를 주어서 양성하는 종류도 폐쇄식 양성법으로 양성하는 경우가 있다. 폐쇄식 양성법에는 제방식, 육상 수조식, 그물 차단식, 그물 가두리식, 채롱식, 상자형 가두리식 및 조위망식 양성 등이 있다.

(1) 제방식 양성

제방으로 천해의 일부를 막고, 수문을 만들어 못 안의 해수를 환수시키면서 양성하는 방법을 제방식 양성(그림3-2)이라 한다. 방어, 숭어 등과 같은 어류와 보리새우, 대하 등의 갑각류를 주로 양성하고 있으나, 해수의 교환율이 나쁘고 양식장의 연작으로 인한 어장의 노화현상, 이 밖에 바이러스와 같은 질병으로 대량폐사가 발생하는 문제가 있어 최근에 와서는 거의 새로 만들지 않고 있다. 따라서 제방식 양성장은 방어나 새우류 양성장의 원형이라고 할 수 있다.

<그림 3-2> 제방식 새우 양식장

(2) 육상 수조식 양성

연안의 육상에 수조를 만들고 양수 시설에 의하여 수조 안의 해수를 교환해 주면서 양성하는 방법을 육상 수조식 양성(그림3-3)이라 한다. 대하나 보리새우, 소라 및 전복 등을 양성하는 양성법으로, 소라나 전복 등은 소형 수조에서 양성하지만, 새우류는 대형 수조에서 정수식으로 양성하는 경우도 있다. 그러나, 일반적으로 소형 수조에서 유수시키면서 많은 양을 양성하는 유수식 양성을 많이 볼 수 있다. 최근에는 대형 콘크리트 원형수조에서 넙치, 조피볼락 등의 해산어류 양식을 주로 하고 있다.

<그림 3-3> 육상 수조식 넙치양식장

(3) 그물 가두리식 양성

양성 생물이 도망하지 못하도록 그물로 만든 가두리를 수면에 뜨게 하거나, 수중에 매달아 양성하는 것을 그물 가두리식 양성(그림3-4)이라 한다. 조피볼락, 돌돔, 참돔 및 복어 등과 같은 어류를 양성하는 그물 가두리식은 이들을 수용하기 위해 그물로 만든 가두리를 뜸틀로써 뜨게 한 다음 그 속에서 양성한다. 이것은 해수의 교류가 잘 되고 관리가 편리할 뿐만 아니라 육상 수조식과 같이 양수에 필요한 경비를 절감할 수 있는 경제적인 이점이 있어 어류양식법으로 널리 보급되고 있다.

<그림 3-4> 그물가두리식 어류양식장

(4) 채롱식 양성

채롱식은 그물로 만든 수용기를 해수의 중층이나 저층에 매달아 양성하는 방법(그림3-5)으로 가리비, 진주조개 및 전복 등과 같은 패류를 양성한다. 조개류는 수온, 먹이생물의 종과 양에 따라 성장에 큰 영향을 받으며, 전복과 같이 인위적으로 먹이를 공급하여 양식하는 경우에는 관리에 용이한 수층 또는 해수의 교류 등을 고려하여야 하므로 대상종에 따라 채롱을 수하할 적정 수층이나 채롱의 모양이 다

<그림 3-5> 채롱식 가리비 양식장

양하다.

(5) 조위망식 양성

<그림 3-6> 조위망식 대합 양식장

그물과 말목으로 간석지를 막고 그 안에 종패를 방양하여 양성하는 방법을 조위망식 양성(그림3-6)이라 한다. 조개류 중 이동이 심한 대합과 같은 종자를 양성할 때 쓰이는 양성법이다. 우리나라 서·남해안의 간석지에서 널리 보급된 바 있다.

2) 개방식 양성

먹이의 공급이 필요 없이 자연의 먹이생물에 의존하는 부착성 동물이나 비부착성 저서 동물을 양성할 때 개방식 양성법으로 양성한다. 개방식 양성법에는 수하식, 나뭇가지식 및 바닥식 양성 등이 있다.

(1) 수하식 양성

개방식 양성법 중에서 가장 발달한 양성법으로서, 양성 생물인 부착성 동물을 수중에 매달아 양성하는 방법이다. 수하식 양성에는 뜸틀식 수하 양성과 침설식 수하 양성 등이 있다.

① **뜸틀식 수하양성** : 부착성 동물인 굴, 진주담치 또는 우렁쉥이와 일시 부착성 동물인 가리비 등을 귀매달기 방법으로 뜸에 매달아 양성하는 방법인데, 일반적으로 수면 가까이의 상층과 중층을 활용한다. 여기에는 뗏목 뜸에 양성용 수하연을 매달아 양성하는 뗏목 수하식(그림 1-8 참조)과 스치로폼 부이와 밧줄로써 뜸을 만들어 양성용 수하연을 매달아 양성하는 밧줄 수하식(그림 1-10참조)이 있다. 뗏목 수하식은 대나무를 종횡으로 엮어서 뗏목을 만들고, 뜸통을 받쳐 띄운다. 그리고, 이 뗏목을 알맞은 양성장에 옮겨 밧줄과 닻을 사용하여 고정시킨 다음, 뗏목에 양성용 수하연을 매달아 양성하는 방법으로 우리나라에서는 70년대와 80년대 초반에 굴과 진주조개 양식에 주로 사용을 하였으나 최근에는 사용하지 않고 있다.

밧줄(rope)수하식은 스티로폼이나 합성수지 등으로 만든 뜸통과 밧줄을 사용하여 뜸을 만든 다음, 밧줄과 닻으로 고정시키고, 이 뜸틀에 양성용 수하연을 매달아 양성하는 방법이다. 일반적으로 밧줄 수하식에 사용되어 왔던 대부분의 부표는 스티로폼 재질로 만들어져 해양환경에 많은 악영향을 끼쳐 왔다. 이들 부표(Buoy)는 장기간 바다 위에 떠 있는 시간이 길어질수록 파도와 바람, 염분으로 인해 외측 표면이 갈라지거나 부서지기 시작하고, 너울이나, 높은 파도 및 강한 바닷 바람을 만나면서 손상이 가속화돼 수명이 더욱더 짧아지게 된다. 결국 파손된 부표는 부력이 낮아져 바다에 가라앉게 되고 작게 부서지며 바다 속을 떠돌게 된다. 이렇게 부서진 스티로폼은 미세 플라스틱이 되고 해양생물들은 이를 먹이로 오인하여 섭취하게 된다. 먹이사슬을 통해 플라스틱을 섭취한 해양생물이 인간의 식탁에 오르게 되고, 결국은 인간도 미세플라스틱의 악 영향으로부터 자유로울 수 없게 된다. 이로 인해 정부에서는 2021년 11월 12일 '어장관리법 시행규칙' 일부 개정안을 공포하면서 어장 내 스티로폼 부표 설치를 단계적으로 제한할 계획과 더불어 2022년 11월 13일부터김, 굴 등 수하식 양식장에 스티로폼 부표 신규 설치를 제한하도록 하였고, 1년 후에는 모든 어장에서 스티로폼 부표를 새롭게 설치할 수 없게 하며 정부는 25년까지 모든 양식장 및 바다에서 스티로폼 부표 제로화를 목표로 정책을 시행하고 있다. 대신 친환경 플라스틱 재질의 부표(주홍색 부이) 등으로 전량 교체하는 지원 사업을 추진하고 있다(그림 3-7). 앞으로 친환경 부표는 기존의 친환경 부표의 문제점들을 개선시키면서, 100% 생분해되고 미세플라스틱을 전혀 발생시키지 않는 기존 제품보다 더 우수한 새로운 부표인 '에코폼' 부표도 개발, 공급될 예정이어서 미세플라스틱에 의한 해양 오염저감에 기여할 것으로 예상된다.

<그림 3-7> 친환경 플라스틱 부자

② 침설식 수하양성 : 일시 부착성 또는 부착성 동물인 가리비나 우렁쉥이 등을 수하연에 결착시키거나 부착한 수하연을 닻과 뜸통을 사용해 저층에 침설시켜 양성하는 방법을 침설식 수하 양성이라 한다.

참가리비의 경우, 동해안에 있어 심한 풍파와 외해에 면한 어장으로 시설유지가 어렵다는 이유로 1980년대까지 양식이 이루어지지 않았으나, 90년대에 들어서 동해 중부 즉, 강원 연안에서 자연 채묘가 이루어짐으로써 20~50 m 수심인 천해의 저층을 개발하여 이 양성법으로 하고 있으며, 귀매달기 양성법(그림3-8)도 일부 병행되고 있다. 우렁쉥이는 남해안이나 동해안의 10~20 m 수심인 장소의 저층에서 양성할 수 있다.

<그림 3-8> 동해안의 침설식 참가리비 양식

③ 뜬발식 양성 : 부착성 식물인 김을 기르는 양성법으로서 수심이 얕은 연안에서 주로 이용하고 있다. 발에 부착시킨 김을 양성하는 것으로서 말목을 이용하여 부동식으로 설치하거나 뜬흘림발을 설치하여 양성한다(그림 1-6참조). 김은 노출에

강하므로 해적생물과의 경합에서 적응하기 위해 매일 일정시간 노출을 주는 것이 좋은데 김의 성장에 적합한 광선을 받을 수 있는 수위는 조석으로 항상 변하고 있으므로 이 점을 고려하여 시설한다. 뜬발은 노출시간을 조절할 수 있기 때문에 해적생물을 구제하기 쉽고, 갯병을 예방할 수 있어 질좋고 건강한 김 생산을 가능하게 한다는 잇점이 있다.

<그림 3-9> 간이 수하식 양성

④ 기타 수하 양성 : 부착성 동물인 굴이나 진주담치를 기르는 양성법으로, 간석지나 수심이 얕은 천해에서 양성하는 방법이다. 잡목이나 대나무를 종횡으로 서로 엮어 고정시킨 시렁을 만든 다음 수하연을 매달아 양성하는 것을 말목 수하식 양성 또는 간이 수하식 양성(그림 3-9)이라 한다.

(2) 나뭇가지 양성

부착성 동물인 참굴을 기르는 양성법으로, 우리나라에서는 1950년대에 소나무를 많이 사용했기 때문에 송지식 양성(松枝式養成)이라고도 한다. 간석지 또는 수심이 얕은 내만인 천해에 나뭇가지를 세우고 여기에 참굴을 부착시켜 양성하는 것을 나뭇가지 양성(그림 3-10)이라 한다. 나뭇가지가 직접 참굴의 부착 기질로 되기 때문에, 채묘 예보 결과에 따라 치패의 부착 시기를 택하여 시설한다. 시설은 해수의 유통을 고려해서 알맞은 간격으로 세우는데, 이 때 관리할 때의 작업 통로가 있어야 하고, 이 통로는 조류의 방향과 평행하게 배열한다. 나뭇가지의 종류는 여러 가지가 사용되나 소나무, 참나무, 또는 대나무 등이 주로 쓰인다. 나뭇가지 양성으로 일정한 기간 동안 양성한 것을 바닥 양성의 종패로 사용하는 경우도 있다. 나뭇가지 양성은 비교적 시설비가 적게 들고 시설하기가 쉬운 이점이 있다. 그러나, 최근에 와서는 여자만이나 광양만 등 일부 지방에서만 볼 수 있다.

<그림 3-10> 나뭇가지 양성

(3) 바닥식 양성

천해의 바닥에 종자를 그대로 방양하거나 부착 기질에 부착시켜 양성하는 방법을 바닥식 양성이라 한다. 양성 대상 종류가 가장 다양한 방법으로서, 천해를 가장 넓게 이용한다. 피조개나 가리비(그림 1-11참조) 등과 같이 수심이 20~40 m나 되는 깊은 곳에서부터 바지락류와 같이 간출 시간이 8~10시간이나 되는 지반이 높은 간석지에서도 양성할 수 있다. 때로는 수심 3~20 m 되는 수하식 양성장의 해저에서 직접 양성할 수 있는 해삼과 같은 종류도 있다. 부착 기질에 종자를 부착시켜 양성하는 참굴은 간석지에서 수 m 되는 수심에 이르기까지의 사이에서 양성한다. 이때, 부착 기질의 종류에 따라 여러 가지 이름이 있는데, 돌을 사용하면 투석식 양성(그림 3-11), 패각을 사용하면 패각식 양성이라고도 한다.

<그림 3-11> 투석식 굴 양식

3) 양성관리

양성 대상 생물에 따라 양성법과 그 관리가 다르지만, 양성관리는 양성 생물이 죽거나 허실이 없도록 하고, 건강하고 상품 가치가 있도록 성장시켜 경제적인 생산을 하는 데 목적이 있다. 그러므로, 대상종의 생물학적 특성에 따라 환경 조건과 수확 등을 고려하여 먼저 양성 계획을 세우고, 여기에 따라 종자를 택하여 방양한 다음 양성 관리해야 한다.

(1) 방양

양성 계획에 따라 정해진 양성장에 종자를 방양하는데, 이 때의 종자를 방양하는 시기와 양이 알맞아야 한다. 방양 시기는 종류에 따라 서로 다르고, 같은 종이라 하더라도 종자에 따라 다르며, 양성장의 환경에 따라서도 다르다. 참굴의 예를 들어 보면, 조기 채묘한 비단련 굴 종자는 그 수하시기가 여름이지만, 후기 채묘한 단련 굴종자는 늦봄에서 초여름 사이에 수하한다. 또, 양성장에 부착성 해적 생물이 많이 부착하는 곳에서는 그 시기를 피해서 수하해야 한다.

일반적으로, 종자의 방양은 수온이 상승할 때를 택하여 하는 것이 좋다. 수온이 상승할 때에는 방양한 종자가 새로운 환경에 빨리 적응해서 성장할 수 있는 기간이 길어지기 때문이다. 방양량은 종류, 양성법 및 양성장의 환경 조건 등에 따라 다르다. 그러나 그 기준은 언제나 양성장의 환경 조건이 가장 나쁜 시기의 안전한 현존량이 되어야 한다. 부착성 동물이나 비부착성 잠입 동물은 유영 동물에 비해 방양 밀도가 높다. 또 수하식은 바닥 양성보다 양성 밀도가 높으며, 그물 가두리식이나 그물 차단식 양성장은 제방식 양성장에 비하여 해수의 유통이 대체로 좋기 때문에 방양밀도가 높은 편이다. 양성장의 환경 조건 중에서 방양량과 직접 관계가 깊은 것은 먹이의 발생량, 수온, 수질, 해수의 유통, 해적 생물 및 질병 등이다. 부착 동물이나 비부착성 잠입 조개류는 먹이의 발생량이 보다 중요하지만, 유영 동물은 수질, 특히 산소의 공급과 소비의 조건이 방양 밀도를 정하는 데 가장 중요하다.

(2) 먹이

먹이에는 먹이생물(live food)과 인공사료(feed)가 있다. 양성 종 중에는 먹이 생물만을 섭취하는 여과식성동물(filter feeder)인 조개류나 원색류와 같이 아주 작은 먹이생물을 먹는 것과, 권패류나 극피류 등과 같이 초식성으로서 해조류를 먹는 것도 있다. 그러나, 양성종 중에는 먹이생물 뿐만 아니라 인공사료도 먹을 수 있는 갑각류나 어류 등이 있다. 이들을 양성할 때에는 양성장 내에서 양성하는 과정 중에 발생하는 먹이 생물의 절대량이 부족하므로 인공사료를 공급하여야 한다. 갑각류나 어류를 인공사료로써 양성할 때에는 전체 경영비용 중에서 차지하는 인공사료비의 비중이 가장 크다. 따라서, 인공사료는 값이 싼 것으로서 사료계수가 낮은 것을 골라야 한다. 또, 충분한 인공 사료의 양을 미리 확보해 두어야 한다. 경우에 따라서는 구하기 힘들거나 공급되는 양이 고르지 못한 시기도 있으므로, 이러한 문제들을 잘 검토한 다음 저장 시설을 갖추어 두거나, 아니면 다른 대책을 강구하여 의외의 일이 일어나지 않도록 해야 한다.

인공사료는 경우에 따라 조리해야 할 때가 있으므로, 조리 시설도 갖추어야 한다. 조리는 먹기 쉽고 소화가 잘 되며 영양분이 고르게 갖추어지도록 하기 위한 것이다. 인공 사료를 주는 양이나 횟수는 양성 대상 종에 따라 다르나, 허실이 없고 전환 효율이 높이기 위하여 먹이를 먹는 상태에 따라 언제나 관찰해서 알맞게 주어야 한다. 양성 대상 종에 따라서는 먹이로 인해 상품 가치가 달라지는 경우나 있으므로, 상품가치를 유지하거나 회복시키기 위해서는 특수한 먹이를 주지 않으면 안 될 때도 있다.

(3) 환경의 개선과 이용

양성 과정에 있어서 생산을 저하시키거나 성장을 억제시키는 각종 저해 요인을 알아내어 그것을 제거하고 부족한 것을 충족시켜 주는 일이 대단히 중요하다. 일반적으로 저해 요인은 먹이 생물의 양, 용존산소량, 양성 생물의 배설물, 바닥에 쌓인 먹이 찌꺼기, 그밖에 저질 성분 및 해수의 유동 등을 들 수 있다. 먹이 생물의 양은 양성 생물의 생산량이나 성장을 직접 좌우하게 된다. 먹이 생물의 절대량이 부족한 시기에는 그들의 번식을 조장해 주거나 공급 대책을 세워야 한다. 용존산소량의 영향은 아주 크고, 특히 여름철은 양성 생물의 성장과 수온 상승 등에 따라 많은 양의 산소를 필요로 하게 되는데, 이 때에는 산소량이 제한 요소가 되므로 특별한 주의가 필요하다. 용존산소량은 해수의 유동이나 주수량에 따라 달라진다. 부족할 때에 공급하거나 보충하는 방법으로는 교반기, 분산기, 통기식 포기 등이 이용되지만, 나쁜 물질을 함께 제거하기 위해서는 유수식이나 여과식을 사용한다.

배설물과 바닥의 찌꺼기나 각종 생물의 죽은 것이 함께 바닥에 쌓이면, 거기에서 발생하는 황화수소를 비롯한 환원 물질에 의한 피해가 아주 크다. 같은 양성장에서 장기간 계속 양성하게 되면 성장이 늦어지고 생산량도 현저히 줄어들게 되는데, 이러한 현상을 양성장의 노화현상(老化現象)이라 한다. 이 때의 대책으로는 바닥에 침적한 퇴적물을 제거해서 환경을 개선해 주거나, 일정한 기간 동안 양성을 중지해서 환경이 개선된 다음 다시 활용해야 한다. 양성장의 노화현상이 일어나지 않도록 밀식을 방지하는 한편, 알맞은 양을 정해서 양성하지 않으면 안 된다.

해수 유통은 양성 생물의 생산량이나 성장을 좌우할 뿐만 아니라, 양성장에 따라서는 그 특성이 잘 나타나기도 한다. 해수의 유통이 좋은 경우에는 먹이가 고르게 공급되어 계절에 따른 성장의 차이가 작고, 거의 균일하게 성장한다. 양성시설이나 생물에 부착성 해적 동물이 많이 부착하면 해수의 유통도 나빠지고 먹이의 공급량도 적어져 성장이 늦어진다. 이들 해적 생물을 제거해서 환경을 개선시켜 주는 일도 필요하다. 양성 생물을 그물망이나 채롱 등에 수용해서 양성할 경우에는 수용시설에 부착 생물이 많이 붙어서 해수 유통이 좋지 않으면 성장이 늦어지고, 심할 때에는 폐사하기도 한다. 이 때에는 수용 시설을 바꿔 주거나 청소해서 환경을 개선해 주어야 한다.

양성장에 따라서는 패각이 잘 자라는 곳, 비만이 잘 되는 곳, 산란이 촉진되는 곳 등과 같이 서로 다른 특성을 가지고 있는 곳이 있다. 성장이나 비만이 좋지 않은 양성장에서 양성하던 생물을 좋은 곳으로 옮겨 주면 처음부터 좋은 양성장에서 양성했던 것보다 좋은 결과를 나타낸다. 패각이 잘 자라는 양성장에서 양성한 다음 수확하기 전에 비만이 좋은 양성장으로 옮겨 일정한 기간 동안 양성한 후 수확하면 양이 현저히 증가한다.

진주 양식을 할 경우에는 진주의 피착은 잘 되나 품질이 좋지 않은 양성장이 있는가 하면, 피착은 늦지만 진주의 품질을 매우 좋게 하는 화장어장(化粧漁場)이 있다. 진주의 피착이 잘 되는 양성장에서 양성한 다음 수확하기 전에 화장어장으로 옮겨 일정한 기간 양성한 후 수확해서 효과를 얻고 있다. 이와 같이 양성장의 환경 특성을 이용해서 양성 관리를 하면 효과가 아주 크다.

(4) 해적과 질병

동물이 직접 잡아먹거나 또는 생활을 방해하는 것 등은 해적 생물에 의한 재해라 하고, 이들 해적 생물을 해적이라 한다. 질병은 산소 부족과 같이 어떤 환경 요소의 결함으로 생물의 기능에 장애를 가져와서 피해를 일으키는 기능적 질병과, 미생물이 생물의 몸 속 또는 몸의 표면에 기생함으로써 생기는 생물학적 질병이 있다.

가) 해적생물

해적에는 포식자인 식해성 해적, 경쟁자인 부착성 해적 및 기타 해적으로 양성장에 대량 발생해서 유용 생물의 성육에 나쁜 영향을 주는 것 등이 있다. 식해성 해적에는 아주 많은 종류들이 있다. 조류인 오리류나 철새류는 어류나 패류 등을 포식하는데, 이 양은 막대한 숫자에 달한다. 어류 중에서도 육식성으로 다른 종류를 먹는 경우 해적생물로 분류되기도 하며, 특히 망둑어, 감성돔(*Aanthopagrus schlegeli*)은 연안 양성장에서 양성하고 있는 패류의 치패를 많이 포식한다. 연체동물 중의 문어류나 육식성 고둥류는 예상 외로 식해량이 많다. 문어(*Octopus vulgaris*)는 패류, 어류 및 갑각류 양성장에 아주 큰 피해를 준다. 식해성 고둥류인 피뿔고둥(*Rapana thomasiana*), 입뿔고둥(*Ceratostoma fournieri*), 뿔고둥(*Ocenebra japonicum*), 대수리(*Reishia clavigera*) 및 두더럭고둥(*Reishia bronni*) 등은 천공샘에서 강한 산을 분비하여 조개의 패각에 구멍을 뚫고 육질부를 식해한다(그림 3-12). 조개류의 양성장에서 천공된 패각을 많이 볼 수 있는 것은 이들에 의해 식해된 양이 어느 정도 되는가 하는 것을 쉽게 알 수 있게 한다. 극피동물인 아무르불가사리(*Asterias amurensis*)는 조개류의 양성장에서 조개류를 연중 계속해서 식해하므로 가장 많은 피해를 주고 있다. 이상과 같이 식해성 해적은 그 종류가 많고, 또한 이들로 인한 피해도 대단히 크다.

그러나 이들 중 어류인 감성돔이나 연체동물인 문어류 등은 패류나 갑각류 등의 양성장에서는 큰 해적 동물이지만, 유용종이기 때문에 이들의 번식에 따라 생기는 이해가 형편에 따라 각각 다르다. 그러나, 양성 대상종에 피해를 주는 경우에는 모두 해적으로 취급한다. 식해성 해적 동물로 인한 피해가 없도록 하기 위해 식해성 고둥류 같으면 난낭을 제거하거나, 불가사리나 고둥류는 보이는 대로 잡아 없애거나, 물개나 조류는 그들의 침범을 방지하는 등 효과적인 구제 대책을 강구해야 한다.

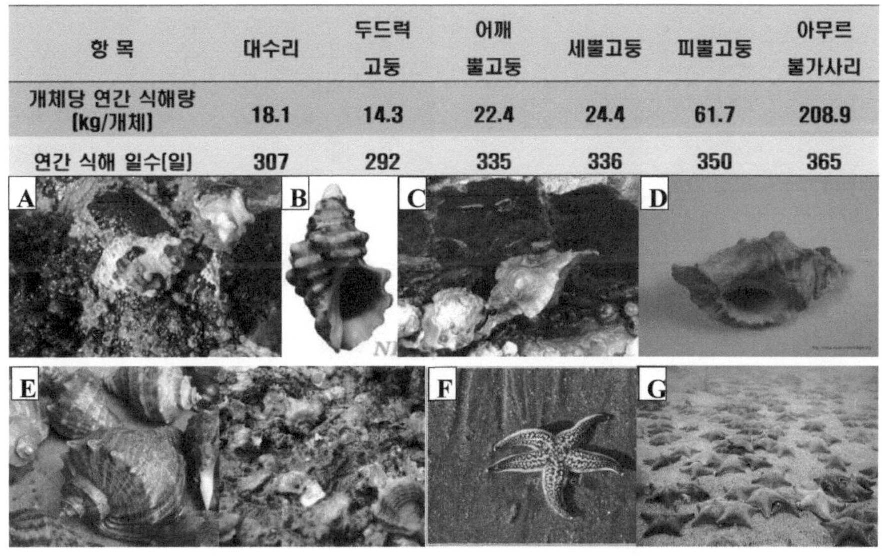

항 목	대수리	두드럭 고둥	어깨 뿔고둥	세뿔고둥	피뿔고둥	아무르 불가사리
개체당 연간 식해량 [kg/개체]	18.1	14.3	22.4	24.4	61.7	208.9
연간 식해 일수[일]	307	292	335	336	350	365

<그림 3-12> 주요 식해성 해적생물과 연간 식해일 수 및 식해량. A, 대수리; B, 두드럭고둥; C, 어깨뿔고둥; D, 새뿔고둥; E, 피뿔고둥; F, 아무르불가사리; G, 별불가사리.

부착성 해적에는 절지동물인 따개비(barnacle), 해면동물인 각종 해면류, 원색동물인 미더덕(*Styela clava*)이나 오만둥이(*Styela plicata*), 연체동물인 지중해담치(*Mytilus galloprovinciallis*; 이전에는 진주담치, *M. edulis* 불리워짐) 등 많은 종류가 있다(그림 3-13). 이들은 먹이 경쟁, 해수의 유통 장애 등으로 양성 생물의 성장을 저해할 뿐만 아니라, 양성시설물을 침하시키는 등 여러 가지 유해한 결과를 가져오게 한다. 부착성 해적 생물이 부착했을 때에는 부착 후 어린 시기에 온수처리로 제거하거나, 종기중에 노출시켜 제거해 준다. 부착해서 어느 정도 성장한 다음에는 온수 처리나 간출 처리로 구제가 잘 되지 않기 때문에 모두 손으로 하나하나 제거해 주어야 하지만, 효과는 그다지 크지 않다. 부착성 해적 생물의 착생시기와 부착하는 수층을 알아 대책을 강구하는 방법도 효과적이다.

<그림 3-13> 주요 부착성 해적생물. A, 따개비; B, 지;중해담치; C, 미더덕; D, 오만둥이

기타 해적에는 다모류인 *Polydora ciliata*와 같이 패각에 집을 만든 다음 그 속에 사는 것이나, *Gonyaulax polygramma*, *Gymnodinium mikimotoi* 및 *Cochlodium polykrikoides* 등과 같은 적조 생물 등이 있다. *Polydora*에 의해 만들어진 구멍은 대부분 패각질로서 막혀 있으나 때로는 패각의 안쪽까지 관통해 있는 경우도 있다(그림 3-14). 이러한 때에는 양식 패류의 영양 상태가 좋지 못하며, 소형의 양식 패류에 많이 기생했을 때에는 피해가 아주 크다. 이들은 산란·발생해서 일정한 기간 부유 생활을 한 다음 패각 위에 미세한 부유 입자로 집을 만들기 때문에, 일반적으로 개흙질이 많은 곳에서 대량 발생한다. 구제 대책으로는 부유 생활을 마치고 부착기에 들어갈 때 부유 입자의 부유를 억제하는 일이다.

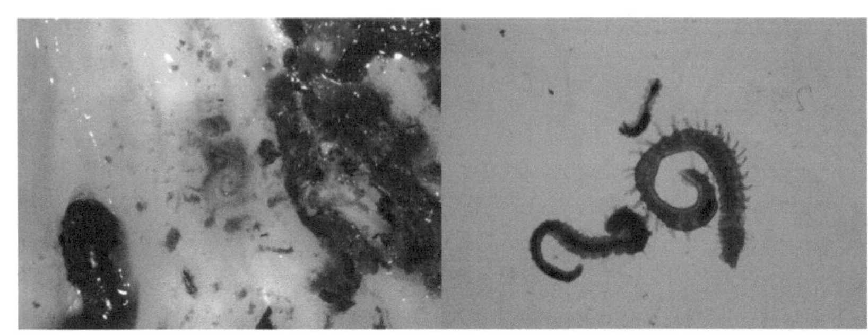
<그림 3-14> 가리비 패각 내부의 다모류와 분리 개체

나) 녹조(綠潮), 갈조(褐潮), 금조(金潮) 및 적조(赤潮) 현상

녹조현상(green tide)이란 통상 "부영양화된 호소나 유속이 느린 하천에서 부유성의 조류(식물플랑크톤)가 대량증식하여 수면에 집적하여 물색을 현저하게 녹색으로 변화시키는 현상"(그림 3-15)을 가리키는 용어로써 사용하기도 하지만, 연안역에서는 파래류(*Ulva*)가 대량 증식하여 바닷가를 파래의 무덤으로 만들고 있는 현상을 일컫는 용어로 사용되기도 한다.

<그림 3-15> 부유성 조류에 의한 녹조 현상

따라서 녹조현상은 부영양화된 호소나 하천과 같이 내수면에서 부유성의 조류에 의해 발생하는 녹조 현상(green tide in inland) 와 연안역의 해수면에서 파래류에 의해 발생하는 녹조 현상(green tide in offshore)으로 구분하여 표현할 수 있어야 한다.

일반적으로 녹조현상이란 최근까지도 가장 흔하게 사용되어왔던 수화(물꽃현상, water-bloom), 즉 특정수역에서 조류가 대량 증식하여 물색을 변화시키는 현상과 중복되어 사용되기도 하지만 대량 증식하는 조류의 종류에 따라 물색이 달라지기 때문에 녹조현상을 수화와 동일한 의미로 사용하는 것은 잘못된 것이며, 수화라는 표현은 일반적인 조류의 대량증식현상을 모두 포함하는 말로 훨씬 넓은 범위의 의미를 가지고 있다. 따라서 녹조현상은 수화현상의 한 종류로 남조류의 대량증식으로 인해 물색이 녹색으로 변색하는 현상만을 의미하며 일본어로는 아오코(青粉)라고도 한다. 실제 녹조현상이라는 말은 1996년 들어 우리나라에서 처음 사용된 말로 연안의 해수가 붉게 변하는 적조현상(red tide)과 비교하여 물색이 녹색으로 변한다고 하여 신문이나 방송 등을 통해 붙여진 이름이지만 실제 녹조현상을 일으키는 원인 조류들은 대부분 남조류(그림 3-16)이므로 학문적으로 정확한 표현이라고는 할 수 없으나 일반시민들이 쉽게 이해할 수 있는 표현이기 때문에 점차 널리 사용되고 있다.

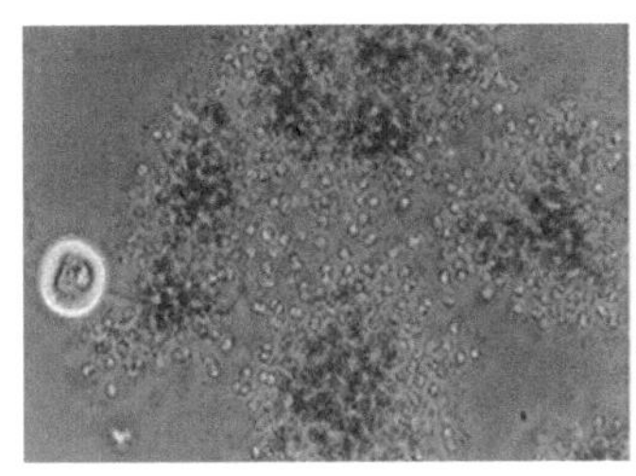
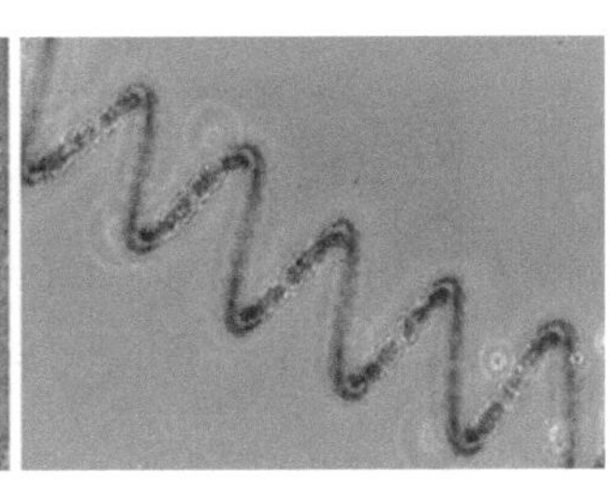

<그림 3-16> 담수 녹조의 원인 생물인 남조류
Microcystis aeruginosa (좌), *Anabaena spiroides* (우)

반면, 연안역에서의 파래류의 대량 증식으로 나타난 녹조현상(green tide in offshore)은 연안역의 부영양화로 인해 수명이 짧고, 번식력이 뛰어난 기회성 해조류인 1년생 여러계절 해조인 파래류의 대량 증식에 의해 나타난다(그림 3-17). 특히, 급속한 경제발전과 함께 연안 오염도 가중되고 있는 중국 칭따오, 산둥반도의 위이하이 연안에서는 해수욕이 불가능 할 정도로 파래류가 대량 발생하여 연안 오염을 가중시키고 있고, 우리나라에서는 제주도 성산읍 신양해수욕장 일대 방두만에서 1995년 이후 파래류에 의한 녹조가 매년 크게 발생해 주민과 관광업계에 많은 피해를 주고 있다. 특히 방두만은 제주도 내에서 가장 많이 녹조가 발생하는 지역 중 한 곳으로 알려져 있다. 중국 연안의 녹조 원인 해조류는 가시파래(*Ulva prolifera*)로 알려졌으며, 제주도의 녹조를 발생시키고 있는 원인 녹조류는 잎파래(*U. linza*)와

<그림 3-17> 파래류에 의한 해수 녹조 현상

모란갈파래(*U. conglobata*), 구멍갈파래(*U. australis*) 등으로 이 같은 파래 등 녹조류 대발생은 자연적으로 발생하고 있는 것으로 알려져 있지만 제주도를 입도하는 관광객의 폭발적 증가와 더불어 제주 연안의 양식장 증가에 의한 배출수의 대량 배출도 파래류를 폭발적으로 번식시키는 한 요인으로 추론해 볼 수 있다.

갈조(brown tide) 현상은 금세기에 알려진 학술적 용어로 진핵생물의 주요 계통군 가운데 하나인 부등편모조문(不等鞭毛藻門, Heterokontophyta), 규질편모조류(硅質鞭毛藻綱, Dictyochophyceae)에 속하는 *Aureococcus anophagefferens*와 *Aureoumbra lagunensis*가 원인 생물로, 이들의 대부분을 차지하는 규조류를 포함하여, 현재 100,000여 종 이상이 알려져 있다. 대부분은 거대한 다세포인 다시마부터 단세포인 규조류에 이르는 조류로서, 플랑크톤의 주요 구성원을 이룬다. 이들 규질편모조 외에도 갈조 현상의 원인 미세조류는 규조강(Becillariophycease)의 규조류 (*Chaetoceros calcitrans*), 남세균강(Cyanobacteria) *Synechococcus* sp., 와편모조강(Dinophyceae)의 *Prorocentrum minimum* 등이 알려져 있다. 갈색 조수를 의미하는 갈조 현상은 인간을 독살하는 독소를 생성하지 않지만 장기간 지속될 경우 잘피밭의 조개류를 모두 폐사시키고, 뱀장어 생태계를 교란시켜 손상시키고 매년 수백만 달러의 경제적 손실을 초래한 예가 있는데, 1990년 미국 뉴욕주 롱아일랜드(Long Island)의 페코닉만(Peconic Bay)에서는 연간 200만 달러 규모의 가리비 산업을 완전히 근절시킬 정도로 큰 피해를 가져오기도 하였다.

<그림 3-17> 규질편모조에 의한 갈조 현상

금조 현상(golden tide)은 모자반속(*Sargassum*) 해조류의 폭발적 대량 발생으로 나타나는 현상으로 카리브해(Caribbean sea), 멕시코만(Gulf of Mexico), 서아프리카(West Africa)와 중국 연안 및 우리나라 제주도와 서해안에서 빈번하게 나타나고 있다. 녹조 현상과 마찬가지로 사회 경세적으로 익 영향올 미칠 뿐만 아니라, 각종 환경 문제를 일으키고 특히 서해안에서는 김 양식장에 막대한 피해를 준다. 우리나라에서 발생하는 금조 현상은 대부분 중국에서 대량 발생한 괭생이모자반이 부유조의 형태로 해류나 조류를 타고 밀려와 쌓이면서 발생하는 것으로 알려져 있다.

적조(Red tide)로 인한 피해는 적조 생물의 종류나 그 때의 환경 조건 또는 여러

<그림 3-18> 부유조에 의한 금조(golden tide) 현상(해안가에 밀려와 쌓여 있음)

가지 여건에 따라 다르게 나타나는데, 규조류나 야광충일 경우에는 그다지 피해가 없으나, *Gymnodinium*, *Gyrodinium*, *Prorocentrum*, *Heterrocentrum*, *Eutreptiella* 및 *Cochlodinium* 등은 피해가 심하다.

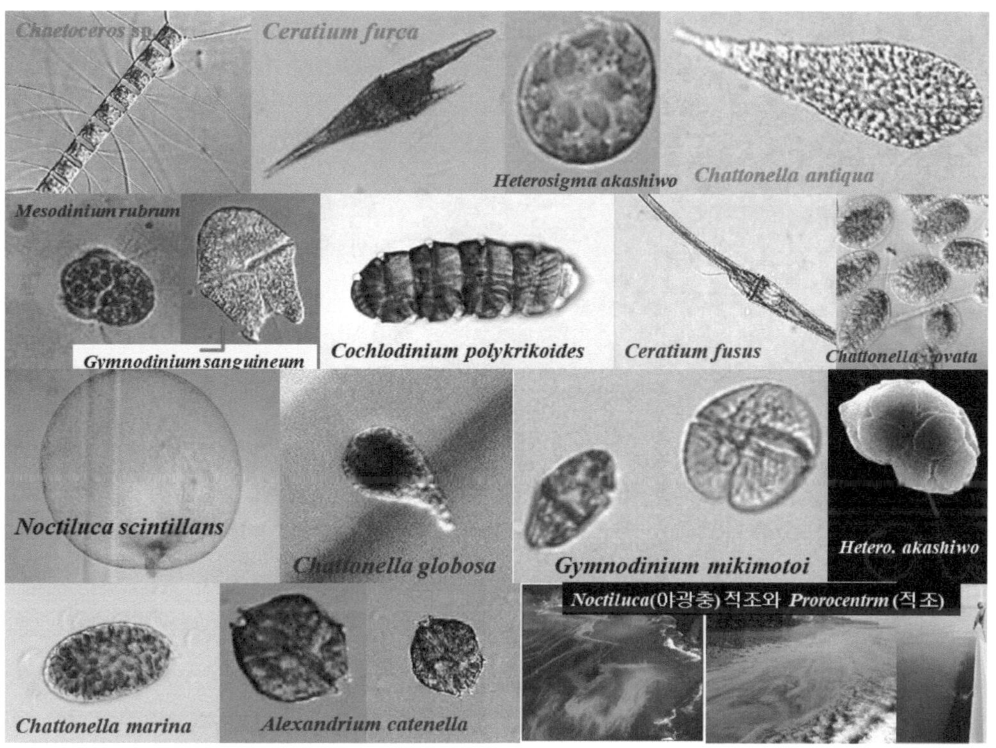

<그림 3-19> 대표적인 적조 원인 생물과 적조 발생 현상

<그림 3-20> 연안역에서 발생한 적조

적조 대책으로는 해수의 유통이 좋은 양성장을 선정해서 예방하는 것이 가장 안전하고, 최근에는 적조가 대량 발생한 경우 황토 살포 등으로 번식을 부분적이나마 억제하고 있다. 최근 우리나라 남해안에서 발생되는 적조의 원인 생물은 대부분 *Cochlodinium polykrikoides*에 의한 것으로 많이 알려져 있는데, 적조가 심할 경우 남해안의 어류 양식장과 기타 수산동물 양식장에서는 수백억의 피해를 입는데 2018~2021년 고수온·적조로 폐사한 양식물 피해액은 655억여원에 달하는 것으로 알려졌다.

<그림 3-20> 담수 녹조가 발생한 호소(좌)와 연안에서 발생한 적조 현장에서의 황토살포

다) 기능적 질병

해수 중에 용존하는 산소가 과포화 상태로 녹아 있을 때에는 가스병을 일으키며, 수온의 급격한 변화는 어류에 대사장애를 일으키거나 몸의 표면에 점액질을 분비시켜 결국 쇠약해서 죽게 된다. 해수의 용존 산소는 수산 동물의 호흡에 대단히 중요하지만, 산소나 질소 가스, 그 밖의 기체가 과포화 상태로 녹아 있으면 어류의 지느러미 속에 기포가 많이 생기거나, 배 속에 기체의 큰 방울이 생기는 가스병에 걸린다. 가스병에 걸는 이유는, 해수 중에 과포화 상태로 녹아 있던 가스가 호흡으로 흡수된 다음 동물의 몸 속에서 유리되어 기체 방울을 생성하기 때문이다. 가스병에 걸리면 몸 조직에 기계적인 장애를 주고, 심하면 죽게 된다. 수온이 급격하게 변화하면 그 속에 살고 있던 어류나 갑각류는 대사장애 또는 점액 분비로 쇠약해지거나 죽게 되는데, 특히 어린 종자를 수송하여 양성장에 방류할 때까지의 과정에서 주의하지 않으면 많은 피해를 받는다. 유독한 화학 물질도 양성 생물에게 막대한 피해를 주는 일이 많고, 폭발물이나 전류도 양성 생물에 대해서 치명적인 피해를 입힌다. 양성 생물은 몸에 상처를 입으면 그대로 치료되는 때도 있으나, 이차적으로 미생물 등에 감염되어 죽는 일이 많다.

라) 생물학적 질병

양성 생물은 몸이 약해지지 않는 한 병에 대한 저항력이 강하다. 질병의 대부분은 생물학적 질병이며, 일반적으로 질병이라고 하면 생물학적 원인으로 생기는 질병을 말한다. 질병이 생기는 것은 관리를 잘못했을 때, 나쁜 먹이의 공급, 산소 부족, 알맞지 않은 온도 또는 환경이 좋지 않을 때이다. 양성 생물이 병에 걸렸을 때에는 약품치료도 중요하지만, 먼저 좋은 환경을 만들어 잘 관리해야 한다.

일반적으로 흔히 볼 수 있는 질병을 들어 보면 다음과 같다. 병을 일으키는 기생충에는 흡충류인 *Benedenia*, *Bivagina*, *Diclidophora*와 구두충류(鉤頭虫類)인 *Longicullum* 등이 있다. *Bivagina* sp.는 지느러미 기부에 기생해서 염증이 생기고, 궤양을 일으키기도 하여 보기에 아주 흉하게 된다. 구제는 수온 23℃되는 담수에 4~5분간 담가 두면 거의 없어진다. *Bivagina tai*는 Microcotylidae에 속하는 종류로서 언제나 새엽(鰓葉)에 기생하며, 심한 경우에는 빈혈을 일으키고, 체색이나 아가미 및 간장이 흰색 또는 옅은 노란색으로 된다. 구제는 염분 농도가 짙은 해수(8%)에 1분간 담가 두거나, 비티오놀(bithionol)을 체중의 0.3%씩 3일간 계속 먹여도 효과가 있다. *Diclidophora elongata*는 구강벽에 주로 기생하나, 새궁(鰓弓)또는 새파(鰓耙)에 기생하는 수도 있다. 심하면 빈혈 때문에 힘없이 유영하고, 체색이나 아가미가 흰색으로 되며, 몸이 아주 여위게 된다.

<그림 3-21> 해산 양식어의 기생충성 질병

구제는 담수욕을 3분간 시키면 효과가 아주 좋다. *Longicollum parosomi*는 어류의

직장에 기생하는데, 심하면 직장이 볼록해지고, 쇠약하거나 여위게 되고 성장이 중지되며, 경우에 따라서는 죽는 것도 있다.

세균성 질병은 종자의 채집이나 수송 또는 기타 원인으로 몸에 상처가 생겼을 때 상처에 병원균이 붙거나, 상처를 통해 내부 기관으로 침범서 발병한다.

<그림 3-21> 해산 양식어의 세균성 질병

증상은 피부가 흰색으로 변하고 비늘이 일어서며, 안구에 염증이 생기는 경우에는 혈구가 탁한 흰색으로 변하거나 돌출하고 충혈되는 경우도 있다. 대책으로는 수산로메징소오다를 고기 체중의 500분의 1정도를 먹이에 섞어 3~4일간 먹이면 회복한다. 클로람페니콜(chloramphenicol)병은 *Vibrio anguillarium*에 감염되었을 때 생기는 병으로, 고기의 체표(體表)에 출혈 환부가 생기고, 때로는 근육 깊은 곳까지 출혈 반점이 생긴다. 심하면 궤양이 되고 근육 조직이 융해될 뿐만 아니라, 큰 핏덩이도 생긴다. 또, 지느러미의 출혈, 안구 돌출, 안구내 출혈, 항문 적변, 체색 흑색화도 수반한다. 대책은 워싱턴 주립 대학(Washington State University)에서 개발한 비브리오의 백신(Vaccine)인, 상품명으로 하이박스(Hivax)가 있어 이것을 사용하면 효과가 좋아 비브리오로 인한 폐사는 방지할 수 있다.

우리나라의 양식산 어류의 어종별 주요 질병은 <표 3-1>과 같다.

<표 3-1> 우리나라 양식산 어류의 어종별 주요 질병과 감염원

감염원	질병명	어 종						
		해산어류			담수어류			
		넙치	조피볼락	돔류	뱀장어	무지개송어	잉어류	메기미꾸라지
바이러스성	바이러스성 출혈성 패혈증	▲				●		
	바이러스성 신경괴사증	▲						
	해양버나 바이러스증	▲						
	이리도바이러스 감염증	▲		⊙				
	랍도바이러스증	▲						
	림포시스티스 바이러스병	▲	■	⊙				
	상피증생증	▲						
	전염성 조혈기괴사증					●		
	전염성 췌장괴사증					●		
	허피스 바이러스병						▣	
	봄바이러스병						▣	
세균성	에드와드병	▲			◈			◭
	연쇄구균병	▲	■	⊙				
	비브리오병	▲	■	⊙	◈	●		
	장관백탁증	▲						
	활주세균증	▲	■					
	두부궤양증				◈			
	붉은지느러미병				◈			
	적점병				◈			
	부스럼병					●		
	세균성신장병					●		
	아가미부식병					●	▣	
	백운병(슈도모나스병)						▣	
	운동성에로모나스병(솔방울병)						▣	◭
	아가미 및 꼬리부식병							◭
기생충성	스쿠티카증	▲						
	백점병	▲		⊙		●		◭
	트리코디나증	▲						◭
	아가미흡충병		■	⊙	◈	●		
	클라벨라병		■					
	베네데니아증			⊙				
	알레라증			⊙				
	요철병				◈			
	장포자충증						▣	
	아가미포자충증						▣	
	물이증						▣	
	킬로도넬라증						▣	
영양성	영양성질병		■					
기타질병	녹간증			⊙				
	가스병				◈			◭
	아질산중독증				◈			
	수생균병							◭
	물곰팡이병					●		

제 4 장 먹이생물과 사료

양식 생물이 그들의 생명을 유지하고 성장하기 위해서는 체외로부터 영양분의 공급은 필수적이며, 생물이 영양분을 섭취하는 대상이나 방법은 생물의 종류나 식성에 따라 다르다. 해조류 경우는 해수 중의 무기 영양염을 몸의 표면으로부터 흡수하면서 태양 에너지와 이산화탄소로 광합성을 하여 성장하지만, 어패류와 같은 수산 동물은 필요한 에너지나 영양을 입으로 섭취한다.

일반적으로 해조류는 필요한 영양염이 해수 중에 비교적 풍부하게 존재하기 때문에 이들을 양식할 때 영양염이 크게 문제가 되지 않는다. 그러나 수산 동물의 경우, 그들의 식성이나 먹이 섭취 방법에 따라 자연에서의 먹이 의존도는 매우 달라진다. 예를 들면, 플랑크톤 식성 동물 또는 유기쇄설물(detritus) 식성 동물 등의 경우에는 비교적 먹이가 풍부하기 때문에 이들의 먹이 섭취는 자연에 의존하고 있으며, 육식성 동물 또는 잡식성 동물의 경우에는 자연에서 그 양이 비교적 적기 때문에 이들의 먹이 공급이 양식에 있어 매우 중요하다.

이와 같은 자연에서의 먹이 분포는 주위 환경이나 생물의 분포에 따라 달라져, 대체로 자연적으로 수중에서 발생되는 먹이의 양이 비교적 많은 종을 양식할 때는 큰 문제가 되지 않는다. 그러나 그 발생량이 적은 것을 먹는 종을 양식할 때에는 먹이가 문제가 되는데, 이 때 수중에서 발생되는 먹이 외에 인위적으로 공급하는 먹이를 보충사료공급(supplementary diet feeding)이라 하고, 자연에 존재하는 먹이에 전혀 의존하지 않고 양식생물의 영양요구를 고려하여 제조한 배합사료(artificial feed)만을 공급하는 것을 완전사료공급(complete diet feeding)이라 한다. 양식에 있어, 특히 고밀도 양식에는 완전배합사료를 공급하는 것이 여러 가지 측면에서 필요하므로 배합사료의 품질과 공급 체계가 양식에 있어서 대단히 중요하다.

제 1 절 먹이생물

1. 분류

수산에서 사용하고 있는 먹이라는 말은 주로 수산 동물에 대한 먹이생물을 뜻한다. 자연계에서 수산 동물이 포식하는 먹이는 동·식물 먹이 중에서도 거의 살아 있는 먹이가 주가 된다.

산먹이는 생먹이 또는 자연먹이라 하고, 먹이가 되는 살아 있는 동식물을 먹이생물(live food)이라고 하여 가공된 인공사료(artificial feed)와는 구별하여 사용한다. 먹이를 먹는다는 것은 수산 동물이 성장에 필요한 영양 물질을 얻는 것을 뜻하며, 부화한 다음 얼마 되지 않은 유생은 먹이를 먹게 됨으로써 골격이나 근육 등의 조직을 만들고 성장하면서 성체로 된다. 성체도 호흡이나 운동과 같이 개체 유지에 필요한 에너지원으로서 먹이를 먹고 몸을 구성하는 체성분을 보충하여 정상적인 생활을 하며, 또 성숙·번식해서 종(種)을 유지해 가고 있다. 그렇기 때문에 먹이의 결핍은 생활 기능의 저하에 의한 몸의 쇠약으로 병원균에 대한 저항력이 약해지고, 개체뿐 만 아니라 종속(種屬)의 번식에 영향을 끼치게 된다.

수서동물의 먹이 대상이 되는 자연계의 살아 있는 동식물을 먹이생물이라 하며, 그 중에서 특히 양식이나 어장 형성에 관여하는 먹이생물을 수산 먹이생물이라 한다.

먹이생물을 분류하면 식물과 동물로 대별할 수 있고, 이들 중 중요한 것은 <표 4-1>에서 보는 바와 같다. 자연계에서 먹이 생물은 이들을 먹는 무리들의 식성(feeding habit)에 따라 종류가 다양하다. 여기에서 식성이라고 하는 것은 동물이 어떤 종류의 먹이를 어떤 행동에 의해서 먹는가 하는 것이다. 그러나, 먹이의 종류만을 식성으로 취급하는 경우도 있다. 식성은 동물의 종류에 따라, 또 같은 종류라 하더라도 계절에 따른 환경의 변화나 성장 단계 등에 의해서도 여러 가지로 달라진다. 모든 동물들은 각각의 식성에 알맞은 입, 소화관, 근육, 골격, 신경이나 체형을 가지고 있으며, 운동이나 소화 효소의 분비 기능 등도 식성에 맞도록 발달되어 있다. 모든 동물의 식성은 동물 상호간에 복잡한 관계를 가지고 있으며, 생존 경쟁이 계속되고 있다. 따라서, 동물 상호간의 복잡한 먹이 관계를 확실하게 파악함과 동시에 포식자(predator)와 피식자(prey)의 특성을 조사함으로서 대상 동물의 성장이나 양식을 효율적으로 관리할 수 있다.

먹이생물을 간략하게 분류해 보면 아래와 같고, 수산양식에서 가장 많이 활용되는 동, 식물계 자연 먹이생물인 생먹이(live food)를 정리한 것은 <그림 4-1>과 같이 대별할 수 있다.

• 식물계: Chrysophyta=규조류(diatom)
  Chlorophyta, 녹조류
  Cyanophyta=남조류=남세균(Cyanobacteria)

• 동물계: Protozoa-Marine flagellata, 원생생물, 해산편모충류
  Aschelminthes-Rotifera, 대형(帶形)동물, 윤충류
  Chaetognatha-Sagittoidea, 모악동물, 화살벌레류

• 부생 섭식자(썩은 것을 먹는 동물, Scavenger) 또는 사체섭식자

<표 4-1> 중요 수산 먹이생물의 분류

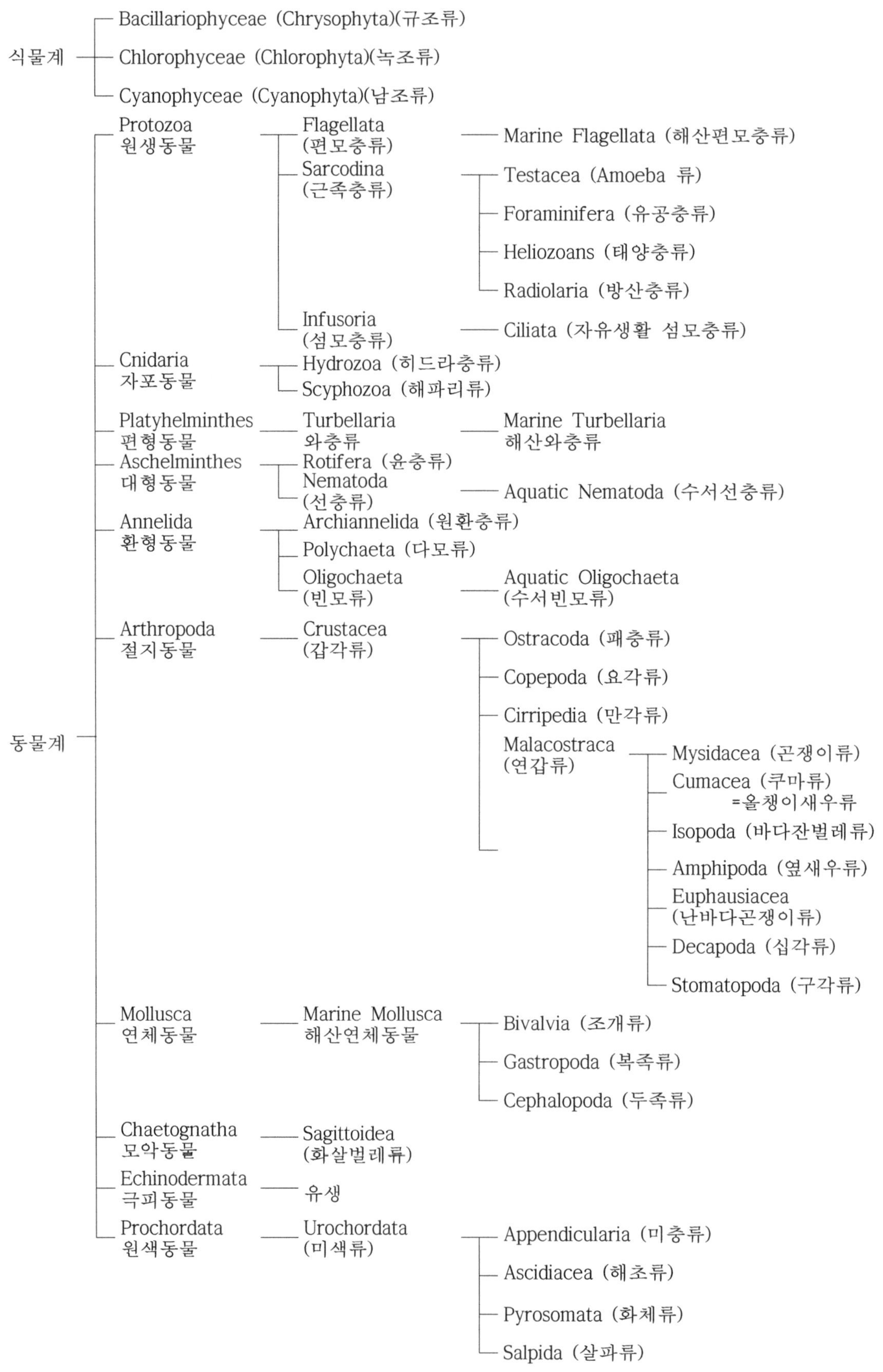

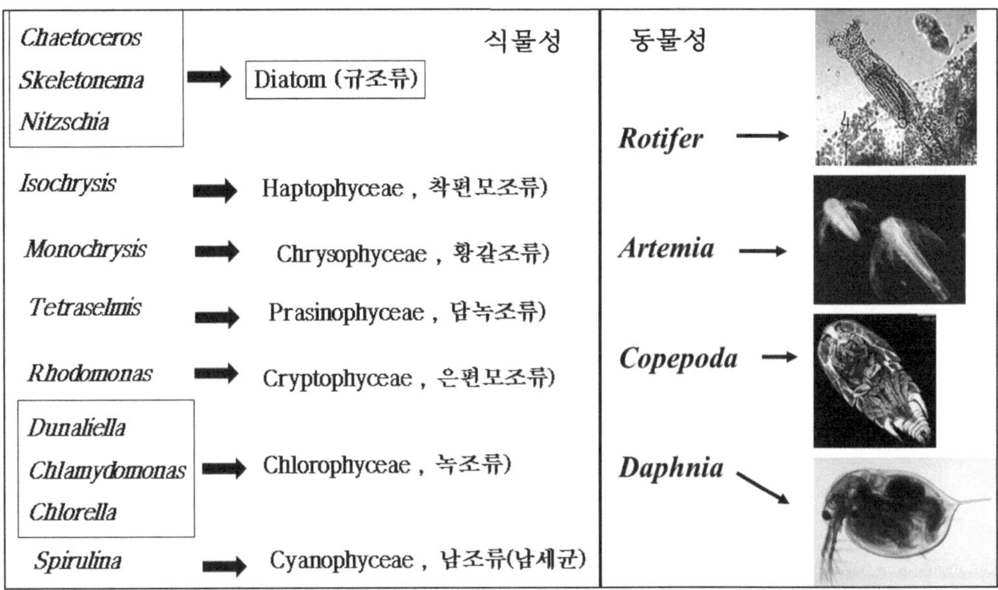

〈그림 4-1〉 수산양식에서 주로 활용되는 동, 식물성 먹이생물

2. 먹이 사슬

동물 상호간의 포식자-피식자 관계(predator-prey interaction)를 먹이 연쇄 관계라 한다. 이는 일방적으로 진행되고, 초식성동물(herbivore)에서 시작하여 육식성동물(carnivore)에서 끝나는 것이 일반적이다. 먹이 사슬(food chains) 또는 먹이 연쇄는 생태계 내에서 종간의 포식자와 피식자의 관계인 먹이 그물(food web)을 일차원적으로 나타낸 것이다. 유기체들이 섭취하는 유기체에 생물군계나 에너지가 전달되는 방향으로 화살표로 연결된다. 이를 근거로 에너지가 생산자(primary producer)인 독립영양생물(獨立營養生物: autotroph)로부터 소비자(consumer)인 종속영양생물(從屬營養生物: heterotroph)에게 전달되는 과정을 알 수 있다. 일반적으로 먹이사슬 또는 먹이그물은 연결된 그림만을 의미하며(그림 4-2), '먹이 네트워크' 또는 '생태 네트워크'는 굵기를 달리하여 전달되는 영양분이나 에너지의 양을 나타낸다. 먹이사슬은 특정한 동물이나 식물이 과밀하게 늘어나는 것을 막아주어 동물과 식물들이 살아가는데 중요한 부분이다. Odum(1971)에 의한 먹이사슬의 분류 체계는 아래와 같다.

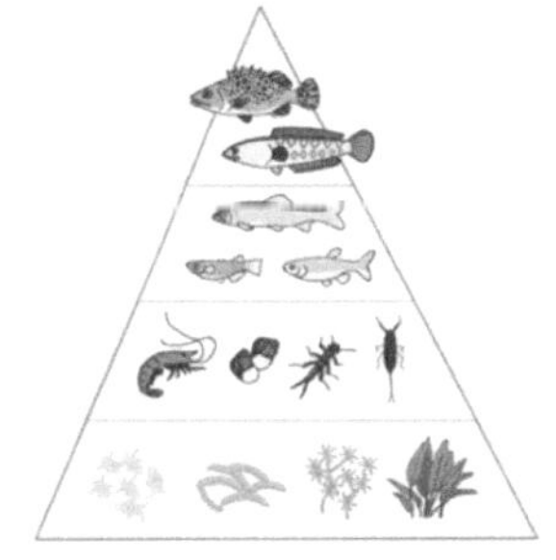

〈그림 4-2〉 먹이연쇄

먹이 사슬의 분류

포식연쇄(predatic chain): 식물-1차 소비자-2차 소비자로 차례로 먹혀가는 연쇄

기생연쇄(parasite chain): 1차기생자-2차기생자-3차기생자로 이어지는 연쇄

부생연쇄(saprophytic chain): 죽은유기물-미생물로 이어지는 연쇄

하지만 위와 같은 3가지 연쇄는 각각 독립적인 체계로 성립되는 것이 아니고 생태계 속에서 상호 복잡한 관련성을 맺고 있다. 이와 같은 먹이 사슬의 복잡한 관련성이 거미줄과 같이 상호 연결되어 있는데, 이 복합계를 먹이 그물(food web)이라고 한다(그림 4-3).

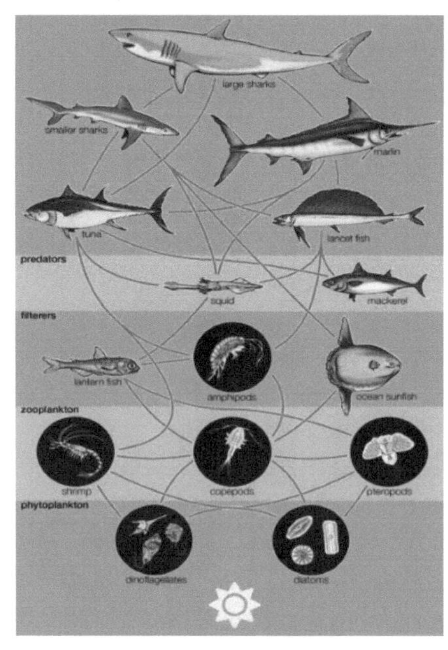

〈그림 4-3〉 먹이망
출처: http:www.britannica.com

해양에서의 일반적인 먹이 연쇄의 예를 들면, 표층성어류(pelagic fish)는 다음과 같은 먹이 연쇄 관계가 알려져 있다.

식물플랑크톤→동물플랑크톤→자치어
→유어→약어→성어

이는 크기를 대상으로 한 먹이 관계이나, 플랑크톤 식성인(plankton feeder) 멸치, 청어 및 꽁치 등은 어미라 하더라도 플랑크톤을 먹기 때문에 예외가 된다. 또한, 종류를 달리한 경우의 먹이 관계를 보면 다음과 같다.

규조류(식물플랑크톤)→요각류(동물플랑크톤)→
청어·꽁치→고등어→다랑어

일반적으로 먹이 연쇄의 계급 수는 3, 많다고 하더라도 5를 넘지 않고, 연쇄의 마지막 단계에 가까울수록 동물의 몸체는 커지고(심해어 등 예외도 있음) 개체 수는 적어진다(Elton, 1927). 또, 먹이연쇄의 마지막 단계에 가까운 동물일수록 운동성이 크고, 개체 유지를 위한 에너지 소비가 많기 때문엔 먹이가 너무 작으면 경제적이지 않다. 그러므로, 대부분의 동물에는 가장 알맞은 먹이의 크기라는 것이 발생 단계(developmental stage)에 따라 다르게 된다. 저서 동물의 먹이 연쇄에 대한 유형을 보면 다음과 같다.

1) 초식성 동물(제 1 차 소비자)

① 소형 부착 동물군 : 해조 등의 표면엔 있는 조류나 유기쇄설물(detritus)를 먹는 것→소형 복족류, 갑각류(단각류, 등각류, 저서 요각류)

② 저질에 사는 동물군 : 개흙과 함께 침전한 유기물을 먹는 것→갯지렁이의 몇 종, 염통성게류, 해삼류

③ 여과하여 먹는 동물군 : 몸에 여과 기관을 가지고 플랑크톤 또는 해수 중의 유기 미립들을 먹는 것→관덮게꽃갯지렁이의 대부분, 조개류, 완족류(腕足類), 소형

(小型)발불가사리류

④ 해조, 기타 살아있는 것, 죽은 것을 먹는 것(scavengers) : 성게류, 십각류, (十脚類), 갑각류

2) 육식성 동물(제 2 차 또는 3 차 소비자)

포식 관계를 성립시키면서 포식자-피식자의 관계가 공존하기 위해서는 피식자는 포식자보다 중량이나 수량이 많지 않으면 안 된다. 생태계에 있어서 각 영양 단계의 생체량(에너지 단위로 표시되는 생산량)은 반드시 피라미드를 형성한다. 생산을 돕는 가장 기저(基底)가 되는 것은 태양 에너지이고, 식물 플랑크톤은 태양 에너지(복사 에너지)와 수중에 용존하는 영양염류를 흡수해서 증식한다. 이것을 동물플랑크톤이 먹고, 동물플랑크톤은 어류나 무척추동물 중 어린 것의 먹이로 되며, 이는 다시 대형 동물에, 대형 동물은 이보나 대형인 어류의 먹이로 되는 것과 같이 먹이 연쇄가 이루어진다. 이것을 정리한 것이 <그림 4-1>이다.

그림에서 보는 바와 같이 식물플랑크톤을 포함하는 조류는 영양 단계가 가장 낮은 생물이고, 가장 많은 생체량을 보인다. 한편, 영양 단계의 가장 높은 자리에 있는 어류는 몇 개의 낮은 영양 단계에 있는 생물을 먹으면서 성장하나 그 생체량은 가장 적다. 양식에서 쓰는 먹이를 자연계의 경우와 비교해 보면, 양식 대상 생물의 영양단계가 높으면 높을수록 그 생물에 주는 먹이는 영양 단계와는 관계가 없다는 사실을 알 수 있다. 특히 어류 양식에서는 같은 단계인 어류가 그 먹이로 쓰이고 있다. 또, 어류나 새우를 양식할 때 종자의 먹이는 수입하는 먹이(아르테미아)에 의존하고 있는 경우가 많다. 영양 단계로부터 어류나 무척추동물 양식의 생산효율(태양 에너지를 기준으로 함)을 보면, 영양 단계가 낮은 생물일수록 좋은 생산 효율이 기대되고, 영양 단계가 높은 것일수록 효율이 나쁜 양식이 된다. 즉, 어류 양식은 가장 효율이 나쁜 단백 생산 방법이지만, 패류 양식은 영양 단계가 낮은 먹이를 먹고 성장하기 때문에 능률적인 양식이라 할 수 있다.

3. 식성

1) 조류의 영양요구와 원생동물의 식성

조류는 주로 무기 영양염류를 몸의 표면에서, 원생동물은 용존 유기 물질이나 부유 고형 물질(detritus 또는 bacteria) 등을 몸 표면, 식포, 또는 하등한 입처럼 생긴 기관으로 먹는다. 조류 중에는 빛이 없는 데서 유기물(예 glucose 등)을 흡수해서 정상적으로 증식되는 것이 널리 알려져 있다. 조류의 번식은 종류나 서식 환경에 따라 달라서, 영양염이 풍부한 곳(오염 환경을 포함)에만 나타나는 종류, 깨끗한 곳에만 나는 종류가 있다. 영양염이 풍부한 곳에 나는 종류로서는 *Skeletonema*,

Chaetoceros, *Cyclotella* 등을 들 수 있다. 그러나, 대부분은 빈영양인 깨끗한 수역에 나타난다. 제 1 차 소비자로서의 원생동물도 식물 플랑크톤과 같은 경향을 보인다. 내만이나 연안에 발생하는 적조는 원생동물의 와편모충류(Dinoflagellata)에 속하는 것이 많다. 식성은 미세한 조류(nannoplankton)를 먹는 것, 세균을 먹는 것, 유기물을 체내에 직접 보내는 것 등이 알려져 있으나, 일반적으로 세균이나 미세 입자 상태로 있는 유기물을 먹는 것이 많다.

2) 로티퍼의 식성

로티퍼의 형태는 그림 4.2에서 보는 바와 같다. 소화 기관은 입, 저작기(咀嚼器, trophi), 위, 장 등이고, 먹이는 이들 기관을 거쳐 소화 흡수된다. 저작기는 단단한 키틴질로 되어 있고, 윤충류 특유의 기관으로 소낭(ingluvies) 안에 있으며. 그 형태는 종의 분류상 중요한 특징이 된다. 해산 로티퍼는 *Synchaeta*, *Eucentrum* 등이 알려져 있을 뿐이고, 기수성인 *Brachionus plicatilis*와 *B. rotundiformis*가 기수나 해산 자치어의 먹이로 많이 이용되고 있다. 식성은 미세 조류인 *Chlorella*, *Nannochloris*, *Tetraselmis* 등을 주로 섭취하며 원생동물이나 세균 등을 먹는다.

3) 아르테미아의 식성

아르테미아(*Artemia*)는 자연상태에서 육식성 해양 동물플랑크톤의 먹이로 이용되는 경우는 매우 적지만 해양동물의 인위적인 종자생산시 가장 많이 이용되고 있다. 특히 아르테미아의 휴면란(resting egg)은 오랫동안 건조한 상태로 보관할 수 있고 해수에 담그면 수일내에 부화하여 운동성이 강한 노플리우스유생이 되며 이것을 몇몇 갑각류 유생 및 어류 치자어의 먹이로 공급한다. 이들의 식성은 촉각에 의해 미세 플랑크톤, 불활성 유기물, 세균, 원생동물 등을 여과하여 섭취하며 비선택성 여과섭취생물(non-selective filter feeder)이다.(Lavens and Sorgeloos, 1996).

4) 요각류의 식성

요각류(copepoda)는 동물 플랑크톤 중에서 양적으로 가장 많고, 수산 동물의 가장 중요한 먹이이다. 요각류의 식성은 여과설(Cannon, 1928), 접촉설 및 적극 포식설 등이 있다. 그러나, 식성은 종에 따라 알맞은 방법이 병용되는 경우도 있다. 요각류의 식성은 초식성(herbivorous), 동물성(carnivorous or predator) 및 잡식성(omnivorous)으로 나눌 수 있다. 초식성의 대표적인 것은 *Calanus finmarchicus*이다. 제 1소악(1st maxilla) 및 악각(maxilliped)은 제 2 촉각(2nd antenna)이나 대악 촉발(mandibular palp)과 함께 먹이를 먹이 위한 수류나 와류를 만들지만, 자모(刺毛)로써 먹이를 모아 입에다 넣는다(그림4.3).

또 제 2 소악(2nd maxilla)의 자모 간격을 변화시킬 수도 있어서 여과를 선택적으로 할 수 있다. 또, 같은 먹이라 하더라도 크기에 따라 먹는 방법이 다르다. 작은 것은 바로 먹지만, 긴 것은 제 1 소악으로써 끊어 먹는다. 일반적으로 여과되는 먹이의 크기는 제 2 소악의 자모위에나 있는 세모(細毛)간격으로써 조절한다.

동물성 식성으로는 *Macrocyclops olbidus*를 들 수 있고, 잡식성인 것의 예로는 *Acartia clausi*를 들 수 있다. 그러나, 요각류의 먹이로서 알맞은 것은 대부분인 식물 플랑크톤이다.

4. 먹이생물

1) 식물성 플랑크톤

식물성 플랑크톤은 대부분의 중요한 수생 먹이사슬, 특히 grazing food chain의 에너지 흐름에서 생물학적인 출발점이 되므로 식물성 플랑크톤의 배양관리는 많은 양식활동에 있어서 없어서는 안 될 부분이다(De Pauw and Pruder, 1986).

〈그림 4-4〉 식물성 먹이생물의 배양

인공사료의 개발 노력에도 불구하고, 양식업자들은 여전히 상업적으로 중요한 조개류, 어류 및 새우류 등의 종자생산 과정에서 적은 양이나마 살아 있는 생먹이로서 미세조류를 배양하여 공급한다(그림 4-4).

양식현장에서 사육동물에 공급하기 위한 먹이생물을 배양하는 방법으로 대량자연배양(extensive culture of natural phytoplankton), 반집약적 배양(semi-intensive induced blooms natural phytoplankton), 집약적 배양(intensive unialgal culture) 시스템이 이용된다(그림 4-5).

미세조류는 해산 조개류(굴류, 대합류, 가리비류 및 담치류), 해산 고둥류의 유생(전복), 갑각류 유생(새우류, 게류), 플랑크톤식성 어류(틸라피아, 잉어, milkfish)와 로티퍼, 요각류(*Tigriopus*), 지각류(*Daphnia* & *Moina*) 및 아르테미아의 생산에 필수적인 먹이원이다. 미세조류는 박테리아와 함께 사육수내의 산소와 이산화탄소 균형을 유지시키고(Pruder, 1983), 사육수의 성장 환경을 개선시키므로 박테리아의 번식을 억제시켜 유생의 생존율을 높여주는 역할도 한다(Malecha, 1983).

일반적으로 먹이생물이 갖추어야 할 조건으로서는 독성이 없어야 하며, 대상생물이 섭취할 수 있는 적당한 크기, 모양 및 영양성분을 갖추어야 하고, 대량배양이 용이해야 한다. 지금까지 양식현장에서 순수분리하여 배양공급 되는 식물성 플랑크톤은 약 40여종으로 대상생물에 따라 그 종류가 다양하다(표 4.3).

식물성 플랑크톤의 순수분리 방법은 대량번식이 일어난 자연해수를 취하여 ㎖당

1세포 수준으로 희석하여 배지를 첨가한 후 2~3주 후 배양상태를 관찰하고, 단일종 배양이 될 때까지 이러한 작업을 계속 실시하는 희석법 또는 한천배지 표면에 자연 해수를 한 방울 떨어뜨린 후 도말하여 분리하는 방법이 있다. 한천 배지 도말법은 한천배지의 표면에 접종한 후 15~20일정도 경과하게 되면 조류의 콜로니가 형성되는데 이때 하나의 원하는 콜로니를 취하여 종을 분리하는 방법이며, 희석법은 직접 원하는 식물성 플랑크톤을 현미경하에서 미세관으로 분리하는 방법이다.

식물성 플랑크톤의 배양은 배양용기의 크기와 배양 종의 특성에 따라 요구되는 조건이 매우 다르다. 그러나 모든 조류는 성장을 위해서는 광합성으로 유기물질을 합성하기 때문에 광합성에 적합한 환경조건 즉, 빛, 영양염류 및 적정온도 등이 갖추어져야 한다.

〈그림 4-5〉 미세조류의 집약적 대량배양 시스템

빛은 조류배양에 있어서 필수적인 요소이며, 주로 광원은 자연광 또는 인공조명(형광등, 메탈하이라이트 등)을 이용한다. 빛의 세기는 배양용기의 크기 및 배양밀도에 따라 달라진다. 일반적으로 시험관 또는 삼각플라스크에서 배양할 때에는 1,000 lux 정도이면 적당하지만, 이 보다 큰 부피의 용기에서 배양할 때에는 5,000~10,000 lux 이상이 요구된다. 식물성 플랑크톤을 연속적으로 배양하면 성장속도는 계속 유지되지만 플랑크톤의 에너지 축적의 감소, 연속조명에 따른 전력소요 증가 등의 단점이 있다. 이러한 단점을 최소화하기 위하여 배양농도를 다소 적게 하고, 명암 주기를 12~18시간(명기) : 12~6시(암기)정도로 하는 것이 적합하다.

배양온도는 배양 종에 따라 다르지만, 일반적으로 18~22℃가 적당하며, 배양온도가 낮을수록 배양속도가 늦어지고, 이보다 높으면, 배양을 유지하는데 많은 어려움이 있다. 일반적인 식물성 플랑크톤은 배양에 있어 배양용기 바닥에 침강되는 경향이 있기 때문에 적당한 장치를 이용해 흔들어 주어야 한다. 시험관이나 삼각플라스크에서의 배양에서는 주기적으로 손으로 흔들어 주고, 이보다 큰 용기에 배양할 시에는 포기해 준다. 이렇게 되면 광합성에 필요한 미량의 이산화탄소의 공급을 도와주는 역할도 하게 된다.

〈표 4-2〉 양식장에서 먹이생물로서 배양되는 미세조류

강(綱, Class)	속(屬, Genus)	적용생물
규조류 (Bacillariophyceae)	*Skeletonema*	해산새우류 유생, 조개류 유생 및 치패
	Thalassiosira	해산새우류 유생, 조개류 우생 및 치패
	Phaeodactylum	해산 및 담수산 새우류 유생, 조개류 유생 및 치패, 아르테미아
	Chaetoceros	해산새우류 유생, 조개류 유생 및 치패, 아르테미아
	Cylindrotheca	해산새우류 유생
	Bellerochea	조개류 치패
	Actinocyclus	조개류 치패
	Nitzschia	아르테미아
	Cyclotella	아르테미아
착편모조류 (Heptophyceae)	*Isochrysis*	해산 및 담수산 새우류 유생, 조개류 유생 및 치패, 아르테미아
	Pseudoischrysis	조개류 유생 및 치패
	Dicrateria	조개류 치패
	Cricosphaera	조개류 치패
	Coccolithus	조개류 치패
황갈조류 (Chrysophyceae)	*Monochrysis* (*Pavlova*)	조개류 유생 및 치패, 아르테미아, 로티퍼
담녹조류 (Prasinophyceae)	*Tetraselmis* (*Platmonas*)	해산새우류 유생, 조개류 유생 및 치패, 전복유생, 아르테미아, 로티퍼
	Pyramimonas	조개류 유생 및 치패
	Micromonas	조개류 치패
은편모조류 (Cryptophyceae)	*Chroomonas*	조개류 치패
	Cryptomonas	조개류 치패
	Rhodomonas	조개류 유생 및 치패
황녹조류 (Xanthophyceae)	*Olisthodiscus*	조개류 치패
녹조류 (Chlorophyceae)	*Carteria*	조개류 치패
	Dunaliella	조개류 치패, 아르테미아 및 로티퍼
	Chlamydomonas	조개류 유생 및 치패, 담수산 동물 플랑크톤, 로티퍼
	Chorococcum	조개류 치패
	Chlorella	조개류 유생, 담수산 새우류 유생, 아르테미아, 로티퍼(윤충), 담수산 동물 플랑크톤
	Scenedesmus	담수산 플랑크톤, 아르테미아, 로티퍼
	Nannochloris	조개류 치패, 로티퍼, 해산 요각류
	Brachiomonas	조개류 치패
남조류 (Cyanophyceae)	*Spirulina*	해산 사우류 유생, 조개류 치패, 아르테미아, 로티퍼(윤충)

한편, 배양에 있어 대상이 아닌 식물 플랑크톤, 동물 플랑크톤 및 세균 등을 물리적(여과, autoclave), 화학적(산성화, 염소소독) 방법 등으로 반드시 제거해 주어야 한다.

일반적으로 식물성 플랑크톤의 배양은 자연상태보다 배양 밀도가 높기 때문에 광합성에 필요한 영양염의 결핍이 빠르므로 배양을 유지하기 위해서는 주 영양염인 N, P, Si(규조류) 그리고, 소량이지만 광합성에 없어서는 안 되는 몇 몇 금속원소(Fe, Cu, Mn, Mo, Co 등)와 비타민(B_1, B_{12} 및 biotin) 등을 부가적으로 첨가해 주어야 한다. 또한, CO_2를 혼합공기 형태로 약 1~2%정도 첨가해 주면, 광합성에 도움을 주어 보다 높은 밀도로 배양할 수 있다. 그리고, 고밀도 배양시 문제가 되는 pH 상승(7.5→9)을 방지해 준다. 그러나 과도한 $C0_2$ 공급은 배양수의 산성화를 조장해 역효과를 초래한다.

2) 동물성 플랑크톤

일반적으로 해산동물의 초기유생은 미소하기 때문에 운동력이 극히 약하고, 적극적인 먹이 섭취 행동이 불가능하다. 더구나 12시간 가량 먹이 섭취가 불가능하게 되면 성장의 정지와 함께 대량 폐사가 유발되는 경우가 많다. 해산동물의 유생사육에는 유생의 크기가 작지 않더라도 처음에는 지수상태가 필요하며, 먹이가 유생의 주위에 고밀도로 존재해 있지 않으면 안 된다. 따라서 이들 유생 사육의 먹이조건으로, 영양적인 문제는 별도로 하더라도 크기가 적당할 것, 수질을 악화시키지 않을 것, 배양이 용이한 것 등을 들 수 있다.

이상의 조건에 맞는 유생 또는 자치어용 먹이로서 현재로서는 플랑크톤 이외에는 그다지 많지 않다. 종래 극히 많은 종류의 플랑크톤이 자치어의 먹이로 시험적으로 사용되었지만, 해산어류의 종자생산용 먹이로써 적절한 조건을 갖춘 종류는 그다지 많지 않다.

자연에서 채집한 플랑크톤에는 요각류가 많아 먹이생물로서 유효하다. 그러나 자연의 플랑크톤은 양적 및 질적인 면에서 계절적 변동이 심하여 필요한 시기에 필요한 양을 확보하는 것이 어렵다. 따라서 인위적인 시설에서의 대량배양 기술의 확립이 유영성 동물의 양식에는 필수적이라고 할 수 있다.

먹이생물로서 대량 배양이 적합한 종의 선택 기준으로는 먼저 수온, 염분 등의 여러 배양 환경조건에 강해야 한다. 그리고, 식성이 잡식성으로 산란능력이 높으며 인위적인 시설에서의 대량 배양이 용이하여야 하고 영양가가 높아야 한다. 또한, 병원성이나 기생성이 아닌 유영성 종으로 세대 교체의 소요 시간이 짧을수록 적합한 먹이 생물이라고 할 수 있다.

현재 유영성 동물의 양식에 많이 이용되고 있는 종은 로티퍼와 아르테미아라고 할 수 있다. 그러나, 아르테미아의 경우에는 수입에 의존하고 있으며, 생산량의 감소와 양식 생산물의 증가 및 다변화에 따른 가격인상으로 인한 대체 먹이생물의 확보가 시급하다고 할 수 있다.

(1) 로티퍼(윤충)의 배양

로티퍼(Rotifer)의 대량 배양법에는 대표적으로 일괄 배양법(batch culture method)과 준 연속 배양법(semi-continuous culture method)의 두 가지 방법이 알려져 있다. 그리고 최근에는 초고밀도 배양법(high-ultradensity culture method)과 경제성을 제고한 배양법으로서 피이드백 배양법(feedback-culture method)이 소개되어 있다(그림 4-6).

일괄 배양법은 10~50 m^3 규모의 비교적 소형의 배양수조를 여러 개 준비하여 필요에 따라서 배양 수조의 전량을 수확하여 먹이로서 공급하는 방법으로 많은 숫자의 배양 용기가 필요하다(Fulks and Main, 1991). 피이드백 배양법은 여러 배양 수조에서 생기는 부산물을 다시 식물성 플랑크톤의 영양원으로 재 이용한 후 배양된 식물성 플랑크톤을 다시 로티퍼의 먹이로서 이용하는 배양법이다(Hirata et al., 1983). 초고밀도 배양법은 배양 과정의 모든 환경조건을 인위적으로 조절하는 배양법으로, 20,000~25,000 cell/㎖의 고밀도로 해산 로티퍼의 배양이 가능하여, 기존의 대규모 배양 용기는 없어지고 수 톤 수조 몇 개로 안정적인 생산이 가능하게 되었다(Yoshimura et al., 1994, 1996).

<그림 4-6> 로티퍼 배양시설

해산 로티퍼 배양에 있어서 적정 배양 수온은 *Brachionus rotundiformis* (Small (S)형 또는 Super small (SS)형 로티퍼)와 *B. plicatilis* (Large (L)형 로티퍼) 사이에 차이가 있으며, 증식 가능 최저 수온은 *B. rotundiformis*가 20℃이고, *B. plicatilis*가 10℃ (Hirayama, 1985)로, 각 배양 수온별에 따라 두 종의 성장률에는 차이가 크고, *B. plicatilis*에 비교하여 *B. rotundiformis*가 비교적 고수온에 적응되어 있다.

그 외의 배양 조건으로서 용존 산소, pH 그리고 염분 등이 있으며, *Brachionus*속의 해산 로티퍼의 적정 배양조건으로서는 1.0 mg/ℓ의 용존 산소를 요구하며, 용존 산소가 0.9 mg/ℓ인 조건에서는 증식률이 저하 된다(福所·平山, 1989). 그리고 적정 pH 범위는 6.5~8.5이며, 최적 염분 농도는 17~23 ppt이지만 54 ppt에서도 로티퍼는 생존 가능한 것으로 알려져 있다(Ito, 1960).

(2) 아르테미아의 배양

아르테미아(*Artemia*)는 내구란으로 판매되기 때문에 취급이 용이하고 필요한 시기에 적합한 양을 배양할 수 있어 먹이생물로서 아주 적합한 종이다. 내구란의 부화는 일반해수의 1/4~1/3배의 염분에서 가능하지만, 염분이 높을수록 부화에 소요되는 시간이 길어진다. 그러므로 빠른 시간 내에 내구란을 부화하고자 할 때에는 사용수량의 30%를 담수로 채워주는 것이 좋다. 수온 30℃ 전후, pH 7~9, 용존산소 30% 이상의 조건에서 가장 빨리 부화된다. 그러나, 부화율에 가장 크게 작용하는 요인으로서는 내구란의 난질이라고 할 수 있다. 최근에는 부화율을 높이기 위해 차아염소산나트륨를 이용하여 외각을 제거하거나, 과산화수소를 이용하여 내구란의 외벽에 부착되어 있는 박테리아 등의 불순물을 제거하여 사용하는 경우도 있다.

아르테미아를 부화시키고자 할 때의 내구란의 밀도는 산소량에 따라 다른데, 포기를 하는 경우에는 리터당 15~25 g의 내구란을 수용하여 부화하는 것이 적당하다. 그리고 부화시 산소공급량이 너무 지나치면 부화시킨 아르테미아의 사망률이 높아지므로 주의하여야 한다. 부화시의 산소공급량은 아르테미아가 필요로 하는 산소소비량을 기준으로 하는 것이 적당한 것으로 판단되는데, 부화 직후의 아르테미아는 30℃의 부화 수온에서는 시간당 30 nℓ/O_2 개체의 산소공급이 필요하다. 그러나, 이 기준은 부화수온의 변화에 따라 달라지는데 수온이 상승될수록 산소의 소비량은 증가하여 보통 10℃가 상승하는데 산소 소비량은 4~5배 증가한다.

개봉된 아르테미아의 내구란은 되도록 빨리 사용하여 장기간 보관하지 않도록 하고, 남은 것은 밀봉하여 저온, 건조한 어두운 곳에서 보관하는 것이 좋다.

(3) 요각류의 배양

일반적으로 요각류(그림 4-7)를 배양할 때에는 여과 해수를 멸균처리하여 사용하며, 배양용기 내의 해수를 물의 유통과 가스 교환을 용이하게 하기 위해 약하게 회전을 시키거나 포기를 하여준다. 현재 대량 배양이 가능한 요각류의 종류는 *Acartia clausi*, *A. tonsa*, *Eurytemora pacifica*, *Oithona davisae*, *Pseudodiaptomus coronatus*, *Tigriopus japonicus* 및 *Tisbe furcata* 등이 있다. 우리나라에서 대량 배양을 실시하고 있는 종들의 최적 배양수온은 25~28℃의 범위이다. 요각류는 비교적 인위적인 시설에서의 배양이 용이하고 염분은 일반 해수보다 낮은 농도에서 좋은 증식을 나타내는데, 17~22 ppt의 농도가 최적인 것으로 알려져 있다. 요각류의 산란수는 조도가 높을수록 감소하고, 암흑조건에서는 장기간에 걸친 산란이 일어난다. 그리고 암흑조건에서는 수온, 염분 및 먹이량을 일정하게 유지시키면 성숙에 소요되는 시간에는 차이를 나타내지 않는다.

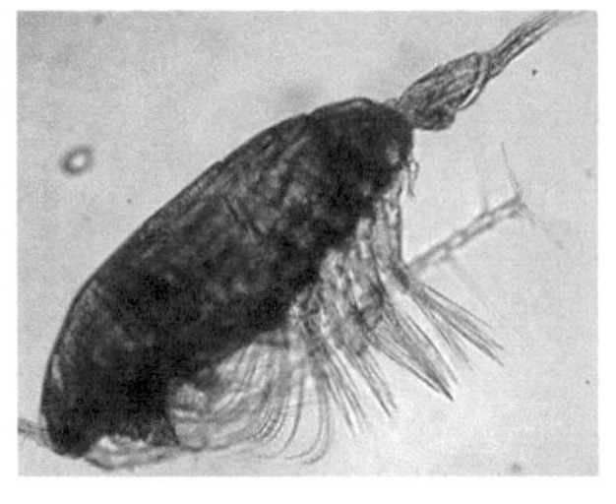

<그림 4-7>배양 요각류

<그림 4-8> 요각류의 배양시설

그러나 지속적인 암흑 조건이 유지되면, 먹이가 되는 식물 플랑크톤의 생존에 영향을 미쳐 일정한 먹이를 공급하기가 어려워지므로 이점을 고려하여야 한다(그림

4-8). 요각류를 대량 배양할 경우 주의해야 할 점은 일정 이상의 수용 밀도가 되면 다른 암컷이 가진 난낭을 갉아먹는 경우가 발생하므로 정기적인 수확을 통한 밀도 조절이 필요하다. 그리고, *Tigriopus japonicus*와 같이 수조 바닥에 부착을 하는 요각류에 대해서는 부착판을 넣어주어 기질의 면적을 확보하여야만 일정량을 얻을 수 있다.

(4) 물벼룩의 배양

담수산 물벼룩(*Daphnia*)은 몸길이는 0.2~1.8 ㎜이다. 머리는 너비가 넓고 반원 모양으로 등쪽에 붙어 있고 갑각은 배쪽에 붙어 있으며, 두 장의 껍질은 대개 반투명하며 몸빛은 무색이거나 담황색 또는 담홍색을 띤다. 겹눈은 크고 홑눈은 작으며 배 뒷부분에는 양쪽에 12 ~ 18개의 가시가 있다. 머리 앞쪽에서 뻗어 나온 촉각(더듬이)으로 노젓기를 하여 헤엄친다.

흑갈색의 알을 여름에는 30개, 겨울에는 두 개 가량 낳는데 수정을 하지 않고 유생이 되는 단위생식을 한다. 물벼룩의 먹이는 작은 녹조류이고, 물벼룩은 물고기의 좋은 먹이가 된다. 투명한 갑각이 몸을 감싸고 있어 심장의 박동과 기관의 움직임을 관찰할 수 있기 때문에 독성실험에 자주 이용된다.

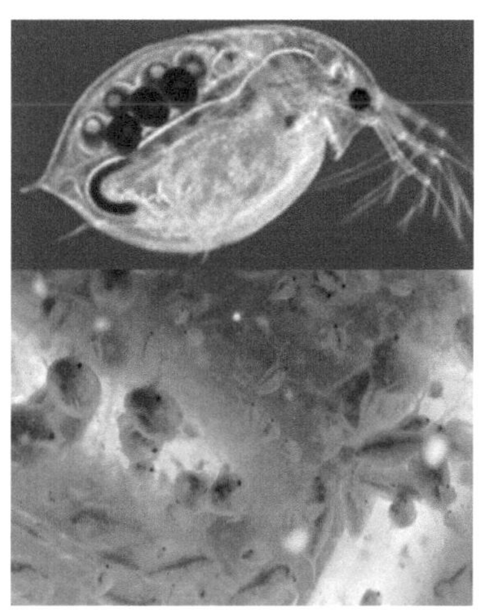

〈그림 4-9〉포란한 물벼룩(상)과 배양 중인 물벼룩

기수산 물벼룩 *Diaphanosoma*속은 최근 아르테미아의 대체 먹이 생물로 주목을 받고 있다. 그러나 기수산 물벼룩에 관한 연구는 1980년도에 기초 생물학적인 연구가 이루어져, 아직 본격적인 대량 배양의 연구가 이루어져 있지 않다.

*D. celebensis*는 중국의 담수에서 처음 발견되었으나, 염분에 강한 광염성으로 1~38 ppt의 넓은 염분 범위에서 증식이 가능하다. 그리고, 암컷만의 단위생식법(처녀생식법)으로 증식하는 종으로 알려져 대량 배양에 용이할 것으로 여겨진다. 담수산 물벼룩과 비교하면, 크기가 1.3 mm로 담수산의 1.5 mm보다 작고, 평균 수명이 18일 이하로 짧은 특징을 가진다. 대량 배양을 할 경우에는 식성이 로티퍼와 유사하여 기존의 로티퍼 배양용 먹이생물로 가능한 이점을 가진다(Segawa and Yang, 1987). 이러한 점에서 기수산 물벼룩은 고급어종에 있어서 로티퍼 이후의 먹이공급원으로 대체 가능한 먹이원으로 매우 중요한 먹이생물 중 하나라고 할 수 있다(그림 4-9).

제 2절 사료

1. 양식과 사료

사료에 의한 수산 동물의 양성 방법은 자연에서 생산되는 먹이 생물을 먹고 자라는 조방적 양성의 경우와 인공 사료를 먹고 자라는 집약적 양성의 경우로 나뉜다.

그리고, 집약적 양성의 경우라 하더라도 어느 정도 먹이 생물에 의존하는 경우와 거의 전부를 인공 사료에 의존하는 경우로 나눌 수 있다.

먹이 생물에 의존하는 경우에는 양성 동물이 영양적으로 문제가 생기는 경우가 드물지만, 인공 사료에 의존하는 경우에는 사용되는 먹이 품질에 따라 양성동물의 성장 등이 쉽게 달라질 수 있기 때문에 사료의 선정은 매우 중요하다.

양식에 있어 환경이나 질병은 양식기간 중에 인위적으로 쉽게 조절되지 않은 요인이지만, 사료 공급은 양식 영양가가 적절히 조절할 수 있으므로 양식 성공의 중요한 변수이다. 이러한 외부 의존적인 여러 가지 변수들 중에서 어패류의 체내 대사와 성장에 영향을 미치는 가장 큰 요인은 먹이라고 많은 학자들은 지적하고 있다(Brown, 1957; 이, 1997; 이 등, 1999).

양식에 있어 환경, 질병 및 사료는 서로 상호적인 관련을 가진다. 수질이 악화되면, 질병에 걸리기 쉽고, 사료의 섭취량이 줄어들어 결국 양식 생물의 성장이 저하된다. 그리고 사료가 대상 종에 맞지 않으면, 사료효율이 낮아짐으로서 성장속도가 떨어져 공급한 사료 량에 비해 양식 생산량이 낮아지는 결과를 초래하여 양식 생산단가가 높아지게 된다. 뿐만 아니라 영양소 섭취의 불균형으로 질병에 대한 내성이 저하되고, 소화되지 않은 사료의 영양소는 수중에서 오염원으로 작용하기 때문에 환경을 악화시켜 양식생물에 피해를 준다. 따라서 양식에 있어 이러한 요인들의 상호작용을 잘 고려하여 보다 합리적인 양식경영이 이루어지도록 해야 한다.

2. 사료의 종류

사료(feed, feedstuff, diet)는 양식생물이 생명을 유지하고, 생식과 성장에 필요한 영양소를 함유한 물질로 정의된다. 일반적으로 가축 사료학에서는 사료 분류가 다양하지만(한, 1993), 수중생물의 특성상 양어사료는 가축사료의 분류체계를 그대로 따르기엔 무리가 되는 부분도 있다. Lovell (1989)은 못양식에서 방목상태, 즉 물 속 자연상태의 먹이사슬에 의한 영양물질 섭취, 사료보충 또는 완전사료공급의 생산성 차이를 개략적으로 표현하면서, 완전 사료공급의 장점과 생산성 향상에 대해 언급하였다.

일반적으로 사료는 영양가(조사료, 농후사료, 보충사료), 주 영양성분(단백질사료, 전분질사료, 지방질사료, 섬유질사료, 무기질사료, 비타민사료, 첨가제사료), 유통(유지통사료, 자급사료), 수분함량(건조사료, 반습사료, 습사료, 액상사료), 배합상태(단미사료, 혼합사료, 배합사료), 가공형태(가루사료, 펠렛사료, 크럼블, 캡슐사료) 등의 기준에 따라 분류된다.

3. 사료의 선정과 조건

사료는 양식장 환경, 질병과 함께 어류 양식에 있어 기본적으로 고려되어야 할 요인이다. 양식장 환경이나 질병은 양식기간 중에 인위적으로 쉽게 조절되지 않지만, 사료공급은 양식 경영가가 적절히 선택하여 조절할 수 있으므로 양식 성공의 key가 될 수 있는 중요한 변수이다. 또한, 사료는 양식생산 단가의 매우 높은 비율을 차지하고 있으므로 양식생산에 소요되는 사료비를 최소화시키는 것이 효율적인 양식을 위해서는 먼저 고려되어야 한다. 이러한 문제점들을 해결하기 위해서는 양식 대상 어종에 적합한 실용사료를 선정하여 이용하는 것이다.

배합사료 개발은 대상 어종에 적합한 영양소 이용효율 및 영양소 종류별 최소 요구량을 구명하는 것이 가장 먼저 선행되어야 한다. 이러한 기초적인 정보를 바탕으로 하여 영양소의 균형을 고려하면서 그 어종이 최대로 이용할 수 있는 값싼 원료의 선택과 이용성을 구명한 후, 여러 가지의 원료를 적절히 혼합하여 최소한의 사료 난가를 노출하여야 한다. 이러한 일련의 과정이 수행된 후 개발된 사료의 이용성과 크기별, 수온별에 따른 먹이 공급 체제를 경제성 분석과 함께 최종 검토하여야 할 것이다.

최근까지 우리나라의 해산 양식 어류의 양성용으로 공급되고 있는 먹이는 주로 냉동된 전갱이, 양미리 등과 같은 연안산의 어류를 사용하거나 생사료의 성형을 위하여 부분적으로 생사료와 분말 상품 사료를 혼합한 moist pellet을 사용하고 있다. 하지만 생사료 사용은 여러 가지 문제점들이 남아 있기 때문에 이러한 문제점을 해결하기 위해서는 적정 배합 사료를 개발하여 이용하는 것이 필요하다.

배합사료가 갖추어야할 기본적인 조건을 살펴보면 다음과 같다.

① 사료효율이 높아야 한다. 사료효율이란 1 kg의 사료로 얼마만큼 어체를 증중시키는가를 표시하는 수치인데, 사료효율을 높이기 위해서는 사료의 영양소가 양식 대상종의 요구에 맞도록 조성함과 동시에 이러한 영양소가 균형을 이루도록 사료를 설계하여야 한다. 이와 동시에 사료의 영양소 소화율을 높이고 사료의 영양소가 수중으로 유실되지 않고 최대한 성장에 이용될 수 있도록 원료의 선택, 가공 방법에 주의를 해야 한다.

② 사료의 가격이 적당해야 한다. 사료가격은 낮을수록 좋겠지만 사료 원료의 품질 등 많은 연구를 통하여 가격을 최소화 할 수 있도록 꾸준히 연구해야 할 것이다.

③ 양어가에게 공급되는 사료의 품질이 항상 일정해야 하며 공급이 안정적으로 이루어져 양식경영이 체계적으로 이루어질 수 있어야 한다. 예를 들어 사료의 품질이 공급시마다 차이가 난다면 양식어의 성장이 달라져 계획적인 생산에 차질이 생길 수 있음을 인식해야 한다. 또한 사료 공급이 불안정하다면 양식 산업에 여러 가지 문제가 생길 수 있다.

④ 보장성이 좋아야 한다. 사료 저장 시에 쉽게 변성되어 양식어의 건강에 영향을 미치게 해서는 안된다.

⑤ 기호성이 좋아야 한다. 품질이 좋은 사료일지라도 양식어가 섭취하지 않는다면 실용사료로서의 기능은 없다.

⑥ 질병 저항성이 높아야 한다. 양식어의 성장에 좋은 사료라고 할지라도 어체의 건강이 나빠져 면역성이 낮아지거나 세균에 쉽게 감염되면 실용사료로서의 가치가 낮아진다.

⑦ 취급이 간편해야 한다. 쉽게 운반하고 간편하게 사료를 공급할 수 있도록 제조되고 포장되어야 한다.

⑧ 수질오염을 최소화해야 한다. 양식어가 섭취하지 못하거나 섭취한 사료의 소화율이 낮아 영양소가 수중으로 유실되는 것을 최소화하여 수질오염원을 감소시킬 수 있도록 설계해야 한다.

⑨ 수중 안정성이 높아야 한다. 특히 사료를 바로 받아먹지 않거나 못하는 어종인 갑각류나 전복의 경우에는 사료의 수중 안정성은 매우 중요한 요인이며, 수질오염과 성장에 직접적인 영향을 미치는 요소이다.

⑩ 양식 대상종에 무해해야 하며, 이를 식품으로 하는 인간의 건강에 해가 없어야 한다.

4. 양식 동물의 영양소 요구 및 사료 성분

1) 에너지

에너지의 단위는 cal, kcal, J (joule, 1 cal=4.184 joule), kJ 등으로 표시한다. 14.5℃의 물을 1℃ 올리는데 필요한 열량을 1 cal로 표시한다. 동물이 먹이를 입으로 섭취한 사료에 함유된 에너지가 섭취 에너지이며, 이때 측정된 열량이 총 에너지에 해당된다. 섭취되는 총 에너지가 대상 동물의 요구에 알맞게 함유되는 것도 중요하지만, 사료의 영양소 균형이 반드시 고려되어야 한다. 여기에는 생명 유지에 필요한 각종 필수영양소가 그 어종에 맞도록 사료가 배합되어야 할 것이다. 또한, 섭취된 총 에너지 함량이 충분하다고 해도 그 에너지가 제대로 소화가 되지 않는다면 대상 동물의 성장은 기대만큼 성장할 수 없을 것이다. 따라서 영양소 요구량 설정과 함께 사료에 배합되는 원료의 소화율을 측정하는 것이 필수적이다.

총 에너지에서 분으로 배설되는 에너지를 제외한 에너지를 가소화 에너지로 구분한다. 가소화 에너지를 측정하기 위해서는 섭취한 총 에너지와 분을 수집하여야 한다. 특히 물고기는 가축과 달리 수중에 살고 있기 때문에 측정방법이 다양하고, 측정 방법에 따라서도 영양소의 소화율에 많은 차이가 날 수 있다.

가소화 에너지에서 암모니아와 같이 아가미를 통해 나가는 에너지, 뇨를 통해 배설되는 에너지, 점액질과 같이 표피를 통해 나가는 에너지를 제외한 것을 대사에너지로 정의한다. 이러한 대사에너지를 측정하기 위해서는 분 이외에도 체외로 배출되는 에너지를 측정하여야 하는데, 육상 가금의 대사에너지 측정은 분과 뇨를 분리 채집하여 분석하면 된다. 반면에 물고기의 경우 물이라는 중간 매체가 있기 때문에 아가미, 뇨 및 표피로 손실되는 에너지를 전부 수거하는데 기술적인 어려움이 따른다.

대사에너지에서 열증가 에너지를 제외한 것을 정미에너지 또는 순에너지라고 한다. 열 증가 에너지에는 섭취한 사료의 영양소 소화와 흡수과정에 수반되는 에너지, 체조직 합성에 필요한 에너지, 배설에 필요한 에너지가 있다.

정미에너지에서 생명 유지에 필요한 에너지를 빼면 축적에너지가 된다. 유지에너지는 호흡, 대사산물 수송, 이온수송, 순환에 필요한 기초대사 에너지, 자율 활동 에너지와 체온조절에 필요한 에너지가 있다. 축적에너지는 성장으로 이용되고, 여분의 에너지는 체내에 지방으로 축적되며, 성 성숙을 위한 에너지로도 사용된다. 유지에너지의 대부분은 기초대사 에너지이며, 기초대사 에너지의 측정은 절식 상태에서 이동이 없는 휴식기에 이루어진다.

섭취된 또는 공급된 사료에 대해 대상 어종의 성장과 사료효율을 높이기 위해서는 에너지 손실에 해당하는 부분을 최소화 시켜야 한다. 즉, 분으로 나가는 에너지를 최소화하기 위해서는 소화율을 높여야 하는데, 이를 위해서는 각 사료 원료의 소화율이 높은 원료를 사용하거나 소화율을 높일 수 있는 가공 방법을 적용하여야 할 것이다.

어류는 반중력성, 변온성 및 암모니아성 동물이기 때문에 육상동물과 달리 어류의 경우는 에너지 요구량이 낮은 것이 특징적이다. 물은 대기에 비해 밀도가 높아서 어류는 중력에 영향을 덜 받기 때문에 유지에너지의 손실이 육상동물에 비해 매우 적다. 항온동물은 그들의 체온을 유지하기 위해 많은 에너지를 낭비하지만, 변온성인 어류는 그들이 좋아하는 수온에 살면서 체온을 유지하는데 소모되는 유지에너지 손실이 적다. 그리고 체내에서 단백질이 에너지로 사용될 때 생성되는 암모니아를 육상동물처럼 요소나 요산으로 전환시키지 않고 아가미로 직접 배출함으로서 소모되는 에너지가 상대적으로 적다. 이러한 특성으로 인해 어류의 유지에너지 요구량은 상대적으로 매우 낮다. 따라서 어류는 육상동물에 비해 에너지를 성장에 효율적으로 사용할 수 있다.

2) 단백질 및 아미노산

생물의 활동과 성장에 필수적으로 공급되어야 할 영양소는 수십 가지가 있으며, 이 중에서도 단백질은 성장에 가장 큰 영향을 미치는 필수 영양소이다. 어류는 육상동물보다 단백질 요구량이 높은 것이 특징인데, 특히 육식성이 강할수록 탄수화물보다는 단백질을 더 쉽게 이용할 수 있도록 생리적으로 적응되어 있다. 또한, 어종마다 최적 성장에 필요한 단백질 함량이 다르기 때문에 대상어종의 성장을 적절히 유지하기 위해서는 단백질 요구량 설정이 무엇보다 중요하다. 또한, 사료의 영양성분 중 단백질이 차지하는 비율이 매우 높고, 사료에 배합되는 단백질원의 가격이 매우 비싸기 때문에, 양식 대상어종의 단백질 요구량을 구명하는 것은 경제적인 배합사료 개발에 필수적이다.

단백질은 사료의 주요 성분일 뿐 아니라 사료단백질에 소요되는 비용이 매우 높다. 따라서 과잉의 사료 단백질을 어류에게 공급하는 것은 그만큼 사료비용이 높아지며, 여분의 단백질이 체내에서 에너지로 사용됨으로서 나오는 암모니아로 수질악화를 초래하는 부작용을 가지고 있기 때문에 사료 단백질 함량을 적정 성장 범위내에서 최소로 하는 것이 바람직하다. 어류의 단백질 요구량은 다음과 같은 여러 요인에 의해 영향을 받는다.

① 어종에 따라 달라지며, 대부분의 어류가 30~55% 범위의 단백질을 요구하며, 갑각류의 경우는 28~50%의 단백질을 요구하고, 전복의 경우는 20~37%의 단백질을 요구한다고 보고되어 있다.

② 어류의 식성에 따라 단백질의 요구량은 다르며, 육식성이 강할수록 단백질 요구량이 높아서 약 40~55%를 요구하는 반면에 탄수화물의 이용성이 낮아지는 경향을 가진다. 반면에 잡식성이나 초식성 어류들은 육식성 어류들보다 단백질의 요구량이 낮고 탄수화물의 이용성이 높아지는 경향을 가진다.

③ 동일 어종이라 하더라도 어체 크기나 연령에 따라 단백질 요구량이 달라지기도 하는데, 일반적으로 어체가 성장됨에 따라 단백질 요구량은 감소하는 경향을 보인다.

④ 그리고 사료에서 에너지가 될 수 있는 영양소의 비율에 따라서도 단백질 요구량이 변화될 수 있는데, 이는 어류가 필요로 하는 에너지원, 즉 단백질, 지질 또는 탄수화물 중에서 어느 영양소를 사용할 것인가에 따라 달라진다. 그리고 에너지 함량과 단백질 함량의 비에 따라서 에너지 요구량이 달라진다.

단백질의 구성 성분인 아미노산의 균형, 특히 필수 아미노산의 균형과 그 이용성에 따라 단백질의 품질이 결정된다고 볼 수 있다. 20가지의 아미노산 중에 어류의 필수 아미노산은 Arginine (Arg), Histidine (His), Isoleucine (Ile), Leucine (Leu), Lysine (Lys), Methionine (Met), Phenylalanine (Phe), Threonine (Thr), Tryptophan (Trp), Valine (Val) 등이다.

3) 지질 및 지방산

사료 지질은 단백질이나 탄수화물보다 에너지 가(value)가 높아 값비싼 사료단백질을 절약할 수 있는 중요한 에너지원일 뿐 아니라, 지용성 비타민의 전달체 역할을 하는 중요한 영양소이다. 지질은 어류의 필수지방산 공급원으로서 성장과 체내대사에 필수적은 역할을 담당한다. 또한, 사료의 지질은 사료제조 시 윤활작용, 찌꺼기 흡습, 사료색상, 기호성 개선 등의 역할을 가진다. 체내에서 지질과 지방산은 지용성 비타민의 흡수, 체구성, 세포막 형성, 지방성 호르몬과 담즙 형성, 체내 에너지 축적 등에 중요한 역할을 하며, 피하조직 등에서 보호막이나 단열물질로 작용하고, 특히 고도불포화지방산은 prostaglandin의 전구물질이기도 하다.

체내에 흡수된 지질은 주로 에너지로 사용되기 때문에 지질의 요구량은 에너지로서의 요구에 초점을 두고 있으며, 어종마다 지질의 이용성이 다르고 사육환경 특히 수온에 따라 지질의 요구량이 달라질 가능성은 높으며, 지질 요구량은 필수지방산의 요구를 반드시 고려하여야 한다.

어류는 어종과 서식환경에 따라 필수지방산으로 작용하는 지방산의 종류와 그 요구량이 다르다고 보고되어 있다. 담수어인 무지개송어는 linolenic acid를, 잉어와 뱀장어는 linolenic acid와 linoleic acid 모두를, 틸라피아는 linolenic acid보다 linoleic acid를 요구하지만, 해산어는 EPA (eicosapentaenoic acid)와 DHA (docosahexaenoic acid)같은 n-3 계 고도불포화지방산(n-3 highly unsaturated fatty acids, n-3HUFA)이 필수지방산으로 작용한다고 보고되어 왔다.

사료에 필수지방산이 결핍되면, 생존율, 성장과 영양소 이용효율이 저하될 뿐 아니라 지느러미 부식, 심장질환, 놀램, 표피탈색, 빈혈 등의 생리적인 부작용이 초래된다. 또한, 근육의 수분 함량이 증가되고 지방간의 증상도 보여, 간의 퇴색 및 비극성 지질이 증가되어 사료의 필수지방산 부족이 간 기능을 저하시킬 수 있다.

4) 탄수화물

탄수화물의 이용성은 어종의 식성에 따라 다른데, 일반적으로 담수어가 해산어보다 탄수화물 이용성이 높고, 온수성 어류가 냉수성 어류보다 탄수화물 이용성이 높은 편이다. 탄수화물은 사료의 성형을 도와주는 역할을 할 뿐 아니라 체내의 중요한 에너지원으로 작용하기 때문에 사료 단백질을 절약할 수 있는 영양소이다. 또한, 탄수화물원의 원가가 다른 영양소원에 비해 싸기 때문에 대상종에 그 이용성이 연구되면 사료단가를 절감할 수 있는 영양소이다.

5) 미네랄

육상 동물과 마찬가지로 어류와 같은 수생동물도 그들의 환경에서 정상적으로 그들의 생명을 유지하기 위하여 각종 미네랄을 요구한다. 이러한 미네랄들은 양식 동물의 뼈, 이빨, 비늘 및 연골과 같은 골격형성, 산-염기의 평형 조절, 삼투압 조절, 세포막의 투과성 조절, 에너지 발생작용에 관여한다. 또한, 효소, 호르몬, 비타민, 위산, 운반단백질, 아미노산 등의 구성성분 및 효소활성제로 작용하여 생체의 활동, 성숙 및 성장에 관여한다. 미네랄의 섭취가 부족하면 성장, 사료효율 및 식욕이 감소되고 폐사율이 높아지는 등 여러 가지 부작용이 초래된다.

미네랄 중에서 인은 수질오염원으로 작용한다. 어류양식에 있어 질소나 인의 수중 배출은 수중의 환경을 악화시키게 되는데, 이러한 오염원은 공급되는 사료로부터 유리되며 주위 환경수를 부영양화시키고 산소 결핍을 유발시킨다. 따라서 수질오염원을 줄이기 위해서는 대상 어종의 인 최소 요구량을 구명하고, 인 이용성이 높은 원료나 인 첨가제의 선택하여 사료로부터 허실을 최소화시켜야 할 것이다.

6) 비타민

비타민은 크게 지용성과 수용성으로 나누어지며, 그 요구량이 매우 낮다 (표4.4). 지용성 비타민에는 A, D, E 그리고 K가 있으며 보통 사료내의 지방과 함께 장에서 흡수되고, 이들 비타민은 대사에 필요한 이상을 섭취한 경우에 어체에 축적되는 것으로 알려져 있으며 실제 양식환경에서는 잘 일어나지는 않지만, 과잉으로 사료에 첨가된 경우 독성을 나타냈다고 보고된 바 있다. 수용성 비타민에는 주로 조효소로서 대사에 관여하는 것으로 알려진 thiamine (B_1), riboflavin (B_2), pantothenic acid (B_3), niacin (B_4), pyridoxine (B_6), cobalamins (B_{12}), biotin, folic acid 등의 비타민 B군과 choline 그리고 비타민 C (ascorbic acid)의 11가지를 어류에 있어서 수용성비타민의 범주에 포함시킨다. 대개의 수용성비타민은 체내조직에 축적이 되지 않으므로 사료에 의한 계속적인 공급이 요구된다.

7) 첨가제

첨가제는 대상동물의 특수한 요구를 충족시키기 위하여 일반사료에 미량으로 첨가되는 물질이며, 사료영양학적인 측면에 있어 첨가제의 정확한 의미는 영양소는 아니지만 사료에 첨가했을 때 사료효율, 생산성 및 동물의 품질을 향상 또는 보존시키는 물질을 말한다. 하지만, 학자에 따라서 첨가제의 범위를 달리 해석하는 경우도 많은데, 일반적으로 사료에 부족하기 쉬운 미량물질을 보충하는 것에 비중을 두고 있으며, 보충사료 또는 보충제라고 표기하기도 한다.

첨가제는 식용 목적에 따라 그 종류가 다양하다. 사료의 품질 향상과 보존 및 어체의 품질을 개선하기 위해 착색제, 방향제, 항산화제 및 항곰팡이제 등을 사료에 첨가하고 있으며, 일반사료에 부족한 영양소의 보충 목적으로 메치오닌, 글루타민 등과 같은 각종 아미노산제, 미네랄제, 비타민제 등을 사용하고 있다. 그리고 성장을 촉진시키기 위해 호르몬제, 항생물질, 효모 등을 특히 어린 물고기 사료에 첨가하는 경우가 많으며, 사료의 섭취나 소화를 돕기 위하여 섭취촉진물질, 유산균제, 효소제 등을 사용하기도 한다.

5. 사료 원료

배합사료는 성장 효과를 높일 뿐 아니라 가격이 싸고 안정적인 공급이 이루어져야 한다. 이러한 조건을 만족시키기 위해서는 사료원료의 선정과 평가가 무엇보다 우선적으로 이루어져야 한다. 사료 원료의 평가는 여러 가지 방법이 있는데, 먼저 원료중의 영양소의 종류와 양이 대상 어종의 요구에 얼마나 충족될 수 있는가를 기준으로하여 이러한 영양소가 어떻게 이용되었는가를 조사하고 부족한 영양소를 보충하거나 품질을 개선시키는 등 그 이용성을 높이는 것이다. 사료 원료의 선정 조건은 다음과 같다. ① 단백질과 같은 필수영양소의 조성이 좋고, ② 영양소의 소화율이 높아야 한다. ③ 영양저해 인자가 없어야 하며, ④ 가격과 공급이 안정적이어야 한다.

1) 단백질 원료

(1) 어분

대부분의 해산어류는 육상동물이나 담수어와는 달리 육식성이 강하고 단백질 요구량이 높아 사료원가 중 단백질원이 차지하는 비중이 높다. 또한, 담수어처럼 식물성 단백질원의 이용성이 높지 않기 때문에 배합사료에 항상 어분이 주 단백질원으로 사용되고 있어 어분의 공급, 품질, 가격 등은 해산어용 사료설계에 매우 중요한 요인이다. 이러한 어분들의 품질은 종류, 가공 방법, 생산 년도 등에 따라 다소 차이를 보이기는 하나, 대체로 조단백질 함량이 60% 이상으로 높고, 어류에 필요한 영양소, 특히 아미노산 조성이 고르게 갖추어져 있는 양질의 단백원이다. 하지만, 어분은 현재 가격이 비싸고, 어획량의 변동에 따라 공급과 가격이 불안정한 실정이며, 앞으로도 이러한 현상은 더 심해질 것으로 예상된다. 어분 생산량은 자원량의 부족으로 인하여 더 이상 증가될 전망은 없지만, 어류, 특히 해산어의 양식 생산량은 매년 증대되고 있고, 이러한 증가 추세는 당분간 계속될 전망이다. 따라서 양식 생산비의 절반 이상을 차지하고 있는 사료비를 절감시키기 위해서는 어분을 대신할 수 있는 값싸고, 공급이 안정적인 대체 단백질원을 선정하는 것이 중요하다.

(2) 대두박

사료의 어분을 대체할 수 있는 단백질원으로서는 식물성과 동물성 원료를 들 수 있으며, 식물성 원료로는 대두박, 콘글루텐 밀, 체종박, 면실박, 캐놀라밀, 야자박, 아마박(아마의 씨로 기름을 짜고 남은 찌꺼기), 루핀(콩과에 딸린 식물), 연지박(이집트 원산인 국화과 식물로 잇꽃박 또는 홍화박 이라고도 함), 호마박(참깨에서 기름을 짜내고 남은 찌꺼기), 해바라기박, 식물잎농축단백질 등이 있고, 동물성으로는 육분, 육골분, 혈분, 우모분(가금을 도축하고 남은 우모를 증기압을 이용하여 가공처리한 후에 건조, 분쇄한 것), 난각분, 가수분해 가금부산물 등을 들 수 있다. 이러한 단백원들은 식품가공 중에 나오는 부산물로서, 가축 사료로 많이 사용되고 있는 것 들이다. 이들 원료중에서 대두박은 양어사료에 어분 다음으로 많이 사용되는 원료로서 식용으로 콩에서 기름을 추출하고 남은 것을 분쇄한 것이다. 대두박은 다른 식물성 원료보다 단백질의 품질이 우수하지만, 대두박에서는 trypsin inhibitor와 같은 영양저해요소가 함유되어 있어 단백질의 이용성을 감소시킬 수 있을 뿐 아니라 methinine이나 lysine같은 필수아미노산이 어분에 비해 낮게 함유되어 있으며, 대두박 중의 인은 phytic acid에 결합되어 있어 그 이용성이 낮은 편이다. 대두박의 이용성을 높이기 위해서 영양 저해요소를 제거시키거나 감소시키는 방법을 사용하고 있다. 예를 들어, 열에 약한 trypsin inhibitor의 특성을 이용하여 대두박을 적당히 열처리하여 성장효과를 개선할 수 있다.

(3) 육분 및 육골분

육분은 도살장이나 가공공장에서 나온 부산물(육편 등)들과 먹을 수 없는 부분 및 기관, 내장 등으로부터 만들어지는데, 원료를 가열처리한 후 압착해서 지방을 제거하고 고형분을 건조 분쇄한 것이다. 이러한 육분은 육골분에 비해 그 생산량이 매우 적어서, 사료용으로 주로 육골분이 사용되고 있다. 육골분은 육분 등 타 동물성 원로보다 단백질 함량이 낮은 40% 정도이지만 다른 식물성 원료에서 제한된 Ca와 P같은 미네랄이 많이 함유되어 있을 뿐 아니라 육분보다 생산량이 많고 가격이 싸다.

(4) 혈분

혈분은 가축장에서 나오는 가축의 혈액을 가열 응고 시켜 수분을 제거한 후 건조하여 분말로 만든 것이다. 혈분의 단백질 함량이 90% 이상이나 되고, 일부 필수아미노산의 함량이 높아 다른 원료와 혼합하여 사용하는 것도 좋을 것으로 생각된다. 하지만 혈분의 단백질 소화율이 낮다는 보고도 있어 이용성은 비교적 낮은 것으로 판단된다.

(5) 면실박

면실박은 면실에서 껍질이나 섬모를 제거한 후 기름을 짜낸 것으로, 가공방법에 따라 조단백질과 조섬유의 함량이 달라지는데, 일반적으로 면식발의 단백질 함량은 30~40%로 비교적 낮은 편이다. 면실박은 주로 가축의 사료로 이용되고 있으며, 어류를 대상으로는 많이 사용되고 있지 않다. 여기에는 여러 가지 이유가 있는데, 면실박에는 조섬유 함량이 다른 식물성 원료보다 매우 높을 뿐 아니라 고시폴(gossypol)이라는 유독물질이 함유되어 있다. 특히 보통 면실박의 고시폴 함량은 0.03~0.21% 정도의 유리고시폴(free gossypol)이 함유되어 있고, 가축사료용으로는 이 함량을 0.03% 이하로 낮출 것을 권장하고 있다.

(6) 채종박

채종박은 채종의 종자에서 기름을 짜고 남은 깻묵이며, 우리나라는 주로 캐나다에서 채종씨를 많이 수입하고 있다. 채종박의 단백질 함량도 비교적 낮고, 채종박을 사료원료로 사용하는데 주로 문제가 되고 있는 것은 채종에 함유된 유리고이트린(free goitin; 갑상선 비대물질) 등의 glucosinolate이며, 이것이 많이 함유되면 어류에 악영향을 미치게 된다. 이 외에도 채종박에는 영양저해인자, 즉 protease inhibitor, phytic acid, tannins 및 조섬유 함량이 높아서 사료원료로서 양질의 단백질은 아닌 것으로 판단된다. 최근에 열처리 등 가공방법을 개선하여 영양저해인자가 적게 함유된 채종박이 개발되고 있는데, 대표적인 것이 free goitrin 함량이 적은 캐롤라박(carnola meal)이다.

2) 탄수화물 원료

탄수화물은 사료의 성형을 도와주는 역할을 할 뿐 아니라 체내의 중요한 에너지원으로 작용하기 때문에 사료 단백질을 절약할 수 있는 영양소이다. 사료의 탄수화물원료로 많이 사용되는 것은 소맥분, 감자 전분 등이 있다.

3) 지질 원료

사료의 에너지 함량을 증가시키고, 어류의 필수 지방산을 공급하기 위해 지질을 사료에 첨가한다. 해산어 사료의 지질원으로 n-3계고도불포화지방산이 많이 함유된 오징어간유, 대구간유 등이 주로 사용된다. 지질원으로 어류 외에도 동물성 저급 지방이나 대두유와 같은 식물성 기름이 사료 에너지 함량을 높이기 위해 첨가되기도 한다.

4) 점결제

탄수화물 함량이 적은 배합사료를 잘 성형시키기 위해서 점결제를 사용하기도 하는데, carboxymethyl cellulose (CMC), 알긴산나트륨 등이 사용된다. 뱀장어용의 반죽배합 사료는 먹이를 먹는 동안 유실을 적게 하기 위하여 α감자 전분을 점결제로서 첨가하여 사료가 물 속에 녹아 흩어지는 것을 막는다. 또 신선한 어육을 사용할 때에는 소금을 가하여 흩어지는 성질을 줄이고 있다. 일반적으로 β전분보다 α전분이 어류에 이용성이 높다고 알려져 있다.

5)기타

(1) 항산화제

항산화제는 사료 지방의 산화 방지를 위해서 사용되며, ethoxyquin, BHT (butylated hydroxytoluene), BHA (utylated hydroxyanisol)과 DPPD (diphenyl paraphenediamine)등이 사용된다. 이중에서 일반적으로 사용되는 항생제는 ethoxyquin으로 배합사료의 경우 150 mg/kg 이하로 사용하면 안전하다. 그리고 BHT와 BHA의 사용량은 200 mg/kg 이하이다. Ethoxyquin, BHT, BHA 및 DPPD 이외에도 가끔씩 citric acid와 lecithin등도 항산화제로 사용된다.

비타민 중에 천연 항산화제인 α⁻토코페롤과 미네랄 중에 세레늄이 사료나 생체내에서 항산화적인 작용을 담당하기 때문에 최근에 이에 대한 연구가 많이 수행되고 있다.

(2) 착색제

참돔, 연어, 송어류의 먹이에 새우 가루를 섞으면, 그 속에 함유된 붉은 카로티노이드 색소로 양식 어류의 육질을 붉게 할 수 있으며, 비단잉어에서는 스피룰리나(*Spirulina*) 분말을 첨가하면 붉은색이 아주 선명해진다. 착색제는 체색이나 육질의 색깔을 좋게 할 뿐 아니라, 어체의 건강에도 필요한 것으로 보인다.

(3) 섭취촉진 물질

어류가 먹이를 좋아하는 요소에는 후각이 강하게 작용한다. 뱀장어를 대상으로 한 실험 결과, 아미노산 중의 글리신과 알라닌에 강한 유인성이 있음을 알아냈다. 그러므로, 이러한 물질을 혼합 가미하면 먹이를 먹는 상태나 양을 개선, 증가시킬 수 있다.

(4) 미지성장인가(unknown 또는 unidentified growth factor; UGF)

미지성장인자는 아직 영양학적으로 조사되지는 않았으나 사료에 첨가하면 성장등의 효과를 개선할 수 있는 성분을 뜻한다. 어류의 미지성장인자가 있다고 사용되는 사료 원료로는 맥주효모, 간, 지렁이 등이 있다.

6. 사료 가공

대상동물에 필요한 영양소 요구 등을 고려하여 사료 원료를 선정한 후, 사료배합비가 설계되면, 사료 원료들을 분쇄하여 미세한 가루로 만든 다음 잘 혼합한 후 대상어종의 식성에 맞도록 가공한다.

<그림 4-10> 생사료(MP)의 제조

가축사료와는 달리 양어 사료의 경우는 물이라는 중간 매체와 수중 생물의 식성 등을 고려하면 사료의 수분 함량은 중요한 의미가 부여될 때가 많다. 특히, 어류용 pellet 사료의 경우, 그 사료의 물성이나 가공 형태는 제조 공정, 사료 가격, 유통, 수질 오염 등에 영향을 미치는 중요한 요인으로 어종마다 선호하는 사료의 형태나 물성이 다를 수 있으며, 이러한 사료의 물성 또는 가공 형태는 각각 장단점을 가지고 있는데, 현재 양어가들이 선호하고 있는 생사료나 생사료와 분말 사료를 혼합한 형태의 moist pellet (MP)는 성장도에 비하여 가공, 유통, 취급, 보관 등 많은 문제점이 있다(그림 4-10). 담수어의 가두리나 못 양식에서는 사료 유실을 줄이고 소화율을 높이기 위하여 부상 사료(EP, expansion or extruded pellet)를 기능적으로 사용하기도 하며, 해상 가두리에서는 연안의 저질오염 및 어장 노화방지를 위해 정부가 나서서 배합사료 사용에 따른 비용 증가분을 사료 직불제 등 정책적 수단을 통해 배합사료로의 사용을 적극적으로 권장하고 있다. 한편, EP사료를 사용할 경우, MP와 DP사료의 침강량 5-40 kg/㎡/yr에 비해 10 kg/㎡/yr로 낮아지는 것으로 알려져 연안 오염 저감에 크게 기여하는 것으로 알려졌다. 그럼에도 불구하고 저양식업자들이 오염 사료 사용을 외면하고 오염 부하량 증가로 오염 누적의 악순환을 반복하며 생사료 사용을 멈추지 않는 이유로 성장이 부진, 시판사료에 대한 신뢰부족, 사료에 대한 정보부족, EP사용 시의 동절기폐사 문제, 고정관념에 사로잡힘, 약제처리의 어려움, 저가사료에 대한 어업인 요구 등에 따른 사료의 질 저하문제와 현행 EP사료가 가지는 문제점인 지방분 과다 흡수문제, 소화불량, 복수증 유발 가능성, 보존기간이 짧다는 문제와 겹친다는 점을 예시로 들 수 있다.

<그림 4-11> 배합사료(EP)

EP는 전분을 α화시켜 소화율을 높이는 대신 사료 가공 단가가 높아질 뿐 아니라 사료 제조시 고온과 고압으로 인하여 사료내의 영양소가 파괴되어 사료효율이 낮아지는 단점이 있다(그림 4-11). 반면에 물속으로 침강하는 dry pellet (DP) 사료는 EP가 가진 장점은 없으나 가공 단가가 낮고 가공 시에 영양소 파괴가 비교적 적은 장점이 있다. 한편

해산어 양식의 경우, 1980년대 중반까지 해상 가두리에서 가장 많이 양식되었던 방어도 그 당시 생사료가 주 사료로 사용되었고, 딱딱한 DP보다는 수분 함량이 높은 사료가 더 기호성이 높은 것으로 알려져 대부분 생사료 위주의 MP 사료가 사용되었다. 그 이후부터 가두리, 육상 수조 또는 축제식으로 가장 많이 양식되고 있는 넙치와 조피볼락도 생사료로 사육되어 왔으나, 최근 생사료 값의 증가로 EP 형태의 사료 사

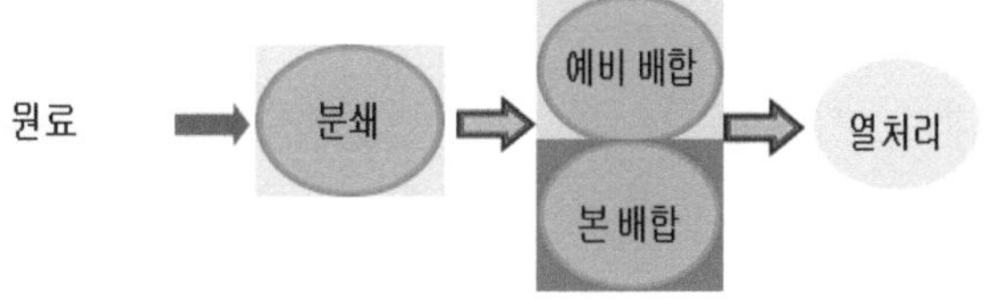

<그림 4-12> 부상 사료(EP)의 제조 공정

용이 증가되고 있으나, 해양 오염을 저감 시킬 수 있는 저 오염사료의 사용 확대와 발전을 위해서는 어분 및 어유 자체 생산시설 구축, 어분 및 어유 대체원료 개발 연구 활성화, 어류 양식 어가들의 의식전환, 사료 생산자들의 의식전환, 사료성분의 표준화 및 사료 생산공정 HACCP 프로그램 적용 등의 방안이 필요한 것으로 보인다(그림 4-13참조).

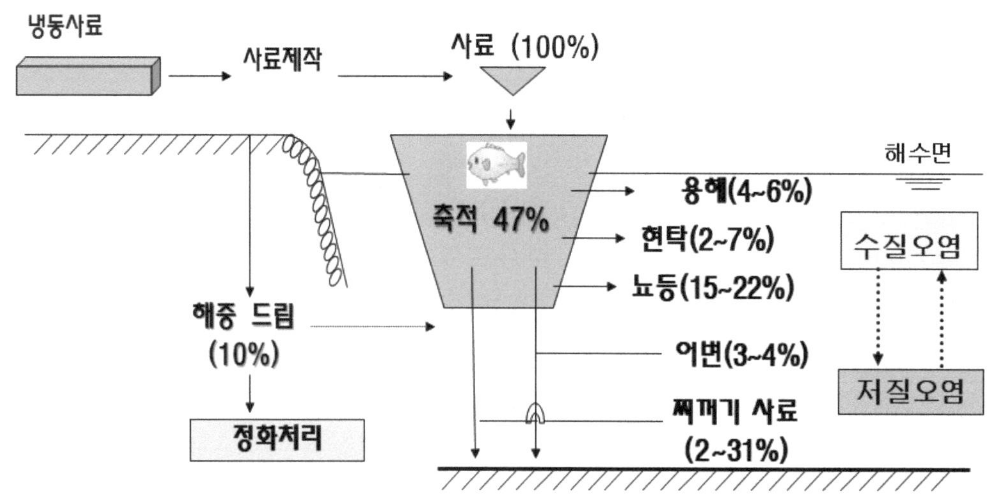

<그림 4-13> 사료 공급 후의 오염 과정

7. 사료 공급

사료는 양식생산 단가의 매우 높은 비중을 차지하고 있으므로 양식생산에 소요되는 비용을 최소화시키기 위해서는 대상 양식어종에 사용되는 사료의 품질이 양호함과 동시에 가격이 저렴하여야 한다. 이와 더불어 체계적으로 사료를 공급하는 것이 매우 중요하다. 이 중에서 사료의 품질과 가격은 사료 제조회사에 의존적이지만, 사료의 공급체계는 양식장의 환경이나 양어가들에 따라 달라질 가능성이 높다.

양식어류에게 사료를 과잉으로 공급하는 것은 어체내 에너지 대사의 효율성을 저하시킬 뿐 아니라 사료유실로 인한 경제적 손실과 수질오염원이 증가될 수 있다. 반대로 사료를 부족하게 공급하는 것은 어류의 성장을 지연시키므로 대상어류의 소화능력 등을 고려하여 최적 성장에 필요한 양만큼의 영양소를 공급하여 사료에 소요되는 비용을 최소화시켜야 한다.

사료의 영양소 이용률은 어종, 사료의 품질, 사료 공급량, 사료 공급 횟수 및 사육환경 등에 따라 달라질 수 있다. 또한, 사료 조성시 사료의 물성이나 크기 등이 대상 어종에 적합하여야 하며, 물속에서의 안정성 및 침강속도를 적절히 조절하여 섭취된 사료가 허실되지 않고 최대로 이용될 수 있도록 고려하여야 한다. 이러한 일련의 과정이 수행된 후 그 사료의 이용성과 크기별, 수온별에 따른 먹이 공급 체제를 경제성 분석과 함께 최종 검토하여야 한다.

1회에 줄 수 있는 사료 공급량은 어종에 따라 달라진다. 송어, 뱀장어, 메기 등은 1일 1회(때로는 2회)에 주어도 좋지만, 잉어 등은 위가 없어 한꺼번에 많은 양의 먹이를 먹을 수 없으므로, 여러 번 나누어 주는 것이 좋다.

적정 사료 섭취량은 어류가 요구하는 에너지 함량과 관련되어 있기 때문에 사료의 에너지 함량과도 밀접한 관련이 있다.

최근에 와서는 인건비의 상승현상과 더불어 양식어의 판매가격이 하락하고 있는 추세이므로 양식생산에 과잉으로 소요되는 요인을 줄이는 합리적인 양식 경영이 필요한 실정을 감안할 때, 과다한 사료공급은 경제적으로나 인력적인 면에서 불이익이 초래될 것이다. 예를 들어, 많은 비용을 투자하여 양식어의 출하 시기를 조금 앞당기는 것보다는 합리적인 투자가 함께 적정 성장을 유지하면서 경제성을 고려하는 것이 더 효율적인 양식 형태가 될 것이다.

사료의 적정 급여횟수뿐 아니라 공급률도 동시에 고려되어야 하는데, 즉 적정 사료 섭취량 이상 또는 이하에서는 사료효율이 낮아지거나 성장이 저하된다. 특히, 섭취량 이상의 사료가 공급되면, 먹지 못한 사료가 수중으로 유실됨으로서 경제적인 손실과 함께 수질오염원을 증가시키는 결과를 초래한다. 또한 사육수온, 사료의 품질 및 형태, 어체크기, 사육밀도 등이 적정 사료 공급률에 영향을 미치는 요인이 될 수 있으며 이에 대한 고려도 병행되어야 할 것이다.

어류의 일반적인 1일 사료 공급량은 건조 사료 중량으로 어체 크기에 따라 몸무게의 1~5% 범위이지만, 미꾸라지, 뱀장어 등의 어린 치어기에는 10~20%까지도 먹는다. 사료 공급률은 수온에 따라 크게 다르고, 어류의 성장 단계별로도 차이가 많음을 알 수 있다. 생활 온도 범위 내에서는 온도가 높을수록 많이 먹고, 같은 수온 조건에서는 어릴수록 자기 체중에 대한 먹이의 비율이 커진다. 먹이 섭취량은 수온뿐 아니라, 용존산소, 암모니아의 함량 등 수질에도 크게 좌우되므로, 항상 좋은 수질 환경의 유지에 노력해야 한다.

<그림 4-14> 냉동 생사료의 공급, 우측은 자동급이기를 이용하여 냉동 생사료를 분쇄하여 급이하는 모습

높은 밀도로 사육하는 순환 여과식이나 유수식 또는 가두리 양식에서 1회에 주는 먹이의 양은 포식하는 양의 60~80%가 되게 공급하면, 그 후의 식욕 감퇴를 가져오지 않고 지속적으로 좋은 성장을 계속시킬 수 있으므로, 사료의 효율과 어류의 건강에 좋다.

제 5 장 양식종의 선택과 육종

양식대상이 되는 수산생물의 종류는 대단히 많다. 그러나 양식업의 측면에서 볼 때 경영과 기술적인 면에서 보다 유리한 종을 선택하는 것이 중요하다. 또한 양식은 질적으로 우수한 종 또는 품종으로 양식함으로써 좋은 성적을 올릴 수 있다. 질적으로 우수한 종 또는 품종의 생산은 육종을 통하여 가능하므로 육종은 양식에서 매우 중요하다.

제 1 절 종의 선택

어업은 잡은 것을 판매해야 하지만, 양식은 판매 가능성이 있는 것을 생산하는 점이 특징이다. 그러므로, 양식을 하려고 할 때에는 판매 가능성이 높고 고가(高價)로 거래되어 양식 사업에 유리한 종 또는 품종을 선택해야 한다.

양식 대상종(또는 품종)의 선택에 있어 중요한 기준을 들어 보면 다음과 같다.

(가) 시장 수요가 많고 가격이 높아야 한다

① 그 지역의 기호나 관습이 맞을 것

② 상품으로서 품질이 좋을 것

(나) 생물 생산 조건이 유리해야 한다

① 성장이 가급적 빠를 것

② 강인하여 병에 잘 걸리지 않을 것

③ 종자 확보가 쉬울 것

④ 동물인 경우 사료 확보가 쉬울 것

⑤ 사육 기술이 확립되어 있을 것

민족과 사회에 따라서 좋아하는 식품이 다르고, 같은 식품이면서도 지역에 따라 그 가치에 심한 차이를 나타내는 것이 많다. 그것은 종교적 이유 또는 관습에 따라 어떤 민족에게는 전혀 이용되지 않고 때로는 금기(禁忌)의 동물로 인정되는 것이 다른 민족에게는 귀한 식품이 되는 일이 있기 때문이다.

예를 들면, 잉어는 우리나라, 중국, 일본, 이스라엘, 동유럽 등지에서는 귀한 생선으로 간주되지만, 미국, 오스트레일리아 등지에서는 사람에 의하여 이용되지 않고, 호소(湖沼)나 하천에 번식하는 이들 잉어는 오히려 귀찮은 동물로 간주되고 있다. 인도에서는 쇠고기 대신 어류를 많이 먹는다. 이와 같은 식품으로서의 수요는 지역에 따라 심한 차이가 있다.

이러한 사회적 여건에 따른 경제성은 역사와 더불어 변하므로, 양식 대상종의 선택에는 생물의 생산성만 내세울 것이 아니라, 먼저 사회적 요구와 경제성 및 그 변화에 신경을 써야 한다. 또, 시장성을 좌우하는 요인으로는 맛과 색깔, 형태 등 생물 자체의 품질에 따른 상품성도 중요하다. 또한 수요가 많고 가격이 높은 종류라 하더라도 생산성이 불리하면 양식업으로서 성립되기 어렵다. 그러나, 이 생산성은 지역적인 환경 조건에 따라 같은 종이라 하더라도 심한 차이를 보이는 경우가 많다. 뱀장어를 예를 들면, 대만에서는 수온이 높은 기간이 길어서 거의 연중 계속적으로 성장하지만, 우리나라에서는 여름철 4개월 정도만 성장이 가능할 뿐이며, 노천(露川)에서는 뱀장어가 긴 기간의 월동이 힘들고, 따라서 보다 까다롭고 어려운 양식 기술이 필요하게 된다. 잉어나 송어 양식은 인공적으로 생산된 종자로부터 성장시킬 수가 있으나, 뱀장어는 인공적인 종자 생산이 불가능하기 때문에, 양식용 종자(養殖用種苗)는 전적으로 자연산 수집에 의존하고 있는 실정이다. 따라서, 종자의 값이 비싸고 양식 생산품에 소요된 비용 중 종자값의 비율이 대단히 높아지므로, 종자의 수급이 잘 되는 것을 선택하는 것이 유리하다.

어류와 같이 집약적으로 양식을 하는 종류에 있어서는 생산비 중 사료가 차지하는 비율이 대단히 높다. 어류와 새우류의 양식에 있어서는 사료의 공급이 가장 큰 과제이며, 경영상으로는 생산비의 반 이상을 차지하는 것이 보통이다. 특히, 양식의 밀도가 점점 높아짐에 따라 사료의 중요성도 높아지고 있는 실정이다.

아무리 좋은 종을 생산한다 하더라도 사료를 충분히 구입할 수 없으면 양식 그 자체가 성립할 수 없게 되므로, 앞으로는 사료의 수급이 잘 될 수 있는 종류를 선택해야 하며, 사료의 수급을 위한 연구, 개발이 중요하다.

제 2 절 주요 양식 대상종

수산 생물의 종류는 대단히 많지만 현재 양식 대상종이 되는 것은 비교적 적다.

1. 유영성 동물

현재 우리나라에서 양식하고 있는 것은 어류에 속하는 잉어(*Cyprinus carpio*), 뱀장어(*Anguilla japonica*), 무지개송어(*Oncorhynchus mykiss*), 방어(*Seriola quinqueradiata*), 참돔(*Chrysophrys major*), 넙치(*Paralichthys olivaceus*), 조피볼락(*Sebastes schlegeli*), 가자미류 및 자주복(*Fugu rubripes*) 등이다.

잉어, 뱀장어, 무지개송어 등은 담수 양어의 대표적인 종류로서 식용어 양식이다.

방어, 참돔 및 넙치 등은 해산어 양식의 대표적인 종류로서 우리나라 남해안에서 주로 양식되고 있다. 방어는 종자를 자연에서 수집하여 바다에 설치한 가두리에서 양성한, 다음 이 중 일부는 중간 단계에서 외국으로 수출하고 일부는 월동장으로 옮겨 월동시켜 계속 양성하고 있다. 참돔과 넙치는 인공적으로 종자를 생산하여 바다에 설치한 가두리나 육상에 설치한 탱크에서 양성하고 있다.

2. 유영성 저서동물

우리나라에서 양식하고 있는 것은 대하(*Fenneropenaeus chinensis*)와 보리새우

(*Marsupenaeus japonicus*)이다. 이 밖에 꽃게 및 문어류 등도 양식하는 것으로 알려져 왔지만, 현재는 거의 양식하지 않고 있으며, 수요의 대부분은 자망이나 통발 등 어선어업에 의해 어획되는 자연산으로 공급되고 있는 실정이다. 새우 양식장은 주로 서해안과 남해안에 있고 양식한 새우는 외국으로 많이 수출하고 있다. 대하와 보리새우는 고급 어종으로 70-80년대에 우리나라 대기업 가운데 하나인 두산그룹에 의해 서해안에서 제방식 양식방법을 통해 대량생산이 이루어졌으나 지금은 새우양식을 접은 것으로 알려져 있다. 최근에는 보리새우에 비해 대하의 양식 생산량이 더 많으며 주로 서해안의 태안, 남해안의 남해 등지에서 양식이 이루어지고 있으나 바이러스성 질병에 취약하여 대량폐사로 어려움을 겪을 때도 많다.

대하는 우리나라 서·남해안과 중국에서만 양식하고 있는 종으로 배합사료만으로 5~6개월의 기간에 출하가 가능하다. 대하는 낮은 수온(16~20℃)에서 성장하는 등 환경조건에 강하며, 보리새우보다 낮은 단백질요구로 사료비의 절감을 가져올 수 있을 뿐 아니라 성장도 빠르다. 또한 어느 정도의 펄질에서도 서식하며 실내에서 성숙·산란이 가능한 점 등 사육조건이 까다롭지 않아 시설 및 관리의 측면에서도 유리한 점이 많다. 그러나 크기가 작고 육질이 적다는 단점이 있다.

보리새우는 대형종으로 성장이 빠르며 가격이 비싸다. 우리나라의 보리새우는 남해안이 주서식장으로 서해안에서도 다소 포획된다. 우리나라의 보리새우 양식은 주로 인공종자생산에 의해 이루어지는데, 보리새우를 양성장에서 그대로 월동시키기는 어렵기 때문에 겨울이 되기 전에 시판할 수 있는 크기가 되지 않으면 곤란하다. 그래서 조기에 종자를 생산하는 것이 중요하다.

<그림 5-1> BFT새우양식장과 대하

최근, 국립수산과학원 서해수산연구소에서 우리나라 토종 새우인 대하를 양식 대상품종으로 다시 복원하기 위해 2017년부터 연구를 시작 바이오플락기술(BFT, Biofloc Technology)을 이용해 대하양식에 성공하면서 이 기술을 이용한 새우 양식이 급격히 보급되면서 대하의 양식 생산량이 증가하고 있는 추세이다(그림 5-1).

바이오플락기술이란, 양식수조에 오염물 분해능력이 뛰어나고 양식생물에 유익한 미생물을 함께 기르는 새로운 양식 기술이라 할 수 있다. 미생물이 사료찌꺼기나 배설물에서 발생되는 오염물을 분해하고, 물고기에 잡아 먹혀 단백질 등 양분을 공급하기도 한다. 수확량을 높여주고 물갈이도 거의 필요치 않아 물과 에너지를 절약할 수 있는 친환경 양식방법으로 각광받고 있다. 바이오플락은 유기물을 분해하는 박테리아가 대량 번식하여 식물플랑크톤, 원생동물 및 미세 입자와 함께 뭉쳐져 솜털과 같이 된 덩어리로 만들어지는데 이것을 미생물총이라고 하며, 바이오플락 기술은 타가영양 세균을 이용하여 사육수 내 오염 물질을 분해, 정화시켜 무환수 상태로 양식생물을 사용하는 기술로 물이 부족하고 부지가 좁은 공간에서 높은 밀도로 생물을 키워내기 위한 양식 기술이다(그림 5-2).

〈그림 5-2〉 흰다리새우 BFT양식장 (전남 여수 새우궁전)

우리나라 대하양식은 2000년대 중반 바이러스 질병(흰반점병)으로 대량폐사가 발생한 후 거의 자리를 잡지 못하고 있으며, 생산량은 2000년대 중반까지 평균 1500톤이었으나 최근 5년 동안 평균 생산량은 15톤으로 급격히 감소한 상태다.

반면, 대하 대체품종인 흰다리새우 생산량은 2006년 660톤에서 2017년 5144톤으로 양식새우 생산량의 99%를 차지하고 있다.

바이오플락 수조의 대하 중간육성 시험 결과에서 일반 양식장의 대하 종자 입식 기준인 25~50마리/㎡ 보다 8~16배 많은 400마리/㎡의 고밀도에서도 72%의 생존율을 기록해 생산성 향상이 뛰어나다는 것을 입증한 바 있다.

3. 포복성 동물

우리나라에서 양식하고 있는 것은 참전복(*Haliotis discus hannai*), 소라(*Turbo cornutus*) 및 해삼(*Stichopus japonicus*) 등이다.

〈그림 5-3〉 그물가두리식 전복 양식장(위)과 양성 중인 전복(아래)

전복은 우리나라의 남해안이나 동해안에서 옛날부터 양식해 왔고, 특히 전복은 현재 해조류 양식이 발달한 완도를 중심으로한 전남 남해안에서 그물가두리식 양식방법으로 크게 발전하고 있으며(그림 5-3), 동해안에서는 어업인들이 생산한 종자를 연안 어장에 방류하는 자원관리형 증식방법으로 방류 양식을 하고 있다.

〈그림 5-4〉 해삼 인공어초를 이용한 해삼 양식

소라는 제주도 연안에서 자원, 관리형 증, 양식이 활발하게 이루어지고 있고 그 생산량도 많은 뿐만 아니라 생산된 소라는 대부분 외국으로 수출되고 있다. 해삼은 우리나라 전 연안에서 치삼을 방류하는 형태로 양식되고 있으나 인공 종자 생산기술에 비해 인공 양식기술 개발은 상당히 더딘 편이다. 남해안에서는 주로 육상 수조식 양식법으로 양식하고 있으며,

서해안에서는 천해역의 갯벌 등에서 해삼용 인공 어초나 은신처를 제공해 주거나 축제식 양식방법을 통해 양식이 이루어지고 있다(그림 5-4). 해삼은 국내 소비량도 많으나 소화관, 호흡수 및 생식소를 가공하여 외국으로 수출하고 있으며, 특히 최근 중국의 경제력이 급격히 상승하면서 국민소득이 높아지고, 해삼을 고급 식품으로 선호하는 중국인들의 식생활 향상에 따른 수요가 급격히 증가하여 돌기해삼이나 홍해삼 등 중국인이 선호하는 맞춤형 해삼 양식을 통해 높은 소득 창출이 기대되고 있다.

4. 비부착성 동물

우리나라에서 양식중에 있거나 양식 대상이 되는 종으로는 대합(*Meretrix lusoria*), 바지락(*Tapes philippinarum*), 개량조개(*Mactra chinensis*), 왕우럭(*Tresus keenae*) 및 우럭(*Mya arenaria oonogai*) 등이다.

대합은 우리나라 서해안과 남해안에서 한 때 그 양식이 성행하였으나 대량 폐사로 인해 그 양식량이 현저히 줄어들었다. 그러나 대합 양식은 최근에 회복되고 있기 때문에 앞으로 그 양식량이 증가할 것으로 생각된다. 바지락은 우리나라 서해안이나 남해안에서 옛날부터 양식해 왔고 그 양도 비교적 많은 편이다.

개량조개는 우리나라 서해안과 남해안에서 많이 났으나 남획으로 인하여 그 양이 현저히 줄어들었기 때문에 양식량을 증가시키기 위하여 많은 노력을 하고 있다.

왕우럭은 대형패류로서 육질의 맛이 좋고 특히 수관은 오래 전부터 요리에 사용되었기 때문에 값비싼 종류로 중요시되고 있으며, 최근에는 국립수산진흥원에서 인공으로 생산한 종자(치패)를 방류함으로서 생산량의 증가가 기대되는 종이다. 우럭은 육수가 영향을 미치는 강의 하구 부근이 서식 장소가 되므로 양식도 이곳에서 이루어지고 있으나, 폐수로 인한 오염 때문에 양식장이 줄어들어 그 양식 생산량이 얼마되지 않는다(그림 5-5).

〈그림 5-5〉 우리나라의 주요 양식 패류(윗줄 좌측으로부터 피조개, 참굴, 왕우럭, 지중해담치(진주담치=홍합), 백합, 참가리비, 진주조개, 해만가리비)

5. 일시 부착성 동물

<그림 5-6> 피조개 중간육성

우리나라에서 양식하고 있는 것은 고막류(Anadarinae), 가리비류(Pectinidae) 및 키조개(*Atrina (Servatrina)* pecrinata) 등이다.

고막류에는 피조개(*Anadara broughtonii*), 큰이랑피조개(*A. satowi*), 새고막(*A. subcrenata*) 및 고막 (*A. granosa bisenensis*) 등이 있으나 피조개의 양식이 가장 활발하다(그림 5-6). 피조개는 우리나라 남해안에서 주로 양식하고 있고, 1970년대 중반 이 종의 종자생산이 정상적으로 확립되면서부터 양식이 본격화되었다. 본격적인 양식이 시작되면서부터 양식량이 급격히 증가하였고, 생산한 것은 많은 양을 외국으로 수출하고 있다.

가리비류 중 양식종은 참가리비(*Patinopecten yessoensis*)이며 이 종은 한해성으로 수온이 23℃ 이상 되는 곳에서는 살 수 없기 때문에 우리나라의 동해안에서만 주로 생산되고 있다(그림 5-7).

<그림 5-7> 큰가리비

키조개는 자연산 종자에만 의존하고 있으나 양식 생산량은 비교적 많은 편이다. 이 종의 후폐각근은 매우 크며 이것을 패주(貝柱)라고 하여 옛날부터 수출 식품으로써 유명하다. 키조개의 양식 생산량 증대를 위하여 인공종자생산 기술개발의 확립이 요구되고 있다.

6. 부착성 동물

현재 우리나라에서 양식하고 있는 부착성 동물은 굴류(Ostreidae), 담치류(Mytilidae) 및 진주조개류(Pteridae) 등과 원색동물에 속하는 멍게(우렁쉥이, *Halocynthia roretzi*) 등 이다(그림 5-8).

<그림 5-8> 채취 후의 멍게

굴류에는 참굴(*Crassostrea gigas*), 벗굴(*Ostrea denselamellosa*) 등 몇 가지 종류가 있으나 참굴을 주로 양식하고 있다. 우리나라는 일본, 중국과 더불어 세계 3대 굴 양식국 중의 한 나라로서 그 양식 생산량은 매우 많고 양식 생산량의 과반수 이상을 수출하고 있다.

담치류에는 참담치(*Mytilus coruscus*)와 진주담치(*M. edulis*)로 알려져 왔던 지중해 담치(*M. galloprovincialis*)가 있다(그림 5-9). 참담치는 옛날부터 우리나라에서 양식하고 있던 종류였으나 그 양식량은 많지 않다. 그러나 진주담치는 1960년대부터 양식하기 시작하여 최근에는 그 양식 생산량이 매우 많으며 대부분을 수출하고 있다.

진주조개류에는 진주를 만들어 내는 종류수가 많으나 우리나라에서는 진주조개(*Pinctada fucata*)만을 양식하고 있다. 진주조개는 원래 우리나라에 없었으나 1960년대에 일본으로부터 수입하여 양식하기 시작하였다. 진주조개는 그 크기가 비교적 작은 편이나 진주조개류 중에는 그 크기가 매우 큰 열대산의 백엽조개(*Pinctada maxima*)나 흑엽조개(*Pinctada margaritifera*) 등도 있다.

〈그림 5-9〉 양식 지중해담치

멍게(우렁쉥이)는 이전에는 주로 우렁쉥이로 불려져 왔으나 지금은 혼용이 되고 있는 국명으로 경남 통영에서는 우렁쉥이 양식 수협을 멍게 양식 수협으로 변경한 바 있다. 주로 우리나라 남해안이나 동해안에서 많이 양식하고 있고, 1970년대부터 우렁쉥이의 인공 종자 생산기술이 확립되면서부터 그 양식이 급격히 발달하였다. 남해안산 양식 멍게는 동해안산 양식멍게 비하여 성장속도가 빠른 것으로 알려져 있는데 이는 여과식성(filter feeder)인 멍게의 먹이생물이 동해안에 비해 남해안이 월등히 풍부하기 때문에 나타난 결과로 볼 수 있다.

7. 부착성 식물

현재 우리나라에서 주로 양식되고 있는 종은 녹조류(Chlorophyceae)의 파래류(*Ulva* spp.)와 매생이(*Capsosiphon fulvescens*), 갈조류(Phaeophyceae)에 속하는 미역(*Undaria pinnatifida*)이나 다시마(*Saccharina japonica*), 톳(*Sargassum fusiformis*) 및 홍조류(Rhodophyceae)에 속하는 김류(*Pyropia* spp.)와 개꼬시래기(*Gracilariopsis chorda*) 등이다.

김은 380여년 전인 1640-1660년에 양식이 시작된 우리나라에서 양식 역사가 가장 오래된 해조류로서 국내 1위의 수산물 수출품목으로 그 생산량이 증가하고 있다. 우리나라 남해안과 서해안은 옛날부터 김 양식을 많이 하는 곳으로 유명한데 영양염이 풍부한 섬진강의 육수의 영향을 받았던 전남 광양만의 태인도는 김 양식의 발상지로서 유명하였고, 같은 섬진강 하구에 위치한 이웃 경남 하동의 갈사마을은 임금님에게도 진상했다고 알려진 고품질 참김의 주요 생산지였으나 지금은 광양제철의 건설과 함께 김 양식장이 매립되어 사라지면서 기록으로만 남게 된 우리나라 섶발 김 양식의 발상지이다(그림 5-10).

〈그림 5-10〉 섶발 김 양식장

미역은 1964년 국립수산과학원에서 최초로 인공 종자생산과 시험 양식을 통해 양식 기술개발이 이루어진 종이다. 이 종의 양식은 인공 종자생산이 본격적으로 실시되기 시작한 1970년대부터 활발해졌다. 우리나라 남해안이나 동해안에서 많이 양식하기 시작해 지금은 남해안의 전남 완도와 고흥, 동해안의 부산 해운대 청사포와 기장군 해역이 미역 양식의 중심지로 알려져 있으며, 최근 완도에서는 전복 양식장의 증가와 더불어 그 생산량이 급격히 증가하고 있다. 한때 경남 통영의 한산도에서도 많은 양식이 이루어졌으나 멍게 양식에 밀려 명맥만 유지하고 있으며, 한산도의 양식어민들은 부산시 송도나 영도구 태종대로 이주하여 미역 양식의 명맥을 유지하고 있다. 과거 양식 생산량이 급격히 증가하여 과잉 생산에 따른 가격 폭락으로 침체기를 맞기도 하였으나 전복 양식의 발전과 더불어 양식 산업이 되살아나고 있기도 하다.

<그림 5-11> 양식 미역

다시마는 한해성 해조류로 1969년 국립수산과학원에서 일본 홋카이도로부터 모조를 들여와 인공종자 배양에 성공한 후 울산 방어진 앞바다에서 시험 양식을 실시한 이후, 미역과 마찬가지로 1970년대부터 본격적으로 양식 기술이 보급, 확대되기 시작하였다. 양식 적지는 우리나라 동해안으로 과거 동해안의 주문진 등에서 양식이 이루어져 왔으나 지금은 태풍이나 풍파 등의 영향으로 대부분 사라진 상태이며 동해 남부의 기장 연안에서 미역과 함께 복합 양식이 이루어지고 있다. 오늘날에는 전복 양식장의 증가와 함께 전남 완도, 해남, 신안군 흑산도 등지에서 식용뿐만 아니라 전복의 중요 먹이원으로서 대량 양식되고 있다. 자연산의 경우 물살이 빠른 서해안의 백령도산이 품질이 뛰어나 맛이 좋은 것으로 알려져 있다.

<그림 5-11> 양식 다시마

<그림 5-12> 시판 중인 백령도산 자연산 다시마

제 3 절 육종

최근 수산분야의 기술 진보에 의해 어류 등의 사육 기술은 급격하게 발전하고 있지만, 농·축산업분야에서 이루어지고 있는 육종에 의한 품종 개량과 외부환경이나 병에 견디어 낼 수 있는 품종개발의 기술은 아직도 초보적 단계에 있다. 수산양식의 수익성 향상을 위해서는 무엇보다도 우수한 품종의 선정과 양질의 종자를 사용하는 것이 필요하다. 우수한 종자의 생산은 국가 경쟁력 및 그 산업 자체의 손익분기점을 결정하는 가장 중요한 요인으로 작용하므로 수산 양식업의 발전을 위해서는 성장 및 생존율이 높고 환경에 대한 저항력이 강하며, 내병성이나 사료효율이 높아서 생산성을 향상시킬 뿐 아니라 맛과 외부형태 등이 우수한 품종으로 육종해 나아가야 할 것이다.

육종이란 현재 있는 품종보다 실용적 가치가 높은 새로운 품종을 육성해내는 일련의 기술로서, 현재의 품종보다 질병에 더 강하고, 맛과 모양이 더 좋고, 소비자의 기호에 더 적합하고, 양성하기에 더 편하고, 같은 면적과 노력으로 생산성을 더 크게 향상시킬 수 있는 등 현재보다 더 나은 새로운 품종을 만드는 것이다. 즉 종이 가지고 있는 유전자 자체를 개량하는 것으로, 유전자수를 추가하거나 감소시키는 것이 아니라 각 유전자좌(locus)에 있는 불량한 대립유전자(allele)를 우량한 대립유전자로 교체하는 것이다. 육종 방법에는 도입 육종법, 분리 육종법, 일대교잡 육종법, 돌연변이 육종법, 염색체 육종법 등이 있으며 이는 크게 교배에 의한 육종방법으로 일컬어지고 있다. 이외에도 생물공학적 육종법(일명 유전공학적 육종방법) 그 중에서도 특히 유전자 재조합을 이용한 형질전환에 의한 품종 육성법이 있다. 육종에서는 전자인 교배에 의한 육종법이 주로 이용되고 있으며, 후자는 최근에 급속도로 연구가 진행되고 있는 방법으로 내병성이나 내저항성 등에 대해 주로 이루어지고 있으며 이에 대해서는 식품으로서 뿐 만 아니라 환경에 미치는 영향 등의 안정성여부에 대한 검정이 필요하다.

실질적인 협의의 육종은 교배(mating system)와 선발(selection)에 의해 이루어진다. 다음세대를 생산하려고 할 때 우선 친어로 어떤 것을 사용할 것인가를 결정해야 하고, 그 다음은 어떻게 교배할 것인가를 결정해야만 한다. 이 때 전자는 선발에 관한 것이고 후자는 교배에 관한 것이다.

1. 교 배

고배는 새로운 변이를 창출해내는 과정으로 주로 근친교배(inbreeding)와 잡종교배(crossbreeding)를 이용한다.

근친교배는 혈연관계가 비교적 가까운 개체간의 교배를 말하며, 동형접합체의 비율을 증가시키고 이형접합체의 비율을 감소시킨다. 넓은 의미로는 근친교배, 계통교배, 순종교배를 포함한다. 근친도가 높아지면 각종 치사 유전자와 기형이 나타나는 빈도가 높아지며, 번식능력, 성장률, 산란능력, 생존율 등에 좋지 못한 영향을 끼치게 된다. 그러나 어떤 유전자를 고정하려고 할 때, 불량한 열성 인자를 제거하려고 할 때, 유전력이 낮은 형질을 개량하려고 할 때, 어느 개체가 불량한 유전자를 가지고 있는 가를 조사하려고 할 때 및 근교 계통간의 교배를 통하여 잡종 강세를 이용하고자 할 때에는 근친교배를 이용한다.

잡종교배는 교잡이라고도 하며, 근친교배와 정반대되는 교배법으로 이형접합체의 비율을 증가시키고 동형접합체의 비율을 감소시킨다. 잡종교배는 주로 품종간 교배를 의미하며, 계통간 교배, 종간 및 속간 교배가 속한다. 잡종은 순종에 비하여 활력이 강하고 번식능력, 성장률, 생존율 등에 있어서 우수한 경향이 있는데 이것을 잡종강세(heterosis)라고 한다. 잡종교배는 새로운 유전자의 도입으로 새로운 품종을 만들려고 할 때나 잡종강세를 이용하려고 할 때 주로 이용된다.

교배에 의한 육종은 양식 생물 체내의 유전 인자의 재구성(再構成)으로 그 결과가 다음 세대(F_1)의 형질에 바로 반영되는 것이 보통이다. 그러나, 제2, 제 3 세대로 내려가면 유전자의 복잡한 조합, 분리 현상으로 생물의 형질도 다양하게 갈라질 수 있으므로, 여기서 다시 선발육종의 방법으로 새로운 계통을 확립해야 하는 경우도 있다. 일반적으로 잡종 1 세대는 그 어미로 사용한 어느 계통 또는 종의 형질보다 우수한 경우가 많으므로, 이 원리를 양식에 이용하는 일이 많다.

2. 선 발

선발은 다양한 변이를 포함하고 있는 교배 후 집단에서 우리가 목표로 하는 몇 개의 계통을 찾아내는 과정으로, 이 단계는 가장 힘들고 시일이 오래 걸리며 많은 노력이 소요된다. 실질적으로 선발은 다음 세대를 생산하는데 쓰일 친어를 고르는 행위를 말한다. 선발 방법은 교배방법에 따라 판이하게 달라지며, 일생 중 여러 시기에 걸쳐 실시할 수 있다. 선발 목적은 원래 가지고 있는 집단내의 유전자 빈도를 변화시켜 경제적으로 중요한 형질을 개량하고자 하는 것으로 새로운 유전자를 창조해내는 것은 아니다. 이 과정을 통과한 선택된 계통들은 대단히 엄격한 생산성·내병성 및 지역 특이성 등을 검정하는 과정을 거쳐 하나의 우수한 품종으로 탄생하게 된다. 육상의 쌀이나 땅콩들도 품종을 개량함으로써 그 생산량을 수배나 증가시켰다. 양식에 있어서도 연어나 잉어, 김 등의 생산고가 품종 개량에 의하여 비약적으로 증가했다.

친어를 선발하는데는 여러 가지 방법을 이용할 수 있다. 종래에는 혈통이나 외형을 주로 선발 기준으로 하였으나 근래에 와서는 능력(performance)에 근거를 둔 선발이 과학적인 견지에서 우수하다는 것이 인정됨으로써 능력위주로 선발하는 것이 중요시되고 있다. 선발방법으로는 선조의 능력이나 방계친척의 능력을 기준으로 한 선발, 개체선발, 가계선발, 가계내 선발, 개체와 가계의 조합선발, 후대검정에 의한 선발, 간접 선발방법 등이 있다.

수산양식에서는 주로 개체선발, 가계선발, 조합선발이 이용된다. 이 중 특히 종래에는 개체선발이 주로 이루어져 왔다. 개체선발은 개체의 능력만을 기준으로 하여 친어로서의 가치를 판단하여 선발하는 방법이다. 즉, 가계나 선조, 자손의 능력은 무시하고 개체의 표현형에만 근거를 두고 선발하는 방법이다. 개체선발은 유전력이 높은 형질의 개량에는 효과가 크지만 유전력이 낮은 형질에 대해서는 비교적 효과가 낮다. 가계선발은 가계능력의 평균을 토대로 하여 가계내의 개체를 전부 선발하거나 도태하는 것으로 가계 내 개체간의 차이는 선발에 있어서 완전히 무시되며, 가계구성원 개개의 능력은 가계평균능력에 영향을 끼치는 역할만 하게된다. 유전력이 낮은 형질을 개량 할 때에는 개체선발 보다 가계선발을 이용하는 것이 비교적 효과가 좋다. 개체와 가계의 조합선발은 개체의 능력과 가계의 능력을 동시에 고려하여 선발하는 것으로 대부분의 경우, 개체선발이나 가계선발의 어느 하나만을 이용하는 것보다는 개체의 능력과 가계의 능력을 모두 고려하여 선발하는 것이 좋다.

어류나 그 밖의 무척추 수산동물은 야생(野生) 종자로부터 선발사육하면 1~2대 사이에도 육종의 효과가 뚜렷이 나타나는 일이 많고, 몇 대 안 거쳐 좋은 품종이 만들어지는 일이 많으므로, 계속 좋은 계통을 육성하는 일에 노력해야 한다.

선발육종은 일반적으로 육상과 수중 생물의 생산에 시행되어 오고 있지만, 같은 계통 안에서 잘 크는 것을 골라 기르는 것이므로, 근친교배(近親交配)의 결함을 나타낼 가능성도 있다. 특히, 외국으로부터 몇 마리 안 되는 새로운 종을 도입해서 기르는 경우에는 그러한 가능성이 더욱 높다.

일반적으로, 형질은 유전인자와 환경의 영향을 받아 표현형으로 나타난다. 즉, 형질이 유전인자의 지배를 받고 있기는 하지만, 그 환경의 영향 또한 무시해서는 안 된다. 예를 들면, 연구 시설 내의 일정한 환경 조건, 즉 수온의 경우 연중 38℃에서 어류 또는 무척추동물을 길러, 그 중 가장 잘 크는 것을 선발육종하여 그 다음 세대를 수온 변동이 심한 야외 양식장에서 길러 보면, 이렇게 선발육종된 것이 거기에 자라던 야생 계통보다 성장이 나쁘고, 때로는 내병성(耐病性)이 약한 것도 생긴다. 따라서, 육종을 시도할 때에는 그 생물이 앞으로 양식될 장소의 환경 조건을 충분히 고려하지 않으면 안 된다.

제 6 장 축양과 운반

한 때 살려서 보관하거나 운반하는 일은 양식용 종자 또는 재배업용 종자를 취급하는데 있어서 꼭 필요한 것이다. 이와 같은 일은 양성하여 생산한 것 뿐만 아니라 어업으로 어획한 수산물 중에서도 산 채로 보관, 운반할 때에 필요한 것이다. 축양과 운반은 수산물의 상품 가치를 높게 유지시킬 수 있으므로 양식에서 매우 중요하다.

제 1 절 축 양

축양(holding)은 살아 있는 수산 동물을 적절한 시설 안에서 일시적으로 보관하는 일이다. 축양은, 어획물의 일시 보관, 활어 유통 단계에 있어서 시장 또는 식당 등 판매 장소에서의 활어 보관, 양식장에서 생산된 종자 또는 양성된 생산품을 포획 후 재방양(再放養) 또는 출하할 때까지의 보관 등 많은 목적으로 이용된다.

어류나 그 밖의 수산 동물은 죽은 것보다 산 채로 공급하는 것이 그 상품 가치를 훨씬 높일 수 있는 동시에 높은 가격으로 판매할 수 있다. 그리고 어업 또는 양식 생산물이 다량으로 수확되어 가격이 떨어지는 시기에는 축양하여 보관했다가, 공급이 줄어들어 가격이 올라가는 시기에 출하하여 상품 가치를 높이려는 목적도 있다.

축양 기술의 향상과 보급은 양식 생산물과 일반 어획물인 활어의 유통과정 면에서나, 양식장의 운영과정 면에서나 다 같이 중요한 일이다.

축양 방법에 있어서는, 넓은 수면이 가까이 있을 경우에는 가두리 장치가 예부터 많이 이용되어 왔다. 그러나, 가두리 설치 가능 장소는 제한되어 있으므로, 대부분 사육 수조나 작은 못을 사용한다. 이 때, 단시일인 경우에는 단순한 포기(瀑氣)만으로도 축양이 가능하지만, 오랜 시일이 걸릴 때에는 생물의 건강을 유지시키기 위한 수질 관리와, 때로는 장기간의 축양으로 인한 체중 감소가 예상되므로 어느 정도의 먹이 공급이 필요하다.

가두리는 설치 여건만 마련되면, 그 시설이 간단하고 또 관리가 쉬우므로, 손쉽게 이용된다. 가두리에서 축양할 수 있는 동물은 잉어, 송어, 메기, 방어, 돔류, 그 밖에 여러 가지가 있지만, 뱀장어, 미꾸라지, 틸라피아, 보리새우류 등은 가두리에서 축양하기가 부적당하다. 송어류와 같이 비교적 산소 함량이 많은 곳에서 살 수 있는 어류는 용존 산소량이 높은 수질 환경에 잘 견디지만, 뱀장어, 미꾸라지 등은 용존산소량이 높은 수질에서는 피부의 조그만 상처에도 호기성(好氣性) 점액 세균에 의하여 감염되기 쉽고 높은 폐사율을 가져온다.

육상 시설에서의 축양의 가장 간단한 방법은 물통에 어패류를 담아 두는 일이지만, 이 방법으로는 호흡에 필요한 용존 산소의 부족 때문에 축양 량에 제한을 받아 극히 소량의 동물을 축양할 수 있을 뿐이며, 축양 동물의 배설물에 의하여 수질이 빨리 악화되므로 실용적이지 못되는 경우가 많다. 이러한 현상을 막기 위하여 각종 축양 방법이 개발, 이용되고 있다.

단시간의 축양은 수산 동물을 용기 속에 수용하고 산소 보충을 위한 장치만 해도 가능하지만, 수조나 용기에 다량의 수산 동물을 넣어서 1~2일 이상의 축양을 하기 위해서는 기포장치와 오물 제거를 위한 여과 장치가 필요하다. 이것은 어디서나 그 설치가 가능하지만 기술이 요구된다.

<그림 6-1>. 방어 가두리 축양 양식장

최근에 이르러 펌프를 비롯한 기구와 시설의 장치가 차차 용이해져 가고 있으므로 정화 자치를 이용한 축양 시설이 보다 쉬워지고 있다. 만약, 충분한 포기를 하고, 또 매일 1~2회의 환수가 가능하다면, 여과 장치가 없어도 상당한 시간의 축양이 가능하다. 최근 들어 기후 온난화가 가속화 되면서 제주도에서 대량 어획되던 방어가 강원도와 경상북도 동해안에서 많이 어획되고 있는데, 여름철에 잡힌 방어는 방어의 제철 소비시기가 아니어서 판매 단가가 매우 낮다. 따라서 해당지역 어업인들은 동해안에 가두리 시설을 한 후 축양을 통해 방어를 사육 관리한 다음 제철 소비기인 동절기에 판매하는 것으로 알려져 있다(그림 6-1).

제 2 절 운 반

수산 생물 중에는 물을 넣지 않아도 공기 중에는 장시간 살 수 있는 동물이 많이 있다. 게류, 패류 등은 공기 중에서도 오래 견디므로, 상자 또는 바구니에 담아서 운반한다. 뱀장어, 미꾸라지, 보리새우 등 몇 가지 수산 동물들은 기온이 낮은 겨울철에는 공기 중에서 비교적 오래 견딜 수 있으므로, 상자나 바구니에 담아서 2~10 시간의 운반이 가능한 경우도 있다.

그러나, 대부분의 수산 동물은 공기 중에서 산 채로 운반하기는 힘든 일이다. 특히, 종자용 어린 것의 운반은 물 속에 넣어서 운반하지 않으면 안 된다. 물 속에 넣어서 운반하면 용존 산소의 부족으로 호흡이 곤란해지고, 배설물이 물 속에 쌓여 호흡 대사 기능에 장애를 준다. 따라서 운반기의 물속에 산소를 공급하는 방법과 수산 동물의 대사 기능을 낮추는 방법을 써서 운반하는 것이 보통이다.

1. 활어운반을 위한 기본원리

1) 대사 기능 저하

운반 전 2~3일 동안 어류를 굶기고, 운반용수의 온도를 낮게 유지시키면 생리 기능이 낮아지고, 따라서 산소 소비량이 감소하여, 대사 배설물의 배출이 적어진다. 온도를 낮게 유지하기 위해서는 얼음을 사용하거나 운반 중 냉각기를 가동시키면 된다. 그리고, 냉각된 물의 온도를 효율적으로 유지하기 위해서는 운반 용기의 벽을 보온 재료로 만들어 온도의 변화를 감소시켜야 한다.

2) 산소 보충

아무리 어류의 대사 기능을 저하시키더라도 좁은 용기에 고밀도로 수용하면 수중의 산소가 부족해지므로 그만큼 소요량을 공급해야 한다. 산소 보충 방법으로는 밀폐된 용기의 윗부분에 공업용 산소를 채우거나, 위쪽이 열려 있는 운반 용기의 물속에 연속적으로 산소 또는 공기를 주입시키는 방법이 있다.

3) 오물의 제거

운반 시간이 길어질 때에는 어류의 대사 또는 체표(體表) 분비에 의한 오물이 물속에 축적되므로, 여과 장치를 하여 이것을 제거하는 것이 더욱 좋다.

2. 수산 동물의 실제 운반법

1) 공기 중 운반

활어 수송 특별한 예로서, 겨울철에 뱀장어, 잉어 등 몇 가지 어류를 비롯하여 새우, 게 등을 바구니에 담아 물 없이 상당한 장거리를 오랜 시간에 걸쳐 운반하는 일을 주로 해 왔다. 일본의 경우 뱀장어를 운반할 때 대바구니를 5단으로 쌓은 다음, 아래 4단에는 각 단마다 약 20 kg씩의 뱀장어를 담고, 맨 위의 바구니에는 얼음을 3~5 kg 넣어서 포장을 하여 열차의 화차 또는 자동차로 운반하기도 한다.

2) 활어선 운반

해산 어류의 해상 운반은 운반선의 선창에 설치한 활어조에 수용하여 운반한다. 활어조는 배의 바닥에 구멍을 뚫고 망을 쳐 바닷물이 잘 유통하도록 만들어져 있다(그림 6-2).

<그림 6-2> 활어 운반선

그러나, 일부 어류는 특별한 조치를 취해야 하는 경우가 있다. 복어는 좁은 데에 많이 수용하여 운반하면 서로 물어뜯는 일이 있으므로, 1마리씩 철망 상자에 수용하거나 또는 입술을 꿰매어 운반하기도 한다.

3) 비닐 봉지에 의한 운반

가장 널리 쓰이는 간편한 방법이며, 1~2시간 소요되는 가까운 지역 간의 운반에서부터 1~2일이 걸리는 국제적 운반에도 많이 이용된다. 주로 치어나 값이 비싼 고급 어종 및 관상용 어류의 운반에 이용되는 일이 많다(그림 6-2). 비닐 또는 폴리에틸렌(polyethylene) 막으로 된 봉지에 원래 어류가 있던 곳의 수온과 비슷한 깨끗한 물을 반 가량 채운 다음, 여기에 운반한 생물을 넣고 봉지 위쪽의 공기를 빼내고 그 대신 공업용 산소를 채워준다.

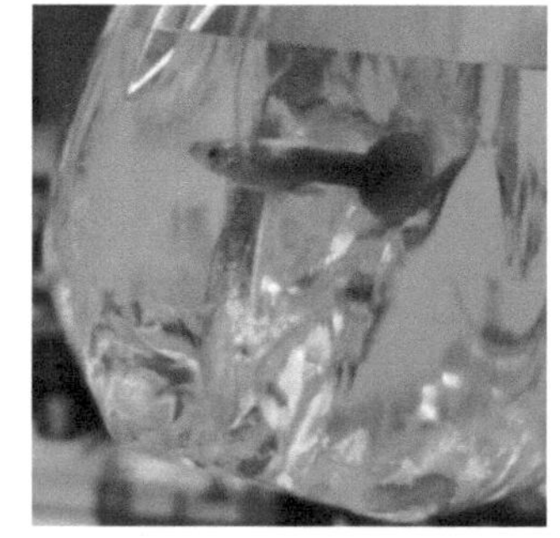
<그림 6-2> 비닐봉지 운반

그 다음 내부가 거칠지 않은 나무 상자나 부대 등에 넣어서 포장한다. 이 방법으로 운반할 수 있는 어류의 양은 어류의 종류, 크기, 수온 등에 따라 다르다. 지름 약 38 cm, 길이 약 50~60 cm되는 용기에, 큰 것은 약 5 kg의 잉어를 넣어서 산소를 채우면 10시간 이상의 운반에 견딜 수 있다. 이 때, 수온이 30℃를 넘지 않도록 하는 한편, 직사광선을 피하도록 한다. 수온을 낮추면 더욱 많은 어류를 운반할 수 있다.

4) 대형 활어수송차를 이용한 어류 운반

수백 kg 이상 수 톤의 활어를 한꺼번에 운반하는 데는 대형 활어수송차에 적재된 활어 운반용 수조에 산소 공급 장치를 통해 산소를 계속 주입하면서 운반하는 방법을 쓴다. 2,000 L이상의 대형 운반통에 약 1,000 kg의 어류를 넣고, 산소를 분출시키면 10시간 이상 운반할 수 있다(그림6.2).

<그림 6-3> 대형 활어차를 이용한 운반

여름철에는 운반 중에 기온의 영향으로 인해 운반 용기의 수온이 올라가므로, 얼음으로 물을 냉각시키고, 운반수조의 벽을 발포스티로폼 및 그 밖의 방열재로 단열하기도 한다. 또, 얼음 대신 냉각기를 계속 가동시키기도 한다. 산소 주입을 위해서는 공업용 산소 탱크를 같이 싣고, 호스를 통하여 그 끝에 장치한 분산기로부터 운반 시간 중 계속적으로 산소를 분출시킨다.

산소 대신 블로워 펌프 또는 컴프레서를 계속 가동시켜 공기를 주입해도 좋다. 그러나, 산소를 직접 주입하는 것보다는 효율이 떨어진다.

12 volt의 직류식(DC 12V) 물 교반기를 설치하여 기포를 일으켜 산소를 보충하거나, 하부의 물을 펌프로 퍼 올려 상부로부터 분무시켜 산소를 보충하기도 한다. 이

때에는 여과 장치를 부착시켜 도중에 오물을 제거하거나 또는 침전시킬 수 있다.

5) 마취 운반

마취제 또는 냉각으로 마취를 시키고 대사 기능을 저하시켜 운반할 수도 있다. 냉각 마취 운반은 뱀장어의 종자 운반에 이용되는 일이 많다. 뱀장어는 주로 아가미로 호흡하지만, 공기 중에서는 피부로도 호흡하므로, 운반 전 4℃의 얼음물로 냉각 마취시키고, 그물 바닥으로 된 발포스티로폼 용기에 넣어 어느 정도 습도만 유지시키면 운반이 가능하다. 1~2 kg씩 분할 수용하여 이 용기를 4~5개씩 1묶음으로 포장하여 운반하는데, 맨 위의 상자에는 얼음을 넣어 찬 온도를 유지시키도록 한다. 이 방법으로 10~15시간 운반할 수 있다.

6) 기타 수산 동식물의 운반

어란은 치어에 비하면 비교적 간단하게 운반할 수 있다. 어란을 운반할 때에는 용기 속의 온도를 비교적 낮게 하고, 알의 주위는 충분한 습기가 있으면서 공기에 접촉되도록 하는 것이 좋다. 온도를 낮추기 위하여 얼음을 넣는 것이 보통이다. 알을 담는 그릇은 낮게 만들어 여러 개를 쌓는데, 각 그릇의 사이에는 공간이 있게 한다. 또, 알 그릇의 바닥에는 물이 잘 빠지는 천을 치고, 위쪽의 얼음 그릇에는 바닥에 구멍을 많이 뚫어 얼음 녹은 물이 아래쪽의 알에 떨어지도록 한다. 포장은 기온의 영향을 적게 받도록 하기 위해 열의 차단이 잘 되는 재료를 쓴다. 여러 개의 알 그릇과 얼음 그릇을 묶어 외부 상자에 넣는데, 상자와 알 그릇 사이에는 스펀지 등을 채워 완전한 포장을 하여 운반한다.

그 밖에, 꽃게, 보리새우, 닭새우 등은 상자에 넣고 톱밥, 왕겨 등을 채워 동요하지 않도록 하여 운반하고, 전복 등은 얕은 상자에 넣어 서로 겹쳐지지 않도록 하여 운반한다. 복어, 참게 등은 운반 중 같은 용기 안에 들어 있는 것끼리 서로 물어뜯거나 서로 얽혀 취급이 곤란한 것은 특별한 방법을 쓴다. 즉, 이들 동물을 서로 분리 수용할 수 있는 작은 상자를 이용하는 경우도 있으며, 칸막이를 설치하여 서로 공격하지 못하도록 고안된 용기를 사용하기도 한다.

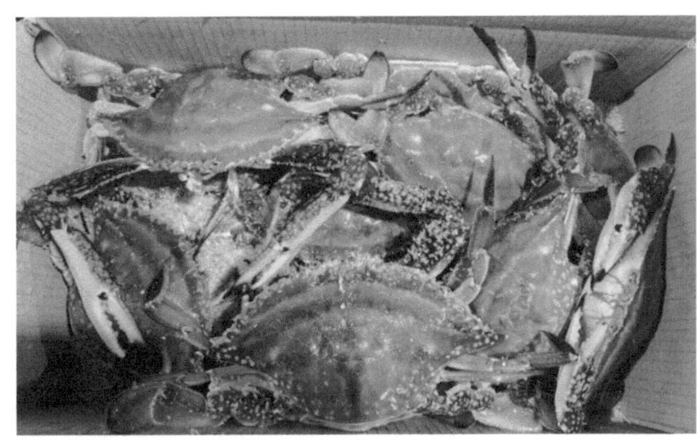

<그림 6-4> 톱밥을 이용한 꽃게의 운반

복어의 경우 날카로운 이빨로 서로 물어뜯으므로, 운반 전에 이빨을 절단하는 일도 있다. 닭새우나 꽃게의 경우

집게발을 고무줄 등으로 묶어 서로를 공격하거나 물어뜯지 않도록 한다음 운반하기도 한다. 기타, 문어나 낚지 등은 서로 잡아먹는 공식(共食)현상이 나타나기 때문에 운반 도중 총 물량의 손실이 발생하기도 한다. 따라서 이들 팔완족 무척추동물은 양파망 등의 자루 망을 이용하여 운반함으로써 이러한 손실을 예방할 수 있다.

제 2 편 각 론

제 7 장 해조류 양식

한국 해조류 양식의 역사는 17세기경 김 양식을 시작으로 수세기에 걸쳐 이루어져 오다가 일제 강점기를 맞아 새로운 국면을 맞게 되었다. 해방 후 김 양식은 한 때 침체되었으나 60년대부터 다시 인공채묘 기술의 발달, 보급으로 또 다른 전기를 맞이하게 되었다. 70년대에 들어와서부터 한국의 수산업은 새로운 국면을 맞아 "잡는 어업"에서 "기르는 어업으로"의 개념이 대두되기 시작했고, 아울러 해조류 양식에 있어서도 미역, 다시마 등의 인공채묘 기술개발과 인공양식 시험이 시작되어 80년대 이후 생산 면에서 급격히 신장되고 어업인의 소득도 급격히 늘어났으며, 2000년대 이후 국내 산업발전과 고도경제성장, 웰빙(well-being)욕구, 수출 증가 및 내수 시장이 급속히 확대되었다.

〈표 7-1〉 우리나라의 해조류 품종별 생산량 추이(단위:톤)

품종	연도	2014	2015	2016	2017	2018	2019	증감률 ('19/'18)
다시마류	생 산 량	372,311	442,637	433,246	542,285	572,600	662,557	15.7
	생산금액	81,639	78,383	70,295	88,320	90,283	88,743	-1.7
김 류	생 산 량	397,841	386,646	409,408	523,648	567,162	606,873	7.0
	생산금액	308,302	314,967	446,950	617,507	572,365	561,407	-1.9
미 역 류	생 산 량	283,707	333,061	496,290	622,613	515,666	494,947	-4.0
	생산금액	70,871	71,536	89,164	101,076	135,923	173,755	27.8
톳	생 산 량	16,563	28,157	32,762	54,624	36,170	33,477	-7.4
	생산금액	11,263	15,228	22,041	28,724	17,833	14,832	-16.8
파 래 류	생 산 량	6,055	6,603	7,158	6,159	6,783	6,321	-6.8
	생산금액	5,079	5,978	6,473	6,188	6,128	5,841	-4.7

이와 같이 한국 해조류 양식의 역사는 김 양식의 역사가 자연 그 중심을 이루게 되며 다음으로는 미역, 다시마 등이 될 것이다. 또한 최근에는 다양한 양식 품종개발의 측면에서 이들 해조류 외에도 녹조류에 속하는 파래, 매생이, 청각, 갈조류에 속하는 미역, 다시마, 모자반, 톳, 감태, 곰피, 대황 및 홍조류에 속하는 김, 꼬시래기, 풀가사리, 우뭇가사리 등 그 종류수가 많다. 이들은 질산염과 인산염 등 해수 중의 무기 영양염을 몸의 표면으로 흡수하여 생장하며, 부착성 식물이기 때문에 밧

줄과 같은 부착기질에 부착시켜 양식한다. 양식하여 생산한 것은 식용으로 하지만 가공을 하여 산업적으로 이용하는 것도 많다. 특히, 김은 우리나라 수출품목 1위의 주요 수출품으로서 그 생산량이 증가하고 있으며, 미역과 다시마는 전복 양식 산업의 발달과 함께 전복의 먹이원으로 그 수요가 증가하여 매년 생산량이 증가하는 추세에 있고, 과거에 김 양식장의 해적생물로 여겨졌던 매생이는 국민 건강식품으로 인식되어 양식 어업인들의 각광 받는 소득원으로 자리매김 되어 왔다.

제 1 절 김 양식

우리나라의 김양식과 이용은 이미 15~17세기에 시작되었고, 19세기 중엽에 오늘날 뜬발의 원형인 떼발이 개발되었다. 이것은 오늘날 세계 제1의 김 생산국인 일본보다 섶 양식법은 80년, 수평발로서는 100년을 앞선 것으로 일본의 문헌에도 기록되어 있다고 한다(姜과 高, 1977).

즉 우리나라 김에 관한 최초의 기록은 하연(河演)의 경상도지리지(慶尙道地理誌, 1424-25)에 해의(海衣)가 토산품으로 기록된 것이고, 노사신(盧思愼)의 동국여지승람(東國與地勝覽, 1481)에는 전남 광양군 태인도의 토산품으로 기록되어 있고, 이곳은 자연산 김이 생산되는 곳이 아닌 까닭에 이때부터 김양식이 시작되었으리라고 추측되고 있다(정, 1937). 한편, 구전에 따르면 조선 인조(1623-49) 때 김여익(金汝瀷, 1606~1660)이라는 낙향 선비가 전라남도 광양군 태인도에서 해변에 표류한 나뭇가지에 김이 붙은 것에서 암시를 얻어 대나무 또는 참나무 가지를 간석지에 세우면서 섶 양식이 시작되었다고도 한다(그림 7-1). 또한 섬진강 하구의 광활한 간석지외에 섶발의 재료가 되는 산죽은 인근 배후지의 지리산에서 1980년대 까지 채취하여 사용하였음을 감안하면 이곳이 김 양식의 발상지가 될 수 있었음은 자연 현상에 대한 인간의 깊이 있는 성찰과 이것을 뒷받침해 줄 수 있는 자연으로부터의 재료 공급이 절묘하게 맞아 떨어진 결과라 할 수 있을 것이다. 그 후 김 양식은 조선 헌종, 철종 때(1834-63) 오늘날의 수평식발의 원형인 떼발(염홍)이 발명되었는데, 이는 전남 완도에서 정시원(鄭時元)이 어전(漁箭또는 防簾)에 김이 붙는 것에 착안하여 대발의 한쪽을 물에 뜨도록 하여 반부동식(半浮動式)의 김발을 창안했다. 이로부터 약 100년 후, 이 반부동식 떼발의 원리를 이용하여 일제 강점기인 1928년경 조선총독부 전라남도 해남군 화원면의 려도어민훈련소(蠣島漁民訓練所)의 소장이자 산업기사였던 일본인 가네꼬 마사노스케(金子政之助)에 의해 수평식 뜬발이 고안되었고 이것이

〈그림 7-1〉 김시식지 유적 홍보물과 유물 전시관

오늘날의 말목식(지주식) 형태로 발전하였다.

<그림 7-2> 외말목식(좌)과 쌍말목식 김발(우)

말목식은 크게 두 가지 형태로 나눌 수 있는데 김발 중앙에 말목을 세우고 좌우로 매심줄을 매어 달아 양식하는 외말목식과 김발의 좌우에 말목을 세우고 매심줄로 연결하여 매어 달아 양식하는 쌍말목식이 있다(그림 7-2). 그리고, 70년대에는 무노출식 김발인 뜬흘림발(浮流式)이 차츰 보급되었다. 뜬흘림발은 원래 일본에서 간척, 매립 등에 의한 연안 어장의 축소 또는 오염에 의한 양식 불능상태를 극복하기 위해 외해 어장에 김발을 설치하여 양식장을 확대, 개발하기 위한 것으로 종래의 말목식은 수심 10 m이내에서 말목을 개펄에 고정한 뒤 시설하여 사용하였으나 수심이 30~40 m의 외해 양식장에서는 말목을 사용할 수 없음에 따라 김발을 수면에 부동시키고 이를 로프로 연결하여 닻으로 고정 시키는 방법으로 고안하였다. 초기에는 김발의 한쪽만을 닻에 고정 시켜서 수면에 띄웠기 때문에 김발은 조류에 따라 수면에 부동하며 방향을 바꾸게 되어 자연 부류식이라는 명칭을 사용하였다(그림 7-3).

<그림 7-3> 뜬흘림발(부류식)

최근 들어 우리나라는 고도의 경제 성장과 함께 삼각김밥과 김밥 등 간편식을 찾는 젊은 새대들의 수요 증가와 국내 수산물 수출 1위의 명성과 함께 할랄식품 산업의 발달과 더불어 김의 국내 수요가 크게 늘어나 그 양식 생산량도 <그림 7-4>에서 보는 바와 같이 많이 증가하고 있다.

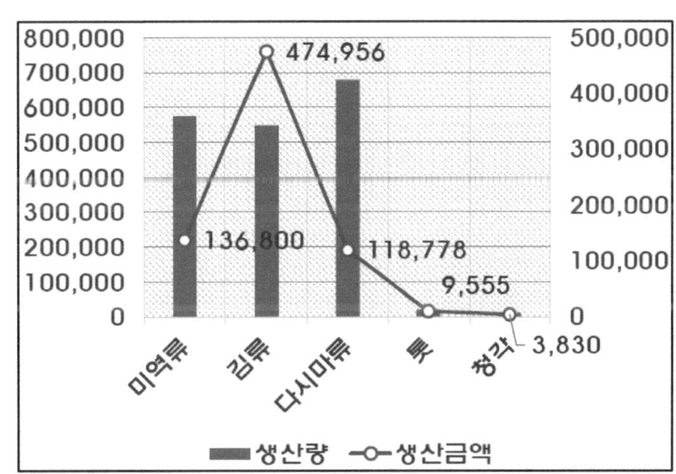

<그림 7-4> 우리나라의 해조류 생산량(2021, 통계청)

또한, 식물종자 보증제도로 식물 신품종 육성자의 권리보호 등을 국제적으로 보호해주기 위해 1961년에 설립된 국제 식물 신품종 보호 연맹인 UPOV (International Union for the Protection of New Varieties of Plants)는 품종보호를 위한 정부 간의 기구로서 우리나라는 2002년 1월 7일 국제식물신품종보호연맹(UPOV)에 가입한 후, 협약에 따라 2012년 1월 7일자로 품종보호 대상작물이 모든 작물로 확대됨에 따라 2012년부터 해조류도 이 협약의 대상 식물이 되어 국립수산

과학원과 전라남도 해양과학원에 의해서 다수의 우수한 김 품종의 사상체 배양에 의한 인공채묘, 양식법의 개발 등 신품종 개발과 양식, 수확, 가공 및 제조의 기계화 등으로 양식 생산량의 급격한 증가가 이루어졌으며, 오늘날에는 고급 김의 생산에도 주력하고 있다.

1. 종류 및 분포

김류는 엽상체의 모양, 크기, 색깔 등이 환경 조건에 따라 변화하므로 외관만으로는 종류를 구별하기가 매우 힘들다. 세계적으로 약 80종 이상이 있고, 우리나라에는 약 15종이 알려져 있다.

우리나라에서는 원래 참김(*Pyropia tenera*)을 양식하던 것이 간척, 매립 등 참김 양식 적지의 인위적인 소멸과 염성(번식력)의 차이에서 오는 자리바꿈과 우리나라 모든 연안에서 서식이 가능한 생태적 특성 등으로 인한 천이 현상 등에 의해 우월적 지위를 갖게 된 방사무늬김(*P. yezoensis*)으로 바뀌게 되었으며, 이들 외에 과거 어업인들이 일본에서 큰참김(*P. tenera* form. *tamatsuensis*)과 큰방사무늬김(*P. yezoensis* form. *narawaensis*) 등의 양식 품종을 도입해 양식한 적도 있으나 지금은 품종보호제도의 도입과 품질이 우수한 국산 신품종의 개발 등으로 이 두 종은 거의 양식하지 않고 있다. 그러나 최근 잇바디돌김과 비슷한 중국 남부산 품종인 *Neoporphyra haitanensis*를 들여와 "단김"이라는 품명을 붙여 양식하면서 김 양식업계에 혼란을 불러오고 있으나, 정부에서는 김 종자 관련 종자이식위원회에서 이종의 양식을 불허함에 따라 불법적인 방법이 아니고서는 양식할 수 없게 되었다.

최근에 와서는 외해의 암초에 자생하는 돌김을 채취하여 이를 모조로 활용하여 과포자를 받아 사상체 배양을 통해 양식을 하는데, 주요 양식 돌김류로는 잇바디돌김(*P. dentata*), 모무늬돌김(*P. seriata*), 긴잎돌김(*P. pseudolinearis*), 쿠니에다돌김(둥근김, *P. kuniedae*) 등이다(그림 7-5참조).

참김은 조간대에 부착하여 살고 있으며, 하구 부근에서부터 내만이나 외해까지 널리 분포한다. 육수의 영향을 많이 받는 하구 부근에 사는 것은 엽체가 얇고 부드러우며 품질도 좋으나, 외해에 면한 고염분 수역에 사는 것은 세포벽이 두텁고 딱딱하며 품질도 떨어진다. 이 종은 일반적으로 저비중에 잘 견디기 때문에 육수의 영향이 큰 하구 부근에 많은 편이다.

방사무늬김은 조간대에서부터 저조선 조금 아래까지 사이에 부착하여 살고, 하구쪽 보다는 오히려 내만에서 외해쪽을 향한 다소 고염분인 곳에 많은 편이다. 그러나 적응성이 강하므로 염분인 매우 낮지 않으면 하구 같은 곳에도 볼 수 있으나 비가 많이 오는 때는 잘 자라지 못한다.

큰참김(일본명, 오바아사쿠사노리)은 일본의 어민들에 의해 새로운 양식 품종으로 개발된 것이다. 이 품종은 생식세포의 형성 시기가 늦어 3~4월에 한정되어 있고, 영양 번식력이 낮으나 생장속도가 빨라서 폭 30 cm, 길이 1 m까지 자랄 뿐만 아니라

<그림 7-5> 한국산 김속 식물의 종류. A, 잇바디돌김; B, 패돌김; C, 카타다돌김; D, 비단잎돌김; E, 쿠니에다돌김; F, 갈래잎돌김; G, 오카무라돌김; H, 긴잎돌김; I, 모무늬돌김; J, 둥근돌김; K, 넓은둥근돌김; L, 참김; M, 방사무늬김(황, 2001)

갯병에도 강하다. 그러나 부착기의 발달이 늦고 부착력도 약하므로 파도가 센 곳에서는 유실이 잘 되고 건조에 약해서 고노출 수층에서는 잘 자라지 못한다.

큰방사무늬김(나라와스사비노리)은 방사무늬김의 한 품종으로 일본의 한 어업협동조합에서 개발한 것인데 이 품종은 생식세포를 만드는 성질이 약해서 2, 3월이 되지 않으면 과포자를 형성하지 않으므로 영양번식을 많이 하며, 병해에 대한 저항력도 강하다.

최근 남해안 서부 지역을 중심으로 내만 해역에서 돌김 양식을 많이 하고 있는데 돌김류는 생태적 특성상, 갯병 등 병해에 강하고 향미와 씹는 촉감이 좋아 양식 대상종으로 좋은 평가를 받고 있다.

2. 생활사

김은 종류에 따라 생활사에 약간의 차이가 있으나 실제적으로 양식을 할 때에는 모든 양식 대상종이 같은 방법으로 다루어진다.

양식 대표종인 참김은 해수 온도가 15℃ 이하인 겨울철이 생장기이다. 참김의 엽상체는 난자(조과기)와 정자(조정기)를 한 몸에 가지는 자웅동주이거나 정자만을 만드는 웅성체의 두 가지 형태가 있으며, 이 시기를 배우체 세대라고 한다. 충분히 생장한 암배우체에 있는 조과기는 정자를 받아들여 난자와 수정하고 과포자를 만들며 이 때를 과포자 세대라고 하고 성숙한 과포자는 바닷물에 방출된다. 이러한 현상은 지역적인 차이가 있으나 4~5월 하순까지 계속되면서 엽상체는 녹듯이 사라진다.

방출된 과포자는 해저에 있는 조가지 진주층을 뚫고 들어가 그 속에서 자라면서 여름철의 고수온기를 지내게 되는데, 이 시기를 사상체기라고 한다. 이들은 수온이 24℃ 이하로 내려가기 시작하는 9월 하순~10월 초순에 사상체로부터 각포자가 방출되어 김발에 붙어 커다란 엽상체로 자라게 된다. 그러나 가을철의 수온이 15℃ 이하로 내려갈 때까지는 1~2 mm 크기인 싹의 형태로 남아있게 된다. 이 때, 엽상체의 끝에 있는 영양 세포들이 하나씩 떨어져 나와서 다시 김발에 착생하여 싹들이 많아지는 개체의 다수 증식이 이루어진다. 이러한 세포들을 중성포자(또는 단포자)라고 부른다.

수온이 15℃ 이하로 내려가기 시작하면 김의 싹들이 급속하게 자라서 약 1개월 후에는 성숙한 엽상체가 되며, 앞에서와 같은 생활사를 반복하게 된다(그림 7-6).

방사상의 빗살무늬가 특징인 방사무늬김은 중성 포자를 방출하는 기간이 참김보다 길기 때문에 김 양식기간의 말기에는 중성 포자의 방출 빈도가 훨씬 높다.

쿠니에다돌김(일명 여름김)은 사상체기도 가지지만, 엽상체의 기부 부분만이 남아 여름을 지내는 여름김의 형태도 나타난다. 한편 긴잎돌김의 경우는 중성 포자를 생성하지 않는다.

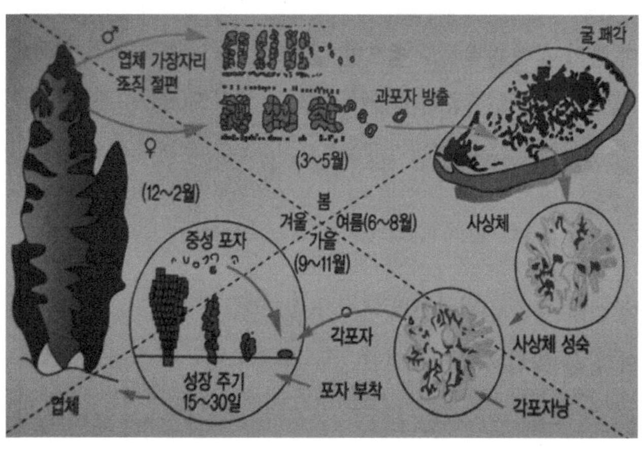

〈그림 7-6〉 김의 생활사(자웅동주 엽상체이면서 중성포자를 방출하는 종)

3. 종자생산

종자 생산 방법에는 바다에서 자연상태로 떠다니는 각포자를 받는 자연 채묘와 사상체를 배양하여 인공적으로 종자를 생산하는 인공 종자생산이 있다. 자연 채묘는 채묘하기 손쉬우나, 각포자가 붙기 전에 잡생물이 붙기 쉽고, 채묘 성적이 불확실하여 안정성이 적다. 따라서, 김의 양식법을 향상시키기 위해서는 인공 종자 생산에 힘써야 한다.

1) 자연채묘

9월 하순에서 10월 중순에 걸쳐 수온이 20~23℃로 내려가면 해저에 있는 자연의 조가비 사상체에서 나온 각포자가 물에 떠 있다. 이 때, 발을 설치하여 각포자를 받는다. 간만차가 큰 여덟물 때부터 열물 때까지 밤에 물이 많이 나가면 밤낮의 온도차가 자극이 되어 각포자가 많이 나온다. 또, 바다가 거칠어 해수의 상하 유동이 클 때에도 물의 역학적인 자극으로 각포자가 많이 나온다.

〈그림 7-7〉 자연채묘에 의한 섶발 양식

발을 설치하는 높이는 환경 조건과 발 재료의 성질에 따라 정하며, 3~5시간 동안의 노출선에 맞추어 설치한다. 또, 3~5일간은 발을 물위에 띄워서 각포자를 많이 붙인 후 5시간 30분 정도의 노출선에 맞추어 설치하기도 한다. 주로 나뭇가지식이나 섶발식(그림 7-7) 김 양식장의 채묘 방법이지만 현재는 자가에서 식용할 목적으로 소수의 어업인들이 도서지역에서 활용하는 방법이다. 오늘날 상업적 목적의 양식어가에서는 거의 찾아보기 힘들다.

2) 인공 종자생산에 의한 인공채묘

인공 종자 생산은 먼저 사상체를 배양한 다음 배양한 사상체를 가지고 실내 수조에서 채묘하거나 야외에서 채묘한다.

(1) 사상체의 배양관리

① 과포자 붙이기

사상체는 과포자를 조가비에 붙여서 평면식(크기 75 cm×54 cm×15 cm의 상자에 50 cm^2크기의 조가비 약 50개를 조가비 안쪽을 위로하여 배열함)으로 하여 배양하거나 수하식으로도 한다(그림 7-8). 수하식은 1 m 정도의 줄에 조가비를 끼워서 고리 모양으로 만들어 수조 속에 매달아 배양한다.

〈그림 7-8〉 사상체의 평면식(좌)과 수하식(우) 배양

과포자는 성숙한 김의 엽체(20 g/상자)를 12~24시간 그늘에서 말려서 200 g/ℓ의 비율로 해수에 담근 다음, 되도록 밝은 곳에 두고 간혹 저어주면 과포자가 방출되어 물빛이 변할 정도로 된다. 과포자가 충분히 방출되면 엽체를 건져내고 거즈(gauze)로 걸러서 과포자를 든 해수, 즉 과포자액을 만든다. 이 과포자액을 조가비 위에 뿌려서 과포자를 조가비에 붙인다.

〈그림 7-9〉 무기질 사상체 배양

그러나, 근래에는 성숙한 엽체에서 방출된 과포자를 조가비에 투입하지 않고 무기질 상태로 사상체를 배양한다. 즉, 삼각 플라스크 또는 20 L 용량의 원형 배양 기구 속에 배양액을 넣고 과포자의 발아체를 넣어 수온 20℃의 연속 조명하에서 배양하면 유리(遊離) 상태로 사상체를 많이 증식시킬 수 있다(그림 7-9). 이와 같이하여 얻은 사상체를 믹서로 절단하여 조가비에 다시 잠입시켜 종래의 사상체 배양과 동일하게 종자를 생산하는데, 이를 무기질(유리) 사상체 배양이라 한다. 이와 같은 방법으로 무기질 사상체를 대량 배양하면 우수 품종의 선발 육성, 적기 채묘, 경비 절감 등 많은 이점이 있다(그림 7-10).

② 배양조건

<그림 7-10> 대용량 배양 기구를 이용한 무기질 사상체의 대량배양

조가비 사상체의 성공적인 배양은 광선 밝기 조절, 적절한 수온의 유지, 비중 관리 등이 중요한 사항이다.

㈀ 광선 밝기 : 광선의 밝기는 수하식과 평면식에 따라 차이가 있고, 계절, 일기 및 생육 단계에 따라 조절해야 한다. 과포자 붙이기는 직사광선을 피하여 되도록 밝은 곳에서 하고, 3월 중순~4월의 수온이 16~24℃일 때, 수하식은 2,000~3,000 lux, 평면식은 1,000~2,000 lux로 한다. 사상체가 충분히 생장하여 각포자낭(그림 7-11) 형성 준비를 하는 5~6월의 수온이 18~25℃일 때에는 조도를 천천히 낮추어 수하식은 1,000~2,000 lux, 평면식은 700~1,200 lux로 한다. 사상체가 영양 생장을 하거나 각포자 주머니가 증식되는 7~8월(수온을 28℃ 이하로 유지하기 위해서 실내 통풍에 힘쓴다)에는 수하식은 750~1,500 lux, 평면식은 500~800 lux로 한다. 6월경까지의 생육기에는 조가비에 규조류가 많이 번식하나, 7월에 약간 어둡게 했을 때에는 규조류가 거의 번식하지 않는다. 8월 하순부터 9월까지의 성숙기에는 광선의 극단적인 자극을 피하고 기온 변화에 유의하여 성숙한 각포자가 수조 내에서 자연 방출이 되는 일이 없도록 환경 안정에 힘쓴다.

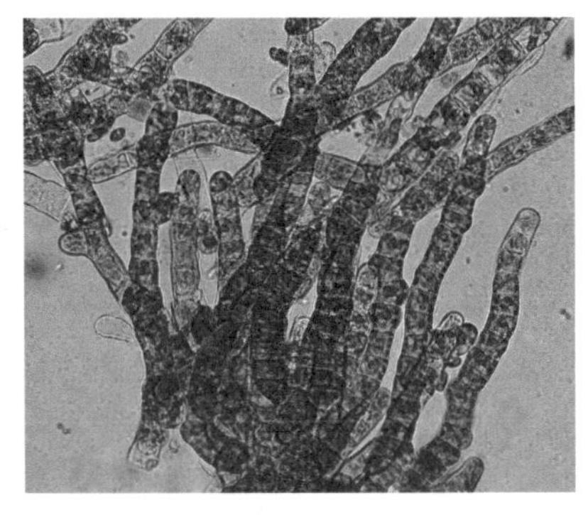
<그림 7-11> 형성된 각포자낭

㈁ 수온 : 사상체는 수온에 대한 적응력이 강하다. 과포자 붙이기를 할 때에는 10~15℃를, 6월까지는 25℃를 넘지 않게 한다. 한여름의 최고 수온기에도 28℃ 이상이 되지 않게 한다. 이와 같은 온도 조절은 수조를 두는 위치, 수조의 수심 및 통풍 등으로 조절이 된다. 사상체는 대체로 초여름의 25℃ 이상에서는 생장이 늦고, 가을의 23℃ 이하에서는 각포자를 방출한다. 따라서, 가을에 채묘 준비가 되기 전에는 수온이 23℃ 이하로 안되게 하여 각포자가 나오는 것을 막도록 해야 한다.

㈂ 비중 : 과포자 붙이기를 할 때의 비중은 1.020~1.024 이여야 하며, 1.020 이하는 좋지 않다. 4월까지는 2, 3일마다 증발한 만큼의 담수를 보충하고, 5~6월에는 1.025 이상이 되지 않도록 물갈이를 한다. 7~8월에는 1.020~1.025가 유지되게 하고, 9월의 성숙기에는 담수를 넣어 크게 자극을 주지 않도록 한다.

㈃ 시비 :사상체가 정상적으로 자랄 때에는 비료를 줄 필요가 없다. 그러나, 영양분이 부족할 때에는 사상체가 녹색으로 변한다. 특히, 밝은 곳에서 일어나기 쉬운데, 그것은 사상체의 대사가 왕성해지고, 규조류 등도 많이 번식하므로 영양이 많이 소모되기 때문이다. 이때에는 광선의 조절과 함께 적당량의 비료를 준다.

③ 병해와 그 대책

사상체를 배양하는 전체의 과정은 인위적으로 조성한 환경이므로 관리가 필요하다. 특히, 밀집된 서식 상태에서 병해가 발생하였을 때에는 피해가 빠르게 확산되고, 그 결과로 상당한 피해를 입게 되므로 주의해야 한다.

㈀ 적변병 : 4~6 월에 많이 발생하는데, 특히 어둡고 통풍이 잘 되지 않는 배양장에서 발생하기 쉽다. 병반부는 적갈색 또는 오랜지색으로 변하여 조가비의 전면 또는 부분면에 부정형으로 병반이 나타난다. 병반부는 미끈미끈하고 특유의 썩는 냄새가 난다. 방제법은 조가비를 해수에 넣고 직사광선을 20~30 분간 쬐면 적갈색 병반부가 녹색으로 된다. 그 다음에 새 해수에 넣어 배양한다. 또, 배양수에 차아염소산나트륨(natrium hypochlorite)을 5 ppm(20 만분의 1)이 되게 넣어서 배양하면 정상으로 된다.

㈁ 황반병 : 사상체의 병해 중에서 가장 빈번하게 발생하는 무서운 병이다. 6~8 월에 오염성 세균에 의해서 생긴다고 한다. 초기에는 작은 노란색 반점이 나타났다가 점차 확대됨에 따라 크고 작은 여러 가지 병반으로 나타난다. 병반부는 확대됨에 따라 노란색에서 녹색으로 이어서 희게 된다. 정상적인 부분과 병반부 사이는 약간 적갈색을 띤다(그림 7-14). 전염성이 매우 강해서 수 일이 지나면 모든 조가비로 전염된다.

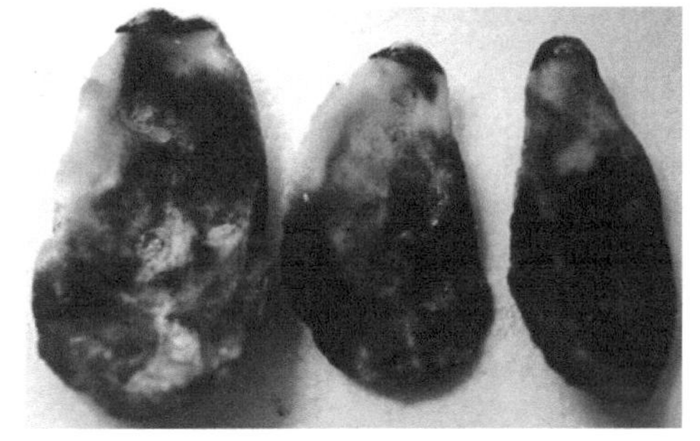
<그림 7-14> 황반병 감염 패각사상체

일반적으로 조가비가 새까맣게 될 정도로 사상체가 무성하거나, 배양수가 고수온이고 고염분이거나, 또는 조가비를 사전에 충분히 씻지 않아서 남아 있는 불순물(조갯살 등)의 부패 등으로 이 병의 발생이 조장된다. 그 중에서 고염분 배양 수는 병의 발생과 밀접한 관계가 있으나 병해 발생의 2 차적 요인으로 보인다.

예방으로는 직사광선을 비쳐 주는 것이나, 지나치게 밝게 하지 않도록 하여 수온이 너무 오르지 않도록 하고 통풍이 잘 되게 하며, 비중은 1.020 이하로 유지한다. 그리고 미리 항생제를 100~200 ppm 을 넣어 준다.

보통은 하루 종일 담수에 담그어 병반부가 황백색으로 되면 배양 해수에 넣거나, 병든 조가비만을 골라 다른 상자에 따로 배열하여 직사광선을 10~20 분간 쬔다. 이 때, 시간을 잘 보면서 노란색이 없어지면 중지한다. 이상은 응급 수단이고, 그 후의 배양해수는 차아염소산나트륨으로 소독한 것이나 1 주일 정도 정치한 해수를 사용한다.

㈂ 녹변병 : 사상체의 발육이 왕성한 4~8 월에 발생한다. 광선과 온도의 불균형이 원인이 되어 해수 중의 영양분 부족에서 생기는 영양 실조이다. 조가비의 전면이 황녹색으로 변하는데, 그대로 두면 흰색으로 변하여 사멸하는 병으로, 밝은 곳에서 생기기 쉽다. 예방과 치료는 영양제를 첨가하면 거의 회복하는데, 회복되지 않을 때

에는 조도를 약간 낮게 한다. 생리적 장애이므로 전염성은 없다.

㉣ 닭살 : 과포자가 농밀하게 잠입하고, 검게 잘 자란 사상체에서 생기기 쉬운데, 조가비의 포면이 까칠까칠하고 광택이 없어진다. 이것은 탄산칼슘이 조가비 표면에 침착하여 생긴 것이며, 병이라고까지는 할 수 없다. 그러나, 심하면 각포자의 방출에 지장이 있다. 밝은 곳에서 배양한 것 또는 물갈이를 하지 않았거나 더러운 해수에서 배양된 것에서 잘 생긴다. 방제법은 완전하지는 못하나, 해수의 비중을 1.020 이하로 낮추거나 물갈이를 하면 초기에는 어느 정도 효과가 있다. 물갈이, 담수의 보충, 청소, 광선 조절 등을 잘 하면 생기지 않는다.

④ 각포자 방출

사상체는 5~6 월에 성숙하여 각포자주머니를 만들기 시작하며, 여름에 많이 만들어진다. 여름이 지나면 각포자주머니가 분열, 증식하여 조가비 표면에 각포자를 방출하기 위한 구멍이 많이 생긴다. 수온 20~23℃에서 각포자가 여러번 방출되는데, 21~22℃일 때 가장 많이 나온다. 수온이 갑자기 내려가는 경우에는 각포자의 방출 기간은 짧으나 나오는 양은 많고 횟수는 적다. 각포자는 채묘시기에 맞추어 방출되지 않으면 쓸모가 없다.

9 월에 각포자의 대량 방출을 위해 물갈이를 하는 것이 중요한데, 그것은 묵은 해수에서보다 새 해수에서 방출이 잘 되기 때문이다. 광선은 여름보다 밝게하여 각포자 방출구의 형성을 촉진시킨다. 수온이 25℃ 이하로 내려가면 사상체는 점차 각포자를 방출할 준비를 하기 시작하므로, 밤에 온도가 너무 내려가지 않도록 창문을 닫고 낮의 실내기온을 밤에까지 유지하여 각포자 방출 시기가 앞당겨지는 것을 미리 막는다.

조가비가 약간 더러울 때에는 그대로 두어도 무방하나, 너무 더러울 때에는 수온이 25℃ 이하로 되기 전에 미리 청소를 한다. 이 때, 무리하게 닦는 것은 좋지 않다.

(ㄱ) 각포자 방출 억제법

포자낭 형성이 빨라서 채묘 적기 전에 포자가 방출될 염려가 있을 때에는 그 방출을 억제(抑制)할 필요가 있다.

포자낭 내에서 순조롭게 형성된 포자가 조가비에서 방출되는 것을 억제하는 방법에는 ① 고비중 처리, ② 100% 습도 처리, ③ 암흑 처리 등이 있으며, 포자낭 내에서의 포자 형성을 억제하는 방법은 ① 온도 처리, ② 연속 명기(明期)처리, ③ 냉장 처리 등이 있다.

㉠ 고비중 처리: 비중 1.040~1.050 의 범위에서 배양하면 그 처리 기간 중 포자 방출이 중지된다. 가령, 방출되어도 그 양은 극히 소량이다.

처리 기간은 10 일 전후가 적당하고, 장기간의 경우에는 포자가 변하거나 사상체가 붉게 된다.

1.050 이상에서는 장해가 생기기 쉽고, 1.035 이하에서는 효과가 없다.

㉡ 100% 습도 처리: 조가비를 해수에서 들어내어 물에 젖은 채로 다른 용기 속에 겹쳐 넣고 그 위에 뚜껑을 하여 건조되지 않도록 한다. 건조될 염려가 있을 때에는 때때로 해수를 뿌려 준다.

이 상태로 1 주일은 완전히 억제할 수 있으나 장기간의 경우에는 장해가 생길 염려가 있다.

㉢ 암흑 처리: 광선을 완전히 차단하여 암흑 속에 조가비를 두어 억제하는 방법인데, 그 기간 중에 빛이 새면 포자가 방출되기 시작한다. 장기간 계속하면 포자 방출 상태가 흐트러지므로, 너무 일찍부터 처리를 하는 것은 피해야 한다.

㉣ 온도 처리 수온 27°~28℃에서 배양하여 방출을 억제한다. 이 방법은 장기간의 억제가 가능하다. 억제를 해제하여 18°~23℃의 수온에 두면 최소한 100 시간 후에는 방출이 시작된다. 이미 방출이 시작된 것에도 유효하며, 처리 24 시간 후에 방출이 완전히 정지된다.

㉤ 연속명기처리(連續明期處理): 밤에도 조명을 하여 암기(暗期)를 주지 않고 배양하면 포자 방출이 정지되거나 방출이 극히 줄어든다. 그러나, 처리를 해제하여 방출을 시키려고 할 때 방출까지 시간이 많이 걸리고, 또 방출 상태에 난조(亂調)가 생긴다.

㉥ 냉장 처리: 수온을 얼지 않을 정도인 0°~5℃로 유지하여 사상체를 두면 포자 방출이 정지된다. 채묘하기 4,5 일 전에 정상 배양을 한다. 대개 정상 배양 3 일 후에는 포자 방출이 시작된다.

(ㄴ) 각포자 방출 촉진법

㉠ 온도 처리(저온 처리): 이 방법은 가장 확실한 방법이다. 다른 방법도 온도 조건이 충족되지 않으면 촉진 효과가 없으므로, 온도 처리는 방출의 근본 조건을 만족시키는 것이라고 볼 수 있다.

각포자 형성이 거의 되지 않는 상태의 사상체를 10°~20℃에 둔다. 이 때, 5℃ 이하가 되면 반대로 억제 효과가 있으므로 주의해야 한다. 저온 처리는 해수 중에서 하거나 또는 물에서 들어 내어 처리해도 좋으나 건조되지 않도록 하고, 또 이런 경우에는 7 일을 한도라고 생각하는 것이 좋다.

이와 같은 처리를 한 후 4~6 일이면 방출이 시작되고, 대개 방출 시작 후 3,4 일에 최고에 달한다. 즉, 처리 후 7~10 일에 최고에 달하므로, 채묘 예정일의 7~10 일 전에 처리한다.

㉡ 단일 처리: 채묘 1 주일 전부터 광선을 받는 시간을 짧게 하여(명기 8 시간, 암기 16 시간) 포자의 성숙도를 촉진하는 방법이다. 그러나, 이 단일 처리의 효과는 실제는 포자 형성 및 방출 촉진에 있는 것이 아니라, 방출 시각을 결정하는 데 뜻이 크다고 생각된다. 즉, 암기에서 명기로 바뀔 때 방출이 시작되므로, 그 시기를 임의의 시각이 되도록 하면 된다.

㉢ 물갈이 처리: 채묘 전에 배양 해수를 1,2 일마다 갈아 주어 촉진하는 방법인데,

제법 효과가 있다. 이 때, 수온 26℃ 이하의 해수로 갈아 주어야 효과가 있다.

(2) 채묘

배양한 조가비 사상체로부터 방출되는 각포자를 그물발에 부착시키는 과정으로 육상에서 이루어지는 경우와 양식현장에서 이루어지는 해상 채묘 두가지의 형태가 있다.

① 육상채묘

육상 채묘는 각포자의 부착 밀도를 조절할 수가 있고 작업을 기상 및 해황에 구애받지 않고 할 수 있는 잇점이 있다. 포화 습도 상태에 두었던 사상체 조가비를 2배 용량의 해수에 담가 짙은 포자액을 만들고, 그 속에 그물발을 담가서 채묘한다. 또는 큰 나무 물레(물레의 지름 1.5 m, 폭 1.5m)에 그물을 감아서 사상체 조가비가 든 수조 속에서 회전시키면서 채묘한다(그림 7-15).

<그림 7-15> 육상에서의 회전식 김 채묘

② 해상채묘

㈀ 사상체 조가비 매달기

각포자낭이 형성된 성숙한 사상체 조가비를 미리 설치한 발에 매달아 사상체에서 점차로 나오는 각포자를 받는다. 이 때, 사용되는 조가비의 양은 1 개를 50 cm^2 크기로 하여 그물발 1 책(1.8 m x 4 m 의 발이 10 겹 내외로 겹쳐져 있을 때)당 일반 김은 100 개 내외, 돌김류는 250 개 내외를 사용한다(그림 7-16).

㈁ 봉투식 채묘

<그림 7-17> 봉투식 해상 인공채묘

해상채묘에서 가장 많이 활용되고 있는 방법이 봉투식 채묘법이나 우리나라와 일본의 김발 규격이 다르고 이에 따라 채묘방법도 약간 차이가 있다. 일본 김발 규격은 폭 1.2 m, 길이 18 m(21.6 m^2)또는 폭 1.5 m, 길이 18m (27 m^2)의 그물 1 장을 1 책으로 하고 있는데 반하여, 우리나라는 외말목의 경우 폭 1.8 m, 길이 4m 되는 그물 10 장을 연결하여 설치하며, 2 본조는 폭 1.8m, 길이 40 m 의 그물 1 장을 1 책(72m^2)으로 하고 있다. 그러나 최근 김 양식 종사자는 줄어

든 반면, 시설물량은 대형화하여 지역에 따라서는 부류식 김발의 규격이 폭 1.8 m, 길이 80~200 m 가 되는 곳도 있다.

<그림 7-16> 사상체 매달기 작업(상)과 사상체를 발에 매단 후 채묘용 봉투에 넣어둔 모습(하)

봉투식 채묘 방법을 보면 일본서는 먼저 1.2~1.5 m x 18 m 의 그물을 10 장씩 포개서 마름을 하여 두고 김발의 규격대로 별도의 사다리 모양의 채묘틀을 만들고 채묘하기 전날 석양에 사상체 조가비를 알맞게 채워주는데 채묘작업은 다음날 날이 밝아지면 시작하게 된다. 먼저 10 장씩 묶어서 말아둔 그물을 채묘틀 위에 40~50 장씩 포개서 펴고 비닐봉투를 씌우는 것으로 끝이 난다. 우리나라도 일반적인 봉투식 채묘방법은 일본과 비슷하나 김발의 규격이 일본보다 크므로 1.8 m x 40~80 m 그물 1 장을 10 겹 내외로 접어서 마름을 하고 준비하여둔 채묘틀(대나무나 PVC 로 만듬)에 위로 포개거나 수평으로 연결하고 비닐봉투를 씌운다(그림 7-17).

패각 사상체 조가비를 매다는 방법은 과거에는 그물코가 1 cm 되는 그물망을 이용하여 적당한 간격으로 꿰매서 30 cm^{2}되는 칸을 만들어 그 속에 조가비를 3~4 개 넣고 그 위에 김발을 포개었으나 최근에는 사상체 조가비를 잘게 파쇄하여 폭 15 cm, 길이 1.8 m, 그물코 1 mm 되는 망(모기장용 그물 사용)에 넣은 뒤 겹쳐둔 김발 위에 붙이는데 30~40 cm 간격으로 한다. 패각 사상체 조가비를 매다는 것 보다 잘게 파쇄하여 채묘하는 것이 채묘 효율이 높다고 하여 이 방법을 택하고 있다(그림 7-18). 그러나 이때에는 상·중·하의 각 부분의 채묘율이 달라지므로 주의해야 한다. 채묘틀을 씌우는 비닐봉투는 45 m x 2.0 m 되게 하고 양끝과 중간 약 5 개소에 통대를 아래위에 대고 묶어서 막고, 잘 뜨도록 통대에 뜸을 달아 준다.

〈그림 7-18〉 최근의 김 인공채묘 과정(조가비 사상체의 파쇄와 망사 넣기(상)와 운반 및 해상채묘(하)

봉투식 채묘법은 다음과 같은 이점이 있다. ① 포자가 비닐 주머니 밖으로 나가지 않으므로 낭비가 없다 ② 부착 밀도를 조절할 수 있다 ③ 각포자가 균일하게 붙는다 ④ 파래 또는 규조류 등 해적 생물이 적게 붙는다 ⑤ 1 회에 대량으로 채묘할 수 있다.

최근에는 조가비 매달기 대신 이러한 사상체 조가비 파쇄기를 이용한 채묘시설을 활용, 사상체 자루를 채묘용 김발에 매달아 준 후, 트럭을 이용 선박으로 이동한 후 해상에 김발을 펼쳐서 채묘하는 방법이 개발되어 많이 활용하고 있다. 이렇게 할 경우 채묘 효율을 높이고 사상체 조가비를 매다는 시간과 노력을 절감할 수 있다.

3) 채묘 후의 발 관리

채묘 후 20~25일 정도는 튼튼한 김의 싹이 증가하도록 하는 한편, 해적 생물의 부착을 억제하는 관리를 한다. 발의 노출 수위는 김의 생육 시기, 조석의 변동 및 일사량의 계절적 변화에 따라 조절한다(그림 7-19).

<그림 7-19> 70-80년대의 육묘용 노출장치

김이 물속에 잠겨 있을 때에는 생장이 촉진되나, 노출되었을 때에는 억제된다. 따라서, 노출이 부족하면 김이 너무 빨리 자라서 병에 대한 저항력이 약해진다. 한편, 발은 자재에 따라 건조도가 다르므로, 노출 시간에 차이가 있어야 한다. 즉, 대발인 경우에는 합성 섬유인 그물발보다 노출을 많이 시켜야 한다.

매생이, 파래 등과 같은 해적 생물의 부착층은 김의 부착층과는 약간 차이가 있으므로 노출선을 조절하여 예방하거나 구제한다.

4. 양 성

1) 양성장의 환경 조건

양식 기술의 발달에 따라 하구 부근이나 내만의 얕은 곳 뿐 아니라 외해에서도 양식이 가능하게 되었다. 김 양식에 적합한 해수의 비중은 1.015~1.025인데, 김은 염분의 변화에 잘 적응하는 성질이 있다. 김이 언제나 새로운 해수에서 영양을 많이 공급받기 위해서는 20 cm/sec 이상이면 된다. 김은 조류가 빠르고(80 cm/sec인 곳도 있다) 시설이 파괴되지 않을 만큼의 풍파가 있을수록 잘 자란다.

물의 요동은 영양 염류 및 탄산 공급을 위해서 필요하다. 물이 요동하는 정도를 알아보기 위해서는 철판 산화도를 조사한다. 즉, 철판 (길이 10 cm, 너비 5 cm, 두께 0.8 mm의 냉연 강판)이 해수 중에서 녹이 나서 감소되는 양(수온 15℃에서 24시간 동안)이 적어도 100 mg 이상 되는 것이 바람직하다. 150 mg 이상이면 우량 어장이고 80 mg 이하이면 어장 가치가 없는 것으로 판정된다. 철판산화도법은 유용하고 편리한 관측 장비가 개발된 오늘날에는 거의 사용하지 않고 있는 재래식 간이 측정 방법이라 할 수 있다.

영양염류는 전 질소(T-N)로서 언제나 ℓ당 100 ㎍ 이상이 아니면 좋은 김이 생기지 않는다. 영양염류는 연안에서 멀리 갈수록 적어져 50 ㎍ 이하인 곳도 있다.

한 어장에 너무 많은 김발을 설치하면 조류 소통이 나빠서 병해의 원인이 되기 쉽다. 따라서 어장 면적은 김발을 시설하는 면적의 5배 이상 여유를 둘 필요가 있다.

김은 수온이 23℃ 이하에서 양식을 시작하게 되나, 자라기 시작하는 것은 15℃ 이하이며, 5~8℃에서 잘 자란다. 4℃ 이하에서는 생장이 늦어지고, 또 12~13℃ 이상이 되면 잘 자라지 않을 뿐 아니라 병에 걸리기 쉽다.

화학적 산소 요구량(COD)은 간조시라도 적어도 2~3 ppm 이하인 것이 바람직하다. 연안에서는 유기물이 분해되지 않고 그대로 육지에서 많이 흘러들기 때문에 5~6 ppm 이상인 곳도 있다.

2) 뜬흘림발(부류식) 양성

김발을 언제나 수면에 떠 있게 하여 노출을 시키지 않고 생장만을 촉진시키는 방법이다(그림 7-20).

<그림 7-20> 뜬흘림발 양식(부산)

양성할 때 포자를 충분히 붙여서 잡생물이 부착할 여지를 없애고, 장시간 광합성을 할 수 있도록 하여 생장을 촉진시킨다. 그러나, 발이 언제나 물 속에 잠겨 있으면 새싹이 증가하지 않으므로, 한 번 채묘한 발로 오랫동안 양성을 계속할 수 없다. 즉, 늦가을에서 초겨울까지에는 2~3회, 겨울에는 3~4회 채취하고 나면 냉동 김발과 바꾸어서 양성을 계속한다.

뜬발은 원래 노출을 주지 않고 항상 물에 잠긴 상태로 양성하는 것이지만, 파래나 규조류의 제거를 위해 채묘시나 육묘 시에 일시적으로 노출시키기도 한다. 근래에는 김의 건전한 생육과 맛을 향상시키고, 해적생물과 갯병으로부터의 피해를 저감하기 위한 방법으로 생육기에 하루 2시간 정도 김발을 뒤집어서 인공적으로 노출시키는 뒤집기식 뜬흘림발 양식법을 활용하고 있다(그림 7-21). 즉, 노출을 시킨 발의 김은 색깔과 광택이 향상된다. 이때의 맛을 내는 성분을 분석한 결과 아미노산의 양이 증가하는 등 품질의 향상 면에서 매우 효과적이라는 것이 알려져 있다.

(1) 환경조건

뜬발 양성은 수심, 저질 등에 관계없이 할 수 있으며, 시설의 고정 및 보전 등을 고려하면 4 m 이상 50 m 까지도 가능하다. 해수의 유동은 시설의 외해에 면한 쪽이 빠르다. 특히, 기존의 말목식 양성장의 바깥쪽에 시설을 할 경우에는 해수의 유동이 나빠질 것을 고려하여 적당한 위치를 선정한다.

부착성 파래류나 규조류 등 부착생물이 많이 발생하는 해역에서 뜬발 양성을 할 경우에는 해적 생물에 의한 피해가 클 것이 예상되므로 이러한 점도 고려해야 한다.

<그림 7-21) 뒤집기식 뜬흘림발 양식(전남 완도)

(2) 양성과정

뜬발 양성은 노출시키지 않는 상태로 양성하기 때문에 중성 포자에 의한 2차아의 착생이 거의 없다. 따라서, 종래의 말목식 양성에 사용하는 김발에서보다 포자를 더 촘촘하게 착생시켜야 한다. 또, 발의 재료에 따라 다르겠으나, 채묘시의 착생 포자는 cm 당 100~200개 정도가 되게 부착시킨다.

채묘가 된 김발은 종래의 말목식 시설이나 별도의 육묘틀에서 건강한 김발을 육성하기 위해 육묘의 단계를 거쳐야 한다. 이때에는 여러 장의 김발을 겹친 채로 매일 적당한 시간 동안 노출시키면서 점차 발을 전개해 나간다.

건전하게 자란 김발의 일부는 냉동 김발로서 입고시키고, 일부는 뜬발 양성용으로 사용한다. 뜬발 양성 시설의 설치시기는 수온이 13℃ 이하로 되는 때가 적합하나 양성장의 조건에 따라 15~18℃일 때부터 시작한다. 이 때, 싹의 크기는 2~3 cm 정도로 자란 것이 좋다. 이와 같은 설치시기와 싹의 크기는 해적 생물의 부착을 가장 적게 하기 위한 것이다.

3) 냉동 김발 양성

김은 공기 중에서도 저온에 두면 상당한 기간 동안 생존이 가능하다. 이와 같은 김의 특성을 양식에 이용한 것이 냉동 김발이다. 즉, 인공 채묘로 김발에 일시에 대량으로 포자를 받아 일정 크기의 싹으로 발아시켜 이를 동사하지 않을 정도의 저온에 저장했다가 필요할 때 씨발로서 사용할 수 있게 한 것이다.

이와 같이 하여 만든 냉동 김발을 활용하면 갯병 피해를 극복할 수 있고, 양성 기간이 연장되며, 저온 저장에 의해 해적 생물을 구제할 수 있어 김의 증산에 크게 공헌할 수 있는 양성법이다.

(1) 냉동시기

수온상으로는 13~18℃일 때를 김의 싹이 순조롭게 생장하는 시기로서 택한다. 병해가 발생하기 쉬운 시기는 채묘 후 30~40일므로, 될 수 있는 대로 김발을 일찍 냉동하는 것이 좋다.

(2) 싹의 크기와 부착상태

냉동을 시작할 때 중요한 것은 싹의 크기 및 부착 밀도이다. 냉동 보존 중에는 싹이 증가하지 않으므로 촘촘하게 붙이는 것이 좋다. 싹의 크기는 3 cm 내외이고, 부착밀도는 cm 당 300 개체가 기준이다.

3 cm 이상 되는 싹은 작업 중에 상하기 쉬우나 저수온기에도 양성을 시작할 수 있고, 발설치 후 일찍(15~20 일) 채취할 수 있다. 이에 비해 3 cm 이하의 싹은 작업 중에 상할 염려는 없으나, 1 월 중·하순의 저수온기에는 양성을 시작할 수 없고 첫 채취까지 기간이 길다(30~40 일). 이상은 cm 당 300 개 이상을 붙였을 경우이며, cm 당 300 개 이하인 경우에는 이보다 병해의 염려도 적고, 양성 후 일찍 채취할 수 있다. 그리고, 냉동 시 쉽게 건조되고 냉각이 빨리 김의 활력이 저하될 염려도 없다.

그러나, 싹의 크기가 아주 작을 때에는 출고 후 싹이 상할 염려가 있고, 규조류에 덮일 염려가 있다. 한편, 냉동 김발에 발아한 싹은 모두가 건강한 것이 좋고, 죽었거나 활력이 떨어진 세포가 많이 섞인 것은 냉동 효과가 없으므로, 냉동시키기 전에 에리스로신(erythrosin) 염색법으로 싹의 건강도를 판별하는 것이 좋다.

(3) 파래류 및 규조류의 제거

파래류나 규조류 등 김발에 붙어 사는 해적 식물은 저온에서도 휴면 상태로 김과 함께 살아 있다. 따라서 저온으로는 구제할 수 없으므로 채묘시에 이것들이 부착하지 않도록 해야 한다. 따라서 냉동할 때 건조도의 조절에 의하여 구제하거나 또는 저수온기에 양식 시설을 하여 구제할 수 있다.

(4) 건조 및 밀봉

생김은 무게의 90% 이상이 수분이므로 그대로 냉동하면 세포내의 수분이 얼어서 세포가 상하기 때문에, 수분 함량이 20~40%가 되게 건조시킨다. 육안으로 보아 엽면에 광택이 있고 하얀 간(소금기)이 피어 있으며, 잡아당기면 고무처럼 탄력이 있을 정도로 건조시킨다. 이렇게 한 김발도 그대로 냉동하면 계속해서 건조되므로, 두께 0.2 mm 의 내한성 고압 폴리에틸렌 주머니(크기 50 cm x 16 cm x 80 cm)에 넣고 밀봉하여 상자에 담아서 냉동한다(7-22).

(5) 냉동(동결)과 보존

김발을 냉동하기 전에 -20~-30℃의 저온에서 약 10 시간동안 급속 동결을 시킨다. 이와 같이 급속 동결을 시킨 후에도 낮은 온도로 보존하는데, 보존 온도는 -30℃ 이하에서는 세포액이 얼기 때문에 -15~-25℃가 적당하다.

(6) 냉동발의 설치

<그림 7-22> 채묘 후 김발의 건조와 밀봉 모습

냉동했던 김은 다소 약하기 때문에 냉동고에서 꺼낸 후에는 빨리 김발을 바다에 설치해야 한다. 즉, 출고 후 3~4 시간 이내에 김발을 설치하도록 한다. 갯병이 있었던 양식장에서는 병이 발생했던 발을 완전히 철거하고 환경을 깨끗이 한 후에 설치한다. 싹이 작고 배게 붙은 것은 12 월 이전에 설치하거나 또는 수온이 10℃ 이하로 되는 저수온기를 피해서 2 월 중순 이후의 수온이 오를 때 설치한다. 3~4 cm 정도의 큰 싹은 저수온기에도 생장하므로, 1~2 월의 저수온기에 설치하는 것이 유리하다.

4) 거름주기(시비)

김 양식에서는 해수의 유동에 의해 계속해서 영양 염류가 공급된다. 김이 점차 자라서 영양 염류를 많이 흡수하게 되면 해수에 의한 보급이 소비량을 따르지 못하여 영양 염류가 부족하게 된다. 이 때, 김의 빛깔과 발육이 좋지 못하고 병에 대한 저항력도 약해져서 기상 및 해황 조건이 나빠지면 병에 걸리기 쉽다. 시비의 목적은 포자에서 어린 싹의 발아가 잘 되도록 촉진시키고 퇴색을 방지하여 품질을 향상시키며 생산량을 증가시키는데 있다. 최근에는 작업대나 작업선을 이용하여 김발을 수초간 시비액에 담그었다가 꺼내주는 침적법과 분무기계를 이용 엽면에 시비재를 살포하는 엽면 살포법으로 시비를 하고 있다(그림 7-23). 반면, 과거와 같은 해수 시비법은 목표로 하는 김발을 대상으로 시비하기가 쉽지 않을뿐더러 그 효과도 뚜렷하지 않아 최근에는 거의 활용되지 못하고 있다.

<그림 7-23> 침적법(좌)과 엽면살포법(우)에 의한 시비

발아를 촉진하기 위해서는 해수 1 m^3당 유효 성분이 20 mg 정도가 되도록 즉, 100 mg (규조토를 제외한 유효 성분이 20%이므로)을 사용한다. 소조시에는 격일로 2~3 회 뿌리면 효과가 있다. 해수 중에서 가장 많이 소비되는 것은 질소 성분이다. 질소 성분원으로는 요소, 염화암모늄, 질산염 등을 사용한다. 이들 성분의 배합은 양식장과 시기에 따라 달라진다. 즉, 질소가 20 mg/m^3 이하인 양식장에서 유속이 10 cm/sec 이하이면 시비량은 전 질소로서 해수 m^3당 600 g 을 1 일 1 회 소조시에 5 일간 이상 계속 뿌리면 효과가 나타난다.

다음과 같은 경우에 시비를 하면 효과가 있다.
㈀ 조류 소통이 적어서 비료의 확산, 소비가 적은 곳
㈁ 퇴색이 약간 나타나려 할 때
㈂ 수온이 8℃ 이상일 때
㈃ 일정 구역에 일제히 대량으로 시비했을 때
㈄ 김이 적절히 자랐을 때

이와는 반대로 다음과 같은 경우에는 효과가 없다.
㈀ 비료의 양이 부족할 때
㈁ 퇴색이 빨리 진행되고 있을 때
㈂ 수온이 5℃ 이하일 때
㈃ 김이 노화되었거나 갯병에 걸렸을 때
㈄ 김의 싹이 너무 작을 때

5) 수 확

(1) 김 뜯기(김의 채취)

말목식 김 양성에서는 채묘 후 50일 전후, 뜬발 양성에서는 15~20일 정도 지나면 김을 뜯게 된다. 초사리 김은 부드럽고 갯병의 위험이 많으므로 될 수 있는 대로 일찍 뜯고 그 뒤부터는 2~4주일 간격으로 뜯는다. 이제까지는 손이나 가위로 김을 뜯었으나 최근에는 커터식 또는 회전식 채취기를 사용하고 있다(그림 7-24). 채취한 김에 묻어 있는 개흙이나 규조류를 제거하는 것을 갯씻기라 한다. 갯씻기를 마친 김은 즉시 뜨는 것이 이상적이지만, 그렇지 못할 경우는 김 엽체의 동상이나 부패를 막기 위해서 물기를 충분히 뺀 다음 통풍이 잘 되는 곳에서 대발에 3 cm 정도의 두께로 펼쳐 둔다.

<그림 7-24> 손(좌)과 기계를 이용한 김의 채취(우)

(2) 김 뜨기(마른 김 만들기)

김을 뜨기 전에 담수에 씻어 잘게 자른다. 자르는 정도는 김엽체의 부드럽고 억센 정도에 따라 또는 김을 뜨는 두께에 따라 초퍼로 조절하여 자르게 된다.

잘게 자른 김을 적당한 양의 물(김 1 kg에 물 13~14ℓ)에 넣고 고무래로 저어서 균일하게 김을 혼합한다. 이것을 김 발장 위에 김틀을 놓고 그 속에 뒤로 일정량을

<그림 7-25> 김 뜨기(좌) 일광 건조(우)

퍼부어 김이 발장 위에 고루 퍼지게 한다. 이 때, 물은 발장 사이로 빠지고 김만 남는데, 이것을 햇볕에 말려서 마른 김을 만든다(그림 7-25).

현재는 이와 같은 세척, 김 뜨기, 건조 등의 작업 과정이 기계화되어 최종적으로 마른 김이 나오게 되는데 실내에서 열풍으로 건조시키기 때문에 날씨에 관계없이 단시간에 모든 과정을 할 수 있게 되었다(그림 7-26).

<그림 7-26> 기계식 김 건조와 마른 김 결속

5. 병해 및 해적

1) 갯 병

김이 생리적으로 약해졌거나, 2 차적으로 여러 가지 세균의 침해를 받아서 썩거나 유실되는 것을 통틀어 갯병이라 한다. 갯병에 관계되는 병원균은 김이 건전하게 자라고 있는 동안은 별로 문제가 되지 않으나, 김이 생리적 장애를 받게 되는 환경조건이 되면, 갯병을 일으키는 병원균이 침입하여 그 번식이 갑자기 왕성해진다. 김을 생리적으로 약하게 하는 원인은 기상 조건, 수온, 조석 및 노출 등이다.

(1) 흰 갯병

11~12 월에 기온 또는 외해 고온수의 영향으로 양식장의 수온이 높아졌을 때 많이 발생한다. 또, 날씨가 온화하고 바람이 없을 때 소조 시간이 겹치면, 조류 소통이 좋지 못하여 영양 공급이 불충분하고 노출도 부족하게 되므로 김은 더욱 약해진다. 수온이 높아지면 영양 염류가 부족해지는 것은 김 자체가 영양 염류를 많이 소비했을 뿐 아니라, 다른 식물성플랑크톤이 많이 번식되었기 때문이기도 하다. 김에 이 병이 발생하면 엽체의 끝 부분이 처음에는 붉게 되고, 황록색으로 되었다가 결국 흰 색으로 유실된다. 채취한 김에서는 붉은 물이 나오고 제품은 윤기가 적다.

(2) 붉은갯병

조균류(藻菌類)에 속하는 붉은 갯병균(*Phythium porphyrae*)이 기생하여 세포 속을 뚫고 들어가 세포를 죽인다(그림 7-27). 김은 약해져서 적갈색에서 청록색 또는 청백색으로 변하여 떨어져 나간다. 흰갯병은 잎의 끝 부분에서 증상이 나타나는데 비해서 붉은갯병은 뿌리 쪽에서 침해를 받는다. 이 병원균은 수온이 10~20℃, 특히 16℃ 내외일 때 번식이 왕성하고, 10℃ 이하에서는 번식하지 않고 전염도 되지 않는다. 일반적으로 11 월~12 월에 많이 발생하고, 3 월경 수온이 높아지면 다시 번식하게 된다. 그리고 비중이 낮은 해수에서도 잘 번식한다. 병증이 발견되면 너무 자란 것은 일찍 채취하고, 노출을 많이 시키는 등 수온이 10℃ 이하로 될 때까지 성장을 억제시킨다.

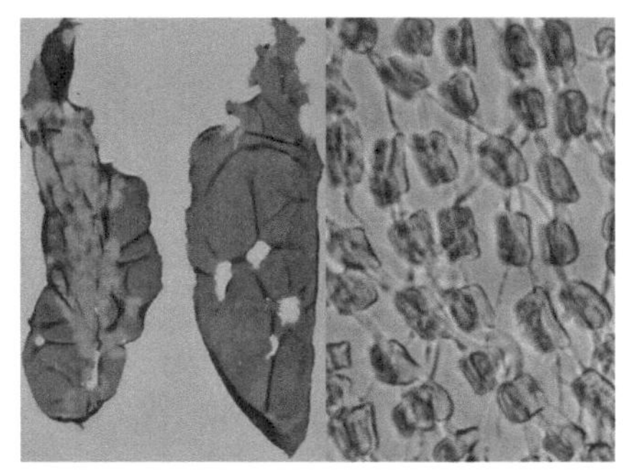

<그림 7-27> 붉은갯병 감염 엽체(좌)와 갯병균이 세포를 종횡으로 뚫고 들어간 세포의 상태(우)

(3) 호상균병(壺狀菌病)

조균류에 속하는 구형인 호상균(*Opidiopsis*)의 기생으로 생기는 병인데, 처음에는 김의 엽체가 외관상 건전한 것과 구별이 어려우나, 발에 붙은 김이 해수에 잠겨 있을 때 붉은색을 띠고 광택이 없어 보인다. 병증이 심해지면 엽체의 끝이 담록색 또는 황백색으로 변색하여 허물어지고 - 나중에는 전체가 녹백색으로 된다(그림 7-28). 호상균은 한 세포에 1~3 개가 기생하나 김 엽체 내에서는 균이 번식하지 않는 것이 특색이다. 그러나 사상체에는 기생을 한다. 이 병에 걸린 엽체는 일찍 채취하는 것이 피해를 줄이는 방법이다.

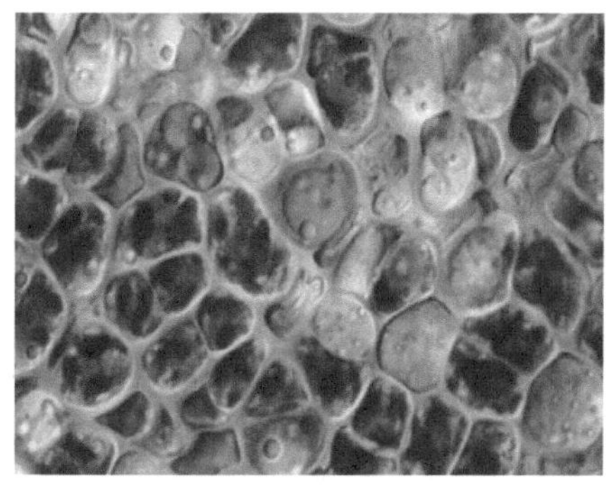

<그림 7-28> 김의 호상균병

(4) 싹갯병

10 월 중·하순에 몇 개의 세포로 된 발아체에서 1~2 cm 의 싹에 이르기까지 주로 채묘 후에 생긴다. 외해수의 영향을 받았거나, 광선이 너무 강하거나, 너무 건조되었을 때 생리적인 장애로 생긴다. 병의 증상은 흰갯병과 비슷하다(그림 7-29).

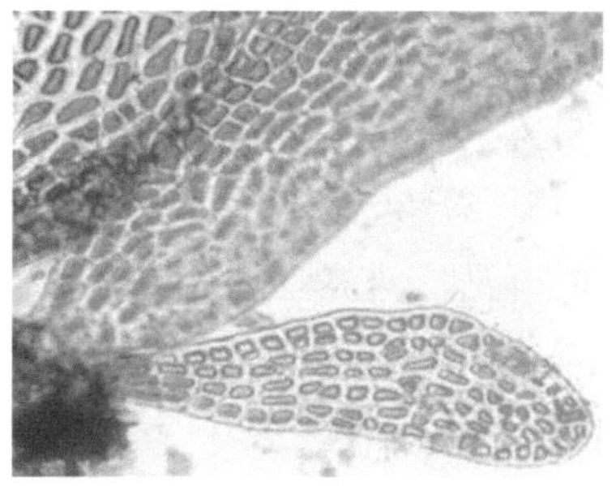

<그림 7-29> 김의 싹갯병

2) 해적생물

(1) 따개비

따개비는 내만의 담수가 섞이는 곳에 많다. 유생은 부유 생활을 하다가 적당한 기질에 붙는다. 5~10 월경에 여러 번 번식하므로, 수온으 23~24℃일 때 발을 일찍 설치하면 이것이 많이 붙어서 김이 붙을 자리를 차지한다. 따라서, 따개비가 많은 곳은 수온이 20℃ 이하일 때 발을 설치하도록 하고, 비중이 낮은 해에는 특히 주의가 필요하다.

(2) 규조류

규조류 중에는 점질물을 분비하여 다른 것에 붙어 사는 것이 있는데, 이것은 다갈색이거나 황록색이며 끈적끈적하여 김발에 잘 붙는다(그림 13.15). 봄과 가을에 많고, 비중이 낮을 때나 해수가 정체하고 있을 때 많이 번식한다. 발에 붙어서 김이 붙을 자리를 차지할 뿐 아니라, 때로는 김에 바로 붙어서 김의 세포를 파괴하여 김의 품질을 저하시킨다.

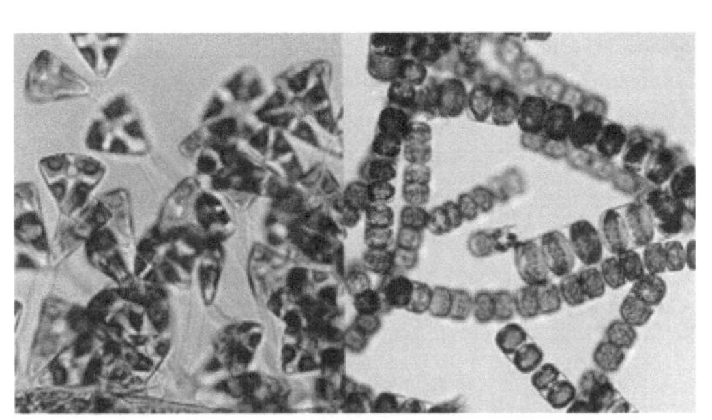

<그림 7-30> 김 엽면에 착생하는 대표적인 규조류. *Licmophora*속(좌)과 *Melosira*속(우)

양식장의 조류 소통이 잘 되게 하여 규조류의 발생을 줄이거나, 김발을 건조시켜 구제한다. 가을에 규조류가 붙었을 때에는 김발을 만조선에 1 주일간 매달아 주고, 봄에는 4~5 시간 노출선에 고정해 두면 규조류의 착생을 막을 수 있다.

규조류가 많이 붙은 김으로 제품을 만들 때에는 0.2%의 탄산나트륨 용액에 10~30 분간 담갔다가 물로 잘 씻어서 제거한다.

(3) 파래류

파래류 중에서 김발에 많이 붙은 것을 납작파래와 잎파래이다. 노출선이 낮으면 잎파래가 많이 붙는다. 파래류의 어린 싹은 바싹 말리면 2 시간 정도에서 죽는다. 이 때, 김의 유엽은 1 일간 정도의 건조에는 지장이 없다.

따라서, 채묘 초기에 발을 6 시간 이상 노출선에 며칠간 달아맨다. 그러나, 크게 자란 파래류는 자체 속에 물기가 있어 쉽게 건조되지 않으므로, 어린 싹일 때 구제해야 한다. 건조도가 높은 합성 섬유의 그물발은 대발보다 파래류의 피해가 적다.

(4) 매생이

11 월경 수온이 18℃ 전후일 때 매생이의 유체가 생기는데, 그 생육층은 김보다 약간 높고 저온에도 강하다. 따라서, 매생이를 구제하기 위해서는 노출 시간을 줄인다.

6. 마른 김의 보관과 품질

마른김을 공기 중에 그대로 두면 습기를 흡수하여 고유의 색택과 향기가 없어지고 나중에는 나쁜 냄새가 나서 못쓰게 된다. 이와 같은 변질은 공기가 건조하고 기온이 낮은 겨울에는 비교적 적으나 습하고 더운 여름이 심하다.

마른 김을 건조제가 든 봉지 속에 밀봉해 두어도 변질하게 된다. 그것은 마른김 자체에 10~15%의 수분이 함유되어 있어 김 세포 속에 있는 효소의 작용으로 천천히 변질하기 때문이다. 이것을 막기 위해서는 마른 김과 접촉하는 공기 중의 습기뿐 아니라, 김 자체의 수분도 제거해야 한다.

마른 김의 수분을 없애기 위해서는 열처리를 하는데, 열처리 된 것은 수분이 5% 이하로 된다. 김에는 향기를 내는 휘발성 물질과, 맛을 내는 성분으로서 아모나산과 핵산 계통의 물질이 들어 있다. 김은 양식장의 환경 조건과 양식 시기에 따라 이와 같은 성분이 달라지므로 품질에 차이가 있게 된다.

한편, 김의 품질과 일령(日令)과의 관계에서 연하고 색택이 좋은 것은 어린(若令) 엽체이고, 향기와 맛이 좋은 것은 중령(中令) 또는 노령(老令)의 엽체를 원료로 한 마른 김이다. 그러나, 노령의 김은 색택이 쇠퇴하고 억세기 때문에, 우량 품질의 마른 김은 일령으로 50~55 일의 엽체를 원료로 한 것이다. 따라서 김 성분의 계절적 변화도 생육 환경 조건의 차이뿐만 아니라 일령에 따른 영향도 고려될 수 있다.

제 2 절 우뭇가사리의 자원관리와 증양식

1. 생태와 종자생산

<그림 7-30> 우뭇가사리

해조류 콜로이드에 대한 수요는 1980 년 이후 매년 10~20%씩 증가하고 있다. 전세계 한천의 생산량은 약 7,000 톤으로 꼬시래기 종류가 53%, 우뭇가사리 종류가 44%로 대부분을 차지한다.

우뭇가사리(*Gelidium elegans*)는 유성세대인 배우체 세대와 무성세대인 포자체 세대가 같은 형태로 동형 세대교번을 하는 다년생 해조류이다. 한천 원료로 이용하는 엽상체는 암·수 배우체와 사분 포자체이다. 이들은 성숙하여 생식기집을 형성하지 않으면, 외관상 구별이 힘들다. 연중 조간대 하부 아래의 암상에서 생육하지만, 조하

대의 약 2~5m 부근의 수심에서 큰 군락을 형성한다. 성체는 여름 장마철 이전에 수확하여 햇볕에 건조시켜 판매한다.

암·수배우체(n)는 각각 난자 세포와 정자 세포를 만들며, 정자 세포가 암배우체에 도달하여 난자 세포와 수정하게 된다. 이 수정한 암배우체는 과포자체(2n)로 되어(그림 7-31), 성숙하면 과포자를 방출한다. 방출된 과포자가 새로운 기질에 착생하여 사분포자체라는 새로운 개체로 자란다. 이 사분포자체에서는 감수분열 과정을 거친 사분포자(n)가 방출되어 새로운 암·수배우체로 자라는 생활사를 반복한다. 겨울에서 초봄까지는 암·수배우체가 많고, 봄에서 초여름까지는 성숙한 과포자체가 많이 나타난다. 그러나 자연 상태에서는 이와 같은 유성 생식보다는 포복지에 의한 무성 생식이 활발하다.

2. 투석에 의한 우뭇가사리 군락 조성

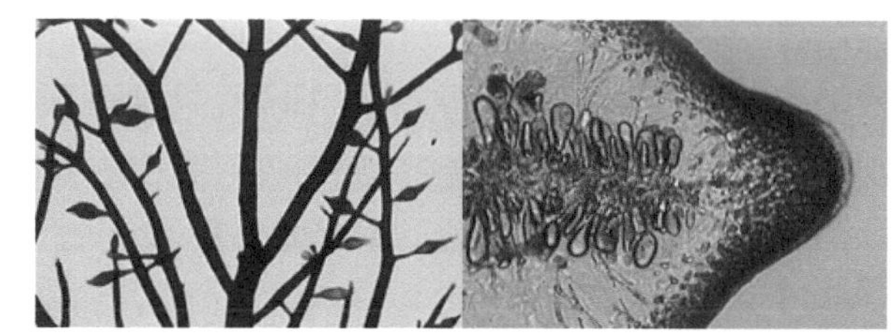
<그림 7-31> 우뭇가사리 낭과체(좌)와 횡단면

우리나라에서의 우뭇가사리 양식은 자연적으로 우뭇가사리 군락을 만드는 것에 의존한다. 주로 해조류의 부착면을 증가시키기 위하여 투석을 하며, 때때로 잡초 제거를 위해 갯바위 닦기를 시행하기도 한다. 이 해조류의 양식은 전체 생활사를 관리하지 않으므로, 해조류숲을 만들거나 군락을 조성하는 개념이 강하다. 현재까지는 해조류가 부착할 수 있는 기질을 넓혀 주는 방법으로 투석(구조물 또는 자연석) 방법이 많이 쓰이며, 그 밖에 이식이나 갯바위 닦기로 양식 효과를 높일 수 있다. 영일만 일대가 우뭇가사리 생산의 중심지로 주로 자원관리에 기반을 둔 증식법으로 생산한다.

제 3 절 개꼬시래기 양식

<그림 7-32> 개꼬시래기 양식

꼬시래기는 어촌에서는 식용뿐 아니라, 한천 원료로 이용하기도 하였다. 천연 한천 제조 시에는 한천의 품질향상, 수율 증가 등을 위해서 우뭇가사리류를 원조로 하면서 여러 가지 홍조류를 배합조로 사용하였다. 꼬시래기류도 배합조로 사용되고 있었으나, 한천 제조법의 발달로 화학 한천에서는 단독으로 원조로 사용하게 되었다. 즉, 꼬시래기의 성분은 응고성이 낮은 점성을 띠고 있는데, 이 점질물을 화학 처리해서 응고성을 가지게 하여 한천을 만들게 된다. 과거에는 조간대의 간석지에서 어린 조체를 새끼줄에 삽식하여 양식한 예도

있었으나 지금은 거의 활용되고 있지 않는 양식법이다. 현재 대량 양식되고 있는 품종은 꼬시래기(*Gracilaria verrucosa*)가 아니라 국수발처럼 긴 형태의 개꼬시래기(*Gracilariopsis chorda*)이다.

양식방법에는 포자를 적당한 양식 자재에 붙여서 양식하는 것과, 강한 재생력을 이용하여 적당히 잘라서 재생시키는 방법이 있다. 꼬시래기의 양식은 아직 본격적으로 산업화되지 못하고 있으나, 개꼬시래기의 양식은 완도군 금당도와 장흥 등, 남해 서부해역에서 산업적 규모로 이루어지고 있다(그림 7-32).

제 4 절 미역 양식

미역(*Undaria pinnatifida*)은 우리나라와 일본의 특산종으로 우리나라에서는 전국 각 연안에서 나기 때문에 옛날부터 식용으로 이용하였다. 예부터 미역밭은 곽전(藿田)이라 어촌계 단위로 관리해 왔으며, 일손 등의 부족이나 작업 여건이 되지 않아 미역을 채취할 수 없었던 어촌계에서는 매매를 통해 당해 연도의 미역 채취권을 잠수기 협회나 조합에 넘겨주던 예도 있었다 (그림 7-33).

<그림 7-33> 70년대 초 강원 삼척 용화의 잠수기를 이용한 미역 채취와 건조 광경

과거의 미역 양식법은 지금과 같은 인공채묘에 의한 대량 양식이 아니라 갯바위 닦기, 투석 등 자원관리 위주의 소극적인 증식방법을 통해 생산 관리를 해 왔으나, 오늘날은 미역의 완전한 생활사를 구명한 후 인공적으로 포자를 받고 포자에서 발아된 배우체를 배양하여 양식하기 때문에 과거보다 빠른 수확이 가능할 뿐 아니라 생산량도 높일 수 있게 되었다.

이와 같은 양식 기술은 1970 년대에 국립 수산진흥원의 기술지도가 시작되면서부터 양식 어민들에게 보급되었으며, 양식생산량은 <표 7-1>에서 보는 바와 같이 급격히 증가하였다.

이 결과, 때로는 과잉 생산으로 미역 양식업의 수지면에 문제가 생기는 수도 있었으나 전복 양식이 발달한 지금은 식용 해조로서 뿐만 아니라 먹이원으로서도 그 활용성이 증대되고 있다. 최근에는 미역의 암, 수배우체를 분리하여 배양한 유리 배우체를 대량배양 함으로써 미역의 연중 종자생산이 가능해 졌으나 유리배우체를 장기간 분리시켜 배양, 보존해 온 암, 수배우체 종주의 보존 기간이 길수록 수정률이 떨어지는 등의 단점이 있어, 대량 양식에의 상업적인 활용율이 떨어지는 문제를 안고 있기도 하다. 따라서 앞으로는 미역의 생산량 증가보다는 오히려 수요를 증대시키기 위한 노력이 필요할 것으로 판단된다.

1. 생 태

1) 서식대 및 형태

우리나라 전 연안에 분포하며 대체로 외해에 면하거나 외해에 가까운 바위에 붙어산다. 내만의 안쪽에나 하구 부근에는 분포하지 않고 저질이 개펄로 된 곳이나 모래로 된 곳에도 없다. 일반적으로, 내만의 입구에 가까운 곳이나 조류가 빠른 곳에 번식장이 많으며, 저조선 부근에서 점심대에 결쳐 자란다.

미역은 제주도에 많이 분포하는 넓미역(*Undaria peterseniana*)을 제외하면 모두 같은 종이지만 편의상 형태나 분포의 차이에 따라 다음과 같이 두 가지 형으로 나눈다.

(1) 남방형 미역

일반적으로, 체장과 포자엽이 있는 줄기가 짧다. 잎의 열각이 얕고 열편 수가 몸길이에 비하여 많다. 포자엽은 주름 수가 적으며(2~4 개), 포자엽과 영양엽이 이어져 있는 수가 많다. 제주도나 남해안 등의 얕은 곳이나 조류가 빠르지 않는 곳에 살고 있다(그림 7-34 의 좌).

(2) 북방형 미역

전체가 크고 줄기가 길며, 잎의 열각이 깊고 열편 수가 몸길이에 비하여 적다. 포자엽의 주름 수가 많다(6~20 개). 대체로 동해안의 깊은 곳이나 조류가 빠른 곳에 살고 있다(그림 7-34 의 우). 지역에 따라서는 남방형과 북방형의 형태가 명백히 구분되지 않으며, 이들 두 형의 중간형인 것도 있다.

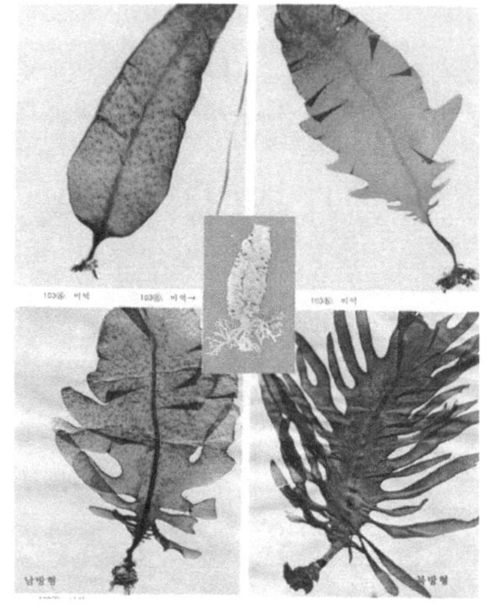

<그림 7-34> 남방형(좌)과 북방형(우) 미역의 형태

2) 생활사

미역은 1 년생 해조류이며, 지방에 따라 차이가 있으나 대체로 늦가을부터 어린 엽상체가 나타나기 시작하여 겨울에서 이른봄에 결쳐서 자란다. 봄부터 초여름까지 성숙하며, 성숙한 엽체는 포자엽에서 유주자를 방출하고 모체는 없어진다. 방출된 유주자는 바닥에 부착하여 곧 발아하며, 현미경적인 실 모양의 배우체로 되지만 여름의 수온이 높은 시기에는 휴면한다.

가을이 되면 암·수 배우체에서 각각 알과 정자가 생겨 수정을 한다. 수정란은 곧 발아하여 아포체로 되는데, 이것은 1층의 세포로 되어 있으며 자라서 육안으로 볼 수 있는 유엽(어린 엽상체)으로 된다(그림 7-35). 이들은 수온이 낮은 늦가을에 자라기 시작하여 겨울부터 초봄 사이에 급속도로 자라서 무성하게 된다. 이와 같이 미역은 포자체 세대와 배우체 세대가 모양이 다른 이형 세대를 가지는 해조류이다.

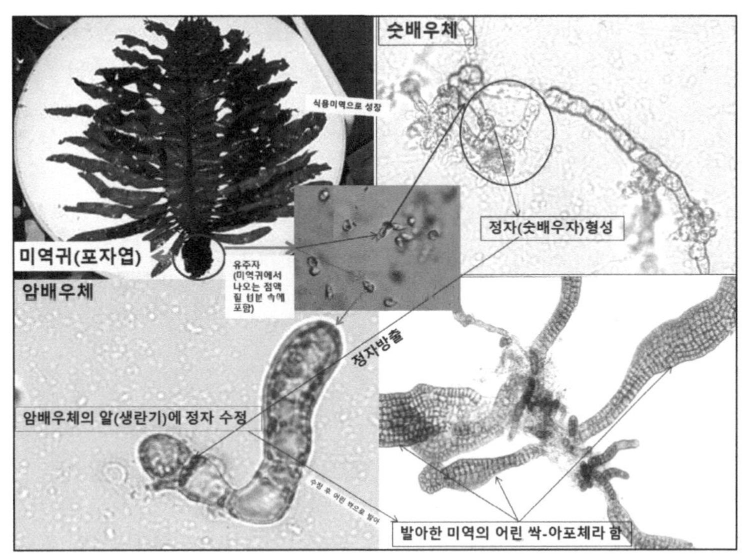

<그림 7-35> 미역의 생활사

3) 성장 환경

미역은 세대별로 생장 단계에 따라 각기 다른 환경조건에서 생활한다. 양식을 할 때에는 각 단계별로 이 조건에 유의하여야 한다.

(1) 유주자 방출

미역이 자라면 가식 부위인 엽상부와 부착기 사이의 줄기 양 가장자리에 주름이 생겨 포자엽으로 되며 이 곳에 유주자 주머니가 생기고 유주자가 방출된다. 매년 해황과 지방에 따라 다르나, 대체로 봄철에 수온이 오르기 시작하여 14℃로 될 때부터 유주자의 방출이 시작되어 미역이 없어지는 22℃로 될 때까지 계속 된다. 그 중 17~22℃ 때 유주자의 방출이 가장 많다.

방출된 유주자는 편모로 헤엄쳐 다니다가 적당한 곳에 닿으면 부착한다. 착생력은 방출 후 시간이 지남에 따라 줄어들 뿐 아니라 수온, 비중, pH에 따라서도 다르다. 착생률이 높은 것은 수온이 20℃ 이하, 비중이 1.020 이상일 때이고, 수온이 25℃ 이상, 비중이 1.010 이하에서는 착생률이 매우 낮다. pH는 7.8~8.0일 때 착생률이 가장 높다.

(2) 배우체의 발아 및 생장

배우체의 발아와 생장은 수온이 17~20℃에서 가장 잘 되고, 27℃ 이상에서는 불가능하다. 발아한 배우체는 23℃까지는 생장을 하지만, 그 이상으로 되면 세포는 둥글게 되고 세포막은 두꺼워져 휴면 상태에 들어간다. 휴면 상태에서는 높은 수온(약 30℃)에서도 견디는 수가 있다. 그리고, 비중은 1.022~1.024일 때가 좋고, 비중이 1.012 이하에서는 좋지 않다. 그러나 고수온이면 1.020 이하에서도 나쁜 영향을 받는다.

광선의 영향도 수온에 따라 다르며, 20℃ 이하에서는 밝은 쪽에서, 고수온에서는 약한 광선에서 잘 자란다. 이와 같이 수온과 염분도 및 광량은 서로 보상적인 관계가 있다.

(3) 배우체의 성숙과 아포체 발아

수온이 20℃ 이하에서 성숙이 진행된다. 또 밝은 곳에서는 배우체가 성숙하여 아포체가 발생하지만, 어두운 곳에서는 성숙하지 않는다. 비중이 1.020 이하로 되면 성숙이나 발아가 늦어진다.

(4) 아포체 및 유엽(포자체)의 생장

아포체와 홑잎으로 된 유엽은 몸 전체가 자라는데, 수온이 15~17%일 때 생장이 좋고, 그 이하에서는 늦어지며, 10℃ 이하에서는 더욱 늦어진다.

유엽은 점차 자라면서 잎과 줄기 사이에서 많이 자라고, 잎은 빗모양으로 되면서 잎 가운데에 중륵이 생긴다. 그 후에는 수온 12~13℃ 이하에서 잘 자란다. 약 15℃까지도 계속해서 자라며, 그 이상이 되면 늦어지고, 약 20℃에서는 조금 자란다.

또, 물 속의 밝기도 생장에 영향을 끼친다. 이것은 수온과 관련이 있는데, 수온이 높을 때에는 약간 어두운 곳(깊은 곳)에서 잘 자라고 수온이 낮을 때에는 밝은 곳(얕은 곳)에서 잘 자란다.

엽상부와 줄기의 중간이 미역의 생장대인데, 생장대의 위쪽 부분을 잘라 내어도 남아있는 분열조직이 있는 생장대에서 엽상부를 재생한다.

2. 종자생산

양식 미역은 자연산보다 일찍 채취할 수 있으므로, 생미역으로서 출하하면 경제적으로 유리하다. 따라서, 오늘날에는 미역 생산은 거의 양식에 의존하고 있다. 그러나, 때로는 종자생산 단계나 양성 중에 여러 가지 원인으로 실패하는 예가 있으므로, 안일한 생각으로 양식에 임하는 것은 피해야 한다.

1) 배양시설 및 기자재

미역 양식에 필요한 종자를 생산하기 위해서는 2 단계의 과정이 있다. 첫 단계는 채묘로서 포자엽에서 방출되는 유주자를 씨줄에 부착시키는 과정이고, 다음은 이것을 기르는 배양 과정이다. 채묘와 종자의 배양을 위해서는 씨줄(종사)과 씨줄을 감는 씨줄틀(채묘틀), 채묘용과 배양용 수조, 해수의 여과 장치, 배양사, 배양사의 채광 및 차광 장치, 그리고 간단한 계측기구(수온계, 비중계, 조도계, 현미경 등)과 그 밖의 필요한 용품을 준비해야 한다.

(1) 씨줄

각종 합성 섬유를 사용하고 있으나, 특히 크레모나사 20 번수가 가장 적합한 것으로 알려져 있다. 굵기로는 15~45 합사가 사용되고 있으며, 실험 결과로는 18 합사(지름 1.5 mm) 이상의 굵기는 불필요한 것으로 알려져 있다. 뿐만 아니라, 실이 굵으면 광선을 받는데 지장이 있는 것으로 보아야 한다.

(2) 씨줄틀

상수도 배관용의 경질 염화비닐 파이프가 가장 적당하다. 굵기는 씨줄틀 크기에 차이가 있는데, 씨줄이 감기는 부분의 길이가 40 cm 이하이면 안지름이 13 mm 의 것울, 40~70 cm 이면 16 mm 의 것을, 70~200 cm 이면 20 mm 의 것을 사용한다. 대나무와 나무로 된 것은 배양 중에 미생물이 발생하거나 배양수를 악화시킬 염려가 있다.

(3) 수조

규모가 작은 것으로는 100~200ℓ들이 나무 상자 안쪽에 방수재(0.1 mm 두께의 폴리에틸렌)를 친 것이 적당하다. 규모가 큰 것으로는 콘크리이트 수조를 사용하는데, 수심은 55~60 cm 로 하고, 씨줄틀은 채광을 위해서 최소한 5~20 cm 이상의 사이를 두고 수직으로 세워서 넣는다.

배양사는 직사광선을 가리고 최대로 밝게 할 수 있어야 한다. 광선을 고루 받도록 하기 위해서 지붕을 전면적으로 흰색 반투명판으로 하면 벽에는 채광용 창문이 필요 없게 된다. 다만, 벽의 상하에 각각 통풍을 위한 창을 둔다. 지붕은 수면에서 2 m 이상의 높이에 있어야 한다.

2) 채묘

(1) 씨줄의 준비

씨줄은 씨줄틀에 3~5 mm 간격으로 감고, 잔털은 살짝 불로 태워 없앤다.

(2) 생장도가 좋고 광택이 있는 미역의 포자엽을 다음 사항에 유의하여 고른다.

㈀ 될 수 있는 대로 크고 두꺼운 것
㈁ 다갈색이나 흑갈색이면서 가장자리의 색깔이 짙은 것
㈂ 연하고 점액이 많은 것

유주자 방출 시기에 심한 풍파가 있었던 직후는 포자엽에서 대량으로 유주자가 방출되고 난 뒤이므로 채묘용으로 좋지 않다. 포자엽의 엽체가 황갈색이고 단단하며, 점액이 적은 것은 유주자가 다 방출된 것이다. 일시에 필요한 양을 채묘하지 못한 때에는 따로 모조관리를 할 필요가 있다. 즉 포자엽의 잎을 자르지 않고 그대로 가두리에 용적 톤당 100 개체를 한도로 하여 수용한다.

(3) 포자엽 그늘 말리기(음건)

<그림 7-36> 미역 포자엽 준비

채취한포자엽은 그 자리에서 부착성 규조류와 그 밖의 불순물을 씻은 다음에 운반한다. 그늘 말리기의 목적은, 성숙한 유주자는 단속적으로 방출되므로 공기 중에 포자엽을 두어 유주자주머니에 삼투압의 변화를 주어 일시에 많은 양의 유주자를 방출시키는 데 있다. 포자엽을 시원한 곳에 5~24 시간 펼쳐 두고 표면의 물기가 가실정도로 말린다(그림 7-36). 이 때, 너무 건조될 염려가 있으면 위를 덮어준다. 오후 늦게 채취한 것은 다음날 오전에 채묘하는 것이 좋다.

(4) 포자엽 사용량

씨줄 1,000 m 에 포자엽 3 kg, 또는 200 m 에 10 개 이내로 준비한다. 포자액은 1 방울을 현미경(100 배)으로 보았을 때 활발히 움직이는 유주자가 30~50 개 있으면 적당하다. 한번 사용한 포자엽으로 다시 채묘하거나 과숙된 포자엽을 사용할 경우에는 간혹 운동성을 상실한 부동 포자가 방출되기도 하는데, 방출량만 충분하다면 발아와 생장에는 아무런 지장이 없다.

(5) 채묘 순서 및 주의사항

㈀ 비중이 1.020 이상 되는 깨끗한 해수를 씨줄틀이 충분히 잠길 정도까지 채묘통에 넣는다.

㈁ 수온은 20℃ 이하로 하고, 23℃ 이상이 되지 않아야 한다. 직사광선을 피하여 그늘에서 하되, 될수록 밝은 곳을 택한다.

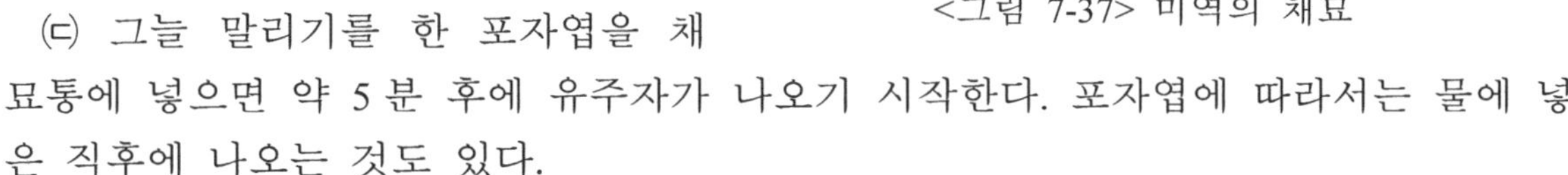

<그림 7-37> 미역의 채묘

㈂ 그늘 말리기를 한 포자엽을 채묘통에 넣으면 약 5 분 후에 유주자가 나오기 시작한다. 포자엽에 따라서는 물에 넣은 직후에 나오는 것도 있다.

㈃ 약 30 분 후에는 포자엽을 건져 내고 씨줄틀을 넣는다.

㈄ 약 30 분 후에 씨줄틀을 건져서 다른 배양 수조로 옮긴다.

㈅ 포자엽은 해수에 너무 오래 두면 자른 부분에서 점액이 나와 해수의 수질을 악화시킨다. 약 30 분이 지나면 그날에 방출될 유주자는 모두 나온다.

㈆ 씨줄틀을 너무 오래 채묘통에 두면, 포자엽에서 나온 탄닌 등을 포함한 점액이나 그 밖의 유주자를 악화시키는 성분이 많아져서 유주자가 약해진다(그림 7-37).

3) 종자의 배양 관리

중묘의 생육 정도에 따라 배양 조건에 차이가 있으며, 배양의 시기는 초기, 중기, 말기로 나누어 관리한다.

(1) 초기

씨줄에 붙은 유주자가 발아하여 배우체로 자라는 시기이다. 수온에 따라 조도를 2,000~5,000 lux 정도로 조절하는데, 야간에는 조명이 필요하지 않다. 채묘한지 1 주일 후 물갈이를 한다.

<그림 7-38> 미역 종자배양

휴면기에 배우체가 떨어지는 것을 막기 위해서는 초기에 배우체의 세포 수가 수배우체는 12~13 개, 암배우체는 3~4 개로 되었을 때 생장을 억제시킨다.

너무 일찍 채묘를 하면 배우체의 생장기간이 길어져 그 이상으로 자라고 성숙하거나 수정이 되어 아포체가 생기는 수가 있다. 이때에는 수면의 밝기를 1,000 lux 이하로 조절한다. 이와는 반대로 채묘시기가 늦어지거나 수온이 빨리 올라가면 배우체가 1~2 개의 세포인 채로 휴면기에 들어가는 수가 있다. 이런 경우에도 수온이 24℃ 이상으로 되면 수온에 따라 750~2,500 lux 로 조절한다(그림 7-38).

(2) 중기

종자가 고수온이라는 악조건을 이겨내기 위해 휴면하는 시기이다. 이 기간은 수온에 따라 달라지므로 수온이 23℃ 이상으로 되지 않도록 배양사 내의 통풍이 잘 되게 한다.

조도는 수온에 따라 1,000 lux 이하로 조절한다. 조도를 조절하기 위해서 배양사 지붕위를 차광막이나 그 밖의 것으로 덮어 배양사 내를 시원하게 해 준다.

휴면 중에는 배우체가 잘 떨어지기 쉬우므로 물갈이를 하지 않는 것이 바람직하다. 수질이 악화되거나 또는 수분의 증발로 인하여 비중이 높아졌을 때에는 1 일에 1/3 씩을 서서히 갈아준다. 수분의 증발을 막기 위해서 무색 반투명한 폴리에틸렌판으로 덮개를 하는 것도 효과적이다.

(3) 말기

배우체가 성숙하고 종자가 완성되는 시기이다. 9 월에 들어서 수온이 갑자기 내리면 배우체는 휴면에서 깨어나 약 20 일 동안에 큰 변화가 생긴다. 수온이 24℃ 이하로 되면 수온 하강에 맞추어 조도를 점차 높혀 준다.

물갈이를 자주 하는 것이 효과적이므로, 양수 시설이 있으면 계속해서 유수식으로 갈아주는 것이 좋다. 물갈이를 할 때에는 수온이 갑자기 변하는 것을 피하도록 해야한다. 이상과 같이, 유효 광선은 수심 30 cm 정도까지에만 미치기 때문에, 씨줄틀의 상하를 바꾸어 주어 광선을 고루 받도록 한다. 배양 초기와 말기에는 4~5 일에 1 회, 휴면기에도 10 일에 1 회는 바꾸어 주도록 한다.

물갈이를 자주 할 때에는 거름주기는 할 필요가 없다. 만일, 거름주기를 한다면 해수 1ℓ에 질산나트륨 0.1 g, 인산나트륨 0.02 g 의 비율로 한다.

(4) 가이식

해수의 온도가 21℃이하로 내려가면 씨줄이 틀에 감긴 채로 해면 아래 2~4 m 에 매단다. 이것은 아포체의 생장을 촉진하기 위한 것이다. 또, 씨줄이 틀에 감긴 채로 가이식을 하는 것은 씨줄에 규조류를 손쉽게 떨어 없앨 수 있기 때문이다(그림 7-39).

가이식은 아포체, 즉 종자가 규조류나 부니(浮泥)에 묻히지 않을 정도의 크기(5~10 mm)로 자랄 때까지 한다. 가이식을 하는 곳은 조류의 소통이 잘 되는 곳을 택해야 싹녹음의 병해가 적다.

3. 양 성

1) 시기 및 종자의 크기

<그림 7-39> 미역 가이식

가이식 후 약 2주일이 지나면 가이식의 효과가 나타난다. 아포체 5~10 mm로 생장했을 때 본이식을 한다. 만일, 아포체의 발아가 늦어서 수조 내에서 크기가 아직 0.5 mm 이하인 것일지라도 바다의 수온이 20℃ 이하로 되어 안정되었을 때에는 바로 본이식을 해야 한다. 이 때, 어미줄을 처지지 않게 하고 규조류의 제거를 잘 하면 가이식한 종자에 뒤지지 않게 생장시킬 수도 있다.

2) 양성 시설의 구조

〈그림 7-40〉 미역 양식장

시설의 제작, 종자의 이식, 시설의 설치 및 관리, 수확 등의 모든 작업을 가장 손쉽게 할 수 있고 밀식의 염려가 없는 것은 수평 외줄식이다. 양성장의 단위 면적당의 이용률을 높이는 데는 수평 쌍줄식을 택할 수 있다.

이상은 5톤급의 선박만으로도 작업을 할 수 있다. 사각 조립식은 양성장을 가장 효율적으로 이용할 수 있고, 어미줄 전체를 최적 수위에 유지할 수 있다(그림 7-39). 그러나, 제작, 이식, 설치 등의 작업이 복잡하며, 작업 관리를 할 때에 소형 선박도 있어야 한다(그림 7-40)

3) 어미줄

〈그림 7-41〉 어미줄에 씨줄이 감긴 모습

씨줄에 붙은 어린 유엽이 자라서 나뭇가지 모양의 부착기를 형성하면 단단히 착생할 수 있는 기질을 만들어 주기 위해 어미줄을 설치하는데, 이 어미줄은 파도에 잘 견딜 수 있어야 한다. 종래에는 값이 싼 새끼줄 등을 사용했으나 해적 생물의 부착, 짧은 수명, 아포체의 발아 및 생장의 불량 등 여러 가지 단점이 있어, 손쉽게 구입할 수 있고 널리 보급된 폴리에틸렌 로우프 등과 같은 합성 섬유 로우프를 어미줄로 많이 사용하고 있다.

합성 섬유 로우프는 수명은 길지만, 다시 쓰기 위해서는 손질을 해야 한다. 굵기는 시설의 길이에 따라 지름을 12~16 mm로 한다(그림 7-41).

4) 씨줄(종사) 붙이기

씨줄을 어미줄에 붙일 때에는 씨줄이 건조되지 않도록 직사광선을 피하면서 능률적으로 해야 한다. 씨줄을 그대로 어미줄에 감는 방식과 씨줄을 잘라서 어미줄에 끼우는 방식이 있는데, 각각 특색이 있다. 최근에는 씨줄을 자동으로 3-4 cm 크기로 자른 후 삽식해 주거나(그림 7-42), 가늘고 질긴 나일론 덧줄을 이용하여 씨줄을 자동으로 감아주는(그림 7-43), 미역 씨줄(종사) 자동 이식 장치가 개발되어 양식 현장의 일손을 덜어 주고 있다.

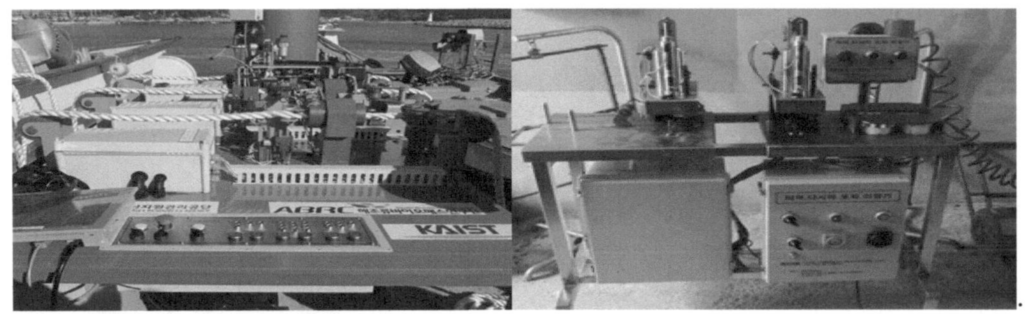

<그림 7-42> KAIST(좌)와 민간(우)에서 개발한 미역 씨줄 자동 삽식장치

<그림 7-43> 경남 기장(좌)과 전남 완도(우)에서 씨줄 자동 이식장치로 양식용 밧줄(어미줄)에 감아 주는 모습

5) 어미줄을 설치하는 깊이

양성장의 수심은 5~8 m가 이상적이다. 어미줄을 설치하는 깊이는 해수의 투명도와 일사량에 따라 차이가 있으나, 대체로 남해안에서는 2~3 m, 동해안 북쪽에서는 0.5~1 m를 기준으로 하여 조절한다. 따라서, 양성장마다 시기별 최적 성장깊이를 파악하여 깊이를 정해야 한다.

6) 미역의 병충해

미역양식장에서 발생하는 미역의 대표적인 병충해로는 녹반병, 구멍병, 싹녹음 및 끝녹음, 암종병, 퇴색, 착생동물(히드라), 착생조류(붉은실)에 의한 생리적 질병 및 기생성 질병이 있다. 이 가운데 싹녹음 및 잎녹음은 고수온, 퇴색은 영양염 부족과 높은 광량, 그리고 암종병(그림 7-44)은 산업폐수, 오수, 조선소 주변의 폐수 등에 의한 생리적인 질병, 녹반병은 ***Vibrio*** 균에 의한 세균성 질병, 구멍병은 단각류나 요각류의 기생에 의한 기생성 질병 등으로 분류할 수 있다.

<그림 7-44> 미역 암종병

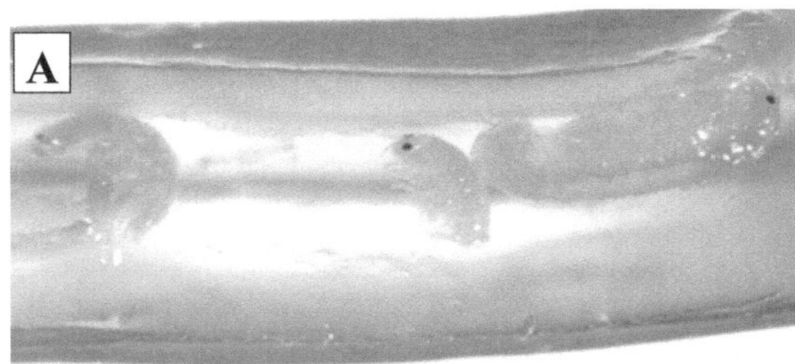

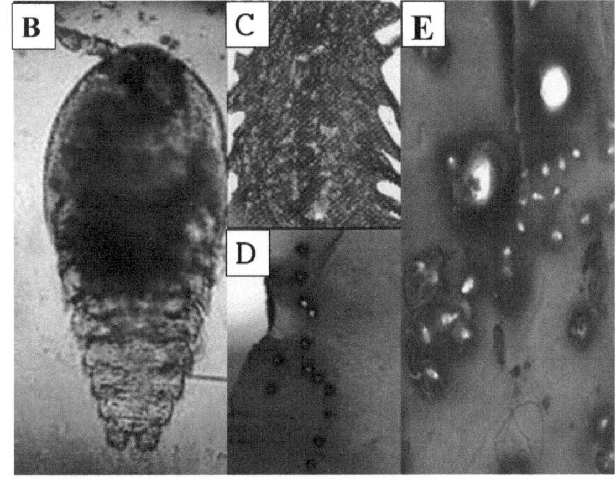

<그림 7-45> 미역속 구멍병의 원인생물과 증상. A, 줄기에 기생한 단각류; B, 요각류; C, D, & E, : 원인생물에 의한 엽상부의 식해 흔적

특히, 미역 병해의 약 80%를 차지하는 구멍병은 "바늘구멍병"이라고도 하는데 미역양식에 가장 큰 피해를 주며, 일부 양식 어업인들에 의해 미역을 바다에 폐기하는 문제가 발생하여 미역 양식의 새로운 골칫거리로 등장하고 있다. 발생 원인은 밀식, 해수유동의 부족 및 고수온 등으로 기생성 단각류와 요각류의 대량 번식에 의한 식해(grazing)로 인한 것으로 밝혀졌다. 원인생물인 단각류는 *Amphipoda* spp. 이며, 요각류의 경우 갑각강(Crustacea), 요각목(Copepoda), 하르팍티코이다아목(Harpacticoida), 탈레스트리다과(Thalestridae)에 속하는 종으로, 부산 송정과 기장 등 동해안에서는 *Amenophia orientaris*, 전남 완도 등 남해안에서는 *Parathalestris infestus, Scutellidium* sp.로 알려졌다(그림 7-45).

4. 생장 및 수확

미역의 생장은 빛의 밝기, 즉 수심에 따라 다르게 나타나지만, 생장 단계에 따라서도 다르다. 즉, 유엽은 15~17℃에서 중륵이 생긴 이후에는 약 13℃에서 생장이 빨라지며, 이후 수온이 하강함에 따라 생장은 더욱 촉진된다.

미역은 생장대(생장점)인 분열조직이 줄기와 우상엽의 경계 부분에 있으므로 아래쪽에서는 위쪽으로 자라게 되고, 엽상부의 끝부분은 수온이 올라감에 따라 자연적으로 녹아 유실되는데 이를 잎녹음이라 한다. 수온이 낮은 겨울철에는 끝녹음보다 생장이 빠르지만, 봄철에 수온이 13~14℃로 되면 끝녹음과 생장은 비슷해진다. 수온이 14~15℃로 되면 끝녹음이 더욱 심해지고, 17~18℃에서는 끝녹음만 하게 되므로 미역의 길이가 오히려 짧아진다. 이와 같이, 생장은 수온의 영향을 크게 받으나, 끝녹음은 미역의 생장 상태에 따라 달라진다. 높은 수온은 생장은 저하시키고 노화를 촉진시킨다. 수확은 다음과 같은 방법으로 한다..

1) 일제 수확

생육 수온이 비교적 높아서 15℃ 이하로 되는 기간이 짧은 곳에서는 미역이 일제히 자라므로 일시에 수확을 한다. 최근에는 미역 먹이용 등으로 활용하기 위해 기계식 커팅 장치를 이용하여 대량으로 수확하기도 한다 (그림 7-46).

〈그림 7-46〉 기계식 미역 수확

2) 솎음 수확

수온이 15℃ 이하인 기간이 50 일 이상으로 긴 곳에서는 생장도에 차이가 있는 몇 개의 그룹으로 나뉘어진다. 이와 같은 경우에는 일찍 자란 것부터 채취한다. 너무 배게 발아했을 때에도 이것을 솎아 어미줄 10 cm 당 5~10 개체 정도를 남기도록 하면 생장이 잘 된다.

3) 잎자르기 수확

〈그림 7-47〉 미역의 건조

미역은 개재분열 조직을 통한 개재생장을 하는데 생장대가 줄기에서 잎으로 이행하는 부위에 있으므로, 이 생장대의 위쪽을 잘라서 수확을 한다. 이 때, 남은 부분에서는 생장대의 분열 조직을 통해 재생이 이루어지게 된다, 특히, 발아수가 적을 때에는 이 방법이 유효하다. 엽상부를 자를 때 한 쪽 열편의 길이가 5~10 cm 정도 되는 것을 남기도록 한다. 위와 같은 솎음이나 잎자르기는 수온이 15℃ 이하인 기간이 40 일 정도 계속될 수 있을 때 해야 한다. 그리고, 수온이 높을 때에는 일제 수확을 한다. 수확한 미역은 바닷가에서 해풍과 햇빛을 이용한 자연 건조로 말려 마른 미역으로 가공하여 판매하거나 염장하여 판매하기도 한다(그림 7-47).

제 5 절 다시마 양식

1. 생태 및 생활사

다시마(*Saccharina japonica*)는 미역처럼 무성 세대인 포자체와 유성 세대인 현미경적인 배우체가 세대 교번을 하는 생활사는 같으나, 수명에는 차이가 있다. 미역은 1 년생이고, 다시마의 수명은 다년생으로 길게는 3~4 년이다(그림 7-48). 다시마의 번식 시기는 6 월에서 다음 해 3 월까지의 장기간이고, 그 수명에 따라 유주자낭이 생기는 정도와 시기에 차이가 있다. 유주자가 방출되면 유주자를 방출하는 부분은 녹아 없어지고, 봄에 남은 부분에서 다음 해에 다시 엽상부가 자라난다.

<그림 7-48> 양식 중인 다시마

다시마는 포자체 세대와 배우체 세대가 모양이 다른 이형 세대를 가지는 다년생 해조류로 기본적으로 다시마목 해조류인 미역, 감태, 대황 곰피와 같이 전형적으로 이형세대 교번을 하는 해조류이다. 여름철에 성숙하며, 포자체의 자낭반에서 유주자를 방출한다. 방출된 유주자는 바닥에 부착하여 곧 발아하며, 현미경적인 실모양의 배우체로 되며 여름철 고수온기에는 휴면한다. 가을이 되면 암·수배우체에서 각각 알과 정자가 생겨 수정한다. 수정란은 곧 발아하여 아포체로 되는데, 자라서 육안으로 볼 수 있는 유엽(어린 엽상체)이 된다. 이들은 수온이 낮은 늦가을에 자라기 시작하여 겨울부터 초봄 사이에 급속도로 자라서 무성하게 된다(그림 7-49).

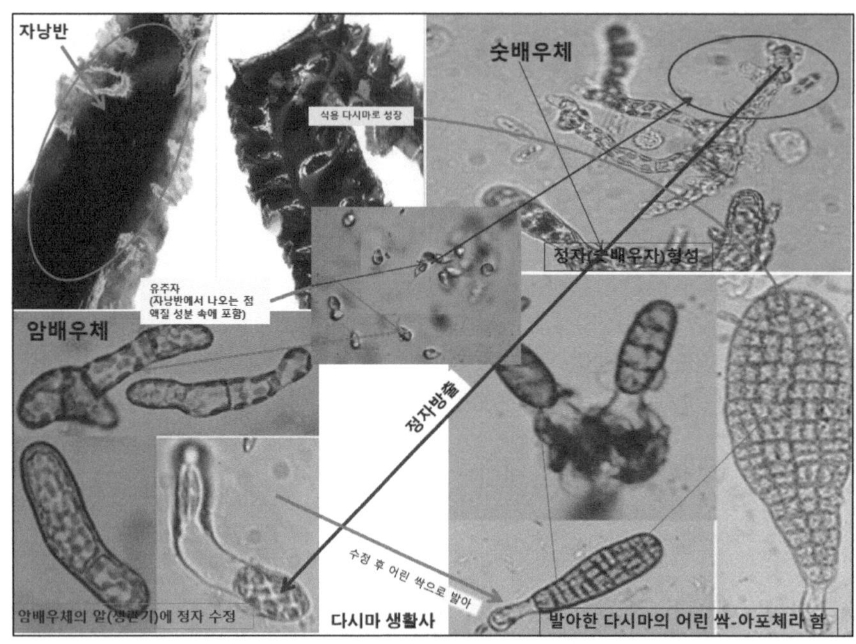

<그림 7-49> 다시마의 생활사

2. 종자 생산

종자 생산은 6 월 초에 채묘하여 여름의 휴면기를 거쳐 11 월 초에 양성을 시작하는 방법과, 9 월 하순에 채묘하여 약 40 일 동안 배양한 종자로 11 월 초에 양성을 시작하는 속성 종자 생산 방법이 있다(그림 7-50).

속성 종자의 배양은 실온에서는 불가능하므로, 수온을 15~16℃로 조절할 수 있는 곳이어야 가능하다. 또, 가을에 기온과 수온이 내려간 후에 실온에서 종자를 배양할 경우에는 종자생산이 늦어지며, 따라서 바다에서 양식 가능한 저수온기가 그만큼 짧아지게 된다.

늦어진 종자로 양성할 경우에는 여름까지 충실한 다시마가 되지 못하므로, 여름 동안에 성장시켜 다음 해에 수확하는 2 년 양식을 해야 한다.

유주자의 방출을 효과적으로 하는 방법은 미역의 포자엽 그늘말리기의 방법과 동일하지만, 점액질이 많은 다시마의 특성으로 소요되는 시간은 24~48 시간이 필요하다.

유주자액을 만들 때에는 다시마를 자르지 않고, 성숙한 부분만 물에 담가서 유주자를 방출시킨다. 유주자는 다시마를 해수에 담근 지 20~30 분 후부터 나오기 시작한다. 발아율은 미역에 비해 높기 때문에, 부유하는 포자의 밀도가 미역 포자 밀도의 1/2 이라도 2 배 이상의 부착 밀도를 나타낸다.

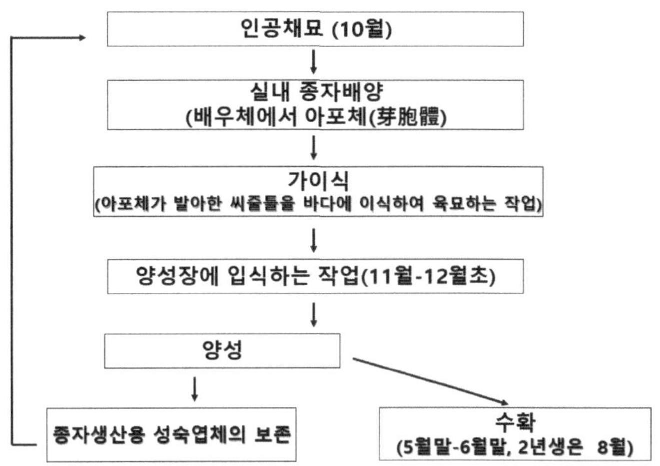

<그림 7-50> 다시마의 종자 생산 과정 모식도

3. 양성

1) 씨줄 붙이기

다시마를 어미줄에 착생시키는 밀도는 수확시의 1m 당 25~50 개체를 기준으로 한다. 이 때, 착생밀도가 높으면 품질이 저하되므로, 유엽 때부터 솎아준다. 따라서, 씨줄을 어미줄에 감는 방법보다, 씨줄을 잘라서 어미줄에 30cm 간격으로 끼우는 방법이 효과적이다.

2) 양성 시설

양성 시설은 중층 수평 이줄식이 가장 유리하다. 일반적으로, 다시마의 생산량이 어미줄 1m 당 20~30kg 에 달하므로, 어미줄에 매우 큰 장력이 걸린다. 초기 때의 성장을 촉진시키기 위하여 어미줄에 추를 매다는 것이 중요하다.

3) 어미줄 설치 깊이 및 장소

어미줄을 설치하는 깊이는 3 월까지는 수면 아래 약 1m, 4~5 월에는 약 1.5m, 6~7 월에는 2~25m, 8 월에는 3~3.5m 로 한다. 끝녹음을 방지하기 위해서 너무 깊게 설치하면, 다시마가 충실하지 못하게 된다.

어미줄을 설치하는 장소는 수심이 5~10m 이고, 저질이 사니질로 닻의 고장력이 충분히 있는 곳이 좋다. 미역보다 더 생장력이 좋으므로, 영양 염류가 풍부한 곳을 택해야 한다.

4. 다시마의 수확

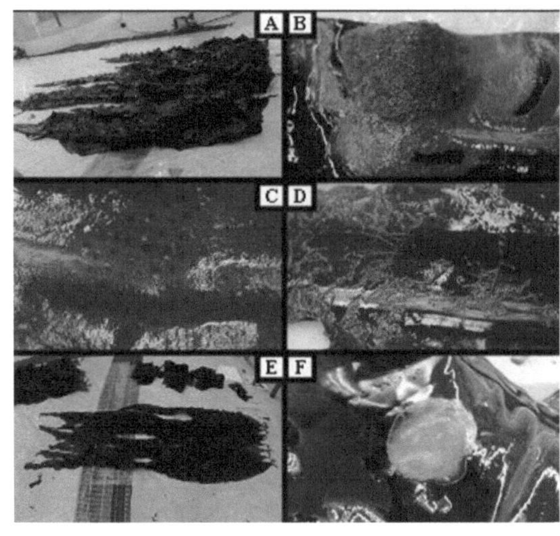

<그림 7-51> 다시마 엽면의 부착생물

다시마는 다년생 해조임에도 통상 11월말이나 12월 초에 양성장에 입식하여 약 20개월 후에 수확하는 2년생 다시마를 제외하면 대개는 이듬해 5-6월에 수확하는 것이 일반적이다. 특히, 6월 우기인 장마철에 들기 전에 수확하는 경우가 많은데 그 이유는 이 시기를 지나면 고수온기에 들면서 파래류와 붉은실 등의 착생 해조류와 다시마 엽면에 상당한 양의 동물성 부착생물이 착생하여 다시마의 품질을 떨어뜨리고, 심지어는 식용으로 이용하기 어렵게 되기 때문에 너무 늦게 수확이 이루어지지 않도록 수확시기를 잘 선택해야 한다(그림 7-51). 최근 기장 등 동해안의 양식장에서는 장마철인 우기에 다시마 수확이 이루어질 경우 햇빛을 이용한 자연 일광 건조가 불가능해 열풍건조기를 이용하여 다시마를 건조시킨 후 마른 다시마로 판매하기도 한다(그림 7-52).

<그림 7-52> 다시마의 일광 건조(좌)와 열풍 건조기 및 열풍건조 중인 다시마(우)

5. 다시마의 해적생물

앞에서도 언급한 바와 같이 다시마의 품질을 저하시키는 해적생물로 동, 식물성 부착성 생물을 예로 들었다. 대표적인 해적 생물은 잎파래(*Ulva linza*), 모로우붉은실(*Polysiphonia morrowii*)과 같은 부착성 해조류와 테히드라(*Sertularella levigata*), 톱니막이끼벌레(*Membranipora serrilamella*) 등 이끼벌레류와 지중해담치(*Mytilus galloprovinciallis*), 갯지렁이류(Polychaeta), 팔각따개비(*Octomeris sulcata*), 옆새우류(Gammaridea) 및 무척추동물의 난괴 등 부착성 동물로 나타났다(그림 7-53).

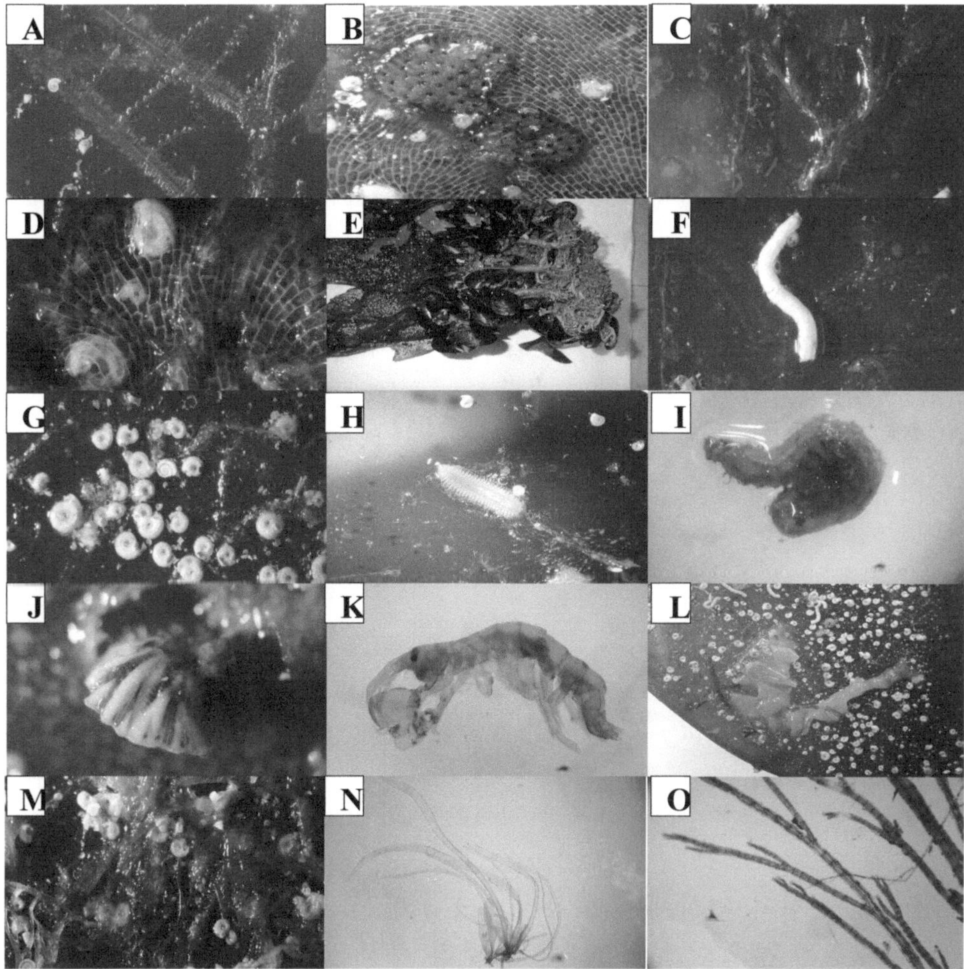

<그림 7-53> 양식 다시마 엽상부에 착생하는 부착 및 해적생물. A, 테히드라(*Sertularella levigata*); B, 자주빛이끼벌레(*Watersipora subtorquata*); C, 큰다발이끼벌레(*Bugula neritina*); D, 톱니막이끼벌레(*Membranipora serrilamella*); E, 지중해담치(*Mytilus galloprovinciallis*); F, 우산석회관갯지렁이(*Hydroides ezoensis*); G, 동그라미석회관갯지렁이(*Dexiospira foraminosus*); H와 I, 갯지렁이류(Polychaeta); J, 팔각따개비(*Octomeris sulcata*); K, 옆새우류(Gammaridea); L, 무척추동물의 난괴; M과 N, 잎파래(*Ulva linza*); O, 모로우붉은실(*Polysiphonia morrowii*).

제 6 절 톳 양식

톳(*Sargassum fusiforme*)은 갈조 식물의 모자반과에 속하며, 유성 세대만 있는 다년생 해조류이다. 생식은 두 가지 방법으로 이루어지는데, 정자와 난자가 수정하여 새 개체를 만드는 유성 생식과 포복지에 의해 새 개체를 만드는 영양 번식을 한다. 톳의 수명은 보통 3~4 년 이상으로 알려져 있는데, 엄밀히 말하면 포복지에 의한 영양 번식을 매년 되풀이하고 있는 셈이다.

우리가 이용하는 톳은 배우체 세대이며, 암수 이주의 성 세대만이 존재하는 다년생 해조류로서, 체장은 1~2m 에 이른다.

생활사는 방출된 알과 정자가 수정하여 발생을 시작하면 어린 유배[幼胚]가 가근 세포로 착생하여, 여름에 유체로 자란다. 가을이 되면 육안적인 크기의 유체가 나타나서 겨울철에 들어가면서 성장을 시작하여 3~4 월에 왕성하게 자라 성체가 된다. 조체는 외줄기이지만, 여러 개의 줄기를 가지는 것도 나타난다. 5~6 월에는 성숙하여 알과 정자를 방출하면 점차 엽상체는 포복지가 3~4 개 생기게 되면, 끝 부분에서 직립지가 생성되어 새로운 톳으로 자라고, 묵은 뿌리 부분은 없어진다. 자연 상태에서는 유배에 의한 번식보다는 포복지에 의한 영양 번식이 우세하다. 따라서 일반적인 톳 양식은 어린 엽체의 포복지를 채취한 후 밧줄에 끼워 이식 후 양성하는 포복지 이식 양식에 의한 방법으로 양식이 이루어진다(그림 7-54). 최근에는 성숙한 모조로부터 유배(embryo)를 채묘한 후 인공 종자를 생산하여 양식하는 기술이 개발되어 양식어가에 보급되고 있다. 수확한 톳의 대부분은 비교적 좋은 가격에 일본으로 수출되고 있다.

<그림 7-54> 포복지 이식에 의한 톳 양식과 금당도의 톳 양식장

제 7 절 곰피 양식

곰피(*Ecklonia stolonifera*)는 대롱편모조식물 갈조강의 다시마목 감태과에 속하는 해조류로 줄기는 원주상이고 길이 10~25cm, 굵기 3~5mm 이고 실질이며, 단면에는 다소 불규칙하게 배열된 2 층의 점액강도가 있다. 잎 모양은 띠 모양이며 길이가 30cm~1m 또는 그 이상, 폭은 5~30cm, 대개는 단조인데, 1 회 우상으로 열편을 가지는 수도 있다. 잎의 기부는 쐐기모양이고 주름이 있으며 가장자리에는 톱니가 있다. 뿌리는 포복경을 가지고 사방으로 길게 뻗어나서 그 끝에 새로운 엽상체를 만든다.

생활사는 줄기의 하단에서 나온 포복경의 끝에서 유체가 11 월경에 나타나고 다음

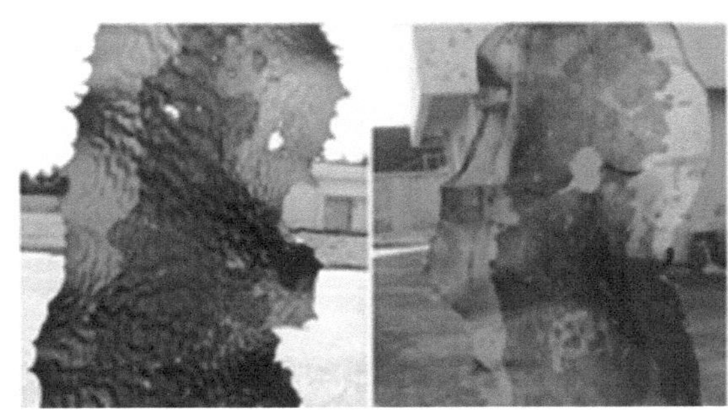
<그림 7-55> 성숙한 곰피의 자낭반

해 가을까지 생장한다. 포자를 방출하고 나면 엽상부는 쇠퇴하고, 겨울 동안 생장대(개재적 분열조직이 비대해지는 생장점)에서 새로운 엽상부가 급히 자라나서 오래된 엽상부를 밀어올리고 이 오래된 엽상부(구엽)는 차차 소실된다. 자낭반은 가을에 형성되며(그림 7-55), 유주자 방출은 10 월이 성기이나 최근 온난화가 지속되면서 11 월말이나 12 월 중순이 되어야 성숙하는 개체가 많아 졌다. 따라서 이 시기를 전후하여 모조를 채집한 후, 미역, 다시마와 거의 같은 방법으로 인공 채묘와 종자생산에 들어 간다(그림 7-56). 수확한 곰피는 전복의 보조먹이로 쓰이거나 엽장 30 cm 전후의 엽체는 바다숲 조성용 종자로 활용되기도 한다.

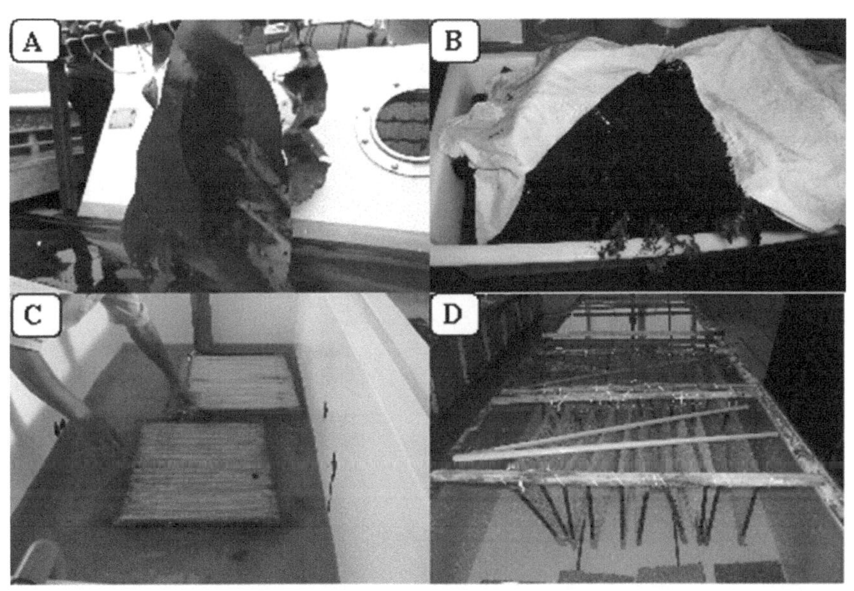

<그림 7-56> 곰피의 채묘과정. A, 성숙모조; B, 모조의 음건; C, 유주자액 속에 채묘틀을 침지하여 채묘; D, 배양 수조

제 8 절 모자반 양식

모자반(*Sargassum fulvellum*)은 갈조강의 모자반과에 속하는 해조류로 부착기의 형태는 가반상(假盤狀)이고, 줄기는 중심가지로부터 긴 가지를 많이 낸다. 줄기는 삼각형 기둥모양으로 비틀어져있다. 큰 것은 수 m 에 달한다. 잎의 모양은 주걱모양 또는 타원형이며, 잎의 중앙까지 약한 중륵(中肋)이 있다. 또한, 잎은 잎이 달린 위치에 따라 그 형태에 차이가 있는데, 상부의 잎은 피침형이며 톱니가 있고, 중륵이 없고 색은 암황갈색이며 연하고 엽면에 검은 점이 있다.

모자반은 주로 유성생식으로 번식하는 다년생 해조류이다. 유성생식은 2~4 월에 성숙한 모자반의 잎겨드랑이에서 형성되는 생식기탁으로부터 수정란이 떨어져 나와 발아함으로써 이루어진다(그림 7-57). 모자반의 채묘는 3~4 월경에 가능하며, 5~6 월이면 유체는 5~10mm 길이의 유엽으로 자란다. 어린 유엽은 짧은 줄기에서 몇 개의 두터운 떡잎이 우상으로 나오며, 9~10 월에 되어 수온이 내려가면 유체의 길이생장이 빨라지기 시작하며, 11~12 월에 최고 1~1.5m 로 자라고, 다음해 1~3 월에는 1.5~2m 이상으로 생장한다. 생식세포를 방출하고 난 4~5 월경의 엽체는 수온상승과 함께 녹아나가고, 부착기의 기부에서는 새로운 유엽이 형성되어 재생장한다.

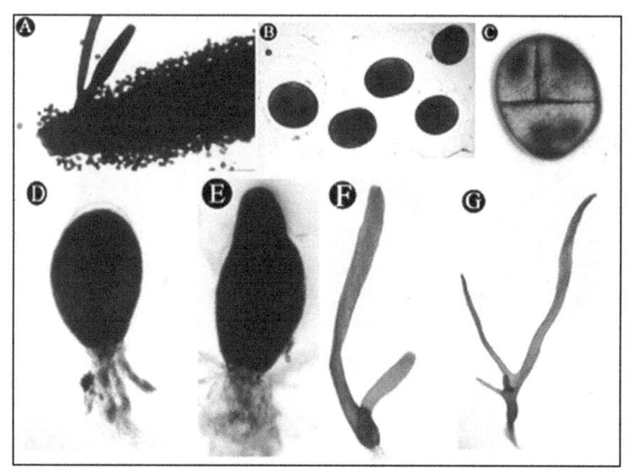

<그림 7-57> 모자반의 발아과정. A, 유배를 가진 생식기상; B, 방출된 유배; C, 유배의 난할; D & E, 부착기 형성과 발아; F & G, 발아하여 2, 3차 가지를 형성한 유엽

모자반의 유배 채묘 및 인공종자 생산과정은 <그림 7-58>과 같다.

<그림 7-58> 모자반의 인공채묘와 종자배양. A, 생식기탁; B, 성숙유도; C, 방출, 탈락된 유배; D, 유배의 수집; E, 붓을 이용한 채묘틀에 유배 부착; F, 유배의 배양.

미성숙한 모조의 경우 생식기탁을 분리하여 성숙을 유도한 후, 유배를 탈락시켜 수집된 유배를 붓을 이용 모자반용 채묘틀에 부착시켜 배양함으로써 인공 종자의 배양, 생산이 이루어진다.

제 9 절 뜸부기 양식

뜸부기(*Silvetia siliquosa*)는 갈조류 모자반목 뜸부기과에 속하는 다년생 해조류로 우리나라와 일본 및 중국에 분포하며(Boo et al., 2010), 형태적으로는 소반상 가근으로부터 단독 또는 2~3 개의 주지가 직립하고, 줄기는 원주상 또는 편압된 원주상으로 상부에서는 다소 편압되며 복차상으로 분기한다. 줄기의 길이는 5~15cm 정도이고 엽체에서는 모자반에서 볼 수 있는 분화된 기포는 없으나 상부의 가지가 팽대하여 기포 역할을 한다. 생식기탁은 엽체 말단가지로부터 1~2 마디에 형성되고 장란기와 장정기는 동일 생식소 내에 수십 개가 함께 형성된다.

뜸부기의 생활사는 복상체 세대뿐이며, 따라서 세대교번이 없다. 접합자는 수정 후 24 시간이 지나면 2 개의 세포로 분열한 후 극성이 결정되며 이어 1 차 가근이 발아하기 시작한다. 발아된 가근은 48 시간 후에 배의 2 배 크기 정도로 자란다. 72 시간 후에는 가근이 기질에 고착되어 직립된 형태를 하며 96 시간이 지나면서 1 차 가근이 분기되기 시작한다. 약 10 일이 경과되면 배는 어린 직립 엽체로 발생하게 된다.

뜸부기는 남해안 전역과 서해안의 조간대 암반에 광범위하게 군락을 형성하여 생육하고 있어(그림 7-59), 손쉽게 채취할 수 있었으나, 현재는 육지와 인접한 연안에서는 거의 보기 어려울 만큼 군락이 감소하였으며, 최근 많은 간석지 개발과 연안 공업단지의 조성 등으로 생육지가 파괴되어 현재는 외양에 위치한 흑산도, 추자도, 진도 등 일부 도서에서만 소량이 생육하는 것으로 알려져 있다(Gong et al., 1999; Hwang et. al., 2015). 따라서 정부에서는 최근에 뜸부기를 보호대상 해조류로 지정하여 일정기간(8 월 1 일-9 월 30 일) 채취를 금지하고 있다(NFRDI, 2009). 또한, 뜸부기는 예로부터 서남해안 지역에서 제사상에 오를 정도로 귀한 해조류로서 인식되어 온 고급 식용 해조로 해마다 가격 변동은 있겠으나 최근 전남 지방에서 거래되고 있는 마른 뜸부기의 가격은 10-12 만원/ kg 정도로 알려져 있다. 현재 뜸부기는 실제 양식이 이루어지지 않고 있는데, 그 이유는 모조의 포자방출량이 매우 적어 뜸부기의 인공 채묘를 위해서는 자연의 뜸부기 군락지를 크게 훼손시킬 염려가 있기 때문에 갯바위 닦기 등 자원관리형 증식수단을 통해 생산하는 방법을 활용하고 있다.

<그림 7-59> 조간대에 생육하는 뜸부기

제 10 절 홑파래 양식

양식되고 있는 파래류에는 파래 속과 홑파래 속이 있다. 이들 파래류는 김의 경우와 같이 그물발에 양식을 하고 있다. 파래 속은 유성의 자웅 배우체와 무성의 포자체가 같은 모양을 서로 번갈아 가며 나타내는 동형 세대 교번을 하는 반면, 홑파래속(그림 7-60)은 양 세대가 서로 다른 모양의 이형 세대 교번을 보인다. 홑파래는 파래에 비해 엽상체가 부드럽고 향미도 풍부하다. 전병이나 전통 과자의 독특한 향미를 내게 하는 원료로도 활용되고 있다.

<그림 7-60> 저조선 부근의 홑파래

1) 홑파래의 생태 및 종자 생산

양식 대상이 되고 있는 홑파래(*Monostroma nitidum*)는 가을에서 다음 해의 초여름에 걸쳐 나타나는 유성 세대의 엽상체(배우체)와 무성 세대의 구상체가 번갈아 나타나는 이형 세대 교번을 한다.

자연의 엽상체는 4~5 월경에 성숙되나 실험실에서의 경우 수온 23℃ 전후, 강한 광선(조도 약 8,000lx)에 장일 조건(1 일 14~16 시간 조명)에서 성숙한다. 성숙한 엽체에서 방출된 암수 배우자는 접합하여 접합자를 형성하고 구상체로 자란다. 구상체는 8 월 하순부터 약 1 개월간 수온이 23~27℃로 저하되고, 단일 조건으로 되면 성숙한다. 실내에서는 암처리에 의해 충분히 성숙된 구상체를 수온 23~27℃에서 강한 광선(8,000~10,000lx)에 두었다가 30 분에서 1 시간 후에 대량 방출된다. 방출 직후의 유주자는 배우자처럼 양성 주광성이 있고, 주광성이 뚜렷할수록 활발히 운동하며 착생률도 좋다. 홑파래의 자연 채묘는 9 월 중·하순에 1 일 평균 2~4 시간의 노출선에 발을 설치해야 한다. 그러나 확실한 채묘를 위해서는 인공 채묘를 해야 한다.

2) 양성과 수확

인공 채묘된 엽상체는 약 1 개월 후에 수 mm 크기가 되어 육안으로도 확인이 가능하다. 채묘된 발은 1 장씩 펼쳐서 약 4 시간 노출선에 설치하여 양성한다.

일반적으로, 유아기에는 잡조의 부착을 막으려고 발을 높게 설치하지만, 번성기에는 낮게 설치한다. 생장은 양식장의 환경에 따라 다르나 1 월 중순에는 약 10cm 정도로 되어 수확이 가능하고, 그 후 4 월 상순까지 3~4 회의 수확을 한다. 수온이 20℃를 넘어 낮이 길어지면, 성숙된 엽체가 많아지고 양식도 끝나게 된다. 현재는 말목식 김 양식법과 거의 동일하게 양식하고 있고, 뜬발식 양식도 시도되고 있다.

제 11 절 매생이 양식

매생이(*Capsosiphon fulvescens*)는 녹조식물의 갈파래목, 매생이과, 매생이속에 속하는 해조류로 주로 우리나라의 남해안 지역에 분포한다. 특유의 향기와 감미로 오래전부터 식용으로 애용되어 왔으나, 지주식 김 양식장의 부산물로 채취되어 극히 소량의 생산량에 지나지 않았다. 매생이는 김과 파래와 더불어 특유한 향기와 감미로 애용되는 녹조식물이다. 매생이는 주로 자연채묘에 의존하여 양식이 이루어져 왔는데, 최근 인공 채묘 기술과 양식방법의 발전으로 서남해안의 강진, 장흥 등지를 중심으로 자연 채묘에 의한 대규모 양식이 이루어지고 있다(그림 7-61).

〈그림 7-61 매생이 채묘용 발설치(상) 모습과 양식장

제 13 절 청각 양식

청각(*Codium fragile*)은 녹조식물의 청각과에 속하는 해조류로 종소명(fragile)은 연약하다는 뜻이다. 엽체는 자웅동주 또는 자웅이주이다. 체장은 10~30cm, 3~5mm 정도이고 하부는 좀 더 굵은 편이다. 부착기는 넓적하게 펼쳐져 있고 그곳에서 위로 직립한 줄기가 난다. 줄기는 매우 굵으나 차차 가늘어지면서 차상으로 분기한다. 분기한 가지는 대체로 다 같은 높이이므로 전체의 모양은 부채 모양이 된다. 어릴 때에는 몸 표면에 무색의 솜털 같은 것이 있으나 차츰 탈락되어 없어진다.

엽체의 내부 구조는 중심부에 무색의 수사(medullary filament)가 복잡하게 엉켜져 있고, 바깥쪽은 방망이 모양을 한 포낭(utricle)이 울타리 조직을 이루어 중심부를 둘러싸고 있다. 이 포낭은 중심부의 사상에서 가지가 많이 나서 그 끝이 팽대하여 생긴 것이다. 이들 중심부의 사상 조직이나 바깥쪽의 포낭으로 된 울타리 조직은 다 완전히 하나로 이어져 있고, 그 사이에는 격막(septum)이 전혀 없는 낭상체(coenocyte)구조를 이루고 있는 것이 특색이다.

청각은 유산균의 발효를 억제시키는 기능이 있어 부산과 경남 등 기후가 온화한 남해안 지방에서는 김장 김치의 속 재료로 활용되어 왔다. 이는 청각의 유산균 발효 억제 기능을 통해 청각 김치의 숙성 속도를 완화시켜 기후가 따뜻한 지역에서 김치를 장기간 보존할 수 있게 하고 신맛을 억제시켜 독특한 식감을 살릴 수 있게 한 김치의 전통적인 보존법이라 할 수 있다(그림 7-62).

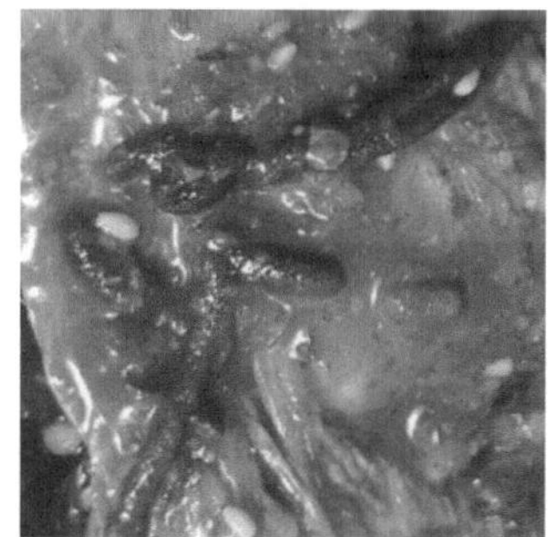

〈그림 7-62〉 청각 김치

생활사는 세대교번을 하지 않으나 핵상의 교번은 한다. 즉, 모체에서 방출된 단상(n)의 배우자는 접합을 해서 복상(2n)의 접합자로 되고, 이것은 그대로 자라서

복상의 모체로 된다. 단상의 배우자는 모체의 배우자낭에서 배우자가 생길 때 일어나는 맨 첫 핵분열 시 감수분열을 하여 만들어진다. 암배우자낭과 암배우자는 일반적으로 숫배우자낭과 숫배우자 보다 크다. 암, 수 배우자가 접합한 접합자를 채묘하는 방법인 유성생식을 이용하여 인공 종자를 생산하는 방법 보다 청각의 본체를 갈아서 만든 수사를 이용한 인공채묘와 종자 생산 기술의 개발로 손쉽게 종자 생산이 이루어지고 있다. 일반적인 종자생산 방법은 먼저 모조를 채집한 후 믹서나 칼을 이용 수사를 분리 한 후, 분리 수사를 붓을 이용 세단하여 분리한 수사를 채묘틀에 붓질하듯이 발라서 부착시켜 주는 방법으로 수사 배양을 하여 인공 종자를 생산한다(그림 7-63).

〈그림 7-63〉 청각의 인공채묘, 가이식 및 양식과정

제 8 장 어류양식

I. 담수어류 양식

제 1 절 잉어 양식

1. 개요

잉어(*Cyprinus carpio*)는 잉어목, 잉어과, 잉어아과, 잉어속에 속하는 온수성 담수어류로, 중앙아시아 원산으로 아시아·유럽·남미·아프리카 등 세계 여러 나라에서 분포한다. 체장은 100cm 를 넘어가나 식용으로 양식되는 것은 대게 40cm, 1~2kg 크기가 소비된다.

체형은 편평한 방추형으로 양식종의 체고는 야생종에 비해 다소 높고, 동양계와 유럽계로 크게 나눌 수 있다. 우리나라에서는 동양계(토종) 잉어와 이스라엘에서 도입된 유럽계 잉어가 주로 양식되고 있으며 이스라엘 잉어 또는 향어(香漁)라는 이름으로 널리 양식·유통되고 있다.

온난한 지역 하천의 중·하류역, 호소·댐의 중하층에 널리 분포하며, 성장초기에는 잡식성(雜食性, omnivorous)으로 저서동물, 부착조류 등을 먹으며 성장함에 따라 점차 식물성 먹이를 많이 먹는다. 잉어 양식은 연간수온이 12~30℃의 기간이 긴 지역이 유리하다. 잉어는 12~13℃에서 먹이를 먹기 시작하며 수온상승에 따라 먹이를 먹는 양이 증가하나 30℃ 이상에서는 먹이양이 줄어든다.

2. 양식 개요

잉어 양식에는 못 양식, 가두리 양식, 논양식 등 여러 형태로 이루어지고 있으며 급수 형태에 따라서 지수식, 유수식, 순환여과식 등의 방법이 있다. 이용 가능한 용수가 많고 토지에 적당한 경사가 있을 경우에는 유수식이 좋으며 유수량이 적고 경사가 없는 곳에서는 지수식이 적당하다.

잉어 양식은 목적에 따라 소형 종자생산과 대형 종자생산, 식용어 양성으로 나눌 수 있다. 소형 종자생산은 산란용 친어가 산란한 알로부터 부화된 치어를 30~40 일 사육하여 체장 3~4cm, 체중 0.6g~1.5g 의 치어를 생산하는 것이다. 대형 종자생산은 치어를 6~7 월부터 사육하여 같은 해 가을까지 체중 50~200g 으로 생산하는 것이다. 식용어 양성으로 사용되는 대형종자는 봄부터 가을까지 사육하여 800~1,000g 정도까지의 상품용 식용어로 길러낸다. 잉어 양식용 못은 그 목적(종자생산, 양성)에 따라 여러 형태의 사육지가 필요하다. 잉어 양식에 필요한 사육 못의 종류는 친어지, 월동지, 산란지, 부화지, 치어지, 양성지 등이 필요하다.

3. 종자생산

1) 친어

산란용 친어는 성장이 좋고 튼튼하며 체고가 높고 몸이 두껍고 머리가 작은 계통으로 확실한 것을 골라 관리하여 사용하며, 친어는 통상 3.3m^{2}당 1~2 마리의 저밀도로 수용하여 관리하는 것이 좋다. 산란 연령은 수컷은 3 년, 암컷은 4 년이나 인공채란용으로 수컷은 3~5 년, 암컷은 7~13 년 된 것을 주로 사용한다.

잉어 산란기는 수온이 16~28℃ 범위로 가장 산란 활동이 왕성한 시기는 수온 19~23℃로 계절은 5~6 월경이며, 친어의 성숙은 수온과 일장(광주기, photoperiod)의 영향을 받으며 봄철의 장일환경과 수온 상승이 자극이 되어 성숙이 진행되어 산란에 이른다. 산란기에 가까워지면 암수의 구별 뚜렷해지고, 암컷은 배가 불러오고 복부가 부드러워지며 수컷은 몸이 단단하고 표면이 거칠어진다. 잉어의 포란 수와 산란 수의 암컷이 큰 개체일수록 많은 알을 가지지만 산란 수는 산란시의 여러 조건에 따라 크게 변동된다.

2) 채란과 부화

암수를 분리하여 사육 중이던 친어들 중 건강상태가 좋은 것만을 선별하여 산란 유도를 한다. 산란용 망은 그물코가 작은 모기장을 활용하는데 못 속에 거꾸로 설치하여 가두리 형식의 산란장을 설치하고, 산란장 내에 합성섬유나 비닐 끈 등을 풀어 만든 어소(漁巢)를 매달아 준다.

잉어류의 채란 및 부화법에는 자연적인 산란조건을 제공하는 자연채란 부화법과 인공적으로 채란하여 수컷의 정액을 가하여 인공수정하는 인공채란 자연부화법 및 인공채란 인공부화법이 있다.

(1) 자연채란 부화법

산란기간 중에 수온이 올라가는 기간에 주로 산란이 이루어지므로 친어지에 있는 친어를 산란지에 수용 시 날씨가 좋고 수온이 올라가는 때에 산란지에 암수를 함께 수용하는 것이 바람직하며 암수 친어의 혼합 수용은 오전 중에 마치도록 한다. 대개의 경우 수용 다음날 아침 일찍 산란을 하는데 1~2 일 더 지나서 산란하는 경우도 있다.

산란지의 수온이 친어지의 수온보다 2~3℃ 높으면 대부분 산란하며, 산란장에 방양하는 암수비율은 1:3 이다. 산란된 잉어의 난은 직경 2 mm 전후의 점착침성란(粘着沈性卵)으로 수초 및 그 밖의 고형 물체의 표면에 알들이 부착할 수 있도록 알받이를 넣어 주어야 한다. 그물이나 어소를 못에 설치하여 암수가 자연

상태로 산란하게 하고, 여기에 부착된 알을 부화지로 옮겨 부화시킨다.

산란이 끝나면 알받이는 모두 부화지로 옮겨 부화시킨다. 때로는 산란지에 그대로 두고 친어들을 들어내는 경우도 있으며 이 경우 산란지의 물을 교환해 주는 것이 좋다. 알받이에 붙은 알은 가능한 엷게 흩어지도록 골고루 깔아주어서 신선한 물이 알 사이에 공급될 수 있도록 하며, 잉어 알의 부화는 수온 15~30℃에서 가능하나 20℃ 전후의 최적 수온을 유지해야 한다.

(2) 인공채란 자연 부화법

산란지에 수용된 친어를 관찰하다가 산란동작을 시작하면 암컷을 골라내어 알을 짜내고 이어 수컷의 정액을 짜서 인공 수정을 시킨다. 인공수정은 링거액을 준비하여 알과 정액을 그 속에 넣어서 혼합 수정시키는 것이 편리하며, 링거액은 물 1ℓ당 소금 7.5 g, 염화갈슘 0.4 g, 염화칼륨 0.2 g을 녹여서 만들고, 링거액을 잘 섞은 다음에 액을 따라내고 다시 링거액으로 알을 씻어 내며, 수정된 알은 적당한 어소에 부착시켜 부화지에서 부화시킨다.

(3) 인공채란 인공부화법

채란과 수정은 인공채란 부화법과 같으나 준비된 약품을 이용하여 수정란의 점착성의 점액질을 제거한 후, 부화병을 이용한 인공부화기로 부화시키는 방법이다.

3) 부화 자어의 사육

부화 직후의 자어는 전장 5~6 mm의 배에는 난황을 매달고 있고, 부화 후 2~3일 후부터는 물벼룩이나 로티퍼(Rotifer)와 같은 동물성 플랑크톤의 먹이생물을 먹기 시작하며 성장한다. 먹이생물의 공급이 원활하지 못한 경우에는 찐 달걀노른자나 배합사료의 분말을 반죽한 사료를 자체 먹이로 공급하는 경우도 있으나, 자어의 성장과 생존율은 먹이 생물에 비해 떨어진다.

4) 초기 치어의 사육

부화지에서 수일간 사육 관리한 치어를 물벼룩이 발생한 못(치어지)에 옮겨서 본격적으로 성장시키며 1 m²당 100~200마리를 방양하는 것이 보통이다. 물벼룩이 발생 정도와 치어의 방양밀도에 따라 다르나, 1, 2주일 지나면 물벼룩이 없어지며 이때부터는 치어용 배합사료를 주어야 한다. 처음에는 사육지의 가장자리를 따라 여러 곳에 넣어주다가 먹이공급 장소를 점차 좁혀 나가고, 치어지에 방향한 후 30일이 경과하면 3~4 cm로 자라며 이후 종자의 수집은 소형 낭장망으로 대부분을 잡아낸 다음 못의 물을 빼고 나머지를 잡아낸다.

4. 식용어 양성

1) 정수식 양성법

일반적인 양성법으로 큰 양어지 또는 저수지를 이용하여 2~3 m^2당 1 마리 정도 방양하고 수면적 1 ha (10,000 m^2)당 3~6 톤까지 생산이 가능하다. 최근에는 산소보충을 위하여 에어레이션(Aeration)용 수차 등을 설치하여 방양량 및 생산량을 2~3 배 이상으로 증가시키고 있다.

대개 55~80 g 의 종자로부터 800~1,000 g 까지의 크기로 기를 수 있으며, 사료 급이량은 생산량의 1.5~1.8 배로 준비하며 물 변화에 유의해야 한다.

2) 유수식 양성법

수량이 풍부하고 흐르는 물이 있는 곳에 가능한 방법으로 수온이 15℃ 이상인 기간이 연중 4 개월 이상 유지되는 곳이어야 한다. 단위면적당 생산량은 수량에 따라 차이가 있으나 대개 1 m^2당 40~200 kg 이며 100~200 g 정도 되는 종자로부터 750~1,000 g 까지 기를 수 있다. 먹이는 배합사료를 사용하여 사료 공급 시 허실이 없도록 하고 조금씩 여러 차례에 나누어주도록 한다. 유수량에 잦은 변동이 있거나 물의 순환이 좋지 않을 때, 수질이 불안전할 때, 저질이 좋지 못할 때에는 성장이 지연되고 질병이 발생하는 등 생산량이 감소한다.

3) 월동

잉어는 수온이 약 9℃ 이하로 내려가면 먹이를 먹지 않으므로 양식과정에서 수온이 15~16℃ 이하로 내려가면 먹이 공급을 중단한다. 잉어는 대개 11 월 중순 이후부터 다음해 4 월 중순까지 약 5 개월간 먹이를 먹지 않은 상태로 월동을 하며, 겨울철 기온이 온난한 지방이나 온천수가 이용 가능한 사육지에서는 월동기간 중의 소량의 먹이를 공급하여 체중감량을 최소화 하는 곳도 있다. 잉어의 월동 중의 체중 감량 정도는 어체의 크기, 건강상태, 월동환경, 월동 전의 영양상태, 먹이 공급관리 등에 따라 영향을 받으며, 월동 시 잉어의 수용량은 주수 상태에 따라 다르나 1 m^2당 4 kg 전후가 보통이다.

제 2 절 뱀장어 양식

1. 개요

전 세계적으로 16종(種) 3아종(亞種)이 유럽, 북미대서양 연안, 환태평양 서측, 아프리카 동연안측, 인도 동연안 측에 분포하고 있고, 북미 서연안, 아프리카 서연안, 남미동서 양안 에서는 서식하지 않는 것으로 알려져 있다. 우리나라에는 뱀장어(*Anguilla japonica*)와 무태장어(*A. marmotaya*)의 2종이 서식하며 주요 뱀장어 양식대상 종으로는 뱀장어(*A. japonica*)이며 종자 부족으로 외국에서 수입한 유럽산 뱀장어(*A. anguilla*)와 동남아산 뱀장어(*A. bicola*)도 양식되고 있다.

<그림 8-1> 실뱀장어 채포어업

뱀장어는 담수에서 성장하여 성숙하게 되면 산란을 위하여 바다로 내려가는 강하성 어류(降河性魚類: catadromous fish)로 산란장은 필리핀 동방 쪽의 심해 해역으로 추정되고 있다.

성숙한 암컷은 700~1,300만개의 알을 가지고 크기는 0.1~1 mm이며, 산란 후 약 10일 만에 부화하여 렙토세팔루스(Leptocephalus)라는 버들잎 모양의 납작한 유생으로 된다. 부화 후 버들잎 모양의 유생은 쿠로시오(黑潮: Kuroshio)해류에 편승하여 부유 이동하면서 우리나라, 일본, 중국의 육지 가까이에서 어미 형태와 같은 둥근 꼴의 새끼 뱀장어로 변태(變態)한다. 우리나라의 경우 부화 후 6개월가량 지나 길이가 5~7 cm인 실과 같이 가늘고 투명한 형태의 자어로 성장한 실뱀장어 형태로 2~5월 사이에 하천으로 올라오며, 그 출현 시기는 북쪽으로 갈수록 늦다. 이 시기에 올라오는 실뱀장어를 채포하여 종자로 이용한다(그림 8-1)

뱀장어는 담수에서 5~8년 자라 어미가 되며 체장 60 cm 이상 되는 큰 것은 모두 암컷이고 수컷은 암컷에 비해 작다. 뱀장어는 수온 20~30℃ 범위에서 활발하게 먹이를 먹고 자라며, 야행성 동물로 동물성 플랑크톤, 곤충, 조개류, 새우류, 개구리, 작은 어류 등 동물성 식성이 강하다. 수온이 내려가면 식욕이 줄어들고 10℃ 이하로 되면 거의 먹지 않으며 겨울에는 진흙 속으로 들어가 동면(冬眠)상태로 보낸다.

2. 양식개요

뱀장어 양식은 종래의 방식인 지수식 양식과 최근에는 순환여과식(循環濾過式, Recirculating Aquaculture System, RAS) 양식이 일부 행해지고 있으나 연중 적수온을 유지하기 위하여 가온식(加溫式) 양식 방법이 주류를 이루고 있다.

1) 지수식 양식

실뱀장어부터 식용 뱀장어까지 사육지를 보온시설 내에서 가온하여 뱀장어의 최적 성장수온을 유지하여 생산기간을 단축하며 단위 면적당 생산량도 높이는 방법이다.

2) 순환여과식 양식

실뱀장어의 초기 사육에 많이 이용되고 있으며 식용어 생산에도 점차 이용이 확대 이용되어가고 있는 방법이다.

3. 실뱀장어 사육

1) 시설

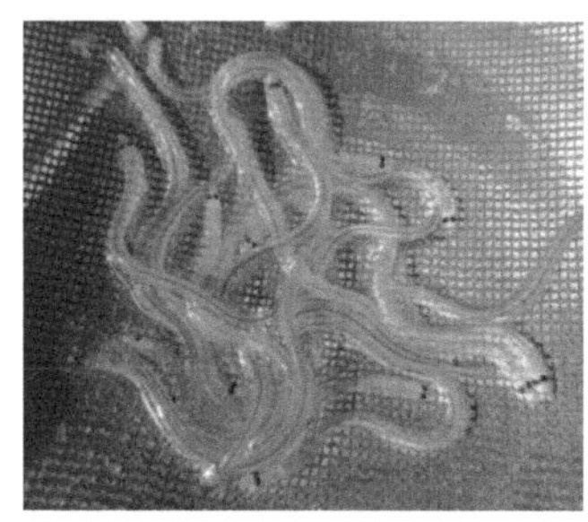
〈그림 8-2〉 실뱀장어

실뱀장어(그림 8-2)를 최초 방양하는 사육지를 원지(元池)라 하며 원지의 면적은 초기 먹이 붙임이나 개체 크기차를 줄이기 위해 대개 50~60 m^2 크기의 원형이나 팔각형 수조 형태가 적당하다.

실뱀장어는 유영력이 약하므로 수류가 강하거나 수심이 너무 깊을 경우 수조 중앙부로 모이게 되어 먹이붙임이 나빠지므로 수심은 중앙 깊은 곳을 약 40~50 cm 정도로 하며, 에어스톤과 주수를 이용하여 적당한 산소공급과 사육수의 회전을 위하여 적당한 수류를 만들어 주어야 한다.

2) 사육

실뱀장어는 저수온에 매우 약하므로 외부 온도가 낮을 때 공기 노출에 의해 건조되는 일이 없도록 하며, 실뱀장어를 수용하는 원지의 수온은 16℃ 전후로 하며 원지 3.3m^2당 1kg 을 기준으로 한다. 실뱀장어는 삼투압 조절 기능이 약하므로 직접 담수에 수용하기보다 소금이나 해수를 넣어서 염분이 7 psu(*Practical Salinity Unit,* 실용염분단위의 약자로 이전의 ppt 와 같은 뜻으로 현재 염분을 나타내는 단위로 천분율을 의미하는 ppt, *Part Per Thousand* 와 함께 사용하기도 함) 정도 되도록 하는 것이 안전하다. 실뱀장어가 안정을 찾게 되면 약욕을 통해 기생충이나 병원균을 제거해 주는 것이 좋다.

원지의 수온은 하루에 4~5℃ 정도씩 올려 4~5 일 후에는 25~28℃ 정도 까지 되도록 하며, 염분 농도는 점차적으로 낮추어 약 1 주일 후에는 완전한 담수로 바꿔준다. 주수량은 1 일째 1/2 회전, 2 일째 1 회전, 3 일째 2~3 회전, 5 일째 3~4 회 되도록 하며 5 일째부터 완전히 담수에서 사육한다.

3) 먹이 붙임 및 먹이 공급

실뱀장어 먹이 붙임 방법은 실지렁이 먹이 붙임 방법, 인공배합사료 먹이 붙임 방법 및 실지렁이와 인공배합사료를 섞은 먹이 붙임 방법으로 구분할 수 있다. 먹이 붙임이 원활하게 이루어지지 않으면 고른 먹이 섭취가 이루어지지 않아 성장불량과 개체 간 대소 차 발생 등으로 향후 사육 관리나 생산량에 큰 영향을 미치게 된다. 실지렁이를 먹으로 사용할 경우 에드워드 병원균을 옮길 수 있으므로 질병예방을 위하여 적어도 흐르는 깨끗한 물에서 24 시간 세정한 것을 사용하거나 항생물질로 약욕을 하는 것이 좋다.

먹이 붙임이 끝나는 약 1 주일 이후부터는 인공배합사료로 전환하여 먹이 공급을 하며 공급량은 대개 어체중의 5~7%를 하루에 2~3 회 나누어 준다. 인공배합사료를 공급하기 시작하면 사료가 녹아나가 수질이 악화되어 병을 유발하게 되므로 수질 관리에 유의해야 한다.

1 마리 약 0.2 g 의 실뱀장어는 먹이 붙임이 된 후 20 일경 지나면 6 배 전후로 성장하게 되어 원지의 방양밀도가 높아져 개체간의 대소차가 발생하므로 이때쯤 양성자로 옮기는 것이 좋으며, 이 시기에 최초의 선별이 이루어지는 경우가 있으나 선별 또는 이송 시에는 어체에 상처가 생기지 않도록 주의가 요구된다.

4. 식용 뱀장어 사육

1) 시설

식용 뱀장어 양식은 보온시설을 갖춘 실내 사육지에서 가온식 방법에 의해 이루어지고 있다. 사육지 면적은 100~200m^2 수심 50~70cm 의 원형 또는 팔각형의 대형 콘크리트 수조를 이용한다.

가온식 양식은 고밀도 사육을 실시하기 때문에 전력차단에 의한 수차 정지로 산소 결핍에 의한 대량폐사에 대비하기 위한 자가발전기와 비상경보기의 설치가 필수적이다.

2) 수질관리

가온식 식용 뱀장어 사육에 있어 수차 등에 의한 효율적인 산소 공급과 배설물의 제거와 적절한 사육수 교환은 매우 중요하다. 고밀도 사육지의 수질관리는 근본적으로는 활성오니법을 이용한 수질정화가 이루어지며 pH 의 급격한 하락을 막기 위해서 탄산칼슘($CaCO_3$)을 투입하여 매일 10~30% 환수를 실시하여 수질을 유지하기도 한다.

일부 양식장에서는 종래의 물만들기 방식을 채택하고 있으나 물만들기 방식은 사육수조 내외의 물변화 요인들에 의해 쉽게 물변화가 일어나므로 수질 유지관리에 큰 어려움을 겪고 있다(그림 8-3).

〈그림 8-3〉 양식 중인 뱀장어

3) 먹이 공급

식용 뱀장어용 먹이는 정어리, 고등어 등의 냉동어류를 사용한 경우가 있었으나 현재는 대부분 인공배합사료를 사용하고 있다. 뱀장어용 배합사료는 우리나라, 일본 중국 등 동양에서는 주로 분말형태의 사료를 반죽기를 이용한 반죽사료형태와 유럽 등지에서 사용되고 있는 부상 고형 펠릿 사료가 사용되고 있다.

사료공급량은 어체중 증가에 따라 증가하나 먹이 섭취율은 성장에 따라 낮아진다. 수온 25℃ 이상에서 1마리 어체중 10g의 뱀장어는 어체중의 4~6%, 150g 정도는 2% 전후의 먹이 섭취율을 기준으로 한다. 먹이공급은 적당량을 아침, 저녁 2회에 나누어 공급하며 공급량은 수질, 방양밀도, 수온 등에 따라 변화하므로 먹이공급의 과부족이 없도록 주의해야한다(그림 8-4).

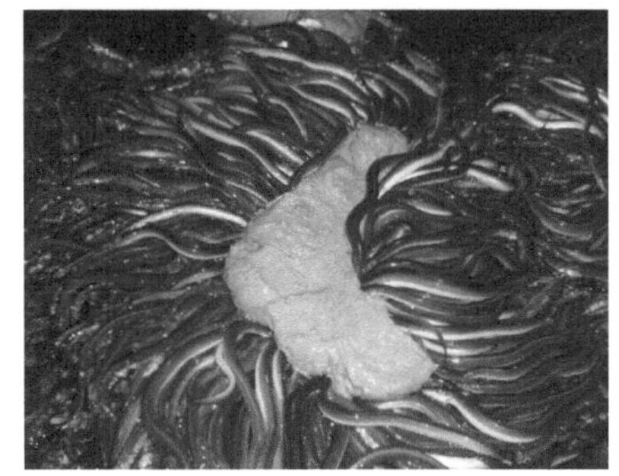
〈그림 8-4〉 뱀장어의 먹이 공급

4) 선별과 분양

뱀장어는 사육 중 성장이 고르지 않아 차이가 심하므로 20~40일에 한 번씩 선별을 하여 크기에 따라 분양을 해서 사육해야 한다. 선별 및 분양을 할 경우에는 어체에서 점액이 탈락되거나 외상을 입지 않도록 주의를 기울여야 한다.

5) 수확과 출하

성장과 선별을 되풀이하면서, 식용으로 판매할 수 있는 상품 크기에 도달하면 수확하여 출하한다. 수확방법으로는 그물, 피시 펌프(fish pump)를 이용하며, 수확된 뱀장어는 크기별로 선별 작업을 거쳐 출하용 포장을 하여 출하하는 것이 일반적이다. 최근에는 경비 절감 및 품질 저하방지를 위하여 생산지에서 제품까지 가공하여 냉동으로 출하하는 방식을 사용한다.

제 3 절 무지개송어 양식

1. 개요

1) 생물학적 특징

무지개송어(*Oncorhynchus mykiss*, 영명 rainbow trout)는 연어과, 연어아과에 속하는 냉수성 어류로 담수 양식 대상 종이다. 원산지는 북미태평양연안 하천으로 미국, 유럽, 남미 일본 등 열대권을 제외한 전 세계 각처에서 양식되고 있으며 우리나라에서는 1965년 1월에 처음으로 미국에서 수정된 알을 들여와 1968년까지 강원도 평창에서 부화한 뒤 일부는 방류하기도 하였으며, 현재까지 중요한 담수양식 대상 종으로 발전해왔다(그림 8-5).

〈그림 8-5〉 양어장의 무지개송어

이때 이식을 주도한 어류학자 정석조씨를 기념해 원로 어류학자 였던 정문기 박사가 그의 이름을 따서 한국어도보에 국명을 석조송어라 기재하였으나, 지금은 거의 사용하지 않고 대부분의 사람들이 무지개송어라고 부르며 이 명칭이 표준어로 사용되고 있다. 무지개송어 양식업자들은 흔히 송어라는 이름으로 많이 부르고 있으나 이는 시마연어 라고 부르는 송어(*Oncorhynchus masou*)를 잘못 알고 표현한 것이다.

무지개송어는 하천에서 태어나 바다로 내려가지 않고 담수에서 성장하여 번식하는 육봉형(陸封型: landlocked)이 대표종이다. 그리고 냉수성 어류로 산간 계곡의 맑은 찬물(수온 3~21℃)에서 생활하며 산란기는 지역에 따라 다르나, 대개 11월경부터 이듬해 3월까지이다. 산란 연령은 2~3년은 넘어야 하며, 산란 수는 보통 800~1,000개 정도이다. 먹이는 육생(陸生) 및 수생(水生)곤충, 부유동물, 소형 갑각류나 작은 어류 등을 먹는다.

2) 양식개요

무지개송어는 완전양식이 가능한 냉수어종 중 대표적인 양식어종으로 채란부터 친어의 사육까지 전부 인위적으로 이루어진다. 연어과 어류 중에서 가장 사육이 쉽고 성장이 빠르고 몸 길이가 보통 40 cm 전후에 이르며 산란과 부화가 용이하고 상품성이 높아 주요 양식 대상 종이다.

3) 적지선정

무지개송어는 유수식으로 양식이 가능하므로 차고 깨끗하며 풍부한 용수 확보가 가장 중요한 조건이다. 수원으로는 지하수와 하천수가 적당하며 하천수를 사용할 경우 연간 수량 및 수온 변화를 조사해야 하며, 상류 및 주변 수질오염원의 유무 등에 주의해야 한다. 지하수와 용출수의 경우에도 하천수와 같이 주의를 요하며 특히 용존산소량이 낮은 것에 유의해야 한다.

무지개송어는 결빙 하에서도 폐사하는 일이 없으나 식용어의 양성을 위해서는 연간 수온이 13~20℃의 범위의 기간이 길수록 유리하며, 20℃ 이상의 수온이 장기간 지속되는 곳에서의 사육은 어려움이 많다. 이 외의 양식장의 입지조건으로서 토지의 경사, 지형, 보수성 외에도 교통·판매 등에 관해서도 조사할 필요가 있다.

4) 시설

무지개송어 양식장의 주요 시설로는 사육지, 부화, 먹이제조 및 준비를 위한 시설과 그 외 창고와 관리인 주거지가 필요하다. 사육지로는 사용 목적에 따라 치어지, 양성지, 친어지, 축양지 등으로 구분할 수 있으며 상호 융통적으로 사용하는 경우가 많다(그림 8-6).

사육지의 형태는 장방형, 수로형, 원형 등이 있으나 사육수의 교환 및 교류가 좋고 관리나 수확 시 작업이 용이한 형태로의 제작이 중요하다. 수심은 치어기는 30 cm, 양성지는 60~90 cm 정도로 하여 주수부로부터 배수부에 이르기 까지 최소한 1/50 경사가 되도록 한다. 특히 주배수부는 구조와 크기 등이 적당하지 않으면 물고기가 도망가거나 수류가 원활하지 못하거나 저수가 불완전하여 사육 관리상 여러 가지 장해 요인이 될 수 있어 필히 콘크리트로 제작하는 것이 좋다.

2. 종자생산

1) 친어양성

채란에 사용된 친어는 다음 해 채란까지 약 20%가량 폐사하므로 고령어는 채란에 사용하지 않고 매년 새로운 친어를 양성하여 보충해 주어야 하므로 건강하고 성장이 좋은 치어를 선별하여 친어로 사육 관리하는 것이 좋다.

친어는 일반적으로 단위면적 150~300 m^2, 수심 1 m 내외의 비교적 넓고 깊은 사육지에 1 m^2당 2~3 kg의 방양밀도로 사육 관리한다. 친어성숙에는 사육수온이 중요하며 산란기에 접어든 친어를 수온 16~17℃ 이상에서 사육할 경우 난소가 정상적으로 성숙하지 않아 채란이 어려운 경우가 많으므로 산란기의 수개월 전부터 친어는 최하 4~5℃부터 12~13℃의 수온 범위 내에서 사육할 필요가 있다. 친어용 사료는 생식선이 급격히 발달하여 비대해지는 7, 8월경부터 산란기까지 비타민 및 미네랄 등을 증량하여 공급하는 것이 좋다.

〈그림 8-6〉 무지개송어 양어장

산란기가 가까워지면 암·수 구별이 용이하므로 암·수를 구별하여 별도로 수용해야 한다. 암컷은 입이 작고 입 끝이 둥글고 이빨이 작으며, 수컷은 입이 크고 머리의 주둥이(Snout) 부분이 길고 아래로 약간 굽어져 있고 입 끝은 뾰족하며 이빨이 크고 강하다. 또한 체색은 검게 변하며 복부를 가볍게 압박하면 백색의 정액을 내어 놓는다. 산란시기는 광 조건을 인위적으로 변화시키는 광주기 조절법에 의해 산란 시기를 앞당길 수 있다.

2) 채란과 수정

산란기가 되면 친어지의 친어를 주기적으로 검사하여, 알이 성숙된 친어를 골라내어 채란한다. 채란 시에는 마취제를 사용하여 채란을 용이하게 하고, 친어가 다치지 않게 하며 마취제는 MS-222 를 100~150 ppm, 퀴날딘(quinaldine)을 100~200 ppm 농도로 하여 사용한다.

채란에는 손으로 압박하여 짜는 방법과 공기를 이용하는 방법이 있다. 혈압계의 주머니띠로 친어의 배를 감고 종기를 주입하여 그 압력으로 알을 짜내는 방법과 공기를 이용한 채란 법은 복강에 주사침을 꽂고 공기를 주입하여 압력으로 채란하는 방법이 있다. 짜낸 알은 물기가 없는 용기에 담아 수정시킨다(건식법, dry method), 수정은 알 1 만 개(암컷 3~5 마리 분)에 짜낸 정액 약 10 mℓ에 섞은 것)을 가하면 정액의 확산이 더욱 잘 된다. 수정이 끝나면 여분의 정액과 불순물은 깨끗한 물로 잘 씻어내고, 수정 시 알을 짜낼 때 터진 알이 섞여 있는 경우 터진 알의 내용물이 정자의 운동을 정지시키므로 수정 전에 링거액으로 세란을 해주면 수정율을 높일 수 있다.

3) 부화

수정된 알은 즉시 부화조에 수용하면 수정란에서는 흡수 현상이 일어나 약 1 일이 지나면 알의 무게가 15% 정도 증가한다. 무지개송어의 부화 가능 수온은 7~15℃ 범위이나 최적 부화 수온은 10℃ 전후이며, 수정란은 수온 약 10℃에서 16 일이 지나면 눈이 생기고(발안) 31 일이 지나면 부화한다.

송어류의 알은 수정 후 진동, 충격 및 광선 등 자극에 매우 약하며 눈이 생길 때(발안기)가 되면 비로소 저항력이 생기나 광선에 대해서는 계속적인 주의가 요구된다. 부화 중에는 산소 소비량이 많아지므로 산소 공급을 위한 충분한 주수량이 필요하며, 부화 중에 죽은 알에서 수생균(물곰팡이)이 발생하여 주변의 살아있는 알로 옮길 가능성이 있으므로 수생균의 번식을 억제하기 위해서는 부화용수를 자외선으로 살균처리하며 발안기 이후에는 죽은 난을 신속히 골라내어 수생균의 번식을 억제해야 한다.

알을 운반할 경우에는 저항력이 강해진 발안란을 운반한다. 열 차단이 잘 된 상자에 알을 넣고 습도를 충분히 유지해주면서 온도 변화를 막으면 5일간 99% 이상 생존이 가능하므로 물을 넣지 않고도 안전하게 운반할 수 있다.

4) 자치어 사육

부화한 자어는 난황을 매달고 있어 부화조 바닥에 누워있으면서 난황을 소모하여, 난황을 소모하고 나면 스스로 먹이를 찾기 위하여 부상하게 된다. 이 시기에 먹이를 적극적으로 먹을 수 있도록 먹이 붙임을 해주는 것이 가장 중요하다. 먹이는 배합사료로 1일분의 사료량을 6~7회에 나누어 점차 횟수를 늘려서 주는 것이 중요하다. 먹이 붙임 시 어체중 0.1 kg 전후의 부상치어는 수온 13~15℃에서 2개월 정도 사육하면 2~3 g 전후의 치어로 성장하며 이때 양성지에 방양한다.

3. 식용어의 양성

식용어의 출하 크기는 지역에 따라 차이가 있으나 대개 200~500 g 정도의 작은 것과 1 kg 이상의 큰 것을 소비하는 경우가 있다.

1) 사료의 공급

무지개송어는 먹이 붙임은 부상치어부터 친어까지 시판되고 있는 배합사료로 사육이 이루어지고 있다. 시판사료는 크럼블과 펠릿사료의 두 가지 형태가 있으며 크럼블은 소형치어에 사용되며 펠릿사료는 대형 치어 또는 성어에 사용된다. 배합사료는 어체 크기에 알맞게 다양한 입자 크기의 사료가 시판되고 있어 어체 크기에 따라 선택하여 사용하면 된다. 하루 동안의 사료 공급량은 정해진 사료 공급률 표를 기준으로 하여 어체 크기에 따라 여러 번 나누어 소량씩 사료가 바닥에 가라앉기 전엔 받아먹을 수 있는 정도로 천천히 공급하여야 하며, 수온 상승과 함께 어류의 대사량 증가에 따른 사료 공급량의 증가 및 산소요구량의 보충과 배설되는 대사 오물처리에도 각별히 유의하여야 한다.

2) 선별

다른 양식어류와 마찬가지로 무지개송어도 성장 과정 중에 개체 간의 크기 차가 발생하므로 선별(grading)을 하여 같은 크기의 개체들과 수용하여 사육한다. 선별 작업은 소형 어류 시기에는 자주 하고 성장에 따라 작업 횟수를 줄여 나가며 선별에는 상자 바닥에 일정한 간격으로 막대를 배열한 막대 선별기를 이용하였으나, 최근에는 피시 펌프와 자동 선별기를 병용하고 있다.

3) 해수 사육

무지개송어는 어느 정도 성장하면 바다에 설치한 가두리에서 또는 육상의 사육수조에서 해수를 펴 올려 정상적으로 사육할 수 있다. 무지개송어를 해수 사육하면 성장이 매우 빠르고 육질도 우수하여 상품성이 향상되며 담수에서 발생하는 여러 가지 질병이나 기생충이 없어지는 반면, 비브리오(*Vibrio*)균에 의한 피해를 입는 경우가 있다.

무지개송어가 해수에 견디는 염분 농도는 자어가 14 psu까지이고, 1년 미만의 치어는 15~19 psu이며 해수에 견디는 정도는 아가미의 소금 세포의 수에 비례하며 치어의 종류와 크기에 따라 해수에 견디는 정도가 다르다. 무지개송어는 150~200 g 정도 자라면 일반적으로 순 해수에 견디지만 바로 해수에 옮기면 삼투압 쇼크로 폐사율이 증가하고 성장지연 등의 현상이 생기므로 실제로 해수로 옮길 시에는 점진적인 순치가 필수적이다.

제4절 미꾸리 양식

1. 개요

미꾸리(*Misgurnus anguillicaudatus*)는 잉어과의 미꾸리아과에 속하는 유럽과 아시아에 분포하는 온수성 소형 어류이다. 미꾸리류에는 여러 종류가 있으나 양식 대상종이 되는 것은 그 중 미꾸리(*M anguillicaudatus*)를 가리키며 미꾸라지(*M mizolepis*)도 우리나라 중부지방에서 많이 나는 종류이며 참미꾸리보다 크고 납작하다(그림 8-7).

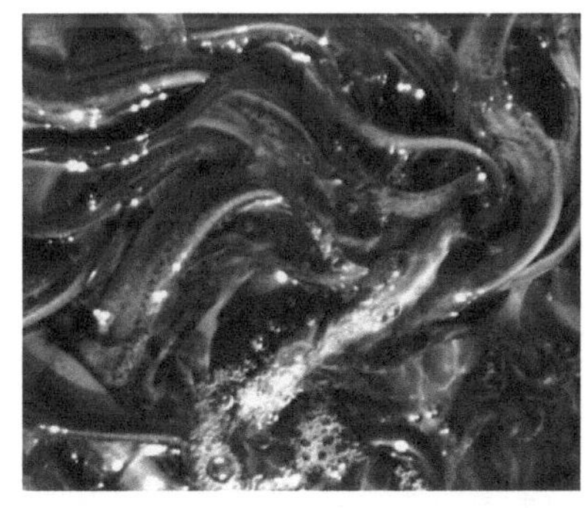
〈그림 8-7〉 양식 미꾸리

미꾸리는 흐름이 약하고 진흙이 많은 평지의 수로, 저수지, 늪, 논 등에 서식한다. 잡식성으로 실지렁이, 작은 곤충의 유충, 죽은 동식물의 부스러기 등을 먹는다. 타 어종과 마찬가지로 아가미 호흡을 하나 아가미로 충분한 호흡을 할 수 없을 때에는 창자로도 호흡을 한다. 그러나 창자호흡이 너무 잦으면 산소의 함유량이 부족한 것이다. 산란기는 5~8월경이고 주 산란기는 6월이며 수온이 낮을 때(20℃ 전후)에는 맑은 날 아침에 산란하고 여름철 수온이 높은 날에는 밤중에 산란을 한다. 대개 2년생부터 산란하기 시작하며 산란 수는 어미의 크기에 따라 다르며 보통 크기의 어미로부터 7,000~10,000개 정도이다. 산란기간 중 여러 차례에 나누어 산란된 알은 약한 점착성 난으로 수초 등에 부착하여 수정 후 2~4일 경과하면 부화한다.

2. 종자생산

1) 자연번식에 의한 종자생산

양어지에 어미를 수용하고 알받이가 될 섶 또는 대나무 등을 엮어서 말목에 고정시켜 놓으면 그곳에 산란한다. 이 방법은 자연 생태의 번식력을 이용하는 방식으로 부화한 자어는 성장하여 가을에는 상당한 크기의 치어를 얻을 수 있으나 계획적인 생산량을 얻기는 어렵다.

2) 인공채란에 의한 종자생산

친어는 암수 모두 체장 10 cm, 체중 15 g 이상의 것을 선별하여 사용한다. 암컷은 복부가 팽만하고 약간 투명한 붉은 색을 띄는 개체를 사용하여 포획해서 2~3일 이내에 채란하는 것이 수정율을 높일 수 있다. 인공 채란 시에는 보통 시판하는 생식선 자극 호르몬을 생리식염수 또는 링거액에 녹여 10 g의 체중에 0.2~0.3 ㎖(150 단위 전후)로 하여 가슴지느러미와 배지느러미 중간의 복강 내에 주사한다. 주사 후 시간 경과에 따라 채란 가능한 상태가 되면 복부를 가볍게 압박하여 채란 가능성을 확인한다.

〈그림 8-8〉 미꾸리 부화장치

인공수정을 위해서는 수컷의 등 쪽에 붙은 흰색의 두 줄의 정소를 끄집어내어 링거액에 넣고 여러 토막으로 잘라 뿌옇게 된 정자 현탁액을 만들어 둔다. 정자 현탁액을 암컷의 배를 압박하여 흘러내리는 알에 흘리면서 알을 준비된 그릇의 물속에 받으면 수정된 알이 바닥에 흩어져 붙는다. 수정된 알은 25~26℃의 수온에서 40시간 만에 부화한다(그림 8-8).

3. 사육관리

1) 종자의 양성

부화 직후 체장 3~4 mm인 자어를 약 10일간 양성하여 5~10 mm로 사육하는 과정으로서 길이 2~3 cm, 폭 1~1.5 m, 깊이 30 cm 정도의 비교적 작은 수조를 사용하며 1 m^2당 2,000~4,000마리를 수용한다. 부화 후 약 3일이 지나면 먹이를 먹기 시작하는데 처음에는 로티퍼 또는 물벼룩과 같은 작은 것을 준다. 인공배합사료의 경우에는 먹이 찌꺼기의 부패에 의한 수질 악화에 주의해야 한다.

2) 당년생어의 양성

〈그림 8-9〉 미꾸리 양식장

체장 5~10 mm 정도 되는 것을 그해 가을까지 양성하여 몸길이 5~7 cm, 체중 1~4 g 정도에 달하면 다음 해에 식용어로 양성할 종자로 사용한다. 양성장으로는 정수식 양성장 또는 논을 이용할 수 있으며, 면적은 30~50 m^2, 수심은 10~20 cm까지 얕아도 된다. 논을 이용할 때에는 모내기 후에 방양한다. 방양밀도는 1 a (100 m^2)당 25,000~30,000마리로 하며, 먹이는 인공배합사료를 어체중의 2~5% 정도로 하여 2~3회에 나누어 주되 먹는 상태를 보아 양을 조절해 준다. 천연 먹이의 번식을 조장하기 위하여 방양하게 전에 닭똥을 살포하며 그 후에도 1 m^2당 50~100g 정도의 닭똥을 4~5일 간격으로 여러 번 거름을 준다.

4. 식용어의 양성

식용어의 양성은 인공 종자 또는 야외에서 잡은 천연 종자로부터 식용 크기로 사육하는 과정이다. 방양량은 100 m^2당 10~15 kg을 기준으로 사육지는 면적이 100~200 m^2, 수심이 25~30 cm 정도의 것을 사용하며, 도피 방지를 위하여 둑은 수면 위 30~40 cm 이상 높게 하고 땅 속에도 30cm 정도 깊이까지 설치한다(그림 8-9). 먹이는 입자가 작은 인공배합사료를 주며 수온이 24℃ 이상이 되면 동물성 성분이 많은 어분이 다량 함유된 배합사료를 공급하는 것이 좋다. 성장과 더불어 사육밀도가 높아지므로 여름철에는 1,000 m^2당 50 kg을 넘지 않도록 하고, 여름이 지나서 10g 정도로 성장하면 큰 것부터 수확하며 15 g 이상의 큰 것을 생산하려면 다시 1~2년 더 길러야 하며 1,000 m^2당 수확량은 대개 100~150 kg이다. 미꾸리 양성 시에는 해적 생물의 침입에 주의해야 한다. 특히 족제비 같은 식해 동물이나 육식성 어류인 가물치나 뱀장어 등이 미꾸리 사육지에 들어가면 치명적인 피해를 주게 된다(그림 8-9).

보충자료

제 4-1 절 미꾸리 양식 보충자료(남원시 농업기술센터 방문 현장 학습자료)

1) 미꾸라지 어종의 형태별 구별법

미꾸리와 미꾸라지의 형태별 구별법은 <별표 1>과 <그림 8-10>과 같다.

<별표 1> 미꾸리와 미꾸라지의 구별법

미꾸리(둥글이)	미꾸라지(넓죽이)
- 입수염길이가 눈 지름의 2,5배 - 꼬리지느러미 상단에 1개의 흑점 - 꼬리지느러미 부분의 피습돌기 미발달 - 등 부분과 배 부분의 무늬 구별이 뚜렷	- 입수염길이가 눈 지름의 4배 - 꼬지지느러미 상단의 흑색점이 불분명 - 꼬리지느러미 부분에 피습돌기가 발달 - 등 부분과 배 부분의 무늬구별이 불확실

① 미꾸리와 미꾸라지의 형태학적 구분법

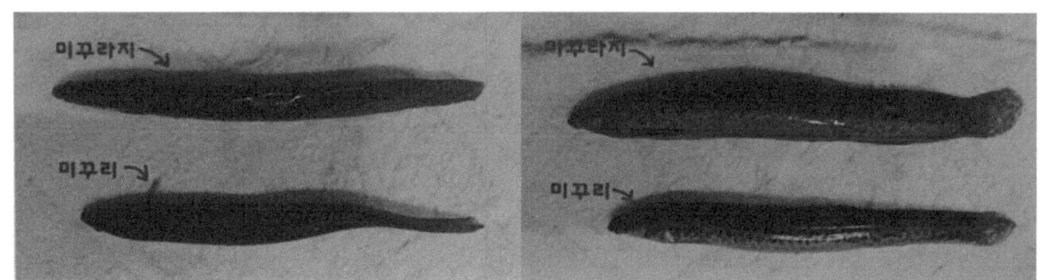

<그림 8-10> 미꾸리와 미꾸라지의 형태학적 구분

② 미꾸리 암수의 구별

미꾸리 암, 수의 구별법은 <별표 2> 및 <그림 8-11>과 같다.

<별표 2> 미꾸리의 암, 수 구별법

암컷	수컷
- 복부가 팽대하여 둥근 편 - 가슴지느러미의 끝이 둥글고 짧음 - 항문부근 흰색반점 (산란경험 미꾸리)	- 위에서 보았을 때 항문 앞 허리부분이 잘록하게 파임 - 가슴지느러미의 2~3기조가 길게 신장되어 끝이 뾰족함

2) 미꾸리 유수식 인공종자 생산 기술 확립

① 연구개요

- 사업명 : 미꾸리 인공종자 생산 및 기술개발
- 규 모 : 미꾸리인공종자생산 연구동 2,153 m³ (수면적 1,053 m³)
- 기 간 : 2015, 7월~ 2016. 6월(1년)

② **주요 도입기술**

- 양식기자재 (에어리프트)응용도입 : 수조 및 저수탱크 전체

⇒ 효과 : 정체 구간 발생 억제 및 전체 교반을 통한 효과적 수질관리- 양식기자재 산소 발생기 및 용해기 설치

⇒ 효과 : 사료 섭식량 증사에 따른 기존 일령대비 증체량 향상

- 먹이생물 급여체계 개선 : 2단계(로티퍼, 아르테미아) -> 1단계(아르테미아)

⇒ 효과; 먹이생물 급여체계 단순화를 통한 노동력 및 생산비 절감(25,000천원/년)

- 마그네틱을 활용한 먹이생물(아르테미아)수집체계 확립

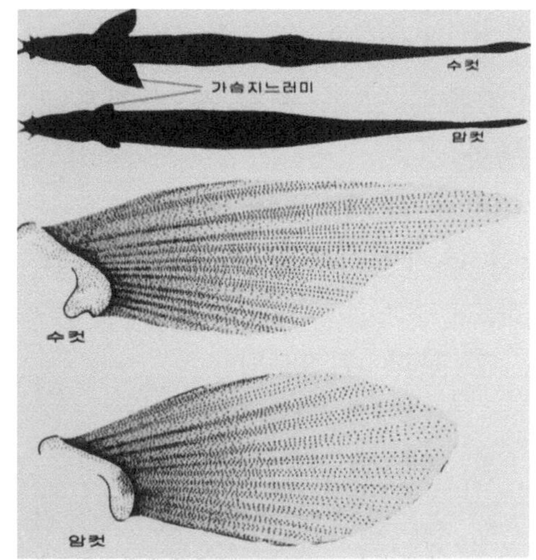

〈그림 8-11〉 미꾸리의 암, 수 구별

⇒ 효과; 먹이생물 섭식장애(난각 섭취 대량폐사) 해결 및 수집 노동력 절감

- 초기사료 비교 실험을 통한 육성실험 : 고단가 사료 -> 저단가 사료 교체

⇒ 효과 : 저단가 초기사료 대체로 인한 생산비 절감(10,000원/kg)

③ **추진 결과(평균 생산력)-<별표 3> 참조**

<별표 3> 미꾸리의 기술 도입 전, 후의 생산력

구 분	수 조	미당 평균 크기 g/cm	수조 생산량 (미)	m^3 당 생산력	비 고
기술도입 전	지름 5.5 m	0.2/3.2	92,850	3,095	※ 기존대비 생산능력 약 3배 증대
기술도입 후	지름 5.5 m	0.05/2.13	253,000	8,433	

④ **향후계획**

- 종자생산 농가 기술이전을 통한 생산량 증가 및 소득증대 도모
- 고밀도 종자생산에 따른 증체량 미달문제 보완연구

3) 남원산 미꾸리 생산 과정

남원산 미꾸리 생산 과정은 〈그림 8-12〉와 같다.

① 친어호르몬 주사

- 15g 이상된 친어와 HCG

② 정액준비-

수컷정소 적출 후 조직분쇄, 희석

③ 인공채란

- 호르몬 주사후 약 12시간후 채란

④ 인공수정
- 인공 채란된 알과 정액을 혼합
⑤ 부화
- 수온 25℃ 유지 시 수정후 2일째 부화
⑥ 부화 후 2일령
- 초기먹이생물 아르테미아 급여시작
⑦ 부화 후 8일령
- 초기사료 급여시작
⑧ 치어육성
- 수온관리, 먹이급여, 찌꺼기 등 수질관리
⑩ 치어분양- 40~60일령 이상, 양식장으로 이동
⑪ 미꾸리 양식
- 미꾸리양식장 성어사료 급여
⑫ 출하 및 납품
- 통발이용 출하, 마리당 12 g이상
⑬ 남원추어탕- 남원산 미꾸리를 사용한 추어탕

<그림 8-12> 남원산 미꾸리 생산 과정 흐름도

4) 미꾸리 무환수 양식기술 실증연구(BioFloc Technology)

① **연구목적**
- 생산비 절감을 위한 양식기술 발굴 및 개발
- 단위면적당 생산량 증대 및 친환경 양식기술 체계 확립

② **연구개요**
- 주제 : BFT양식기술 응용도입 및 연구개발
- 규모 : 농업기술센처 미꾸리 연구동 내 2개 수조 47.5 m²
- 기간 : 2016. 8월 ~ 지속추진

③ **BFT (Bio Floc Technology)원리**
- 미생물을 양식수조에 대량으로 증식시켜 그 찌꺼기 분해능력을 이용하여 물을 환수하지 않고 양식대상어종을 육성하는 방법

④ **BFT (Bio Floc Technology)효과**
- 유용 미생물의 천연항생물질 생성을 통한 병원성 미생물 증식억제

- 無항생제로 육성한 친환경적 우수품종 미꾸리 생산
- 사육수 재처리의 무환수 시스템으로 에너지 비용 절약 효과
- 단위면적당 자정능력(정화) 향상으로 고밀도 양식 시스템구축

⑤ 향후계획

- 기존 노지양식 시스템의 단점을 보완한 신개념 양식시스템 개발
- 종자생산부터 성어양식까지 완전양식 체제확립 -> 브랜드 가치 상승
- 기대효과 : 생존율 80% 향상을 총한 농가소득 증대

5) 미꾸리 양식

미꾸라지와 미꾸리

참미꾸리와 미꾸라지는 여러 가지 종류가 있으나, 양식 대상종이 되는 것은 참미꾸리(*Misgumus anguillicaudatus*)이다. 미꾸라지(*M. mizolepis*)도 우리나라 중부지방에서 많이 나는 종류이며, 참미꾸리보다 크고 납작하다.

습성

참미꾸리와 미꾸라지는 온수성 어류이며, 흐름이 약하고 진흙이 많은 평지의 수로, 저수지, 늪, 논 등에 산다. 잡식성으로 실지렁이, 작은 곤충의 유충, 죽은 동식물의 부스러기 등을 먹는다. 수온 5~6℃ 이하일 때와 35℃ 이상으로 높아질 때에는 진흙 속 10~30 cm정도의 깊은 곳에 파고 들어가서 지낸다.

또, 산소가 부족할 때에는 때때로 수면에 올라와 공기를 마시는데, 이것은 공기를 창자로 보내어 산소를 섭취하는 창자호흡을 하기 위해서다.

국내생산량

국내의 미꾸라지시장은 연간 약 8000 t의 물량이며 500억대 규모이다. 이중에서 중국에서 오는 미꾸라지의 수입량은 7,600 t, 국내 양식 생산량은 500 t이며, 그 중에서 남원에서 생산한 미꾸리의 생산량은 약 10 t 정도이다.

미꾸라지는 타 양식어종에 비하여 수질에 민감하지 않다. 전문가에 따르면 냉수성 어종의 두 배 이상의 암모늄, 질산, 아질산의 독성을 견딘다고 한다. 그래서 여타 어종과는 달리 수질에 신경 쓰기보다는 스트레스 관리에 더 관심을 기울여야 한다고 한다.

바이오플락 양식을 지향하는 이유

- 바이오플락의 경우에는 수산과학원의 매뉴얼에 따른다고 한다.

① 대상어종의 습성

미꾸라지는 음성 주광성의 띄며, 투명도가 높은 수질 보다는 어둡고 탁한 수질을 선호한다. 이에 부유물이 수조 내에 가득 차있으며, 부유물과 사육수의 물맞춤때에

사용된 당밀로 인하여, 어둡고 부유물 가득한 수조로 인하여 미꾸라지가 가진 습성과 맞는 형식이라고 한다.

② 친어관리

사육수조안에서 양식을 하기 때문에 종자를 받기위한 선발육종을 관리하기가 편하다.

기존 노지양식의 문제점은 미꾸라지 양식 시에 양식장의 저질은 니질을 선호하는데 저질을 파고 들어가는 습성을 지니고 있어서 노지양식을 했을 때에 친어로 사용할 수 있는 크기의 성어들이 뻘 아래 30~40cm까지 땅을 파고 들어가 친어관리가 힘들다고 했다.

③ 바이오플락에서 육성을 하며 생기는 여러가지 문제들

- 바이오플락의 사육수 내에서는 유용미생물들이 우점하고 있을 뿐 해가되는 병원균도 같이 공존하고 있다. 어떤 원인에 의해서 미생물 간의 평형이 깨지거나 스트레스 누적 등으로 인하여 양식어종에 병이 생길 수 있으며, 자주 생기는 병은 에어로모나스병과 가스병이라고 한다.

노지양식장의 문제점

① 노지양식장은 수서곤충피해로 인하여, 치어의 생존률은 25~30%정도로 떨어진다. 해적생물를 제거하고 그물을 이용하여 외부의 조류들과 수달, 곤충들로부터 보호한다면 치어의 생존률이 50% 이상으로 증가한다.

② 기존 노지양식의 문제점은 미꾸라지 양식 시에 양식장의 저질은 니질을 선호하는데 저질을 파고 들어가는 습성을 지니고 있어서 노지양식을 했을 때에 친어로 사용할 수 있는 크기의 성어들이 뻘 아래 30~40cm까지 땅을 파고 들어가 친어관리가 힘들다고 했다.

③ 이렇게 땅속에 숨어버린 미꾸라지들을 잡기위하여 화학적인 방법으로 용존산소를 낮추거나, 아질산의 농도를 올리는 방법을 사용해 봤지만 여러 환경요인으로 인하여 힘들다고 하였다. 물리적은 방법으로는 땅을 파는 습성을 원천봉쇄를 위해 양식장 지하에 그물을 쳤지만 그물에 긁힌 찰과상으로 인하여 오히려 병해를 입었다고 한다.

Ⅱ. 해산어류 양식

제 1 절 넙치 양식

1. 개요

넙치(*Paralichthys olivaceus,* 영명 olive flounder)는 전 세계에 85종이 분포하는 것으로 알려져 있다. 몸은 눈이 있는 쪽이 어두운 갈색으로 빗비늘로 덮여 있으며, 눈이 없는 쪽은 둥근 비늘로 유백색을 띠고 있고, 서식지에 따라 변색하여 몸을 보호하는 보호색의 성질이 강하다. 체형은 자어 시기에는 대칭적인 측편형이나 성장하면서 측편이 납작해지고 몸 왼쪽에 눈이 위치한 비대칭형이 되며 수컷에 비해 암컷의 성장이 빠르다(그림 8-13 참조).

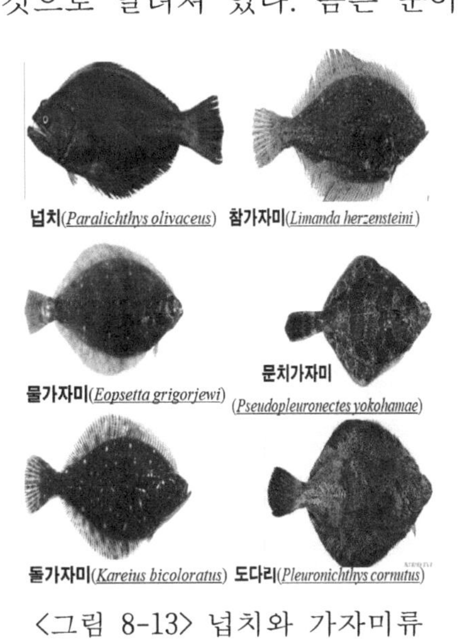

<그림 8-13> 넙치와 가자미류

넙치는 소형 어류나 갑각류를 주요 먹이로 하는 육식성 어류로 수심 10~200 m의 범위 내에서 서식한다. 우리나라 연안에서 자연 산란시키는 5~6월로 수심 20~50 m 조류의 흐름이 좋은 사니질이나 모래 또는 암초지대에서 산란하며, 자연 상태에서는 몸길이 90 cm까지 성장하는 대형어로 암컷은 40 cm, 수컷은 30 cm 크기로 성장하면 성 성숙이 이루어진다. 알은 분리부성란으로 큰 친어 한 마리의 하루 평균 산란 수는 약 100만개로 총 산란 수는 1,000만~3,600만 개다. 부화에 소요되는 시간은 수온에 따라 차이가 있으며 18~20℃에서 약 48시간이 소요된다.

2. 양식개요

넙치는 우리나라에서 예로부터 고급 어종으로 많이 소비되어 왔으며 조피볼락과 함께 주요 해수어 양식 대상 어종이다. 넙치양식은 고밀도 사육이 가능하고 성장이 빨리 1년에 약 1 kg정도 자라며 다른 어종에 비해 가식부 비율이 높으며 고급어종으로 수요가 많고 가격도 높아 고부가가치 양식 대상 어종으로 급성장해 왔다(그림 8-14).

대부분의 넙치 양식의 경우 육상 수조식 양식형태로 이루어지고 있으며 양질의 안정적인 해수를 저비용으로 취수할 수 있어야 한다. 사육 적정수온의 범위인 21~24℃가 연간 장기간이며 용존산소량이 높고 적조나 주변으로부터 오염원이 없는 곳이 적당하다. 넙치 사육수온이 26℃를 넘으면 먹이 섭취량이 줄어들어 성장률과 사료효율이 감소한다. 사육시설은 설치 장소 또는 사용 목적에 적합한 형태의 시설을 사용해야 하며 특히 넙치의 경우 저서 생활을 함으로써 수심은 깊지 않아도 좋으나 성장단계에 따라 조절해 주는 것이 좋다. 수조 형태는 원형, 팔각형 등의 넓은 수면적을 이용하여 환수율을 높이는 것이 중요하며, 수조 위는 차광막을 설치하여 직사광선을 피하고 수온 변화를 줄여 물고기에 안정감을 주도록 해야 한다.

〈그림 8-14〉 양식 중인 넙치

3. 종자생산

채란용 친어로서는 2~3년 된 우량의 암수 친어가 가장 좋으며 자연산 친어의 경우 성장이 느리고 양식장 환경에 순치하는데 시간과 노동이 요구된다. 친어 수조는 일반적은 양성 수조와는 달리 광주기와 수온 조절을 위한 조명이나 냉난방시설이 필요하며, 친어용 수조는 사육수의 흐름이 원활한 형태의 수조로 넓이가 40 m^2, 수심은 1.2 m 전후를 사용하는 것이 좋다. 친어 먹이는 난질에 직접적인 영향을 미치므로 일상적인 양성 시 먹이보다 단백질, 무기질, 비타민 함량이 높은 사료를 주는 것이 좋으며 계절에 따라 신선한 오징어나 굴 등을 공급하는 것도 좋은 방법이며, 친어의 수용밀도는 환수율 등에 좌우되지만 방양량은 1 m^2당 1~2마리가 적당하며 자연산란의 경우 암수 비율인 1:2 정도가 바람직하다.

4. 채란

1) 자연산 친어로부터 채란하는 방법

바다에서 잡은 자연산 친어 중 충분히 성 성숙이 이루어진 것을 골라 현장에서 가능한 빨리 채란하여 인공 수정을 시키며, 이 방법은 어획 시의 친어 상태에 따라 실시 가능 여부와 채란량에 영향을 미친다.

2) 호르몬 주사에 의한 방법

산란기에 어획된 성숙한 친어가 산란하지 않을 때에는 호르몬제를 주사하여 1~2일간 완전 성숙을 기다려서 채란하여 인공수정하며, 이 방법은 채란량과 부화율에 영향을 미친다(그림 8-15).

3) 자연 산란에 의한 방법

<그림 8-15> 넙치의 호르몬 주사 작업

수조 등에 친어를 수용하고 장기간 양성한 다음 자연 산란을 유도하는 방법으로 이 방법은 건강한 난을 확보하는 데는 좋다. 그러나 장시간에 걸쳐 양성, 관리해야 하는 어려움이 있으나 계획 종자생산이 가능하여 널리 보급되어 있다.

5. 산란 및 부화

산란시기가 되면 채집망을 설치하여 난이 성숙될 때까지 기다린다. 산란이 가장 활발하게 이루어지는 시간은 오전 9~12 시 사이이다. 이 시간에 수정된 알을 채집하여 부화조에 수용한다.

채집망은 수시로 점검하여 수정란이 과다하게 모여 손상을 입지 않도록 하는 것이 부화율을 높이는 데 좋다. 수정란의 부화 방법에는 부화하기 전까지 외부로부터 물의 공급이 없는 지수식과 부화조 내에 항상 물을 교환해 주는 유수식이 있으며, 일반적으로 관리에 편리한 유수식에 의해 주로 이루어지고 있으며, 이때 공급수는 반드시 여과해수를 사용한다. 수정란은 대략의 계수를 하고 에어레이션 장치를 한 부화조 내 1 ㎖당 1~2 개의 밀도로 수용한다.

부화조 내의 수온이 18~20℃에서 수정 후 48~50 시간 경과하면 부화하며, 부화 직후 자어의 크기는 몸길이 2.5~3.0 mm 정도이며 배에는 난황을 달고 있다.

6. 자치어 사육

부화자어는 용량 20~50 톤 되는 수조에서 사육하는데, 수용밀도는 1 톤당 1.5~2 만 마리 전후로 한다. 사육 용수는 여과해수를 사용하여 수용 후 1 주일 후부터 물을 교환하기 시작하고 점차 환수량을 늘려 나가면서 수온은 18℃ 전후로 유지한다.

통기는 너무 강하지 않게 하며 광선은 차단하여 맑은 날에도 10,000lux 이내로 하며, 먹이는 부화 후 10 일 전후까지는 영양 강화된 로티퍼를 공급하고, 그 이후부터는 인공배합사료를 단독 또는 병용하여 준다. 그 밖의 먹이로는 해산 동물성 플랑크톤이나 부화자어 등을 보조 먹이로 주기도 한다.

자어의 성장은 수온과 먹이 등에 좌우되며 부화 후 3~4 일 동안 난황을 흡수하여 몸길이가 2.5~3.0 mm 로 되며 3~5 일이 지나면 입이 열리고 9 일 정도 지나면 약 5.5 mm 전후, 30 일 후에는 약 11 mm 전후에 달하여 좌우 대칭에 변형이 오기 시작하며 35 일 정도에는 몸길이 14 mm 전후로 성장하면서 변태가 완료된다.

자어의 변태가 완료되면 바닥에 가라앉아 저서생활에 들어가기 전 수조를 교환하거나 수조 내에 그물 용기를 설치하여 수용하며, 사육기간 동안의 생존율은 부화율, 환수율, 먹이 공급량 등의 관리 상황에 따라 좌우된다. 치어의 사육은 육상수조를 이용하는 방법과 수조내에 설치한 그물 내에서 사육하는 방법이 있다.

치어의 먹이는 영양 강화 아르테미아와 배합사료를 주로 사용하며 경우에 따라서는 크릴(krill), 바지락 등 조개류 등의 생먹이를 보조적으로 주는 일도 있으나 생먹이의 경우는 수질오염, 배합사료의 경우에는 먹이 붙임에 각각 주의하여 소량씩 공급하며 먹이 찌꺼기가 가라앉았을 경우에는 바닥 청소를 철저히 해 주는 것이 좋다. 치어 사육기간 중 낮은 생존율은 먹이붙임의 실패와 질병 발생이 주원인인 경우가 많으며, 이 기간 중에는 개체 크기 차이로 서로 잡아먹는 공식(共食) 현상이 심하므로 적절한 선별 작업이 필요하다.

7. 식용어 양성

넙치 양성에는 주로 육상수조식 방법이 이루어지고 있다.

1) 시설

육상 양성시설의 설치 장소로는 수질이 적당하고 수질 변화가 적은 용수 확보가 용이한 곳이어야 한다. 수조는 콘크리트, FRP, 나일론 시트 등의 재료로 만든 수조를 이용하였으나 최근에는 PP (polypropylene) 재질로 만든 PP 수조도 널리 보급되고 있고 사용 목적에 알맞은 것을 선택하여 사용하며, 수조의 형태는 원형, 팔각형, 정방형 등이 있으나 넓은 바닥 수면적과 환수율이 좋은 수조 형태가 좋다.

넙치가 성장함에 따라 바닥 면적이 넓은 곳으로 옮겨주며 출하 직전에는 30~100m^2 정도의 넓은 것을 사용하는 것이 좋다. 사육수조의 지붕은 보온과 함께 직사광선 차단을 위한 차광막을 설치하는 것이 중요하다. 차광막은 직사광선을 막아줌으로써 수조 내 수온 상승과 조류의 번식을 방지할 뿐만 아니라 수조 내 어류를 안정시키는 데 효과가 있기 때문이다.

육상양식시설의 경우 배출수에 포함된 사료찌꺼기, 배설물 등의 수질정화를 위한 적절한 침전시설 및 침전조를 갖추어야 하며, 최근에는 사육수조 외에 침전조(1 차 여과)와 생물여과조(2 차 여과) 등의 시설을 갖춘 순환여과식(RAS) 사육 시스템이 이용되고 있다.

2) 방양

육상수조식 양식 시설에서의 방양량은 사육 용수의 수질과 환수율 및 어체

상태에 따라 달라지며 지나친 고밀도 사육은 성장둔화와 사료 효율 저하로 폐사율도 높아진다. 사육적수온인 20~25℃ 범위에서 2 시간에 1 회전의 환수할 경우 바닥면적 1 m^2당 5~15 kg 정도가 방양한다.

3) 먹이와 성장

양성을 시작할 때의 치어의 먹이는 새우, 까나리, 오징어, 멸치, 전갱이 등을 분말 배합사료와 혼합한 모이스트 펠릿(moist pellet)이나 치어용 배합사료를 입 크기에 알맞은 입자크기로 조절하여 공급한다. 하루의 먹이 공급 횟수는 치어기때는 4~5 회, 성장에 따라 2~3 회로 나누어 주고 저수온기에는 먹이 먹는 상태를 보면서 횟수를 줄여 준다.

넙치의 경우 육식성이 강한 해산어류로 단백질 요구량이 높은 반면 탄수화물 이용성이 낮은 영양특성을 지니므로 빠른 성상을 위해서는 영양 요구에 맞는 균형이 잡힌 먹이를 공급하는 것이 중요하다. 넙치의 성장은 수컷보다 암컷이 빠르며 종자 입식 후 12 개월 이내에 1,000 g 까지 성장하며 식용으로 출하가 가능하게 된다.

제 2 절 조피볼락 양식

조피볼락(*Sebastes schlegeli*)은 양볼락목 양볼락과에 속하는 난태생 어종으로 볼락류 중에서 가장 성장이 빠른 대형종으로 일명 우럭으로 불리운다. 비교적 낮은 수온에서도 서식이 가능한 북방형으로 우리나라의 동, 서, 남해 및 일본 북해도 이남, 중국 북부의 각 연안에 분포한다(박, 1994). 상품 크기는 체중 0.5~1 kg 이 일반적이며, 종자 크기에서 상품 크기까지 성장하는 데는 1 년 6 개월~2 년이 소요되고, 넙치보다는 성장이 느리지만 돔류에 비해서는 성장이 빠른 편으로 최근에는 양식 생산량이 넙치 다음으로 많다. 조피볼락의 양식은 주로 해상가두리식으로, 종자생산은 육상수조식으로 이루어진다.

1. 생태

조피볼락은 비교적 활동성이 적은 정착성 어류로서 수심 10~100 m 되는 연안의 암초지대에 서식한다. 계절적으로 봄철에는 얕은 곳으로, 가을에는 깊은 곳으로 이동한다. 또 출산기에는 연안의 얕은 암초지대로 이동하여 출산한다. 자연에서의 성장은 출산후 만 2 년생이 전장 23.5 cm, 3 년생은 31 cm, 4 년생은 35 cm, 5 년생은 38 cm, 6 년생은 40~41 cm 로 자라며, 최대 전장은 약 60 cm 로 보고되어 있다(그림 8-16).

<그림 8-16> 조피볼락

1) 성숙 및 출산

최초 성숙은 암컷이 만 3세(전장 약 35 cm), 수컷은 만 2세(전장 약 28 cm)에 이루어진다. 성숙시기는 암컷과 수컷이 달라, 암컷의 출산시기는 수온이 13~17℃ 범위인 3월 하순에서 6월 상순 사이이고, 수컷의 정소 성숙시기는 9~11월이다(백, 1993; 백 등, 2000). 수컷의 정소가 성숙하는 시기에 암컷과 수컷의 교미를 통하여, 암컷 난소강 내에 정자를 지니고 있다가 다음해 봄에 암컷 난모세포의 성숙이 이루어지면, 체내에서 수정이 일어나 암컷의 난소 내에서 발생, 부화하여 난황이 거의 흡수된 후에 자어로 출산된다.

암컷의 포란수는 어미의 크기에 따라 다르며, 체장 30 cm의 어미는 약 8만개, 체장 35 cm는 약 10만개, 체장 40 cm는 약 20만개, 체장 45 cm는 약 40만개 정도이다(명 등, 1993).

2) 알의 형태와 발생

조피볼락은 출산될 때까지의 어미의 배속에서 난발생의 과정을 거친다. 어미에서 인위적으로 얻은 미수정란의 형태는 무색투명한 구형으로 난경이 1.2~1.5 mm이며, 직경이 0.35~0.50 mm인 담황색의 유구를 가지고, 그 주변에 3~6개의 소유구가 있다.

처음 어미에서 추출한 알은 64세포기에 달하여 있었고, 9시간 후에 포배기로 된다. 33시간 후에 배반은 넓어지면서 난황을 덮어 배환을 형성한다. 60시간 후에는 배체가 형성되고, 94시간 후에는 이포가 형성된다. 102시간 후에는 근절이 15~20개로 증가하고 심장이 분화하여 박동이 시작되며, 배체에 막지느러미가 형성된다. 110시간 후에는 꼬리가 완전하게 분리되며 근절은 20~22개가 형성되고, 125시간 후에는 배체의 복부가 발달하고 근절은 22~24개가 형성된다. 134시간 후에는 눈에 흑색소포가 착색되고, 막상의 가슴지느러미가 분화하여 부화 직전에 달한다.

부화 직후의 자어는 전장 3.25~3.30 mm로 큰 난황과 유구를 가지고 있으며, 입과 항문이 열려 있지 않고, 항문은 몸의 중앙에 위치한다. 부화 후 4~5일째의 자어는 전장이 4.25~4.57 mm로 두부의 눈 앞쪽에서 입과 비공이 열리기 시작하고, 난황은 더욱 줄어들고, 흑색소포의 변화는 없으며 근절은 24~26개이다.

2. 종자생산

1) 어미

(1) 어미의 선정

자어확보를 위한 어미는 크게 양식산 어미와 자연산 어미로 구분할 수 있으며, 수컷은 만 2년생, 암컷은 만 3년생이면 성숙하여 어미로 사용이 가능하나 만 3~7년생의 어미를 사용하는 것이 적당하다.

(2) 어미의 수용 및 관리

자연산 어미를 이용할 경우에는 채포 후 2~3일 내에 출산할 수 있는 상태의 어미 즉, 출산 직전의 어미를 봄철에 수집하여 육상의 출산조로 옮겨 자어를 받거나, 수컷과 교미한 후 복부가 불러오기 전인 겨울철에 암컷을 채포하여 육상수조에 안정시킨 후 먹이를 공급하면서 관리하여 다음해 봄에 자연출산에 의하여 자어를 받는 방법이 있다.

건강한 자어를 확보하기 위해서는 11~12월 사이에 어미를 육상수조에 수용하여, 변화된 환경에 빨리 적응시켜 출산 시기까지 신선하고 영양이 풍부한 먹이를 이용하여 사육 관리하여야 한다.

(3) 출산 시기

조피볼락 자어는 난황을 거의 다 흡수한 상태로 출산되며, 출산 후 곧바로 먹이를 먹기 시작하기 때문에 종자생산을 위해서는 자어의 출산 시기를 정확하게 추정하는 것이 매우 중요하다. 어미의 성숙정도와 자어 출산시기를 비교적 정확하게 판단하기 위해서는 암컷의 생식구, 항문, 비뇨돌기와 그 주변부의 변화를 관찰하면 가능하다. 출산 직전이 되면 항문, 생식구 및 비뇨돌기 주변은 현저히 팽출되며 그 주변 부위의 색깔은 암청색 또는 암자색을 나타나게 된다.

어미의 복부가 불러오고 산소 내에서 자어가 부화되어 출산시기가 가까워지면 낮 동안에는 수조의 모서리 부분에 움직이지 않고 가만히 있는 시간이 많아진다. 그리고 아마기 개폐 운동이 평소보다 심해지고, 출산 2~3일 전부터는 일몰 전후가 되면 수조를 배회하는 행동을 하게 된다.

2) 자치어 사육

(1) 사육시설

출산자어의 사육수조는 수톤 부터 수백 톤까지 이용될 수 있지만, 최근에는 수백톤 크기의 대형수조를 이용하는 경향이다. 사육수조의 수심은 비교적 깊은 쪽이 좋다고 알려져 있으나, 자이어의 관리 측면을 고려할 때 1~1.5 m가 적당하다. 빛의 밝기는 사육관리 방법과 연관하여 결정되어야 하지만, 직사광선을 피하여 수조내의 부착생물의 번식을 억제하고, 자어의 안정을 유도하기 위하여 수조를 차광하여 수조의 표층 조도가 50~100 lux 정도가 되도록 조정하는 것이 좋다. 또 출산자어 수용시에는 수용할 수조에 해수 클로렐라와 최초의 먹이로 이용되는 로티퍼를 미리 넣은 후에 자어를 수용하는 것이 초기 생존율을 높이는 하나의 방법이다.

(2) 사육밀도 및 선별

출산자어를 사육수조에 처음 수용할 때에는 미리 적당한 밀도로 조정하는 것이 매우 중요하다. 종자생산을 위한 출산자어의 최초 수용밀도는 m^3당 5,000~7,500마리 정도가 적당한 것으로 알려져 있다(명 등, 1998). 배합사료의 먹이 붙임이 완전히 끝난 후에는 성장함에 따라서 적절한 밀도로 조정해 주어야 하는데, 전장 약 2 cm일 때는 m^3당 약 2,300마리, 3 cm일 때는 m^3당 약 2,000마리가 적당하다.

(3) 먹이공급

최초의 먹이공급은 출산 당일 또는 다음날부터는 이루어져야 하며, 출산 후 5~8일까지는 로티퍼를 주로 공급하여야 하며, 30일까지는 로티퍼와 아르테미아의 부화유생을 혼합하여 공급하고, 적어도 인공배합사료로의 먹이 붙임이 완전히 끝나는 시기까지는 생물먹이를 계속 공급해 주어야 한다(표.7.5).

조피볼락은 어미의 배속에서 부화하여 비교적 큰 자어를 출산하는 종으로, 출산된 자어는 처음부터 먹이 섭취량이 많으며, 이에 따라 로티퍼의 공급량은 사육수 ㎖당 최소 10개체 이상으로 하여야 한다(명 등, 1998). 아르테미아 부화유생은 활동성이 로티퍼보다는 강하여 자어가 쉽게 받아먹는다는 점은 있으나, 먹이로서의 영양이 완전하지 못하다. 또, 출산직후의 자어는 소화기능의 발달이 완전하지 못한 상태이므로 로티퍼의 공급단계를 거치지 않고 아르테미아를 바로 공급하는 것은 자어가 먹이의 영양분을 충분히 소화흡수하지 못하여 영양결핍으로 인한 대량폐사의 원인이 될 수 있다. 따라서 자어사육 시기에는 비교적 소화율이 높은 로티퍼를 공급하는 것이 좋다. 그 이후에도 아르테미아를 공급할 때에는 반드시 해수클로렐라나 유지효모, 인공영양 강화제 등으로 2차 배양한 후 공급하여야 한다.

조피볼락은 다른 어종에 비하여 배합사료로의 먹이 붙임이 비교적 힘들므로 사육 초기부터 배합사료로의 먹이 길들이기를 시작하여야 한다. 먹이 붙임이 제대로 이루어지지 않으면 자어에서 치어기로 변태하는 시기인 출산 후 20~25일경에 대량 폐사를 일으키는 경우가 많다. 따라서 아르테미아 부화유생을 공급하기 이전시기부터 초기미립자사료를 이용하여 자어를 배합사료의 냄새와 형태에 적응시켜 나가야 한다.

(4) 사육수온

초기 사육수온은 자어 출산조의 수온을 기준으로 조절해주어야 하는데 15~18℃정도가 적당하며, 적정 수온 범위에서는 높은 수온 범위에서 성장이 빠르다. 따라서 어미를 관리하던 수조로부터 출산된 자어를 사육수조로 이동시에는 가능한 출산수조의 수온과 동일하게 맞추어 주어야 한다.

3. 양 식

1) 종자 선택

건강한 종자를 육안으로 판별하는 기준은 수조 내에서 떼를 지어 정상으로 유영하는 무리, 옅은 체색, 유선형인 체형, 활발한 먹이섭취 행동, 전체적으로 같은 크기를 들 수 있다. 이 외에 같은 날 출산되어 같은 크기로 성장한 것으로 약 60일에 4~5 cm로 성장한 치어를 선택하는 것이 좋다.

2) 사육시설

(1) 해상가두리

해상가두리에서 양식할 때에는 5×5, 6×6 m 또는 10×10 m 크기에 깊이 5~7 m의 참돔이나 방어 등의 양식에 이용하는 그물가두리를 이용할 수 있다. 가두리 망으로는 어릴 때에는 무결절망을 사용하고 조금 성장하면 일반적으로 랏셀망을 사용한다. 가두리 망목의 크기는 사육하고자 하는 고기가 빠져나가지 않는 범위에서 큰 것을 선택하는 것이 해수소통이 좋고 빠른 성장을 기대할 수 있다. 가두리 망목은 성장과 함께 조절해 주어야 한다.

(2) 육상수조

육상수조에 사육할 때에는 기존 넙치용 육상수조 즉, 원형, 사각, 팔각 등의 사육시설을 그대로 이용할 수 있으나, 조피볼락의 생태적 특성상 수조는 비교적 큰 것(50~100 m^3)을, 수심은 넙치보다는 약간 깊은 것(1~2 m)을 이용하는 것이 좋다.

또, 동일한 수온 및 사육밀도에서는 환수량이 많으면 성장이 빠르므로 사육용수를 충분히 공급할 수 있도록 양수시설 및 배관시설을 여유 있게 하여야 한다.

3) 사육환경

(1) 조도 및 광주기

조피볼락은 자연에서 암초지대에 서식하는 종이므로 차광이 가능하다면, 차광시설로 조도를 낮추어 주는 것(약 30~50 lux)이 좋다.

(2) 사육수온

15~20℃가 조피볼락의 성장을 위한 적정 수온이라고 볼 수 있으며, 12℃에서도 사료효율 및 성장 등 정상적인 사육이 가능하므로(이 등, 1993) 겨울철에도 계속적인 먹이공급으로 성장을 꾀하는 것이 가능하다. 수온을 조절할 수 있는 시설을 갖춘 육상사육조의 경우는 연중 수온을 12℃ 이상으로 조절하여 겨울철에도 성장시킬 수 있다.

4) 사육밀도

해상가두리 사육시에 적정사육 밀도는 양식장의 환경조건에 따라 다르나 일반적으로 4~5 cm의 종자는 가두리 표면적 m^2당 약 700~1,000마리를 기준으로 하고, 약 8 cm 내외로 성장하면 300~500마리로 조정한다. 조피볼락은 저수온에는 강한 반면에 여름철 고수온에는 비교적 약한 어종이므로 육상수조 양성시 여름철에는 환수량을 늘려주고 사육밀도를 평상시보다 낮추어 관리하는 것이 좋다.

5) 육상 수조에서의 성장

성장 패턴의 조사는 그 어종의 자원량 추정이나 생태적인 면에서 매우 중요하며, 서식 환경(수온, 지역, 계절, 회유, 먹이상태)이나 성장 단계(연령, 성성숙)에 따라 많은 변수를 가지고 있다. 또한, 성장 패턴을 조사하는 것은 양식을 효율적으로 운영하는데 필수적이다.

생사료(냉동 전갱이)와 분말사료(넙치육성용)를 1:1의 비율로 혼합하여 제조한 moist pellet으로 육상 실험수조에서 조피볼락을 장기간 사육실험 결과(이 등, 1995). 500 g까지 성장하는데는 출산 후 약 2 년간, 200 g까지는 약 1 년간이 소요되며, 사육기간 중에 거의 직선적으로 체중이 증가된 경향을 보였다. 사료효율, 일간

증중률 및 일간 사료 섭취율은 사육기간이 경과함에 따라 점차 감소하는 경향을 보였으며, 특히 성장 초기 단계에 현저히 감소하다가 평균체중 200 g 이후부터는 거의 일정한 값을 유지하였다. 따라서 조피볼락의 경우 산출 후 약 1 년(평균체중 200 g 정도)까지 성장이 활발하다.

4. 질병

양식에 있어서 질병에 의한 피해를 최소화하기 위해서는 무엇보다도 어체를 건강하게 유지하며 환경을 청결하게 하는 예방이 가장 중요하며, 만약 질병이 발생할 경우는 조기에 발견하여 적절한 처리를 행하는 것이 중요하다. 또한 동일한 세균에 의한 질병이라 하더라도 어장과 발병 시기에 따라서 성상이 달라져 처리방법을 달리하여야 할 경우가 많다. 따라서 병중으로 예상되는 이상 개체가 발생할 경우에는 가능한 빨리 정확한 병명과 원인을 조사하여 원인이 되는 요인을 먼저 제거하고 약욕이나 경구 투여 등 효과적인 치료방안을 택하여야 한다.

1) 비브리오병

이 병은 조피볼락의 종자생산시 전장 3~5 cm의 치어에 발생하는 질병으로, 원인균은 그람음성 간균인 비브리오균(*Vibrio ordalli*)이다. 일단 발병되면 수일 만에 전염되기 때문에 치료가 지연될 경우는 많은 피해를 입을 수 있으므로 주의하여야 한다.

발병시의 주요 증상은 두부 이상으로서 아가미 뚜껑이 부풀고, 백탁 또는 출혈반점이 생긴다. 또, 감염된 병어 중에는 안구돌출, 몸통 근육부위의 백탁과 팽윤, 꼬리부위의 종창이나 출혈 등이 생기는 경우도 있다. 이병은 치어기에 발병하는 질병으로 치료가 지연되면 많은 피해를 입을 수 있다. 이 비브리오균은 테트라사이클린계 항생제와 옥소린산 등에 높은 감수성을 나타내므로 이들 약제를 사료에 첨가하여 경구 투여하는 것이 유효하다.

2) 활주세균증

종자생산기의 전장 3~5 cm의 치어에 발생하는 병으로, 발병원인은 활주세균(*Flexibacter maritimus*)의 감염에 의한 것으로 추정된다. 또 이병은 밀식하여 사육하였을 경우나 선별 후에 주로 발생한다.

증상으로는 체표의 퇴색, 백탁, 문드러짐 등이 주 증상이며, 아가미 뚜껑을 열어보면 아가미의 색깔이 변해 부식되어 있는 경우도 있다. 진단을 위하여 병어의 환부 일부를 현미경으로 관찰하면 다수의 장간균이 보이며 활주세균 특유의 활주운동을 하고 있는 것이 관찰된다.

이 병은 사육어의 운반이나 가두리로 옮길 때 생기는 상처에 균이 침입하여 발병하기 때문에, 예방책으로서 선별이나 수송 후에는 필히 항생제로 약욕시키는 것이 좋다. 일단 병어를 확인하면 신속히 병어를 제거하고 조류소통이 원활하도록 가두리에서는 가두리그물을 청소해주고, 육상수조에서는 환수량을 늘리며, 사육밀도를 낮추어 주는 것이 병의 확산을 막을 수 있다. 이러한 처리를 한 후에 테트라사이클린계의 항생제를 사료에 섞어 경구 투여하면 피해를 최소화 할 수 있다.

3) 연쇄구균증

이 병은 7~9 월의 고수온기에 대량 폐사를 일으키는 질병으로서 수온이 하강하면 폐사는 거의 일어나지 않는다. 원인균을 그람음성 구균으로서, β 용혈성 연쇄구균(*Streptococcus* sp.)이다.

주 증상은 외관적 특징으로 안구돌출, 복부팽만, 항문확장이며, 때로는 지느러미 기부의 발적 및 출혈증상을 나타낼 때도 있다. 병어를 해부해 보면 복수가 충만해 있고, 장관염증, 비장비대 등도 관찰된다. 연쇄구균은 일반적으로 에리스로마이신에 감수성이 높으므로 이 약제를 이용하여 경구 투여하면 효과가 있다.

4) 선회병

이 병은 종자생산시 전장 1.5~5 cm 정도의 치어에 발병하는 질병으로, 발병원인은 포도상구균(*Staphylococcus epidermidis*)이 뇌에 감염되어 일어난다.

증상은 머리의 뇌 부분이 붉게 발적되어 수면 위를 빙빙 돌다가 폐사하는데 전장 2 cm 이상의 개체에는 뇌가 발적되지 않고 폐사하는 경우도 있다. 이 병은 원인균이 사료를 통하여 일차적으로 소화관내에 감염되어 소화기능을 저하시키므로, 발병시에는 3 일 가량 절식시켜 소화관의 기능을 회복시킨 후 미노사이클린이나 에리스로마이신 등을 사료에 혼합하여 경구 투여하면 치료효과를 볼 수 있다.

5) 아가미흡충증

아가미흡충증의 병원체는 단생충류(Monogenea)에 속하는 *Microcotyle sebasti* 로 충체의 길이가 1.2~2.9 mm 이다. 감염어는 체색이 검게 되면서 쇠약해지고 유영력이 저하된다. 체표 및 아가미에 점액이 과다 분비되고 상피세포의 증식이 일어나며 빈혈이 나타나고 호흡기능이 저하된다. 또한 아가미 부식 및 출혈 등 2 차 감염증이 동반되기도 한다. 육상 수조 양식에서의 발생 사례는 찾아보기 힘들고 주로 해상 가두리 양식장에서 발생하므로 가두리 관리에 만전을 가해야 한다. 즉

유행지에서는 9월과 10월에 주기적으로 가두리 망을 청소하거나 갈아주는 것이 필요하다. ① 경증의 감염어(아가미당 충체 10마리 이내)는 농혐해수(8%, 5분) 또는 포르말린(500 ppm, 20분) 약욕처리 한다. ② 중증의 감염어(아가미당 충체 100마리)는 어체중 kg당 메벤다졸 200 mg 또는 프라지콴텔 200 mg 경구투여하고 감염정도에 따라 7일간 투여한다.

6) 궤양병

궤양병은 체표에 갑각류(copepoda), 피부흡충(*Benedenia* sp.), 기생성 요각류 등의 기생충이 붙어서 점액과 체표를 갉아먹으므로 생기는 질병이다. 증상으로는 조피볼락의 체표에 둥근 출혈성 궤양이 3~5개 또는 그 이상 나타나며, 이 병의 감염율은 30% 정도로 초기 감염시에 치료하면 대량폐사를 막을 수 있다. 그러나 궤양이 형성된 부위는 2차직으로 감염되어 비브리오병 능의 전신감염으로 어체를 폐사시키는 원인이 되기도 한다. 주 발생 시기는 수온이 13℃ 전후인 저수온기에 주로 발생하며, 그 해 11월까지 계속되는 경우도 있다.

체표에 갑각류나 요각류 등의 기생충은 포르말린 250 ppm(3회 이상 반복)으로 약욕하거나 담수에 1~3분간 침적하여 구제하고, 기생충이 탈락한 후 세균의 2차 감염을 방지하기 위하여 염산 옥시테트라사이클린이나 후라졸 100 ppm으로 약욕해 주어야 한다.

어체가 악화된 상태에서 기생충이 증식하는 경우에는 50% 이상의 폐사를 가져오기도 하므로, 병상시에 비타민이나 영양제 등이 첨가된 신선한 사료를 공급하는 것이 중요하며, 특히 태양관선에 직접 사료가 노출되면 변질되므로, 사료가 변질되지 않도록 세심한 주의가 필요하다.

7) 트리코디나증

5~10월 사이의 수온상승기와 하강기에 주로 발생하며, 원인충은 트리코디나(*Trichodina* sp.)이다. 이 충에 의한 직접적인 폐사는 없으나 체색이 흑화되고 아가미에 기생하면 아가미의 손상, 점액분비와 호흡곤란으로 어체가 약화되고 식욕이 저하된다. 현미경으로 관찰하면 이 기생충 특유의 회전운동을 하는 것을 볼 수 있다. 이 충의 구제를 위하여 포르말린 약 200 ppm으로 30분~1시간 정도 약욕하면 된다.

8) 임파종증

이 병은 조피볼락을 운반하거나 가두리그물 교환시 등 스트레스가 부과될 때 가끔 발생하는 질병으로서, 폐사는 거의 없지만 상품가치를 저하시키는데, 원인은 이리도바이러스(Iridovirus)중 림포시스티스(Lymphocystis) 바이러스에 의해 일어나며 아직 이 바이러스의 감염경로는 정확히 알려져 있지 않다. 증상으로 체표전체 또는 부분적으로, 특히 지느러미 기부, 입주위, 머리 부분 등에 만지면 딱딱한 흰색의 과립상의 물체가 산재하여 있다. 이 병은 바이러스성 질병으로 수온이 상승하면 자연 치유 되므로 특별한 처리는 필요 없다. 그러나 출혈성 수포가 생겼을 때는 세균에 의한 2 차 감염을 막기 위하여 테트라사이크린계의 항생물질 100 ppm 농도로 1 시간 정도 약욕하여야 한다.

제 3 절 참돔 양식

1. 개요

참돔(*Pagurus major*, 영명 red-sea bream 또는 sea bream)은 농어목, 도미과, 참돔아과, 참돔속에 속한다. 참돔은 우리나라 전 연안, 일본, 중국, 동남아시아, 하와이 등지에 널리 분포하며, 몸길이는 1 m 에 달하며 연안의 따뜻한 바다에 사는 종으로 암반, 모래, 자갈로 구성된 바닥의 수심이 30~150 m 인 곳에 서식한다.

겨울철 수온이 8℃ 이하로 내려가는 수역에서는 수온이 높은 남해안의 깊은 곳이나 제주도 근해의 월동장으로 이동하여 겨울을 지낸다.

참돔은 양 턱에 어금니가 있고 발달된 이빨로 새우나 게와 같은 갑각류와 조개류, 환형동물 등을 주로 잡아먹는다.

산란기에 성숙한 암컷은 두부가 둥글고 몸 색깔이 붉은 색이 짙어지며 성숙한 수컷은 두부가 날카롭고 몸 색깔은 검은 색을 띠어 암수 구분이 가능하다.

산란시기는 수온이 15~17℃되는 5~6 월경이며 산란은 일몰 직후부터 수 시간 내에 대부분 일어나며, 수정란은 분리부성란(分離浮性卵)으로 난경 0.8~1.2 mm 로 한 개의 유구를 가지며 무색투명하다. 암컷 친어 한 마리의 산란 수는 연령, 어체 크기 및 어체 상태에 따라 다르다.

부화는 12~23℃ 범위이며, 최적 부화 수온은 17~19℃이다. 부화일수는 14℃일 때 80 시간, 18℃일 때 54 시간, 22℃일 때 35 시간이 소요된다. 80% 이상의 부화율을 얻을 수 있는 수온은 19~25℃이고, 염분은 17~35 psu 이다.

2. 양식개요

참돔은 모양이 아름답고 맛이 좋아 상품가치가 높은 어류로서 우리나라에시의 양식 역사도 오래되었다. 최근에는 양식 생산량이 매년 증가하고 있어 앞으로 우리나라 주요 해산어류 양식 대상 종으로 자리매김해 나갈 것으로 예상된다(그림 8-17).

참돔의 경우 수온 20~28℃의 범위에서 먹이 섭취가 가장 왕성하여 성장이 빠른

<그림 8-17> 양식 참돔

반면 수온이 13~14℃ 이하로 내려가면 먹이량이 급감하여 10℃ 이하에서는 먹이 섭취가 거의 중단되며, 수온이 6℃ 이하로 내려가거나 32℃ 이상으로 고수온의 경우 폐사가 일어나기 시작하는 치사 한계 수온을 나타낸다. 이 치사 한계 수온은 조류속도나 파랑, 또는 수온의 변화속도 등에 따라서 차이가 난다.

사육수의 해수 용존산소량은 3.0 ㎖ 이하로 내려가면 먹이 섭취량이 감소하여 2.3 ㎖ 전후에는 유영 행동도 둔해지기 시작하여 1.0 ㎖ 이하에서 폐사가 일어나며, 참돔 양식장의 용존산소량은 3.0 ㎖ 이상 유지가 필요하며 충분한 성장을 기대하기 위해서는 4 ㎖ 이상이 요구된다.

참돔은 염분변화에 대한 적응성이 높아 다소의 염분 변화에는 성장에 지장이 없으나 양식장으로서는 염분 변화가 적은 곳을 선택하는 것이 바람직하며, 참돔 양식장의 경우, 일반 해수어류 양식장과 같이 조류 흐름이 좋고 수심이 깊으며 태풍이나 적조 및 빈산소 수괴 등과 같은 자연 재해에 안전하고 일대 소비시장이 가까운 곳이 이상적인 양식장으로 판단된다.

3. 종자생산

참돔의 종자생산은 노지를 이용한 축제식 방법과 수조를 이용한 육상수조식 방법이 있고, 현재는 육상수조식 종자생산 방법이 널리 쓰이고 있다.

1) 친어관리

채란을 위한 참돔 친어의 성숙하는 연령과 크기는 수온, 염분, 먹이, 일장(日長) 등의 외부환경 조건이나 개체에 따라 차이가 난다. 일반적으로 양식용 친어는 4년 이상 성숙된 개체를 사용하며 친어 수용밀도는 1m^{2}당 2~3마리(4~5kg)정도로 하며 암수 비율인 1:1로 하여 산란 수조에 수용한다.

참돔의 경우 봄부터 여름에 걸쳐 수온이 상승하고 일장이 길어지는 시기에 산란을 하는 형태로 이러한 생리적 특성을 제어함으로써 산란시기의 조절이 용이하다.

친어용 먹이는 단백질 함량이 높고 비타민 및 미네랄 성분이 충분히 함유된 영양적으로 균형 잡힌 배합사료를 주도록 하며 때에 따라 신선한 오징어와 새우류 등을 공급함으로써 높은 산란율과 부화율을 기대할 수 있다.

산란용 친어 수조 크기는 3~100m^2 크기의 수조가 사용되며 산란된 분리부성란을 수거하기 위하여 수조 바깥쪽에 채란그물(그물코 0.5mm)을 설치하여 채집하며, 이때 채란 그물은 수시로 점검하여 알이 과도하게 모여 손상을 입지 않도록 주의한다.

2) 자치어 사육

수정란은 수온 20℃ 전후에서 약 40시간 만에 부화하여 몸길이 2.0~2.3mm의 자어로 된다. 부화 자어는 3~4일이 지나 난황 흡수가 끝나기 직전부터 개구하여 먹이를 먹기 시작하므로 이 시기에 적당한 먹이를 적절히 주는 것이 종자생산 성공여부를 결정하는 중요한 요소로 작용한다.

초기 먹이로는 대량 확보가 가능한 로티퍼를 주로 공급하며 자어의 성장에 따라 입 크기에 알맞은 아르테미아 유생이나 배합사료를 적절히 병용하여 공급하는 것이 좋다. 자치어 사육 초기에는 로티퍼의 초기 밀도 설정이 중요하며 먹이붙임 시 수조 내 로티퍼의 부유밀도가 낮으면 초기 감모로 이어지거나 밀도가 높으면 로티퍼의 영양적 가치가 감소할 뿐만 아니라 수질 환경에 영향을 미치며, 로티퍼 밀도는 자어의 사육밀도와 환수율에 관계가 있으며 일반적으로 자어 사육밀도 1.5만 마리/m^{2}에 5~10개체/㎖로 한다.

오징어 간유 등의 유지류를 이용한 영양 강화된 먹이 생물들을 공급 시에는 수면에 유막이 형성되는데 이는 자어의 부레 형성을 저해하여 형태이상어(척추전만증)을 유발하게 되므로 유막 제거 작업은 필수적이다.

초기 발육단계에서 자어기는 유영 및 먹이 섭취 능력이 매우 낮으므로 배합사료는 부화 후 22~24일 경 치어기부터 본격적으로 공급하기 시작하는 것이 좋으며, 이 시기에는 배합사료가 부패하기 쉬우므로 수질환경 보전에도 세심한 주의가 필요하다.

자치어 사육은 소형 수조에서도 가능하다 종자의 양산을 위해서는 대개 20~1,000 m^2(수심 1~2 m)크기의 수조를 사용하고 있으며, 사육수는 일반적으로 부화 후 4~5일경까지 지수식으로 한 이후 일부 환수 또는 유수식으로 하며 사육수는 살균해수를 사용하여 자어의 성장에 알맞게 유수량을 늘려 간다.

종자생산은 일반적으로 전장 10~30 mm까지 사육을 한 후부터는 대형 육상수조나 해상 가두리 시설을 이용한 중간육성으로 이어지는 경우가 대부분이다.

4. 식용어 양성

참돔의 양성에는 제방식 또는 축제식 양식법과 그물 가두리 양식법이 있고, 그물 가두리식이 가장 널리 쓰인다.

1) 종자

양성용 종자는 자연산을 포획하여 이용할 수도 있으나 인공 종자 생산한 종자를 사용하는 것이 효율적이다. 참돔의 상품가치는 0.5kg 이상으로 보고 있으므로 상품가치 크기에 알맞은 양식 방법을 생각해야 한다. 육상 수조에서 생산된 3~7cm 되는 인공 종자를 구입하여 6~7 월에 해상 가두리에 입식하여 1 년 6 개월에서 2 년 정도 양성하면 출하 가능한 상품크기에 도달한다.

어체중 0.3~1.5kg 의 큰 것을 구입하여 키우기보다는 가격 변동에 따른 이윤을 목적으로 단기 축양 방식의 양성도 이루어지고 있고, 양성장은 겨울 수온이 10℃ 이하로 내려가는 곳을 피하는 것이 좋으며 우리나라 일부 해역을 제외하고는 겨울 수온이 8℃ 이하로 내려가는 곳이 많으므로 겨울철 월동에 주의를 요구한다.

2) 사료

참돔 양성용 먹이로는 주로 배합사료가 사용되고 있으나 일부에서는 고등어, 멸치, 전갱이 등과 같은 생사료를 직접주거나 모이스트 펠릿 형태로 주는 경우도 있다. 먹이공급량의 결정의 결정은 사육관리이력과 현재의 건강상태 및 수질환경 조건 등의 데이터와 충분한 관찰을 통하여 결정하도록 한다. 참돔의 경우 먹이 섭취 행동이 느리며 먹이를 먹는 시간이 걸리므로 먹이 공급 시 먹이 공급 횟수를 늘려 천천히 공급하며 먹을 수 있는 양을 주되 먹이 찌꺼기가 남지 않도록 유의해야 한다.

참돔의 경우 일반적인 양성 방법으로는 체색이 흑화(黑化)되어 소비 시장에서의 상품가치가 떨어지게 된다. 참돔의 체색 흑화 방지를 위하여 가두리 양식장에 빛을 차단하기 위한 차광 네트를 설치하거나 체색을 나타내는 카로티노이드(carotenoid) 색소가 다량 함유된 냉동 새우 등을 출하하기 직전에 체색 조절을 위해 공급한다.

3) 성장과 수용밀도

참돔의 성장은 종자의 방양시기, 사육수온, 먹이종류 및 공급횟수 등에 따라 차이가 난다. 그 해 입식한 치어는 연말까지 대개 50~70g 정도로 자라며 다음 해 연말까지는 200~300g 정도로 성장하며, 수용밀도는 150g 정도의 것이면 1m^{2}당 50~70 마리가 적당하며 해상 가두리에서는 수면적 1ha 당 체중 10g 내외의 치어를 360,000 마리 정도 수용할 수 있고 수용한 치어를 체중 600g 까지 성장시킬 경우 약 180 톤까지 생산할 수 있다.

제 4 절 능성어 양식

1. 개요

능성어(*Epinephelus septemfasciatus*, 영명 convict grouper, sevenband grouper)는 농어목, 능성어과, 능성어아과, 우레기속에 속한다. 몸은 갈색에 암갈색 가로무늬가 7~8 개가 있고 성장에 따라 가로줄 무늬는 옅어진다.

능성어는 전세계의 열대 및 아열대 지역의 연안에 분포하며 유어기에는 연안 천해역(수심 10~20 m)의 해조류가 무성한 곳에 서식하다가 성장하면서 수심 100~200 m 되는 암초 지역과 그 주변의 흙모래 바닥에 서식하며, 전 세계적으로 50 속 400 종 이상의 어류가 능성어과에 속한다고 알려져 있다.

성체의 경우 1m 에 달하는 개체도 있으나 대부분은 60 cm 정도이다. 능성어는 자성선숙(雌性先熟)의 자웅동체성(雌雄同體性)을 나타내며, 6 년 이상이 되면 전장 60 cm, 체중 4 kg 전후에서 암컷으로 성숙되며 그 이후부터 이룹 개체가 수컷으로 성전환하게 된다. 이러한 능성어의 성전환은 종자생산과정에서의 수컷 친어 확보가 중요한 과제가 된다.

2. 양식개요

능성어의 양식은 일본 및 동남아시아 등지에서 활발히 이루어지고 있다. 우리나라에서는 자연 종자를 포획하여 대부분을 일본으로 수출했으나 최근에는 수온이 비교적 높은 남해안 가두리 양식장에서 자연산 종자를 이용하여 일부 양식을 하고 있는 실정이다. 능성어류는 대형어로 맛이 뛰어나 높은 부가가치 양식 대상종으로 양식생산량이 점차 늘어 갈 것으로 예상된다(그림 8-18).

<그림 8-18> 양성 중인 능성어

능성어 양식은 종자생산 기술이 확립되지 않은 상태로 자연산 종자를 양식용 종자로서 대부분 이용하고 있으나 최근 일부 종자생산업자가 소량의 인공 종자생산하는 정도이며 안정적인 인공 종자 생산 기술이 능성어 양식의 최대 과제이기도 하다. 능성어의 종자로부터 3 년어까지의 생존가능 수온 및 먹이섭취 가능 수온은 각각 9~33℃와 13~32℃로 알려지고 있으며, 사육 수온으로서는 연간 16~27℃의 해역에서 양식할 경우 성장 및 생존율이 높아진다.

3. 종자생산

1) 채란

능성어의 산란 시기는 해수 수온이 20℃ 이상이 되는 6월~8월 경으로 알려지고 있다. 이 시기에 맞추어 사전에 자연산 친어를 확보하여 실내 사육하면서 자연산란을 유도하는 방법이 있다. 최근에는 복강 내에 가는 폴리에틸렌 튜브를 삽입하여 성숙도(成熟度) 조사와 호르몬 주사를 투여하여 채란·채정을 하여 인공수정을 실시하는 방법도 이용되고 있다.

친어로부터 채란 시에는 바이러스성 신경괴사증(VNN)의 원인 바이러스에 대한 검사와 아울러 수정란엔 있어서도 VNN 발생 방지를 위해 소독을 실시하고 있다.

2) 부화

능성어의 성숙난은 난경 0.88±0.017 mm의 무색투명의 분리부성란(分離浮性卵)으로 1개의 유구를 가지고 있고, 수정란의 발생은 수온 21.1~23.2℃의 범위에서 30시간 후부터 부화가 시작하여, 35시간 내에는 대부분 부화하며, 부화시간은 관리 수온에 따라 차이가 있으나 대개 20℃ 수온에서 관리할 경우 약 45시간이 소요된다.

3) 자치어 사육

능성어의 부화 직후의 전장 1.85 mm로 부화 3일 후에는 전장 2.3 mm로 후기 자어기에 속하며 이 시기에 입이 열리고 먹이섭취가 시작된다. 부화 후 23일경에는 전장 4.25 mm로 성장하여 두 번째 등지느러미와 배지느러미가 길어졌다가 짧아지는 특징을 나타낸다. 성장하여 60일경에는 전장 30.8 mm로 성어의 체형을 갖추게 된다.

능성어 부화 자어는 수형으로 로티퍼(280 ㎛ 전후)를 먹기 어려우므로 소형(180 ㎛ 전후) 또는 더 작은 초소형 로티퍼를 초기 먹이 생물로 사용한다. 먹이 계열은 부화 후 3~9일까지는 초소형 로티퍼를 10개체/㎖ 정도로 공급하여 10~40일까지는 소형 로티퍼를 같은 밀도로 공급하고 24일부터는 아르테미아 노플리우스 유생을, 33일부터는 초기 미립자 사료를 공급한다. 일령 45일경부터는 치어로의 변태가 완료되는 시기로 배합사료의 섭취가 활발해지며, 능성어는 부화 후 60일까지 표층 유영을 하다가 전장 31 mm 정도로 성장하면 저서 생활 형태로 전환한다. 현재까지 능성어는 종자생산에 있어 생존율이 낮아 초기 감모 현상의 극복, 초기 먹이 생물 등의 영양적 완성, 체형 이상 및 질병 극복을 위한 과제가 많다.

4. 식용어 양성

1) 시설 및 사육밀도

능성어 양성의 경우 다른 해수양식어와 마찬가지로 해상 그물 가두리 방식을 이용한다. 가두리의 크기 및 그물코의 크기 등은 능성어의 수용밀도 및 어체 크기에 따라 달라지며, 가두리는 일반적으로 사용하는 크기의 것을 사용하되 수심은 7~10m 정도로 깊게 해주는 것이 좋다. 가두리 위에는 차광네트를 설치하여 가두리를 어둡게 함으로써 높은 성장 효과를 얻을 수 있다.

방양 및 사육밀도 양식장환경, 가두리의 크기, 어체 크기 등에 따라 달라지고, 대개 어체중 1.5kg 정도까지는 4kg/m^{3}을 넘지 않는 저밀도로 사육하는 것이 바람직하나 경제성을 고려할 경우 10kg/m^3 정도의 밀도까지 사육이 가능하다고 판단된다.

2) 사료 및 성장

능성어의 영양 요구에 관한 연구 부족으로 전용 배합사료가 보급되지 않은 상태로 실제 양식 현장에서는 참돔용 모이스트 펠릿이나 배합사료를 이용하여 사육하고 있다.

능성어의 경우 복강 내에 지방을 축적하는 경향이 강하므로 대사를 활성화하여 복강 내 지방축적을 방지하기 위하여 대사 활성제나 종합 비타민제를 적극 첨가하는 것이 좋다.

능성어의 먹이 섭취행동은 일반적인 유영어류와 다른 특징을 가지므로 먹이 공급은 어체중의 4%(습중량)정도로 주 2 회 빈도로 하며 고수온기에는 주 1 회, 저수온기에는 주 3 회 정도로 공급해 주는 것이 적당하다.

능성어의 성장은 늦은 봄부터 여름 사이, 가을부터 초겨울에 걸쳐 높은 사료효율과 성장률을 나타내며, 하절기의 고수온기와 동절기의 저수온기에는 성장이 둔화된다. 능성어의 양성 기간 중에는 바이러스성 신경괴사증(VNN)에 의한 피해가 많은데 여름부터 가을의 고수온기에 발병하는 경우가 많고 폐사율이 매우 높으며 수온 저하에 따라 피해가 감소한다. 유효한 대책은 아직 없으며 병원체가 양식장에 유입되지 않도록 하기 위한 방역체제 확립이나 대사 활성제 등을 통한 면역 증강에 노력을 기울여야 한다.

제 5 절 참다랑어

1. 개요

우리나라의 양식 대상 다랑어류의 일종인 참다랑어는 농어목, 고등어과, 다랑어속에 속하는 학명 *Thunnus orientalis*, 영명 Pacific bluefin tuna 라고 하는 태평양 참다랑어를 일컫는다. 현재 다랑어속에는 태평양 참다랑어, 대서양 참다랑어, 남방 참다랑어 등 8 종이 알려지고 있다. 참다랑어는 북위 20 도 이북의

<그림 8-19> 외해 가두리에서 양식 중인 참다랑어

온대역에 주로 분포하며 산란 해역은 대만 동방에서 일본 오키나와 남방(산란기 4~6 월) 해역과 동지나 해역에서 우리나라 동해의 일본 연안역(산란기 7~8 월)에서 산란이 확인되고 있다.

참다랑어는 성장하면 최대 체장이 300cm 이상, 어체중 300kg 이상에 달하며 넓은 해역을 회유하며 성장단계에 따라 연안 가까이 회유하는 경우도 있으며, 우리나라 동해에서는 봄부터 여름까지는 20cm 전후의 북상하는 개체가 가을부터 초겨울까지는 남하하는 소형 참다랑어가 포획 된다.

2. 양식개요

다랑어류 양식인 태평양 참다랑어는 일본을 주축으로 하여 한국, 멕시코에서, 대서양 참다랑어 양식은 스페인, 이탈리아, 크로아티아, 터키 등의 지중해 연안국에서, 남방 참다랑어 양식은 오스트레일리아에서 주로 이루어지고 있으며 최근에는 전 세계적으로 양식이 활발히 이루어지고 있는 추세이다(그림 8-19).

참다랑어 양식은 다른 해수어류 양식과 비교해 3 대 장점을 지닌다.

① 육질이 뛰어나고 맛이 좋아 시장 가격이 높음
② 성장이 빠르고 대형으로 성장함
③ 항병성이 높고 무투약으로 양식이 가능함

한편, 단점으로는

① 종자확보를 자연산 종자에 의존하고 있음
② 먹이를 생사료에 의존하고 있음
③ 시장이 다소 한정적임

참다랑어 양식 형태는 체중 15 kg 이상의 자연산 종자를 포획하여 2~3 개월에서 6 개월정도 단기 사육 방식과 어체중 200 g 에서 1 kg 정도 자연산 종자를 포획하여 2~4 년 정도의 장기 사육을 하는 2 가지 방식으로 분류되고, 성장은 대개 1 세어가 4 kg, 2 세어가 20 kg, 3 세어가 50 kg 이상, 4 세어가 90 kg 정도의 빠른 성장을 나타낸다.

3. 종자생산

2002 년 세계 최초로 일본의 킨키대학(近畿大學)에서 완전 양식에 성공함으로써 참다랑어 종자생산이 가능하게 되었다. 자연산 종자를 포획하여 친어까지 육성한 후 그 친어로부터 산란한 수정란을 인공부화 후 사육하여 친어까지 육성하여 그 친어로부터 산란 부화하는 일련의 인위적 관리가 가능한 양식 형태로 발전하였다.

그러나 친어의 양성을 통한 성숙과 산란 및 부화 그리고 자치어의 먹이 및 사육기술 등에 있어 연구단계를 넘어 실용화를 눈앞에 두고 있는 단계로 안정적인 종자생산을 위한 기술 확보를 위해서는 아직 극복해야 할 과제가 많다.

4. 식용어 양성

1) 종자 포획과 순치

현재 참다랑어 양식에는 어체중 200g~1 kg 크기의 유어(幼漁)가 종자로 이용되고 있다. 이들 유어는 부화 후 3~6 개월 경과한 것으로 추정되며 포획량이나 포획장소는 회유시의 해황에 따라 매년 차이가 있다. 우리나라에서는 제주도, 추자도, 거문도, 대마도 근해에서 7 월~10 월 사이에 포획된다.

양식용 종자 포획에는 선상에서 인조 미끼(루어: lure)를 이용한 끌낚시를 이용하며 포획된 유어를 살려서 가두리까지 운반하며, 포획 시에 어체를 손으로 만지게 되면 점막과 비늘의 탈락에 의한 피부손상으로 세균 감염 등을 일으켜 생존율이 급감하므로 어체 취급에 세심한 주의를 요구한다. 포획된 유어는 양성용의 대형 전용 가두리 시설에 바로 수용하며, 가두리 내에 수용된 유어는 곧 먹이붙임과 동시에 먹이 섭취를 개시한다.

먹이붙임에는 10~15 cm 크기의 먹이가 적합한 해동한 신선한 까나리를 공급하며 그 후 성장에 따라 해동한 대형 까나리, 멸치류, 전갱이류, 고등어, 꽁치, 오징어 등을 병용하여 주는 것이 좋다.

2) 사육환경

참다랑어 양성을 위한 어장 환경으로서는 수심이 20 m 이상, 파랑의 영향이 적고 조류는 1~2 노트, 용존산소량은 7 ppm (5 ㎖/L) 이상으로 양식 가능 수온 범위는 13~30℃로 연중 적수온 20℃ 이상의 고수온이 오래 지속되는 곳일수록 성장에 절대적으로 유리하다. 그리고 강수 등으로 대량의 담수가 유입되는 내만은 부적절하며 특히 탁도가 높은 곳은 피해야 한다. 따라서 참다랑어 양식 적지는 외양에 접한 염분농도가 높고 안정되며 용존산소가 풍부한 20℃ 이상의 고수온이 장기간 유지될 수 있는 곳이어야 한다.

3) 양식시설

참다랑어 양성에 사용되는 가두리시설은 원형 또는 사각형 가두리가 사용되며(그림 8-20), 원형의 경우 직경 20 m 이상 50 m 정도, 사각형의 경우 한 변의 길이가 30 m 이상 50 m 정도의 크기가 적당하다. 참다랑어 양성용 가두리는

<그림 8-20> 통영 욕지도 참치양식장의 원형 가두리 시설

대개 대형으로 시설설치, 관리 및 보수에 특별한 기술이 요구된다.

참다랑어 사육관리에는 먹이공급, 수확, 가두리 관리 등을 위한 작업 선박이 필요하다. 또한 먹이는 생사료에 의존하고 있기 때문에 생사료의 보관을 위한 -20℃의 냉동고와 양식 참다랑어의 일시 보관을 위한 -40℃의 냉각 가능한 냉동고가 필요하다.

4) 사육관리

참다랑어 사육밀도는 연구 결과로부터 3kg/m^{3}를 넘지 않는 정도를 유지해 주는 것이 좋으며, 그 이상의 밀도가 되면 태풍이나 홍수 등에 의한 피해가 커지며 세심한 사육관리가 어려워짐으로써 어체의 성장이나 상품가치가 악영향을 미친다. 다랑어류는 회유성이 강하여 산소요구량이 높으므로 가두리의 크기, 형태도 중요할 뿐만 아니라 그물코가 막혀 조류 소통을 저해하는 일이 없도록 해야 한다.

먹이 공급에 있어서는 생사료에 의존하고 있으므로 타 해수어류와 달리 자동 먹이 공급기의 사용은 곤란하여 먹이 공급 시에는 삽 등을 이용해서 손으로 살포하는 방식과 압축공기를 이용하여 먹이를 공중으로 날려주거나 해수와 함께 흘려보내는 방식 등이 사용되고 있다.

생사료의 공급량은 먹이의 종류, 공급방법, 어체크기, 사육 환경 등에 따라 차이가 있으나 대개 포식을 기본으로 하며 미성어에서 성어까지는 1일 어체중의 2~3%를 기준으로 한다.

먹이공급 횟수는 1일 2회 공급으로 1주일에 6일간 공급하는 것이 적당하며, 소형 어체는 대형보다 소화 흡수가 활발하므로 먹이 공급량 및 공급 횟수를 늘려 주는 것이 필요하다.

5) 양륙 및 운송

참다랑어의 출하를 위한 양륙작업은 양식 참다랑어의 상품가치를 크게 좌우하기 때문에 기술적인 요소가 매우 중요시 된다 양륙 작업은 빠르게 어체중 10kg 전후부터 시작하여 사육 단계에 따라 이루어진다. 양륙 방법은 현재 낚시, 작살, 총격, 그물망 등에 의한 방법들이 쓰이고 있으며 낚시, 작살 양륙법으로 양륙 시에는 참다랑어가 흥분하여 난폭해지지 않도록 하기 위해 순간 직류 전기 충격을 가하여 기절시켜 양륙하기도 한다.

선상에 양륙된 어체는 즉살 처리 후 피와 신경을 뽑고 아가미와 내장을 제거한 후 즉시 빙장을 한다. 이러한 일련의 작업들은 육질 열화(劣化) 방지를 위하여 선상에서 대개 2~3 분 이내에 신속히 이루어져야 한다.

일반적으로 소비지로부터 멀리 떨어진 참다랑어 양식장의 경우 수확한 어체의 수송에는 충분한 주의를 요구하며, 우선 운송 도중 온도 관리에 세심한 주의와 함께 어체의 흔들림에 의한 외상이 생기지 않도록 신중한 처리가 필요하다.

Ⅲ. 관상어류 양식

1. 개요

1) 관상생물의 정의

관상생물(觀賞生物)이란 수계에 서식하는 보고 즐길 수 있는 동물과 식물을 의미하나 일반적으로 관상어로 통칭하기고 한다. 영어로는 Ornamental organism, Aquarium organism, Aquarium fish 로 사용되기도 하며 애완동물의 의미인 Aquapet 으로 표기하기도 한다.

인간이 살아가면서 키우는 생물에게 사랑을 줄 수 있고 그 생물을 사랑하면서 소중히 한다는 의미의 애완(愛玩)이라는 표현도 가능하나 물고기의 경우처럼 단순히 인간이 일방적으로 보고 즐기는 행동만으로 관상(觀賞)이라는 용어가 쓰이고 있으며, 관상 생물에 속하기 위해서는 아래 4 가지 조건의 전부 또는 일부를 충족할 수 있어야 한다.

① 아끼고 사랑하며 즐거움을 느낄 수 있어야 할 것
② 아름다울 것
③ 귀할 것
④ 기이할 것

2) 관상생물 분야 및 범위

관상생물 또는 관련 사업이라고 하는 것은 크게 담수와 해수 관상생물과 그리고 비생물 품종인 용품(용품산업)으로 구분할 수 있다.

관상생물에 속하는 것은 금붕어류, 비단잉어, 온대관상어, 열대관상어 및 해수 관상생물로 크게 구분이 가능하다.

제 1 절　금붕어류 양식

금붕어는 붕어의 변종으로 시작하여 다양한 품종으로 고정되었으며 잉어목(目), 잉어과(科), 붕어속(屬)에 속하며 학명은 붕어의 학명과 동일하다. 금붕어는 우리나라, 중국, 일본 등 동양에서 일찍부터 길러온 관상어류로 지금은 세계 각국에 널리 사육되고 있다.

1. 품종과 형태

금붕어의 품종은 붕어로부터 오랜 세월에 걸쳐 돌연변이(突然變異)와 교배(交配)를 통하여 인위적으로 만들어진 것이며 품종이 매우 다양하다(그림 8-21). 돌연변이에 의해 만들어진 것으로 알려진 품종은 화금(왜금)붕어, 유금붕어, 난금(환자)붕어, 남경붕어, 난중붕어, 툭눈(출목)붕어, 중천안붕어, 수포안붕어, 꼬리쇠붕어, 토좌금붕어, 지금붕어 등이 있고, 교배에 의해 만들어진 것은 네덜란드 사자머리붕어(화란), 등금붕어, 화등내붕어, 금란자붕어, 추금붕어, 캘리코(calico), 주문금붕어, 철붕어(철어) 등이 있다.

〈그림 8-21〉 관상용 금붕어

금붕어는 그 형태와 특징에 따라 변이가 많은데 기준이 되는 중요한 요소는 몸길이와 체고, 각 지느러미의 모양과 길이, 체색, 등지느러미의 유무, 비늘의 투명성과 불투명성, 눈의 돌출여부 및 머리 혹의 유무 등이며, 꼬리모양은 기본적으로 붕어꼬리형, 세꼬리형, 봇꽃꼬리형, 네꼬리형, 공작 꼬리형으로 나뉜다.

2. 습성

금붕어의 습성은 붕어와 비슷하며 식성은 잡식성으로 물속에 있는 다양한 유기물과 무기물을 먹으며 양식장에서는 배합사료를 주로 사용하며 곡물이나 그 부산물이 먹이로 쓰이기도 한다.

서식환경은 다른 관상어에 비해 매우 광범위하며 금붕어가 서식 가능한 수온은 0~30℃ 범위이며 4℃ 이하가 되면 행동이 매우 둔해지고 0℃ 이하가 되는 겨울철에는 동면(冬眠)에 들어가고, 수온이 30℃ 이상의 고수온이 장기간 지속되면 하면(夏眠)에 들어가므로 실내가 아닌 야외에서 사육하는 경우에는 수온변화에 대한 각별한 주의가 필요하며, 소형연못의 경우 수온의 변화가 크므로 세심한 주의가 필요하다.

제 2 절 비단잉어 양식

비단잉어는 원래 검정색의 잉어가 조상으로 적색계열과 백색계열의 변이종의 발현으로 오랫동안 품종개량을 거듭하면서 다양한 색상의 비단잉어가 만들어졌다. 비단잉어의 학명은 잉어의 학명과 같은 *Cyprinus carpio* 로 쓰이고 있다.

비단잉어의 관상적 가치는 크며 각 개체가 지니고 있는 전체적인 체형과 색의 배합과 구성, 밝기뿐 아니라 각양 각색의 무늬와 모양 그리고 좌우대칭 균형도와 위치 등이 품평되고 있다.

비단잉어는 산란기인 봄철에는 적게만 20 만~30 만 개, 많을 경우 100 만~150 만

<그림 8-22> 양식 비단잉어

개 이상의 알을 산란하므로 다산의 상징적 의미와 함께 우수형질의 품종 확보 가능성을 통한 산업적 부가가치가 높다(그림 8-22).

우수한 형질의 비단잉어를 만들기 위해서는 다음의 조건이 충족되어야 한다.

① 유전적으로 우수한 형질의 어미를 확보

② 우수한 형질을 발현시킬 수 있는 기술의 확보

③ 우수한 형질을 가진 비단잉어의 후손을 생산하기 위한 주기적인 선별

이와 같은 조건들이 이루어져야만 관상가치가 더 높은 고부가가치의 비단잉어 생산이 가능하다.

제 3 절 온대 관상어 양식

관상생물 중에서 가장 널리 보급된 담수 열대어에 비교하여 온대지역에 서식하는 관상생물을 보통 온대 관상어라고 불리운다. 주로 한국, 중국, 일본의 온대 자연수계에 서식하는 어종으로서 묵납자루, 각시붕어, 쉬리, 갈겨니, 피라미 등과 같이 관상어로의 가치가 매우 큰 어종들이 있으며 새로운 분야의 관상생물로 주목을 받고 있다.

제 4 절 열대 관상어 양식

열대어(熱帶漁)의 사전적(辭典的) 의미는 열대지방에 사는 관상가치가 있는 담수어와 해수어를 모두 일컫는 말로 영문으로는 Tropical fish 라고 표기한다. 그러나 일반적으로 금붕어와 비단잉어를 제외하고 수족관에서 관상용으로 길러지는 대부분의 어류를 열대어라고 부르며 열대어는 관상어를 총칭하기도 한다. 그러나 열대지방에 사는 모든 열대어를 일컫는 것이 아니며 그 중에서 색깔과 모양이 아름답거나 형태가 특이하거나 성질이 별나거나 희소종이며 그 습성이 기르기에 알맞은 종을 대상으로 하고 있다(그림 8-23).

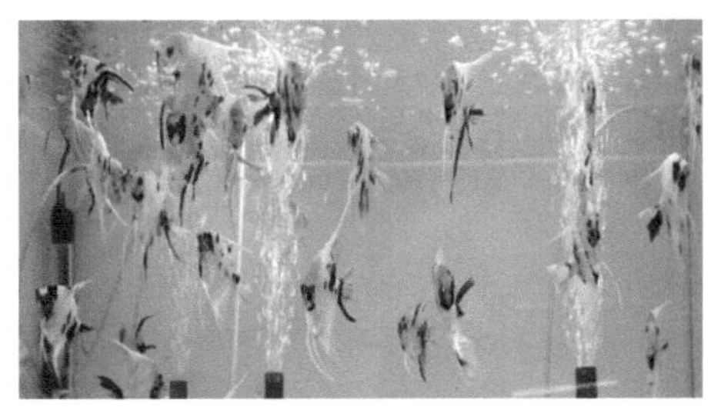

<그림 8-23> 열대 관상어

1. 열대어 분류

현재 전 세계적으로 유통되고 있는 열대 관상어는 대개 100여 종 정도이다. 이들

어종들은 분류학적으로 외형이나 생태적 습성 등을 고려하여 구분하면 태생 송사리과(live-bearers), 난생 송사리과(cyprinodontids), 잉어과(cyprinids), 시클리드과(cichlids), 아나반티드과(anabantids), 캐러신과(characins), 그리고 메기 및 미꾸라지과(catfishs and loaches)의 7개 부류에 대부분 포함된다.

2. 열대어 원산지

열대어는 열대성 기후구, 즉 연평균 기온 20℃ 이상, 강수량 2,000mm 이상의 고온 다습한 지역에 서식하는 어류로 열대어의 주요 원산지와 특징은 다음과 같다.

① 아마존 강 유역

남아메리카 대륙의 아마존 강은 많은 지류를 가지고 있으며 브라질을 중심으로 콜롬비아, 베네수엘라, 페루 등 여러 나라에 걸쳐서 흐르고 있다. 이곳에서 사는 물고기의 종류는 매우 다양하며 주로 시클리드(cichlid)류, 캐러신(characin)류, 그리고 메기류(catfish)이다.

우리나라에서 흔히 볼 수 있는 열대어류로는 시클리드류의 엔젤피시(angelfish), 디스커스(discus), 오스카(oscar), 캐러신류의 네온테트라(neon tetra), 피라냐(piranha), 메기류의 아머드 캣피쉬(armored catfish), 수조의 청소부로 알려진 코리도라스(corydoras)등이 있다. 또한, 이곳은 태생 송사리과 어류(live-bearers)인 구피(guppy)의 원산지이도 하며 예부터 세계 애호가들에게 가장 많이 사육되고 있다.

② 인도차이나 반도의 인도네시아 군도

이 지역도 열대어의 보고로 종류가 많으며, 주로 서식하고 있는 물고기는 잉어과 어류로서 흔히 주위에서 볼 수 있는 열대어는 수마트라(sumatra), 라스보라(rasbora) 등이 있다. 그 밖에도 베타(betta)와 키싱구라미(kissing gourami) 등으로 대표되는 래버린스 피쉬(labylinth fish)를 들 수 있다.

아마존 강 유역과는 달리 이 지역은 반도와 많은 섬들로 구성되어 있는 열대성 기후로서, 인도네시아, 미얀마, 타이, 베트남, 라오스, 말레이시아 등이 여기에 속한다.

③ 콩고 분지

아프리카 중앙부에서 대서양으로 흐르는 콩고 강 유역을 중심으로 하는 지역으로 크라운 테트라(clown tetra), 콩도 테트라(congo tetra)와 모르미리드(mormyrid) 코끼리처럼 코가 긴 엘리펀트 피쉬(elephant fish) 등이 사는 곳으로 유명하다. 그러나 미개발지여궁로서 최근에 새로운 열대어들이 계속 발견되고 있어 애호가들로부터 장래가 기대되는 지역이다.

④ 그 밖의 지역

멕시코의 유카탄 반도를 중심으로 한 중앙 아메리카에는 태생 송사리과 어류인 세일핀몰리(sail-fin milly), 소드테일(swordtail), 플래티(platy), 그리고 캐러신의 일종으로 눈이 없는 블라인드케이브 피쉬(blind cave fish) 등이 서식하고 있으며 인도 일부와 스리랑카, 오스트레일리아 일부 등이 있다.

아프리카 동부에는 모양이 작고 화려한 난생 송사리인 노소브란키우스(nothobranchius)가 서식하고 탕가니카 호나 니아사 호에서는 블루 시클리드(bluecichlid), 옐로 스트라이프 시클리드(yellow stripe cichlid) 등 해수어 못지않은 원색의 시클리드가 많이 발견되고 있으나 미개발지역이므로 앞으로 새로운 열대어가 발견될 가능성이 많다.

제 5 절　해수 관상어 양식

해수 관상생물은 해수에 서식하는 어류를 비롯한 수초, 산호류, 무척추동물 등을 포함한 관상생물로서의 가치가 높은 생물을 말한다. 최근 해수 관상생물은 우리나라뿐만 아니라 전 세계적으로 급성장 추세에 있으며 지속적인 시장 확대가 이루어질 것으로 판단된다. 현재 전 세계적으로 유통되고 있는 주요 해수 어종은 담셀피쉬류(damselfish), 서전피쉬(sargeonfish)와 나비고기류(butterflyfish) 등이 있다(그림 8-24).

〈그림 8-24〉 해수 관상어

1. 관상어 사육

실제 수조 내에서 관상어 사육을 위한 준비와 사육에 필요한 수온 및 수질관리, 먹이공급, 질병 등에 대한 기초 지식을 설명한다.

1) 사육수조의 설치

(1) 장소

수조의 설치 장소는 관상하기에 적당할 뿐만 아니라 수조 내에 사육되는 관상생물이 본래의 서식 환경에 가까운 형태로 사육할 수 있는 장소가 가장 이상적이다. 그러나 수조라는 한정된 공간 내에서 사육하기 위해서는 다음과 같은 조건이 충족되어야 한다.

① 주변으로부터의 소음, 진동이 없는 조용한 장소

② 수조 내의 수온 및 수졸 환경 보호를 위하여 가급적이면 일사광선이 닿지 않는 장소

③ 주기적으로 사육수를 이용하므로 주변이 다소 물에 젖어도 괜찮은 곳으로 주변에 전자제품 등이 없는 장소

④ 관상 적지 장소보다 물갈이, 먹이공급, 수조청소 등 일상의 사육이 편리한 곳을 우선으로 함

(2) 설치

수조는 적당한 설치장소가 확정되면 아래와 같은 순서로 설치한다.

2) 관상어 구입과 선택

시중에는 번식이 비교적 용이하며 사육이 쉬운 많은 종들이 시판되고 있다. 관상어 사육 초보자의 경우에는 비교적 가격이 싸고 사육이 쉬운 종일 선택하는 것이 좋으며 다음과 같은 기준이 선택 기준이 된다.

① 움직임이 활발하고 먹이를 잘 먹고 외부 자극에 민감한 개체를 고른다.

② 기형이나 외상이 있는 개체는 피한다.

③ 각종 질병이 없는 건강한 개체를 선택한다.

④ 어리고 발육이 좋은 개체를 선택한다.

3) 관상어 혼합사육

한 개의 수조의 한 종류의 관상어를 사육하는 것이 가장 좋은 사육방법이나 수조 내 변화 또는 관상 가치를 높이기 위하여 여러 종류의 관상어를 혼합하여 사육하는 경우도 많다. 그러나 혼합사육의 경우 어류들의 공생(共生)을 위하여 다음과 같은 점을 고려하여야 한다.

① 원칙적으로 개체 간의 크기 차이가 적은 같은 크기의 어류를 혼합하여 사육한다.

② 어종에 따른 식성, 서식환경, 영역 확보 경쟁 등의 습성을 충분히 고려하여 혼합 사육을 한다.

③ 어종별 수조 내 선호하는 서식 수심을 고려하여 수조 전체를 유용하게 활용할 수 있도록 한다.

④ 어종에 따른 먹이 섭취 속도 차이에 의한 문제가 있는 어류를 혼합 사육하는 것이 좋다.

2. 사육수조의 수온과 수질관리

1) 수온관리

관상어는 많은 종이 사육되고 있으므로 이들 종에 따라 서식하는 수온이 다르다. 대부분의 관상어들은 급격한 수온변화에 약하므로 급격한 수온 변화를 피하여 처음 설정된 수온을 지속적으로 유지해주는 것이 매우 중요하므로 수조는 직사광선이 닿지 않도록 하며 실내 온도 변화에 충분한 주의를 요구한다.

2) 수질관리

관상어 사육 시의 수질관리는 수온관리 이상으로 중요하다.

(1) pH

관상어는 서식 지역에 따라 수온뿐만 아니라 pH 차이가 나므로 대상 어류의 적정 pH 를 일정하게 유지해 주도록 한다. 특히 좁은 수조 내에서는 배설물이나 먹이 찌꺼기의 영향으로 pH 가 낮아지는(산성화) 경우가 많으므로 주기적인 환수나 pH 조절제를 사용하여 일정의 pH 를 유지해주는 것이 중요하다.

(2) 암모니아, 아질산, 질산염

수조 내에서 장기간 사육함으로써 배설물이나 먹이 찌꺼기 등이 부패하여 암모니아가 형성되고, 암모니아는 아질산염을 거쳐 비교적 해가 적은 질산염으로 전환되나 사육수중에 대량 축적되면 관상어류에 해를 미치게 된다. 물론 암모니아, 아질산, 질산염은 수조내의 수초에 의해 흡수되어 제거되나 한계가 있다. 따라서 수중에 축적되는 유해한 물질을 제거하기 위해서는 환수작업이 필요하다.

(3) 경도(硬度)

수질관리에는 pH, 암모니아, 아질산, 질산염 외 경도에도 주의가 필요하다. 수질의 경도는 총경도(gH)와 탄산염 경도(kH)의 두 가지로 나타내며 양쪽 다 수치가 높을수록 경수(硬水)가 되며 반대로 낮을수록 경도가 낮은 연수(軟水)가 된다.

경도가 과도하게 높아지거나 낮으면 어체에 악영향을 미치므로 정기적인 환수를 통하여 일정한 경도를 유지하도록 한다.

3) 수조 물갈이와 청소

사육수를 물갈이를 위한 수량과 횟수는 수조의 크기, 여과능력, 사육밀도, 먹이공급 횟수, 먹이 종류 등의 요소에 따라 달라진다. 그러나 일반적인 사육의 경우 대개 1 회에 총 사육수량의 1/4~1/4 정도로 하여 주 1 회를 기준으로 하여 물갈이를 해주면 비교적 좋은 수질을 유지할 수 있다.

수조의 청소는 수조 내 이끼나 물때가 낀 곳은 깨끗한 수세미 등으로 닦아주며 바닥모래 위에 오물 제거는 가는 비닐호스를 이용하여 빨려나가도록 하며, 이와 같은 부분 물갈이와 청소를 주기적으로 해주면 전량 물갈이 또는 전체적인 청소는 어병 발생 시나 수조 내 배치를 바꿀 경우 외에는 필요하지 않다. 모래, 자갈 등의 여과재를 세척할 경우에는 여과재에 서식하고 있는 유익 박테리아가 유출되지 않도록 조심스럽게 하도록 한다. 이때 수돗물을 사용하는 경우 수도수의 살균작용으로 여과 박테리아가 사멸할 수가 있으므로 하루 이상 지난 수도수를 사용하는 것이 좋다.

3. 먹이종류 및 공급

1) 먹이종류

일반적으로 사육되고 있는 관상어는 대부분 잡식성으로 무엇이든지 잘 먹는다. 그러나 일부 관상어는 식물성 또는 동물성 식성 등 종에 따라 다양한 식성을 나타내고 있어 먹이 종류도 다양하며, 관상어의 먹이 종류는 크게 천연먹이와 배합사료로 구분된다.

천연먹이는 살아있는 생먹이와 생먹이를 건조한 건조먹이, 생먹이를 냉동한 냉동먹이 등으로 나뉜다. 배합사료는 펠릿사료, 분말사료, 압출사료 등으로 각종 원료들을 인공적으로 배합하여 가공한 사료 형태이다.

배합사료는 보존성과 영양밸런스 및 물고기의 기호성을 고려한 다양한 재료를 원료로 하여 비타민과 미네랄 등을 배합하여 다양한 형태와 색상으로 제조된다.

천연 먹이들은 고온에서 부패가 빠르게 진행될 뿐 아니라 먹이 중에 포함된 단백질이나 지방은 공기 중의 산소와 접촉함으로써 산화가 진행되므로 먹이 변질에 주의가 필요하다. 또한 건조 형태의 배합사료는 고온 다습한 보관 상태에서 곰팡이 등이 발생하며 직사광선에 의한 내용물의 변질에 세심한 주의가 요구된다. 그러므로 천연 및 배합사료는 저온 또는 냉동고에 보관하는 것이 바람직하다.

2) 먹이 공급

먹이섭취상태가 좋은 물고기는 피부 광택과 체색이 좋을 뿐만 아니라 유영도 활발하지만 그렇지 못한 물고기는 그 반대의 현상을 볼 수 있다. 따라서 먹이 공급 시에는 어체의 건강상태를 주의 깊게 관찰하면서 공급해야 한다. 대개 1 회에 공급하는 적정 먹이공급량은 물고기가 2~3 분 정도에 먹을 수 있는 양으로 먹이 찌꺼기가 없도록 한다.

3) 관상어의 번식

관상어의 번식을 성공시키기 위해서는 우선 수조 내에서 일정 기간 사육을 하면서 대상종의 산란습성이나 번식 행동에 대한 기초적인 지식을 습득해야 한다. 그 후 수조 내의 환경을 대상종의 최적 번식 환경에 맞게 조성해 주도록 한다.

다음은 관상어 번식을 위한 순서 및 조건이다.

(1) 친어의 몸 상태를 최상으로 유지시킨다.

친어의 몸상태를 최고로 유지해주는 것이 최우선이다. 이를 위해서는 수온, 수질을 비롯하여 영양 밸런스까지 최상의 관리 상태를 유지한다.

(2) 우량한 암수짝은 선별한다.

성숙한 암수 개체들을 복수로 동일 수조 내에 수용하면 산란기가 가까워지면 자연스럽게 암수짝이 형성된다.

복수의 암수짝이 형성되면 그 중에서 가장 사이가 좋은 암수를 골라 친어로 사용한다.

어종에 따라서는 1 마리의 우량수컷에 여러 마리의 우량 암컷이 짝을 지어 한번에 2~3 배분의 치어를 생산해 낼 수 있다.

(3) 이동용 수조를 준비한다.

혼합 사육수조 내에서 번식이 이루어지는 경우 난이나 자치어가 먹혀버리는 경우가 많다. 따라서 암수짝이 형성되면 그 외 개체들은 별도의 수조를 준비하여 이동시켜야 한다. 반대로 암수짝을 이동시키는 경우도 있으나 이동 쇼크와 환경변화에 의한 스트레스로 번식에 실패할 수도 있으므로, 고도의 기술이 필요하다.

(4) 산란소를 준비한다.

번식시키는 종에 적합한 산란소를 준비해야 하며, 대상종의 산란습성을 조사하여 산란용 상자를 사용하거나 수초, 돌, 부유초 등을 준비하여 최적의 산란소를 만들어 준다.

(5) 자치어의 먹이를 준비한다.

난으로부터 부화 후 난황의 흡수가 끝나기 직전부터 먹이 붙임을 한다. 초기먹이로는 영양 강화된 로티퍼와 아르테미아 유생의 순서로 먹이를 공급하며 성장 단계에 따라 시판미립자 사료를 단계적으로 공급하며, 치어기의 영양공급은 성장에 직접적인 영향을 미치므로 충분한 영양 밸런스와 공급에 세심한 주의가 필요하다.

(6) 자치어 수조 내의 수질관리에 최선을 다한다.

부화 직후의 자치어는 수온, 수질 등의 변화에 극히 민감하기 때문에 이 시기에 수조 내의 먹이공급에 따른 수질관리에 만전을 기하도록 한다.

제 9 장 패류 양식

I. 이매패류 양식

패류란 굴, 가리비, 진주조개, 피조개, 진주담치, 전복 등과 같이 조가비를 가진 연체동물들이다. 수산업적으로 중요한 패류는 주로 천해대에 분포하고 있으며, 우리나라의 경우 주로 서해안 및 남해안의 만이나 강 하구에서 양식되고 있다. 패류는 고단백 식량 자원으로서 나날이 수요가 늘어 가지만, 환경 변화와 무절제한 채취로 생산량은 줄어들고 있는 실정이다. 이매패류의 초기 생활사에서 부유유생 시기는 난에서 부화 후 몇 차례의 발달단계를 거치면서 많은 폐사가 발생하고 일정성장기를 거쳐 비교적 안정적인 저서생활기로 이행하게 된다(그림 9-1).

대부분의 해산 이매패류는 자웅이체로 암.수가 분리되어 있는데, 성숙된 어미들은 물리.화학적인 작용에 의해서 방란.방정이 일어나고 방출된 난과 정자는 체외에서 수정된다. 수정난은 12~24시간 이내에 담륜자(trochophore) 유생으로 발달하여 난에서 부화한다. 담륜자 유생은 섬모를 이용하여 자유유영을 하고 난에 축적된 영양물질을 이용하여 발달하면서 패각을 형성한다. 부착성 이매패류의 유생의 크기별 형태는 <표 9-1>과 같다.

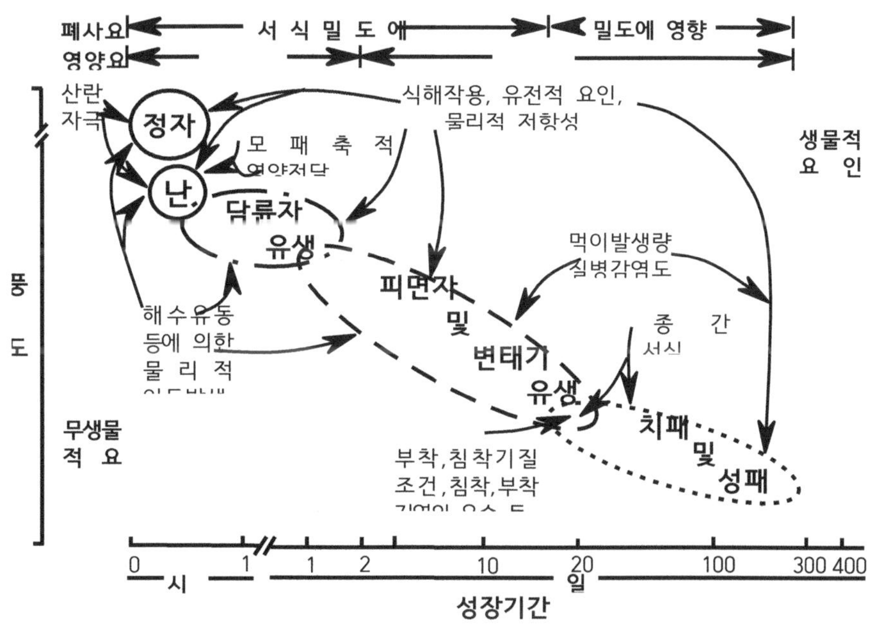

〈그림 9-1〉. 조개류의 저서가입 및 초기 생존 모식도 (허영백 제공)..

〈표 9-1〉. 부착성 해산 이매패류 4종 유생의 크기별 형태(허영백 제공).

각장 (μm)	품종			
	진주담치 (*M. edulis*)	홍합 (*M. coruscus*)	참굴 (*C. gigas*)	진주조개 (*P. fucata martensii*)
70.0			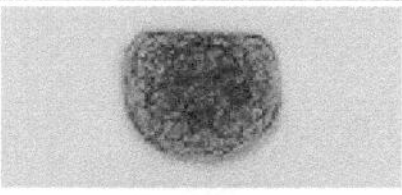	
80.0			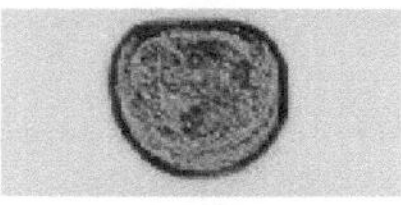	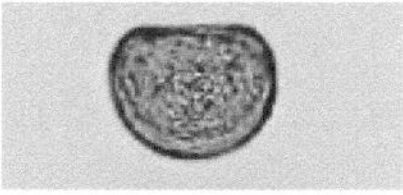
90.0			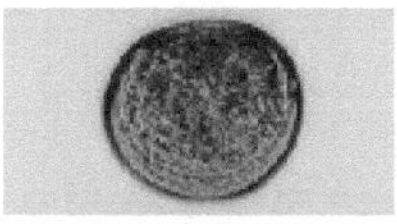	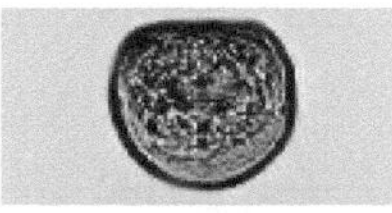
100.0			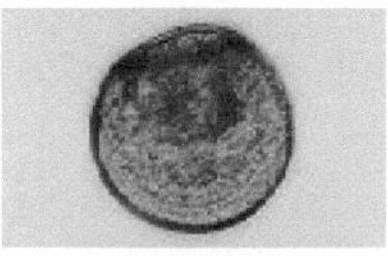	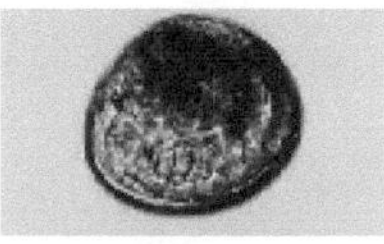
110.0	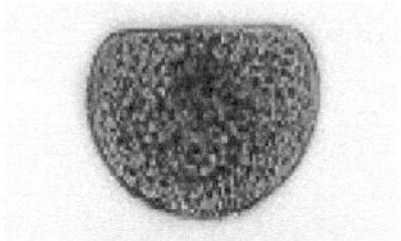	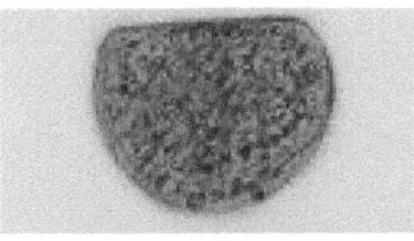	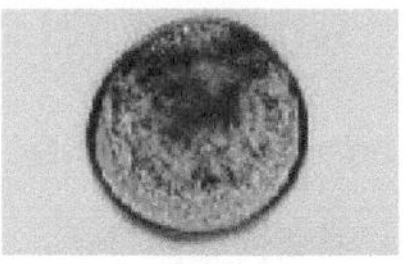	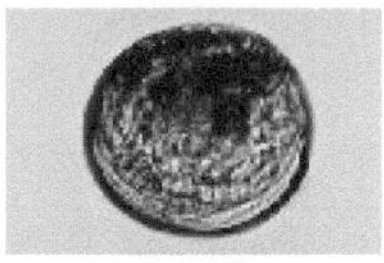
130.0	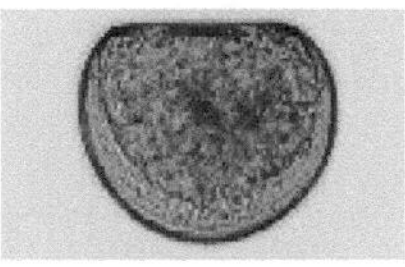	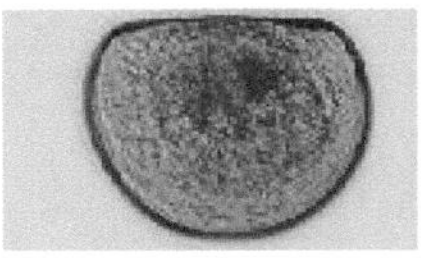	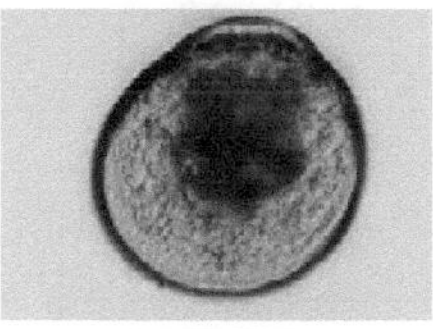	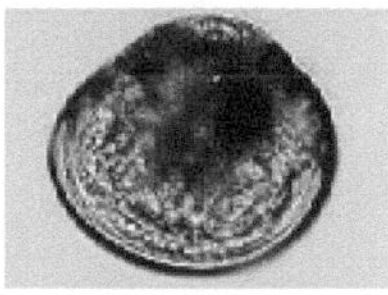
150.0	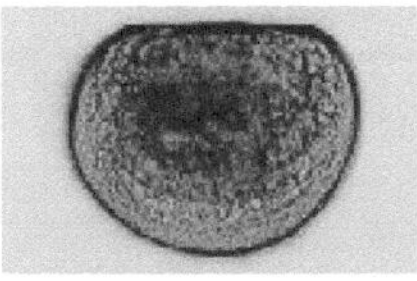	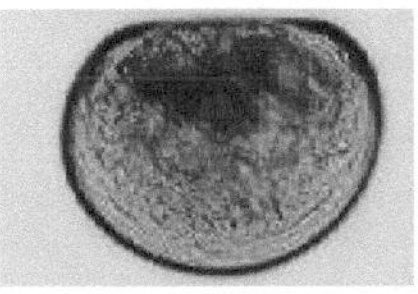	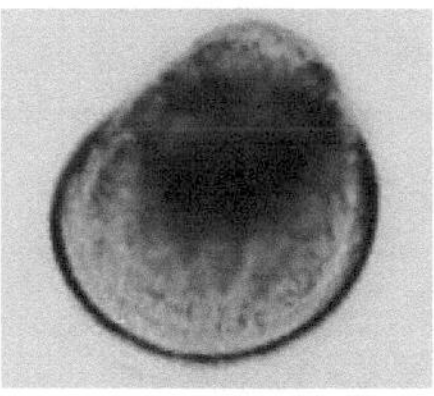	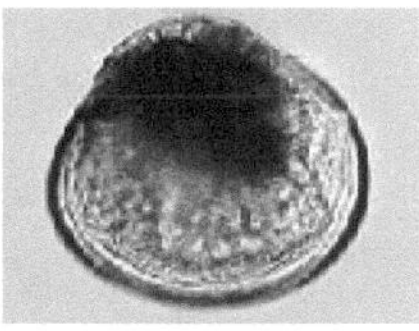
180.0	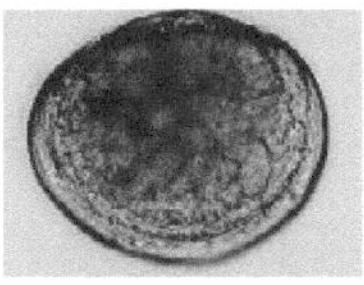	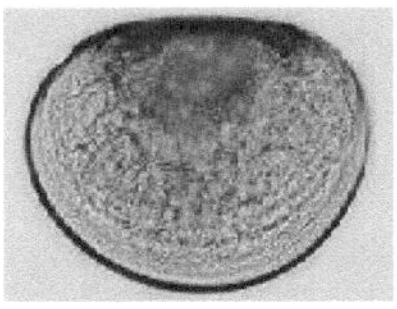	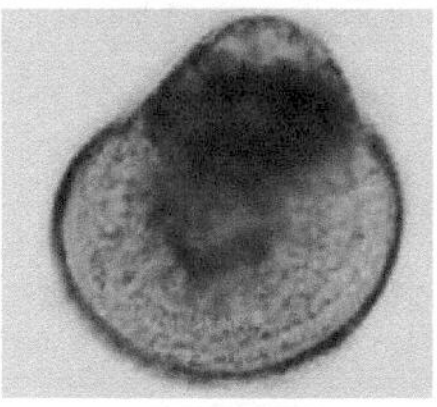	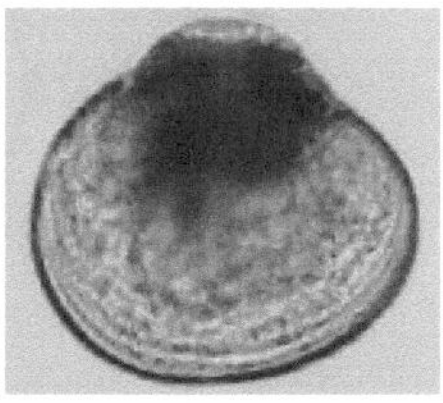
220.0	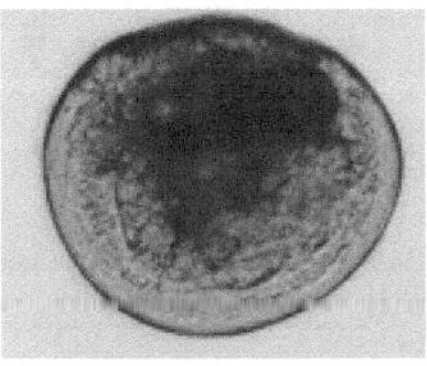	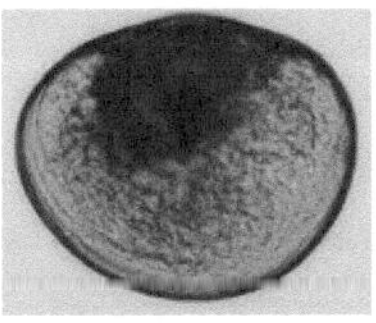	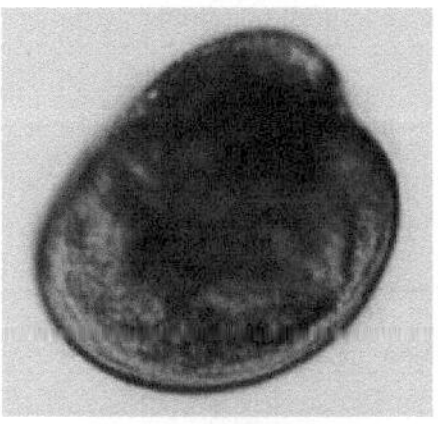	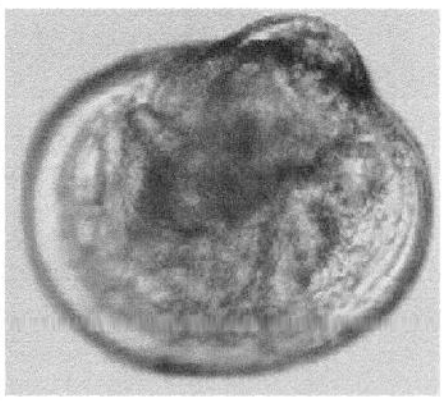
250.0	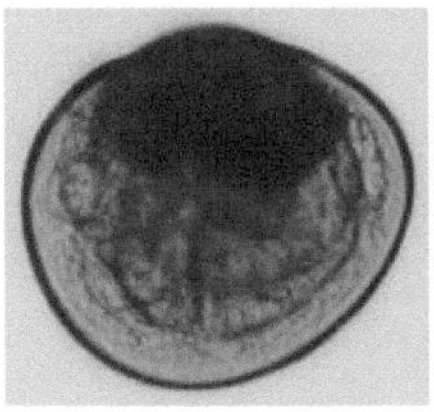	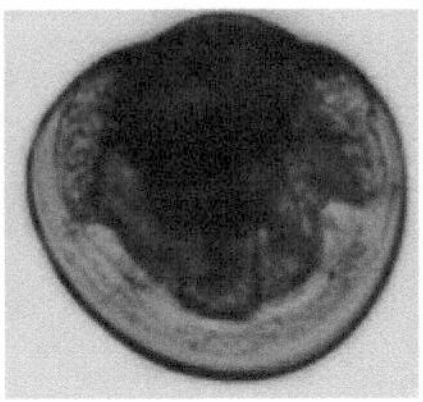	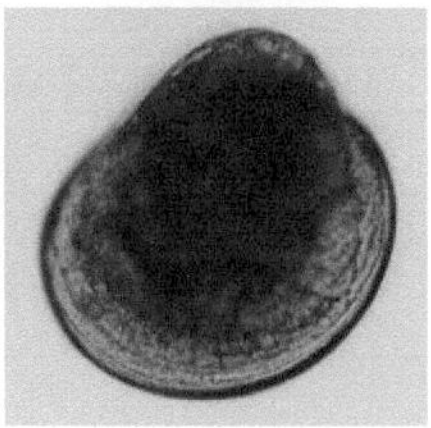	

제 1 절　굴 양식

굴은 과거부터 세계 여러 나라 사람들이 즐겨 먹고 있는 종류로서, 고대 그리스 및 로마 시대부터 양식한 기록이 있다. 우리나라도 과거부터 식용으로 이용해 왔으며, 구한 말 투석식에 의한 양식이 시작되었고, 1969 년부터 본격적인 수하식 양식이 시작되었다.

우리나라에는 참굴(*Crassostrea gigas*), 강굴(*C. rivularis*), 바윗굴(*C. nippona*), 털굴(*C. echinata*) 및 벗굴(*Ostrea denselamellosa*) 등이 서식하고 있다. 특히, 우리나라의 굴 양식은 주로 참굴을 대상으로 하며, 패류 양식종 중에서 산업상 가장 중요한 종이다.

1. 생태

1) 분포와 서식장

참굴은 우리나라 전 연안에 분포하며, 특히 담수의 영향을 받는 연안에 주로 분포하다. 광염, 광온성 부착 패류로 염분이나 수온 등의 변화에 잘 견디지만, 일반적으로 염분이 15~30 psu 인 지역에 주로 분포한다.

2) 성숙과 산란

참굴은 1 년생 이상의 각고 5~6 cm 이상에서 성숙 개체를 확인할 수 있다. 수온 20℃ 이상 되면 산란을 하는데, 남해안의 경우에 6~8 월에까지 산란이 계속된다. 암컷의 산란 시 방출되는 알의 양은 크기에 따라 다르나, 보통 수천만 개에 달한다.

성숙과 산란은 온도와 먹이 조건에 따라 달라지며, 같은 장소에서도 어미 굴의 서식 환경에 따라 다르다.

3) 발생과 부착

수정한 참굴의 알 크기는 0.05 mm 가량으로, 수정막이 생기며 구형으로 바뀐다. 수정란은 수시간 내에 극체 방출과 난할을 반복하여 상실배가 된다. 포배기에 이르면 섬모를 이용한 회전 운동을 하며, 그 후 낭배기를 거쳐 부화하게 되는데 이때는 몸에 조가비가 없는 상태이다. 이 시기를 담륜자 유생(트로코포라 유생)이라고 하며 하루 정도 지나면 몸에 조가비가 생기고 면반이 발달하여 부유 생활을 하는 피면자 유생(벨리져 유생)이 된다. 이때 모습이 영어의 D 자를 닮았다고 하여 D 상 유생이라고도 한다. 수온에 따라 차이가 있으나, 20℃에서 26 시간 정도 소요된다. 이 D 상 유생은 물속의 식물플랑크톤을 먹고 성장하면서 각정이 부풀어 오르고 부착 단계에 이르면 유영 기구인 면반이 퇴화되고 발과 안점이 발달한다. 수정해서 부착할 때까지 소요되는 기간은 고수온에서 짧아지는데, 대략 19~20℃에서는 3주일 정도가 소요된다.

부착기에 이른 유생은 면반이나 발과 같은 운동 기관을 이용하여 부착 장소를 찾으며, 부착 장소가 정해지면 족사샘에서 분비물을 내어 부착하게 된다.

2. 종자의 생산

참굴의 종자는 인공 종자 생산 또는 자연 채묘를 통해 생산하는데, 우리나라의 경우 대부분 자연 채묘에 의존하고 있다. 그러나 최근 들어 자연 채묘가 부진함에 따라 인공 종자 생산도 증가되고 있는 추세이다.

1) 인공 종자 생산

(1) 어미 관리

건강한 유생과 양질의 치패를 생산하기 위해서는 성장이 빠르고, 병해에 강한 우량 형질의 모패 확보가 매우 중요하다(그림 9-2).. 최근에는 인위적인 자극으로 연중 채란이 가능하기 때문에, 모패 확보 때부터 체계적인 종자 생산 계획을 세워야만 한다.

<그림 9-2> 종자생산용 모패

채란용 모패의 관리는 건강하고 다량의 유생을 얻기 위해서 생식소 성숙과 대사에 필요한 글리코겐과 지질의 함유량이 높은 먹이를 공급해야 하는데, 단일종을 공급하는 것보다 여러 종류를 혼합하여 공급하는 것이 효과적이다

(2) 채란과 유생 사육

(가) 채란

채란을 통한 패류의 알 발생 성도를 보면 자연 산란을 통해 발생한 알이 D형 유생으로 발달하는 비율이 가장 높은 것으로 나타났다. 대량으로 수정란을 얻기 위해서 산업적으로는 절개법을 이용하는데, D상 유생으로 19.4% 정도이다.

참굴의 채란은 패각에 붙은 이물질을 깨끗이 제거한 다음, 통풍이 잘 되는 음지에서 1시간 정도 음건 후 모패 사육 수온과 동일한 수온의 여과 살균 해수가 채워진 채란 수조에 수용한다. 이때, 수조의 수온을 천천히 3~5℃ 상승시켜 방란, 방정을 유도한다(그림 9-3 참조).

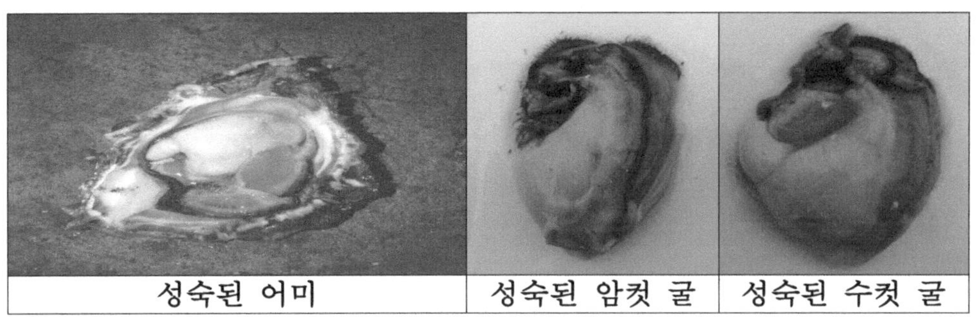

〈그림 9-3〉. 성숙된 굴의 생식소 상태(허영백 박사 제공).

(나) 유생 사육

유생 사육은 소화 기관이 형성된 D상 유생에서 부착 기질에 부착하여 변태하기 이전까지 사육하는 과정이다. 유생은 크기가 작고 약하여 수질의 급격한 변화, 병원체 감염 및 해적 생물로 인한 대량 폐사가 일어나기 쉽기 때문에, 사육 환경 조절, 적정 먹이 생물의 공급 및 사육수 관리에 세심한 주의가 필요하다.

유생 사육 시 먹이는 모패 사육 시 먹이와 동일하나, 단일종을 공급하여 주는 것보다 여러 종류를 혼합하여 공급하면 성장과 생존율이 높다.

먹이 생물 공급량은 유생 사육 밀도가 5마리/mL일 때 초기 D형 유생을 기준으로 1회에 5,000세포/mL를 1일 3회씩 공급해 준다. 그리고 2일마다 30%씩 증가시켜 공급하는 것이 유생의 성장과 생존율을 증가시키고 먹이의 허실을 줄일 수 있다.

(3) 채묘

참굴의 부착기 유생 크기는 각장 310~330㎛ 정도 이며, 망목 230㎛ 뮐러 거즈를 이용하여 성숙기 유생만을 골라 채묘용 수조에 수용한다. 유생의 부착 기질은 굴과 가리비, 조가비가 주로 이용되며, 부착 기질에 붙어 있는 이물질은 반드시 제거해 주어야 한다.

채묘용 조가비당 부착 유생의 수는 일반적으로 채묘 후 바로 양성하는 굴 종자는 채묘기당 30~40마리, 단련을 위해서는 70마리 이상의 부착 밀도가 적당하다.

실내 채묘 방법은 바닥식, 수하식, 굴 수용망을 이용하는 방법이 있다.

2) 자연 종자 생산

채묘예보 등을 통해 채묘 적지와 채묘 시기가 결정되면 부착기 유생 준비된 채묘 기질에 부착시켜 양성용 종자로 활용하기 위한 채묘를 실시한다. 부착기 유새을 채묘 기질에 부착시키는 채묘 방법은 크게 채묘기질을 연승식으로 수중에 설치하여 채묘하는 수중식 채묘와 연안 간석지에 말목 등으로 간이 채묘대(rack)를 설치한 후 채묘기를 설치하는 지선채묘로 구분할 수 있다. 그러나 채묘기를 설치하기 전 사전 채묘 시설과 채묘기를 확보하여야 한다.

(1) 채묘기 준비

굴 종자 생산 용 채묘기는 굴의 양성방법에 따라 목적에 맞도록 생산하여야 한다. 굴의 양성방법은 크게 개체굴 양식과 덩이굴 양식으로 양식방법에 따라 크게 두 가지로 나눌 수 있다. 덩이굴 종자는 주로 수하식(연승식, 말목식 등) 양식에 종자로 이용되고(그림 9-3), 개체굴 종자는 주로 채롱 등을 이용한 가상식 형태의 개체굴 양식에 필요한 종자로 이용한다. 따라서 채묘기를 준비할 때는 양식목적에 맞도록 적절한 기질을 선택할 필요성이 있다(그림 9-4).

<그림 9-3> 덩이굴 채묘를 위한 채묘기 준비 모습(허영백 박사 제공).

<그림 9-4>. 개체굴 천연 종자 생산을 위한 채묘기 준비 모습.

(2) 채묘 예보

참굴 양식에 필요한 종자용 치패를 확보하기 위해서, 해수 중 참굴 유생의 각 단계별 분포 상태와 이를 토대로 부유 유생의 부착 시기 및 분포 수역을 미리 알려주는 것을 채묘 예보라 한다.

참굴의 부유 유생은 부착 직전의 크기가 0.3 mm 정도이고, 유생은 공간적 분포는 해수 유동의 영향으로 인해 수면 가까운 곳에 많으며, 주로 수면에서부터 2 m 수층까지이다.

부유 유생의 조사 방법은 매우 만조 시에 그물코 0.06 mm의 유생 채집망을 사용해서 수면으로부터 30 cm 깊이에서 50 m 가량 끌어서 채집하거나, 2 m 깊이에서 수직으로 끌어서 채집한다. 채집된 유생은 포르말린으로 고정한 다음 현미경으로 유생기 단계별로 나누고, 그 수를 조사하여 부착 시기를 예보한다.

(3) 채묘

참굴 유생이 부착할 수 있는 수층은 일반적으로 만조선에서 간조선의 수심 1~2m 사이로, 3~6 시간 노출선 사이이다.

채묘 방법으로 고정식 채묘와 부동식 채묘가 있는데, 고정식 채묘는 말목식 채묘라고도 하고, 부동식 채묘는 뗏목 또는 밧줄(연승) 수하식 채묘라고도 한다.

고정식 채묘 시설은 수심이 얕은 간석지에 말목 양성 시설과 같은 형태로 채묘상을 만들고, 채묘연을 수화시켜 채묘한다. 수심이 깊은 곳에서는 부동식 채묘 시설을 하고, 양성용이나 채묘용 뗏목에 패각 채묘연을 참굴 부착층에 수직으로 수하하여 채묘한다(그림 9-5).

(4) 부착 치패의 관리

부착 치패는 부착한 다음 하루가 지나면 주연각이 형성되고 4~5 일이 지나면 치패의 크기는 2~3 mm로 된다. 채묘시기에 따라서 부착 치패 관리가 달라지는데, 전기 채묘한 치패는 2~3 주일이 지나면 단련시키지 않고 곧 양성장으로 옮겨서 양성용 종자로 사용하며, 후기 채묘된 치패는 약 2 주일이 지나면 곧 단련장으로 옮겨서 관리한다. 이렇게 단련된 부착 치패는 단련 종자로 이용된다.

(5) 양성법

양질의 참굴을 생산하기 위해서는 이들의 생물학적인 여러 특성에 따라 합리적인 양성 방법으로 선택하는 것이 필요하다.

가) 양성 방식

참굴 양성장은 환경에 따른 지역차가 있기 때문에, 각각 양성장으로서의 가치가 다르다. 이에 따라, 우리나라에서는 수하식 양성, 나뭇가지 양성, 바닥 양성 등이 시행되고 있다.

(가) 수하식 양성 : 수하식 양성은 채묘된 굴이 먹이를 먹을 수 있는 시간을 길게 하기 위하여 항상 물속에 잠겨 있도록 하는 방법으로, 성장이 빠르고 균일할 뿐 아니라 해면을 입체적으로 이용하는 효과가 있다. 또, 저서성 해적 동물에 의한 피해가 적다. 초기 시설비와 관리를 위한 일손이 많이 들지만, 생산량이 많은 것이 장점이다(그림 9-5).

〈그림 9-5〉 수하식 굴양식

(나) 나뭇가지 양성 : 소조 때의 간출선으로부터 대조 때의 간출선보다 약간 낮은 곳에 나뭇가지를 세워서 양성하는 방법이다. 주로 소나무를 이용하기 때문에, 송지식 양성이라고도 한다. 양성장은 파도가 적은 내만으로서, 먹이가 풍부하며 저질이 비교적 안정된 곳이어야 한다. 양성용 나뭇가지가 직접 부착 기질로 이용되기 때문에 참굴 유생의 부착 시기에 맞춰 시설하며, 시설비는 적게 들지만 저서성 해적생물에 의한 피해가 많다.

(다) 바닥 양성 : 넓은 조간대를 이용하는 양성법으로서 조간대에서부터 수심이 수 m 되는 얕은 곳에 종굴을 뿌리거나, 부착 기질인 돌이나 조가비를 넣어 부착기 유생을 부착시켜 양성하는 방법이다. 지반이 안정되고 평탄해야 하며, 먹이가 많고 해수의 유통이 잘 되는 곳이어야 한다. 이 양성법은 시설비가 적게 들고 관리가 쉽지만, 저서성 해적 생물에 의한 피해가 가장 많이 나타나는 방법이다. 최근에는 내만의 환경 오염과 적조 발생 등으로 인해 나뭇가지 양성이나 바닥 양성과 다른 수하 양성보다는 내파성이 강해서 외해에 시설할 수 있는 로프 수하식 양성 시설 면적이 증가하고 있다.

생산량이 적은 말목 및 우산형 수하식 양성, 나뭇가지 양성과 바닥 양성은 양성장의 면적이 확대되지 않고 있다. 그러나 로프 수하식 양성은 단위 면적에 대한 생산량이 많기 때문에 그 시설 면적이 증가하고 있다.

〈그림 9-6〉 채롱식 개체굴 양식

(라) 개체굴 양성: 최근 개체굴 종자는 주로 채롱 등을 이용한 양식방법으로 양성하는데 성장이 빨라 비만도도 좋고 소비자들로부터의 기호성도 좋아 그 생산량이 점차 증가하고 있다(그림 9-6).

나) 양성관리

양성장의 관리는 해적 생물의 구제, 양성장의 저질 개선 및 해수의 유통을 증가시켜주는 일 등이 주된 일이 된다.

양성용 종굴의 수하시기는 수온이 올라가는 시기 중에 일찍 할수록 성장이 많이 되지만, 부착성 해적 생물인 진주담치의 부착 시기인 5 월 말까지는 피해야 하므로, 6 월 상순에서 7 월까지가 적당하다.

양성장은 다년간 연작, 밀식 등으로 인해 특히 단위 면적당 생산량이 가장 많은 로프 수하식에서 굴의 성장과 비육이 저하되는 경우가 많은데 이것을 양식장의 노화 현상이라고 한다. 그 대책으로는 일정한 기간 동안 양성을 중지하거나 양성 밀도를 줄이는 한편, 바닥 침전물 제거 등의 방법을 취해야 하고, 이후에는 윤작 등의 방법을 강구해야 한다.

다) 수확

굴은 비만도가 높은 것을 수확하기 때문에, 수확 시기에는 글리코겐이나 단백질량이 많다. 굴은 이용 목적에 따라 수확 시기가 다른데, 생굴은 글리코겐이 많은 시기인 늦가을에서 초봄 사이에, 가공용은 단백질이 증가하는 시기인 산란기 직전의 봄철에 수확한다.

<그림 9-7> 양식굴의 수확

수확 방법은 수하연을 손이나 채취선의 기중기를 이용해서 끌어올리고(그림 9-7), 끌어올린 수하연은 줄을 알맞게 끊은 다음 원반에 부착한 굴을 세척통에 넣어 세척하며, 세척된 것은 벨트 컨베이어를 통과시키면서 잡물을 제거하고 수송용 그릇에 담아 수송한다.

수확량은 양성장과 수확 시기에 따라 다르나, 로프 수하식인 경우에 4 m 의 수하연당 알굴의 수확량은 2~4 kg 정도이다.

제 2 절 가리비류 양식

가리비는 전 세계적으로 약 360 여 종이 분포하며, 주로 한해성이다. 우리나라에는 10 종 정도의 가리비가 서식하는 것으로 밝혀져 있으며, 주요 산업종으로는 참가리비(giant Ezo scallop, *Patinopecten yessoensis*=*Mizuhopecten yessoensis*), 해가리비(saucer scallop, *Amusium japonicum*), 국자가리비(Japanese baking scallop, *Pecten albicans*), 해만가리비(bay scallop, *Argopecten irradians*) 및 비단가리비(Chinese scallop, *Chlamys farreri*) 등이 있다.

1. 생태

1) 분포와 서식장

참가리비는 외양성, 한해성 이매패류로, 염분이나 온도의 변화에 민감한 종이다. 한류의 영향을 받는 우리나라 동해안, 일본 북해도 및 북태평양 전역에 널리 분포한다. 주된 서식장은 바닥이 사니질이거나 패각으로 이루어진 모래가 많고, 수심이 20~40 m 되는 곳이다.

2) 성숙과 산란

참가리비의 생식소는 다른 이매패류들과 달리 육질로부터 분리되어 있으며, 미성숙기에는 암수를 구분할 수 없다. 성숙한 가리비의 생식소 빛깔은 암컷이 선홍색 또는 적갈색이며, 수컷은 유백색이다.

산란 임계온도는 8℃이며, 산란 기간은 비교적 짧은 편으로, 산란 기간 동안 약 1,000 만개 정도의 알을 방출한다. 알의 크기는 지름이 0.07 mm 안팎이다.

3) 발생과 착저

발생은 수온과 염분의 영향을 크게 받는데, 발생 가능 수온은 6~20℃이나, 발생 최적 수온은 12℃이다. 그리고 적당한 염분의 범위는 33~35 psu 이다.

수온이 약 8℃ 경우, 수정한 다음에 약 4 일이면 부화되어 담륜자(트로코포라) 유생으로 되어 유영하기 시작하고, 5~7 일이면 조가비가 생겨 벨리저 유생(D 상 유생)으로 발달한다. 약 15~17 일이 지나면 각정기 유생으로 되고, 약 40 일이 지나면 족사를 내어 기질에 부착한다. 부착 후 주연각이 생기고 성체 패각의 특징을 가지게 된다. 자연에서는 주로 해조류의 표면에 부착하며 부착 후 2 개월 정도가 지나면 0.7~1.0 cm 정도로 성장하는데, 이때 족사를 끊고 바닥에 가라앉아 저서 생활을 하게 된다.

2. 종자의 생산

현재 참가리비 양식을 많이 하고 있는 강원도 지방의 경우, 양식을 위한 종자는 전적으로 자연 종자에 의존한다. 자연 종자 생산은 가리비의 산란 활동과 산란 후 해수 중 부유유생의 출현량 확인을 통한 채묘 예보의 결과에 따라 실시되고 있으며, 채묘기 성장과 중간 육성을 거쳐 본격적인 양성을 한다(그림 9-8).

1) 인공 종자 생산

참가리비의 인공 종자 생산은 일본에서는 1966년부터 산업적으로 이용하게 되었지만, 우리나라에서는 1991년부터 강원도 연안에서 일부 실시하고 있다.

<그림 9-8> 양식 참가리비

(1) 어미 관리

참가리비의 산란기는 강원도 연안에서 5~6월경이므로, 이보다 다소 빠른 3~4월경에 성숙한 모패를 준비해야 한다. 모패는 냉각 장치를 이용하여 수온이 산란 임계 온도인 8℃를 넘지 않도록 세심하게 관리해야만 한다.

(2) 채란과 유생 사육

가) 채란

성숙한 참가리븐ㄴ 생식소의 색으로 쉽게 구분할 수 있으므로 따로 수용해야 한다. 채란 시 인위적인 자극 방법으로는 간출과 수온 자극을 주로 이용한다. 간출시킨 어미를 산란 임계 온도보다 1~7℃ 높은 9~15℃의 해수에 옮겨 채란하는 방법을 주로 사용한다. 이와 같은 방법으로 2~3시간 지나면 곧 산란한다. 채란한 다음 30분 정도 지나면 수정이 끝나기 때문에, 1~2시간 지나면 수정란을 깨끗이 씻은 다음 곧 부화 탱크로 옮겨 지수상태로 부화를 기다린다.

나) 유생 사육

수온이 8℃이면 수정한 다음, 약 4일 후 부화해서 담륜자 유생이 된다. 부화 직후의 담륜자 유생은 운동력이 약해서 수면으로 떠오른 다음 거의 움직이지 않는다. 이때에 이들을 알맞은 밀도로 다른 유생 사육 탱크로 옮겨 패각이 형성될 때까지 관리한다.

패각이 완전히 형성되는 D상 유생으로 되는 데는 약 5~7일 정도가 소요된다. 이때가 되면 물리적인 충격에 강해지므로, 곧 물을 교환한 후 먹이를 준다.

사육 해수의 교환은 유생의 사육 밀도에 따라 다르나, 일반적으로 mL당 10개체 이하를 수용하고 2일마다 전량 환수한다. 유생이 성장하면서 먹이의 섭식량은 많아지는데, 먹이 종류에 따라 다르지만 250㎛ 가량 성장한 유생은 케토세로스(*Chaetoceros calcitrans*) 약 150,000 세포를 하루에 섭식하게 된다. 일반적으로 먹이 공급은 어느 한 종을 단독으로 공급하는 것보다는 혼합하여 공급하는 것이 좋은 성장과 높은 생존율을 기대할 수 있다.

(다) 채묘

성숙 부유 유생은 부착 시기가 가까워지면, 흑색인 안점이 아가미 원기의 뒤쪽에 나타난다. 부착기에 접어든 유생이 든 수조에 부착기를 넣어 채묘하게 되는데, 부착 후 고른 성장을 위해 적절한 유생 밀도를 맞추어 주어야 한다. 채묘한 다음 며칠이 지나 부착 치패가 안정되면, 그물코 2 mm 인 보호망에 부착기를 넣어 일반 해수 중에 수하시켜 성장시킨다.

치패가 성장함에 따라 그물코가 큰 채롱으로 바꿔주면서 관리한다. 부착 치패의 성장은 환경에 따라 다른데, 수온에 가장 큰 영향을 받는다.

2) 자연 종자 생산

(1) 채묘 예보

참가리비의 부유 유생이 많은 나타나는 곳은 연안 반류에 의해서 와류가 생기는 수역이다. 이러한 수역은 육지에서 멀리 떨어져 있고, 부유 유생이 나타나는 기간이 다른 곳에 비해 짧기 때문에 주의해야 한다. 일반적으로, 참가리비 유생이 부착까지 걸리는 시간은 약 40 일이므로, 참가리비의 산란 활동을 세밀히 관찰하여 부착 시기를 예측하여야 한다.

부유 유생이나 부착 치패가 많은 수층은 중층이고, 표층에서 5 m 사이 층에는 유생이 거의 분포하지 않는다. 부유 유생이 많이 나타나는 시기는 강원도 연안의 경우 5 월 초부터 6 월 말까지이다. 그러나 기상이나 해황이 악화되어 풍파가 심하면 유생의 수가 급감하므로 주의해야 한다.

채묘 예보 적기는 채집한 유생을 각장별로 도수 분포도를 만들어 그 중앙값이 0.22~0.24 mm 에 이르렀을 때이다.

가) 채묘와 시설

채묘 장소와 수심은 일반적으로 20~40 m 의 깊은 곳으로, 부착기 치패는 주로 중층에 있다. 강원도 연안의 경우 파도가 심하므로 채묘 시설을 설치할 때에 약 10 톤 정도의 콘크리트 블록을 이용하여 고정시킨다.

채묘기의 부탁 기질은 주로 화학 섬유로 된 그물 및 경질 PVC 필름 등을 사용하며, 1~1.5 mm 그물코의 나일론 자루(양파망)나 폴리에틸렌 자루에 담아 채묘기를 만든다.

채묘기의 설치 위치는 수표면으로부터 10~25 m 에 설치하며, 채묘연의 길이는 약

20 m 정도로 한다. 이때, 각 채묘연당 20~25 개 정도의 채묘기를 부착하며, 채묘연의 끝에는 2~3 kg 정도의 고정 닻을 설치한다.

참굴의 경우와 같이 참가리비 유생 채묘에서도 진주담치는 해적 생물이며, 채묘 예보를 할 때에 진주담치 유생의 부착 수층은 피해야 한다.

(2) 부착 치패의 관리

부착 생활을 하는 기간은 해황에 따라 다르나, 일반적으로 2 개월간이며 채묘기 내에서 성장한다. 이때 그물코에 쌓인 부니나 해조류 및 그 밖의 부착 생물을 제거해 준다.

채묘기에서 성장시킨 치패는 2~3 개월 후면 10~20 mm 정도 성장하게 되는데, 이 치패를 중간 육성용으로 이용한다.

3. 중간 양성

〈그림 9-9〉 참가리비 치패선별

채묘기에서 자란 각장 20~30 mm 정도의 치패는 8 월부터 중간 육성을 위하여 선별하는데, 피라미드 형태의 중간 육성용 채롱에 옮겨지며, 파도의 영향을 조금 받는 내만의 수심 10~20 m 에 수하시킨다.

중간 육서용 치패의 방양시 채롱의 그물코는 치패의 크기에 따라 5~10 mm 가량 작은 것을 택해야 하며, 치패의 수용 밀도는 채롱(35 cm x 35 cm)당 30~50 마리 이내가 적당하다.

4. 양성법

참가리비는 여과 섭식 동물이므로 굴이나 담치와 같이 수하식 양성이 가능하며, 주로 씨부림 및 수하식 방법으로 양성된다.

1) 씨뿌림 양성

씨뿌림 양성은 종자를 양성장 바닥에 살포하여 양성하는 방법이다. 양성장의 깊이는 수심이 20~30 m 정도가 적당하고, 저질은 사질이 50% 가량 함유되어 있으며 지반 변동이 적고 물의 흐름이 비교적 세지 않은 곳이 적당하며, 담수의 영향을 받지 않는 곳이 좋다.

종자의 크기는 클수록 좋으나 각장이 3 cm 정도면 생존율이 비교적 높기 때문에 적당하다. 또한 방양 시기는 비교적 수온이 낮은 10~12월경이 적당하며 m^2당 10~15마리 정도 방양한다(그림 9-9).

〈그림 9-9〉 참가리비의 씨뿌림 양성

2) 수하식 양성

참가리비의 수하식 양성은 채롱을 이용한 방법과, 참가리비 조가비 귀에 구멍을 뚫어 수하연에 매다는 귀매달기식 양성 방법이 있다.

〈그림 9-10〉 참가리비 채롱식 양성 시설

(1) 채롱식 양성 : 수심 30~40 m인 지역에서 10~20 m 수층에 수하식 양성용 채롱을 이용하여 양성하는 방법이다. 양성용 채롱은 10~12칸으로 이루어져 있으며, 전체의 길이는 2 m, 각 층의 지름은 50 cm 정도이다. 이 곳에 5~6 cm 크기의 치패를 12~13개체 정도 수용하는데, 출하까지는 1년 또는 1년 반 정도 걸린다(그림 9-10).

(2) 귀매달기 수하식 양성 : 참가리비 조가비의 귀에 구멍을 뚫어 수하연에 매달아 양성하는 방법이다. 귀매달기 양성에 쓰일 가리비의 크기는 각장이 6~8 cm 정도의 1년생 가리비가 적당하다. 양성용 가리비는 전기 드릴을 이용하여 우각 오른쪽 귀 부분에 지름 1.4~1.8 mm 정도의 구멍을 뚫어 나일론 줄이나 플라스틱 핀으로 수하연에 매달아 양성한다(그림 9-11).

〈그림 9-11〉 참가리비 귀매달기 양성 시설

5. 양성 관리와 출하

채롱이나 귀매달기 수하식 양성을 할 경우, 씨부림 양성과 달리 식해성 해적 생물의 영향이 없는 반면에 부착 생물에 의한 피해가 크므로, 이를 주기적으로 제거해 주어야 한다. 또, 해수의 순환을 원만하게 하여 부니의 축적을 막아야 한다.

여름철에는 표층수의 수온이 올라가 가리비 성장을 저해할 수 있으며, 부착 생물이 채롱이나 조가비의 표면에 부착하게 된다. 이 경우, 솔이나 칼로 부착 생물을 제거해 주고, 수하연의 수하 수심을 낮추는 등의 대책을 세워야만 고수온기 폐사를 막을 수 있다.

참가리비의 적정 출하 시기는 중량 증가율이 높은 산란기 전의 3~6월 사이가 경제적이며, 산란을 억제했다 하더라도 한해성 패류의 특성상 여름에는 중량 증가율이 낮고 수송 시 고온에 의한 폐사가 우려되므로, 출하를 줄이는 것이 효과적이다.

제 3 절 고막류(피조개) 양식

우리나라의 피조개(*Scapharca brougtonii*)는 질적으로 우수하여 경쟁상대국인 일본, 중국에 비해 경쟁력이 높은 편이다(그림 9-12). 고막류에 대한 기록은 자산어보에서 "고막이나 새고막은 바닥에 뿌려서 가꾸며, 육질은 누렇고 맛은 달다."고 기록되어 있다. 피조개는 우리나라 남, 서해안의 진해만, 통영 · 고성 자란만, 남해 강진민, 전남 여자만, 득량 만, 충남 천수만 연안이 피조개양식에 최고로 적합한 조건을 갖춘 천혜의 적지로 알려져 있다. 최초의 양식은 일제 강점기인 1933~1934년 진해만에서 유생 조사와 자연 채묘를 통해 시도된 이후, 그 생산량은 1970년대 중반까지 얼마 되지 않았으나, 자연 채묘법이 개발되면서 점차 증가하여 1980년대 중반 이후 많은 생산량을 보였다. 그러나 최근 자연채묘 부진으로 인한 양식용 종자의 부족과 양식장 환경악화 등으로 급격하게 생산량이 감소하여 패류양식사업으로서 존폐의 기로에 놓여있는 실정이다. 종자생산 또한 현저하게 감소하여 중국에서 인공종자를 일부 수입해서 양성을 하는 실정이다. 최근의 양식어업 현황을 보면 전국적으로 면허 851건에 총 양식면적은 8,040ha전후에 머물고 있다.

〈그림 9-12〉 양식 피조개

특히, 자연산 피조개 종자 생산 현황은 급격하게 줄고 있으며 불안정한 생산량을 보이고 있다. 피조개 양식용 종자의 공급은 2000년 이전에는 90%이상이 국내에서 생산된 종자로 수급이 되었으나 1998년 부산신항만 건설 이후 진해만 어업권 소멸로 인한 모패자원 부족 및 각종 난개발에 따른 어장 환경의 악화 등으로 피조개 종자생산이 부진의 늪에 빠지게 되었다. 이러한 원인으로 천연종자생산을 주로 하고 있는 진해만 일대에는 8월말 자연종자가 채묘연에 부착된 이후에도 3-4차례 정도 빈산소 수괴의 형성으로 부착된 종자가 폐사하는 상태에 이르게 되었고 이런 현상의 연속으로 천연채묘 생산량이 떨어지고 이에 더하여 수익성이 떨어짐으로써 사업을 축소하는 단계에 있다.

또한 중국산 종자의 유입은 피조개 종자 가격의 하락으로 이어져 자연채묘 업자들이 사업을 포기하게 하는데 속도를 더해 주고 있다.

중국산 인공종자는 현지 생산 피조개 종패가 국내산과 섞인 채로 국내에 이식이 됨으로써 우리나라 연안에서 생산되는 피조개의 질을 저하시키고 이는 곧 국내산 피조개의 수출경쟁력 상실로 이어질 것은 자명한 일이다.

이에 따라 산, 학 연구계에서는 국내산 피조개의 질을 향상시키고 수출경쟁력 제고를 통한 피조개 양식산업의 활로를 모색하기 위해 2004년부터 피조개 인공종자 생산을 시도하게 되었다. 이후 몇 차례의 시행착오를 겪었지만 안정된 종자생산기술을 확립하여 국내 피조개 양식 어업인들이 저비용 고효율로 종자를 안정적으로 생산할 수 있도록 하였다.

1. 생태

1) 분포와 서식장

분포 수역은 우리나라와 일본의 내만이다. 특히, 우리나라 진해만은 오래전부터 피조개의 생산지로 유명하다. 그러나 최근에는 남해안 연안은 환경 오염과 어장 노후화로 인하여 서식량이 많이 감소하였고, 서해안, 특히 백령도 부근에서 많은 양이 채취되고 있다.

서식장은 파도의 영향을 적게 받고 내만에서 육수의 영향을 어느 정도 받는 곳이다. 몸의 일부 또는 대부분이 저질 중에 잠입해서 생활하므로, 저질은 연한 펄질이 알맞다. 서식 수심은 간조선에서부터 50 여 m 사이로, 간조선 부근에는 서식량이 적고, 수심이 2~3m 되는 곳에서부터 20 여 m 되는 곳에 많이 살고 있다.

2) 성숙과 산란

피조개는 2 년 후부터 성숙하며, 산란 시기는 대체로 7 월 중순~10 월 상순까지이다. 성숙한 암컷의 난소는 분홍색이고, 성숙한 수컷의 정소는 담황색이다. 산란된 알은 해수 중에 나오면 둥근형으로 되고, 이때의 크기는 평균 55 ㎛ 정도이다.

3) 발생과 성장

피조개는 수온 20℃인 경우, 산란하여 수정된 알은 부화 후 만 하루가 지나면 D상 유생으로 된다. 부화 16 일이 지나면 대부분이 각정기 유생으로 성장하며, 이때의 크기는 각장 140 ㎛ 정도이다. 부화 후 약 4 주가 지나면 성숙 부유 자패로 발달한다. 부착기 유생은 270 ㎛ 내외이다.

2. 종자의 생산

피조개는 자연 채묘가 비교적 쉽기 때문에, 주로 자연 채묘에 의해 필요한 종자를 생산해 왔다. 최근에는 자연 채묘의 부진으로 인하여 인공 종자 생산을 실시하고 있다.

1) 인공 종자 생산

(1) 어미 관리와 채란

산란기에 아직 산란하지 않은 어미를 산란 임계 온도 23℃보다 3~5℃ 낮은 순환 해수 수조에 수용한다. 일정 기간 지난 후 어미를 산란 임계 온도보다 2~6℃ 높은 해수에 옮기면, 쉽게 채란할 수 있다.

수정란은 깨끗한 해수로 씻은 후 부화 탱크에 옮겨 지수 상태에서 부화를 기다린다.

(2) 유생 사육

수온 20℃에서 18 시간 정도면 부화해서 담륜자 유생으로 되며, 24 시간이 지나면 D 상 유생으로 되는데, 이때에는 물리적인 충격에 강하므로 사육수 교환이 비교적 쉽다. 사육수는 유생 사육 밀도에 따라 다르지만, mL 당 1 개체 이하이면 2 일마다 한 번씩 교환해 준다.

수정한 다음 16 일이 지나면, 황적색의 각정기로 141.6 ㎛ 정도가 된다. 26~30 일이면 부착을 하게 되며, 이때의 각장은 230.5 ㎛이다.

유생의 먹이는 부화 후 1 일이 지난 다음 공급하며, 시클로텔라 나나(*Cylotella nana*)인 경우에는 유생의 크기에 따라 1 만~10 만 세포 정도를 공급해 주면 된다.

(3) 채묘

채묘는 수정 후 28 일경에 230.5 ㎛ 정도의 유생이 적당하다. 부착 기질로는 화학 섬유 또는 면사로 만든 가는 그물 등을 사용하여 수조에 고정시킨다.

채묘가 완료된 부착 기질은 며칠 동안 수조 내에서 사육한 다음 보호망에 넣어 해수 중에 수하하여 관리한다.

그물코의 크기가 작으면 해수의 유통이 좋지 않아 치패의 성장이 좋지 않기 때문에, 그물코의 크기는 적당해야 한다. 치패의 크기가 5 mm 정도가 되면, 부착 기질에서 떼어내어 수하용 채롱에 넣고 관리한다.

2) 자연 종자 생산

피조개의 자연 채묘는 주로 그물망을 수하식으로 시설하여 이루어지는데 그 시기는 남해안의 경우에 주로 8 월 중순부터 9 월 중순 사이이다(그림 9-13).

패조개의 부착기 유생은 저층에 가까운 수층에 많고, 표층 가까이로 가면서 급격히 적어진다. 또, 채묘에 적정한 수심은 깊이에 따라 다르나, 저층으로부터 4 m 사

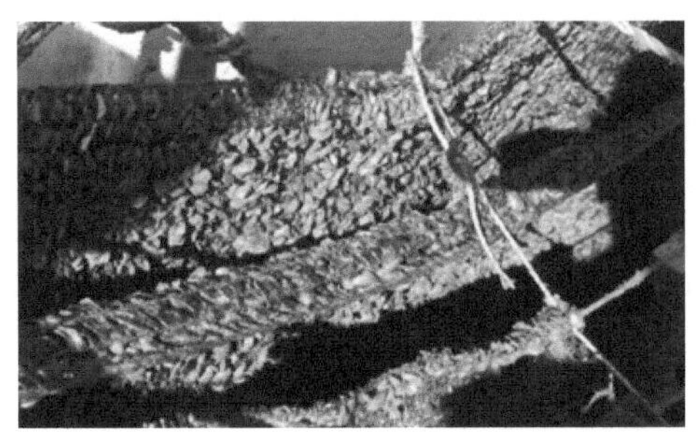
<그림 9-13> 자연채묘 피조개 종자

이가 적당하다. 채묘 시설의 종류는 채묘 장소의 수심이나 해수 유동 상태에 따라 다르다. 수심이 얕은 곳은 고정 수하식 채묘 시설, 수심이 깊은 곳은 로프식 채묘 시설이나 침설 수하식 채묘 시설로 하는데, 특히 침설 수하식 채묘 시설은 파도와 해수의 유동이 있는 곳에 설치한다.

피조개 부착 치패는 채묘 후 약 2 개월이 지난 다음 치패 크기가 2~5 mm 이상으로 자랐을 때, 부착 기질과 함께 채롱에 수용하고 매달아 관리한다. 이때, 많은 부유물과 부착 생물이 채롱이나 부착 기질에 부착하기 때문에, 채롱을 주기적으로 관리해야 한다.

이듬해 3~4 월경에는 치패가 5~20 mm 로 성장하는데, 이때가 되면 부착 기질에서 치패를 떼어 내 그물코가 적당한 채롱에 수용하여 관리한다.

3. 양식 현장의 피조개 중간 양성법

<그림 9-14> 피조개 자연 종자 중간양성

주로 연승 수하식으로 그물을 이용한 자연 채묘를 통해 종자생산이 이루어진다. 산란 성기에 접어 들어가는 7월부터 본격적인 작업이 진행되며, 유생 발생 정도에 따라 적기를 맞추어 채묘기를 설치하여 부착한다(그림 9-14). 채묘기를 투입한 후 치패의 부착 확인은 처음 며칠 동안은 육안 확인이 곤란하여 약 1개월 정도 경과되어야 확인이 가능하다. 이렇게 부착된 치패를 12월 초순경에 부착기에서 탈거하여 작은 보호망에 일정 미수(300-500마리)를 넣어서 관리하여 이듬해 5월 이전에 양성장으로 옮기게 된다. 이때 9월 중순 까지는 많은 치패를 확인 할 수 있지만 10월 말경에는 선두 그룹으로 성장한 치패는 빈산소 수괴 등 해양환경에 악화에 의해 거의 폐사하고 크기가 작은 일부 부착 치패들이 성장하여 12월경에 수확이 되고 있는 실정이다. 이때 부착기질인 그물 크기 800 m x 2.5 m에 약 20-30만미가 생산된다.

1) 중국산 인공 종자 중간양성 방법

인공 종자 생산방법으로 생산된 치패를 <그림 9-15>와 같이 작은 망에 넣어서 중국 현지의 노지 양식장에서 관리한다. 이것을 국내로 수입하여 국내 중간양성장에서 수하식으로 관리하고 있으며, 국내에서 망갈이를 하여 치패로 생산하고 있다. 그러나 중국에서 중간양성 보호망 상태로 국내에 이식됨으로써 패류질병의 발생 가능성도 높다.

〈그림 9-15〉 중국산 인공 종자 중간양성 방법
(사진 좌: 중간양성용 보호망; 사진 우: 중국현지 중간 양성장)

2) 현재 개발이 완료된 국내의 중간 육성법

(1) 사각틀을 이용한 방법

가로, 세로, 높이가 각각 50 cm (L), 100 cm (W), 50 cm (H)크기의 철제 사각틀을 제작한 후 부착기질로 차광막 또는 합성그물을 사용하여 인공 채묘를 한다. 이것을 육상수조에서 관리하여 30일 전후에 바다에 중간양성장에 가이식하여 중간 양성을 한다(그림 9-16). 이때 유생 크기에 준하는 보호망을 사용한다. 보호망을 사용할시 부니에 의한 조류 소통의 문제로 세심한 관리가 필요로 하며, 자주 청소를 해야 하므로 비용이 많이 소요된다는 단점이 있다.

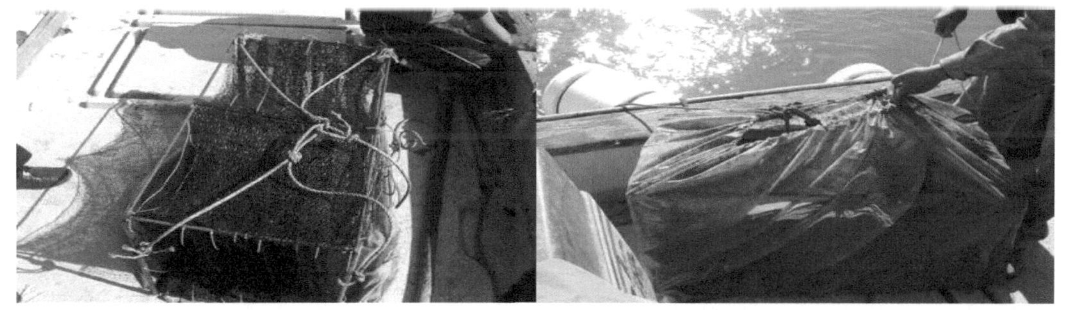

〈그림 9-16〉 사각틀을 이용한 피조개의 중간 양성법
(사진 좌: 중간 양성용 국내산 사각틀; 사진 우: 사각틀 보호망 상태)

(2) 원형 통발을 이용한 방법

원형 통발형은 수산과학원 특성화센타에서 개발한 것이다. 이 방법은 <그림 9-17>에서 나타낸 바와 같이 인공 종자를 가로 50 cm x 세로100 cm 크기로 모집망을 사용하여 부착 치패를 부착시킨다.

〈그림 9-17〉 원형 통발을 이용한 종자의 중간 육성

이것을 육상 수조에서 30일 전후로 관리 성장시켜 1 mm 전후의 크기가 되면 통발형 보호망에 넣고 중간 양성장에서 중간양성을 하여 치패를 생산하는 방법이다. 그러나 이것 또 한 부니 등에 의해 조류 소통이 잘 되지 않으며, 많은 노동력을 요구하게 된다.

이 방법을 이용하여 중간 양성하였을 때 보호망의 형태와 유실 방지망의 종류에 따른 성장과 생존율을 조사한 결과 피조개 중간양성 시 보호망의 형태는 조류의 소통이 원활하고, 보호망과 부착치패가 서로 접촉 되지 않는 통발 및 원통형이 성장 및 생존율이 높았던 것으로 나타났다.

3) 기존 개발된 피조개 중간양성 문제점

(1) 중간양성 중에 나타나는 치패의 낮은 생존율

중간양성 중에 나타나는 치패의 낮은 생존율은 조류 소통이 원활해야 치패 생존율이 높다는 연구 결과로 확인되었다. 이러한 현상은 보호망으로 인해 조류 소통이 원활하지 않아 치패의 생존율이 낮게 나타난 것으로, 잦은 빈산소 수괴의 출현과 적조 등에 의한 양성 환경의 악화도 생존율 저하의 원인이 된다.

(2) 시설비용과 관리상의 어려움으로 인한 대량생산의 불가능

다량의 보호망을 사용하는데 따른 방대한 중간 양성장을 필요로 하고, 이로 인한 중간 양성 관리에 따른 고비용, 고임금, 인력수급 등의 문제점이 노출되고 있다.

4) 개선방안

가두리 양식장을 이용한 저비용, 고밀도 시스템으로 대량생산을 이루어 내고, 안정적인 종자 수급으로 피조개양식을 활성화 하기 위한 방법으로(그림 9-18), 7월초에 생산된 인공 종자를 7월 말경에 부착 기질에 부착시킨 후, 8월 말에 가두리 양식장에 100개의 부착기질로 만들어진 채묘틀을 중간양성장으로 이식하였는데, 이때의 치패 크기는 800-1500 ㎛ 정도였다.

〈그림 9-18〉 가두리 양식장을 활용한 중간양성 방법
(사진 좌: 가두리 양식장의 중간양성 광경; 사진 우: 중간양성 중인 채묘틀)

가두리양식장에는 가두리 그물을 설치하여 어류 등에 의한 치패 손실을 막기 위해서 망목의 크기가 가로, 세로 각각 1 cm 정도인 그물을 사용하여 조류 소통을 원활하게 한다. 또한 그물 아래쪽에는 탈락하는 치패를 보호하기 위해 차광막을 설치하고, 부착기 그물은 폭1.5 m, 길이 25 m 정도를 가로, 세로 각각 1 m 크기의 PVC파이프로 제작하여 설치한다. 종자를 육상수조에서 관리한 후 중간 육성하였던 과정은 <그림 9-19>와 같다.

〈그림 9-19〉 종자를 육상수조에서 관리한 후 중간육성 하는 과정

위에서와 같이 가두리 양식장을 활용하여 중간양성을 하면 저비용으로 대량생산이 가능하며, 이때 6 m x 6 m의 가두리에서 살포용 치패 약 1,500만미 정도 생산이 가능하다(표 9-1). 이러한 방법으로 14 m x 14 m 크기의 가두리 양식장에서 중간 육성을 시행할 경우 100개의 채묘틀을 가이식 시켜 약 5,000만미 정도의 치패를 수용 생산할 수 있는 것으로 알려졌다.

〈표 9-1〉 사용 재료별 피조개 종자생산량 비교(1,500 만 미 생산기준)

	양파망사용	통발형사용	가두리양식장이용
보호망 종류	(300미/망)=5만개	(5000미/통발)=3000개	(50만미/틀)=30개
조류소통 정도	매우 나쁘다	다소 원활하지만	전혀 지장이 없다.
보호망관리	관 리 필 요	관 리 필요	관 리 불 필 요
대량생산가능성	낮 음	중 간	아 주 높 음

4. 양성법

피조개는 일시 부착성 이매패류로, 바닥에 종자를 뿌려서 양성하거나 채롱 수하식 양성을 한다.

1) 바닥 양성

피조개는 원래 내만성 패류이기 때문에 육수의 영향을 받는 내만이나 내해가 양성장으로 알맞다. 저질이 개흙인 곳을 좋아하지만, 개흙이 너무 깊지 않은 곳이 좋으며, 해수의 흐름이 좋은 곳이어야 한다.

종자는 각장 5~20 mm 정도 되는 것을 많이 사용하고, 종자의 방양은 봄과 가을 두 번에 걸쳐서 이루어진다. 방양 밀도는 양성장의 환경 조건에 따라 다르나, 수확시기를 기준으로 m^2당 5~20 마리를 방양한다.

양성장 관리는 불가사리, 꽃게 및 어류 등과 같은 식해성 해적 동물의 구제가 중요한데, 특히 불가사리는 철저히 구제해야 한다.

2) 수하식 양성

종자를 채롱에 수용해서 수하식으로 양성하는 방법이다. 양성장은 파도가 적은 조용한 내만으로 적조의 발생이 없는 곳이어야 한다. 파도가 심한 곳에서는 침설 수하식 양성 시설을 하는데, 채롱에 수용한 피조개가 파도에 의한 직접적인 충격을 받지 않도록 해야 한다. 시설은 내파성인 로프 수하식이 알맞고, 채롱은 성장함에 따라 그물눈의 크기가 알맞은 것으로 교환해서 해수의 유동이 잘 되게 해준다. 수하는 수면으로부터 2~3 m 인 수층이 알맞다.

수용 밀도는 채롱의 크기가 30 cm 안팎인 것에 치패기는 100 여 개체, 성패기의 종자라면 10 여 개체 안팎을 수용하는데, 성장함에 따라 밀도를 조절한다.

양성 기간 동안 채롱의 교환, 부착 생물의 제거, 해적 동물의 구제와 죽은 패조개의 제거는 중요한 관리 항목이다.

제 4 절 대합류 양식

대합류는 우리나라에서 나는 패류 중에서 고급 종에 속하며, 특히 일본에서는 여성을 상징한다고 하여 결혼식이나 기타 축제에 없어서는 안 될 정도로 중요시하고 있으며, 또 즐겨 먹는다. 그래서, 우리나라에서 양식한 대합류(그림 9-20)는 일본으로 많이 수출 되고 있다. 대합류는 육질을 가공하여 수출된 때도 있었으나, 대부분은 날 것으로 이용되고 있다.

우리나라에서 이 종을 본격적으로 양성하기 시작한 것은 그림 10.1 에서 보는 바와 같이 1960 년대 중반부터라고 할 수 있다. 이때부터 양식생산량이 급격히 증가되어 1970 년대에 들어와서는 연간 6,000~9,000 톤의 양식 생산을 했으나, 1980 년대 이후 생산량이 1,000 톤 미만으로 급격히 감소하였고 1990 년대 후반에는 100 톤 이하로 양식생산량이 현저히 줄어들고 있다.

1. 종류와 분포

베누스류(Veneridae)에 속하는 종류는 세계적으로 약 50 종 이상이며, 우리나라에서 나는 종류만 하더라도 22 종이 알려져 있다. 대합류에는 대합(*Meretrix lusoria*)과 라마르크대합(*Meretrix lamarckii*) 등이 있다.

형태적으로 라마르크대합은 패각이 현저하게 두텁고 패각 가장 자리가 평탄하다. 라마르크대합의 패각은 바둑 돌의 재료로 이용되고 있다. 조가비 폭의 팽출(膨出)은 대합이 완만하게 돌출한 편인데 대해, 라마르크대합은 거의 평탄한 편이다. 입수관 구연부(口緣部)에 있는 촉수의 구조는 라마르크 대합이 복잡하고 가늘게 분기해 있으며, 외투막 돌기도 복잡하다. 대합과 라마르크대합은 우리나라를 비롯해서 일본, 중국 대륙 연안 및 대만에 분포하고 있으며, 이들 외에 다소 소형인 *Meretrix meretrix* 는 오키나와 및 필리핀에 분포한다.

〈그림 9-20〉 양식산 대합

2. 생 태

1) 성숙과 방란 방정

대합의 성숙기는 수온은 20~30℃이지만, 22~27℃인 때에 방란·방정을 많이 하고 있다. 산란 수온에 이르는 시기는 서식 장소에 따라 다르나, 우리나라에서는 7 월 상순부터 10 월 중순 사이에 이 시기에 해당된다. 진해만에서는 7 월 중순부터 10 월 하순 사이이지만, 방란·방정을 많이 하는 산란 성기는 8 월이다. 울산만에서는 7 월 상순부터 9 월 하순 사이지만, 산란 성기를 8 월이다. 서해안 북부인 용강군 연안(대동강 하구)에서는 7 월 중순부터 9 월 중산 사이이고, 성기는 7 월 하순에서 8 월 하순 사이이다.

산란에 참여하는 최소 개체는 울산에서 각장 38~40 mm 이고, 용강에서는 46~48 mm 로 보고되어 있다. 이와 같이 남쪽에서는 북쪽에 비해 성숙이 시작되는 시기가 빠르고 성숙 기간도 길다. 한편, 대합류는 성숙한 어미라 하더라도 육안으로 암수를 구별하기는 어렵다.

2) 발생과 치패

대합은 난의 제 1 분열 과정 중에 난핵포가 소실한 다음 수정하기 때문에 생식소의 추출에 의한 수정은 어렵다. 난소 내에 있는 알은 조롱박 모양이지만, 방란되어 해수 중에 나오면 구형이 되며 이 때 난경은 70 ㎛ 정도가 된다.

수온 24.3~30.2℃에서 인공 수정시켜 발생 과정을 관찰한 결과, 수정 후 4~5 시간 뒤에는 발생과정을 거쳐 포배기(blastula stage)로 되며, 이 때는 몸에 섬모가 생겨 처음으로 움직이게 된다. 그 후 담륜자기(trochophore stage)를 지나, 수정된 후 하루 정도가 지나면 패각이 몸 전체를 덮게 되는데 이 때를 D 형 유생기(D-shaped larval stage)라고 한다. 대합의 피면자(veliger)는 원각(prodissoconch)이 거의 다 황색을 띠고 각정부만이 약간 자색을 보인다. 성숙 유생(full grown veliger)이라 하더라도 각정은 거의 돌출하지 않고 첩번선(蝶番線)이 직선 상태인, 즉 다른 종들에서 보는 것과는 달리 D 형 유생의 꼴에서 크게 달라지지 않는다.

성숙 유생의 크기는 다른 종에 비해서 작은 편으로 각장 180~200 ㎛, 각고 160~180 ㎛ 정도이다. 이 때가 되면 면반(面盤, velum)은 퇴화되고 발(foot)이 발달하여 곧 저서 생활로 들어간다. 따라서 수정된 뒤 저서 생활에 이르는 기간은 약 3 주간이다.

저서 생활로 들어간 직후의 치패 중에는 간혹 실 모양인 족사를 분비하여 바닥에 부착하는 것이 있으나, 이는 각장 0.3 mm 까지 아주 초기에 한해 일어난다. 즉, 부유 생활을 마치고 저서 생활로 들어갈 때 다른 물질에 부착하는 일이 없고, 직접 바닥의 모래 위에 침강해서 처음에는 족사로써 모래에 붙어 몸을 지지하고 있지만 성장에 따라 곧 저질 중에 잠입하게 된다.

이들 치패가 침강하는 곳은 하구의 삼각주 부근으로서 모래질이 많고, 대조시 5~6 시간 간출하는 조위가 비교적 높은 장소이다. 이와 같은 곳은 조류에 의해 와류가 생기기 쉬워서 부유 유생이 침강하기에 알맞다.

그러나, 이러한 장소는 간조시에 해수 비중이 내려가든지, 여름철 간출시의 고온이나 흙모래의 퇴적 등과 같은 영향 때문에 환경적으로 안정하지 못한 곳이다. 그러므로, 많은 치패가 질식하여 일시에 폐사되는 일이 있다. 그러나, 토사의 퇴적에 대해서는 바지락보다는 저항력이 강하다.

3) 이 동

대합류의 이동 습성은 여기에 관심이 있는 연안 어민들에게는 잘 알려져 있는 특성이다. 성장기에 있는 각장 3.0~5.0 cm 인 개체는 점액질의 끈과 같은 것을 길게 내어 깊은 곳을 향하여 이동하고 있는 것을 흔히 볼 수 있다. 일반적으로 각장이 아주 작은 치패나 아주 큰 성패는 그다지 이동하지 않는다.

대합은 점액질의 끈과 같은 것을 1 m 이상 3 m 가까이 되게 길게 내어 이것이 조류의 영향을 받아 대합 몸체의 부력을 증가시켜 대합이 바닥 위를 스쳐 가는 상태로 흐름의 방향으로 이동해 간다. 만약, 대합이 장애물에 걸렸을 경우에는 파랑이 있을 때 그 파랑의 영향으로 다시 흐름의 방향인 깊은 쪽으로 이동해 간다.

우리나라 서해안에서는 조차가 크기 때문에 조류가 아주 빠르고, 대합의 이동은 매년 볼 수 있다. 이동은 유속과 관계가 깊어 유속이 매초 3~8 cm 이상일 때 많이 일어난다. 그러므로, 남해안의 동북쪽 연안에서는 대조시에 많은 이동을 하지만, 서해안과 같이 가만의 차가 큰 곳에서는 소조시가 하더라도 이동하는 것을 볼 수 있다. 조차가 5 m 정도 되는 평안남도 연안에서 대합의 이동과 관련하여 수행된 실험을 보면, 세로 60 cm, 가로 30 cm 되는 나무틀을 짜고 여기에 깊이 90 cm 되는 그물주머니를 붙인 다음 이것을 저면에서 5 개씩 쌓아올려 말목으로 고정시켰다. 그리고 그물주머니는 가각 뒤쪽으로 펼쳐 그 끝을 바닥에 고정시키고 밀물과 썰물 방향으로 각각 3 조씩 설치한 다음 대합의 이동 상태를 조사했다.

그 결과 썰물 때 저면에서 30 cm 까지의 사이에 이동하던 개체들의 대부분이 들어갔고, 30 cm 에서 60 cm 까지의 사이에는 극히 적었으며, 90 cm 에서 120 cm 와 120 cm 에서 150 cm 사이에는 각각 한 마리씩 들어 있었다. 한편, 밀물을 받는 데는 하나도 들어 있지 않았다. 조사 시기는 6 월 하순부터 10 월 하순 사이였지만, 수온이 가장 높은 8 월 중에 가장 이동이 많았고, 또 유속이 빠른 대조시에 이동이 많았다고 한다(內田, 1941). 이와 같이 수온이 높은 여름철의 대조시에 이동이 많고, 이동 방향은 썰물 방향인 깊은 쪽으로 이동하며, 이동시에는 저면 가까이를 스쳐가면서 이동한다는 것을 알 수 있다.

4) 서식장

대합과 라마르크대합은 서로 섞여서 서식하는 경우도 있다고 하지만, 육수의 영향을 많이 받는 하구 가까이에는 대합이 살고 그 바깥쪽에 라마르크대합이 서식하고 있다.

즉, 대합은 내만성으로서 해수 비중이 낮은 하구 가까이의 물길 같은 곳에서 많이 볼 수 있고, 서식장의 알맞은 비중은 1.014~1.024이며, 라마르크대합의 주 서식장은 외해에 면한 곳으로서 비중의 적정 범위도 대합보다 높은 1.017~1.024이다. 라마르크대합은 입수관 구연부나 외투막의 촉수 및 돌기의 구조만 보더라도 아주 복잡하게 되어 있어, 파랑 등의 해수 유동이 심한 곳에서 모래나 다른 물질이 입수관을 통해 체내로 들어오는 것을 막는데 알맞게 되어 있다.

대합류가 많이 살고 있는 곳의 저질은 모래질이 비교적 많은 곳이지만, 경우에 따라서는 모래질이 적은 곳에서도 살고 있다. 서식장의 깊이는 지반이 높을 경우 7시간 정도 간출하는 간석지에서부터 가장 깊은 경우에는 수심이 6 m 가까이 되는 곳까지의 범위에서 살고 있다. 그러나, 치패 발생장은 대체로 대조시에 5~6시간 노출되는 지반이 비교적 높은 곳이지만, 성장에 따라 깊은 곳으로 이동해 가기 때문에, 성패는 대조시의 저조선 부근에서부터 이보다 깊은데 서식하는 것이 보통이다.

우리나라에서는 낙동강, 섬진강, 금강, 한강 및 대동강 하구 등이 대합 산지로서 유명하나, 근년에 와서는 서·남해안의 간석지에서 널리 양식되고 있다. 라마르크대합은 대합이 살고 있는 바깥쪽에 살고 있으나 그 양은 많지 않고, 좁쌀무늬조개(*Donax semigranosus*)와 섞여서 살고 있는 것이 특징이다.

한편, 수온이 높은 기간에는 비교적 얕게 잠입해서 살고 있으며, 이때에는 성장도 아주 빠르다. 그러나, 아가미의 섬모 운동은 25.5℃에서 최대이지만, 29℃로 되면 불규칙하게 되고, 41.2℃에서는 거의 정지하게 되는데, 알맞은 온도 범위는 12~31℃라고 알려져 있다. 겨울철이 되어 수온이 내려가게 되면 바닥의 저질 속으로 약 15 cm까지 잠입해서 월동하게 되고, 이때에는 거의 성장하지 않는다.

3. 종자생산

1) 채 묘

대합의 종자는 인위적으로 생산하지 못하고, 일반적으로 자연적으로 발생한 것을 이용하고 있다.

대합류는 부유 생활기를 지나서 저서 생활로 들어갈 때 다른 물질에 부착생활을 하지 않고, 다만 모래 같은 곳에 일시적으로 족사로써 몸을 지지했다가 곧 잠입 생활로 들어간다. 그러므로, 부착기를 넣어 주어서 여기에 치패를 부착시켜 치패를 확보할 수는 없다. 따라서, 치패의 침강을 도와서 치패를 확보하는 완류식 채묘가 알맞다.

이들 치패가 침강하는 곳은 하구의 삼각주 부근으로 모래질이 많고 대조시 5~6시간 노출되는 곳이다. 이와 같은 곳을 중심으로 성숙기에 부유 유생을 조사하여 이 결과에 따라 해수의 유통을 조절해서 채묘하는 완류식 채묘시설로 채묘한다.

2) 치패 관리

대합류의 치패가 발생하는 곳은 하구의 삼각주 부근으로서, 모래질이 많고 대조시 5~6 시간 노출되는 지반이 비교적 높은 곳이다. 이와 같은 곳은 와류가 생겨 부유유생의 침강이 쉬운 곳이지만, 노출 시에 해수 비중이 내려가고, 여름철 간출시의 고온이나 토사의 퇴적과 같이 환경적으로 안정하지 못하다. 이와 같은 원인으로 치패가 많이 폐사하는 경우가 있다. 그러므로, 자연적으로 발생한 것이나 채묘 시설로써 침착한 치패를 안정한 곳으로 옮겨 관리한다는 일은 대단히 중요하다. 이와 같은 곳은 수심이 얕은 안정한 곳이나, 간석지라 하더라도 해수가 괴어 있는 곳이다.

섬진강 하구의 대사주 부근의 대합 치패 출현 상황을 보면, 5 월 초순에 1~3 mm 되는 치패가 많이 나타나고, 차차 성장해서 8 월에는 5~25 mm 로 되지만, 5 mm 이하 되는 새로운 작은 개체군이 나타난다. 여기에서 큰 개체군은 전년에 발생한 것이고 작은 개체군은 당년에 발생한 것으로 생각된다.

산란기의 전반기인 당년에 발생한 작은 개체군은 가을까지 10 mm 정도로 성장하게 되고, 이듬에 봄에는 20 mm 정도로 성장하세 되나, 산란기의 후반기에 발생한 것은 이듬해 봄이 되더라도 5 mm 정도밖에 성장하지 않고, 가을에 20 mm 가까이 성장한다. 대체로 각장 10~20 mm 인 것은 비교적 패각도 단단해서 수송 중 패각의 파손이 적어 종자의 크기로서 알맞다.

4. 양 성

대합류의 양성은 이들의 생활 습성상 개방식 양성과 간석지양성으로 나눌 수 있다. 개방식 양성은 간석지에 종자를 방양한 다음 깊은 곳으로 이동해 가면서 성장하는 것을 양성 관리해서 수확하는 양성법이다. 간석지양성은 간석지에 조위 시설을 한 다음 여기에 종자를 방양하여 양성 관리한 것을 수확하는 양성법이다.

종자를 방양하는 시기는 치패가 방양된 다음 환경에 대해 적응이 잘 되는 봄철이 좋다.

온도가 높은 여름철에는 공기 중에서 2~3 일간도 견디지 못하지만, 온도가 낮은 겨울철에는 공기 중에서 2~3 주일이나 살 수 있다. 그래서, 장거리 수송은 10 월 하순 이후부터 5 월 이전이면 가능하다.

1) 개방식 양성

대합류는 이동이 심하기 때문에 양성장을 선정할 때에 주의하지 않으면 안 된다. 일반적으로 서식하기에 알맞은 곳인 경우에는 이동이 심하지 않다. 그러나, 서식하기에 알맞은 곳이라 하더라도 해황 변동이나 기타의 원인으로 환경이 변화하는 경우에는 이동하는 경우가 많다. 그러므로, 이와 같은 점을 고려해서 양성장을 선정해야 한다.

자연적으로 이동에 의한 유실이 없는 곳을 선정한다는 것은 중요한 문제이다.

개방식 양성장으로 좋은 곳은 대합류가 서식하는데 알맞은 연안으로서 외해 쪽의 저질이 대합류의 이동을 방지할 수 있는 자갈이나 암석과 같은 것으로 되어 있거나, 또는 외해 쪽의 수심이 급격히 깊어져서 수심이 7~8 m 이상 되는 곳이다(그림 9-21). 이와 같은 곳의 간석지에 종자를 방양하면 성장하면서 깊은 곳으로 이동해 가지만, 급격히 깊어진 곳으로 이동을 하지 않으므로 종자를 방양한 다음 수확시까지 쉽게 양성관리를 할 수 있다. 종자의 방양밀도는 양성장에 따라 다르나 대체로 m^2당 20~50 개체이다. 종자를 방양한 다음 대합의 1 년간 성장은 중량으로서 약 4~5 배, 각장은 1.9 배로 된다. 그리고 양성 방법 별로는 개방식 양성이 조위망식 양성에 비해 성장이 빠르다.

〈그림 9-21〉 개방식 대합 양성장

개방식 양성은 이식 후의 관리나 수확시의 채취 등이 곤란한 편이다. 한편, 대합류는 겨울에 값이 비싸지만, 이때에는 저질 중에 깊이 잠입해서 생활하고, 또 풍파가 많기 때문에 채취할 수 없는 것이 결점이다.

2) 조위망식 양성

간조시에 간출되는 곳에서 양성하는 것인데, 성장하면서 수심이 깊은 곳으로 이동해 가는 습성이 있기 때문에 이동에 의한 흩어짐을 방지하기 위해 조위 시설을 해야 한다. 조위 시설은 일정한 간격마다 말목을 세운 다음, 그물이나 대나무 등을 사용해서 바닥에서부터 30 cm 이상, 바닥 밑으로 20 cm 정도 되도록 조위시설을 한다(그림 9-22).

대합류가 이동해 가는 쪽은 빠져나가는 것이 없도록 조위 시설을 이중으로 해 주는 것이 안전하다. 말목은 나무 또는 철제를 사용하고, 그물은 주로 화섬망을 사용하거나 비닐로 싼 천재 그물을 쓰는 경우도 있다. 원래 이 양성법은 가격의 변동에 따른 이익을 얻기 위하여 일시적으로 이용하는 축양 형식이었으나, 우리나라에서는 양성을 주목적으로 하고 있다.

〈그림 9-22〉 조위망식 대합양식장

간석지 양성의 경우에는 지반이 낮은 곳, 즉 간출시간이 짧은 곳을 주 대상으로 하는 것이 유리하다. 즉, 간출 시간이 5 시간인 곳과 6 시간인 곳에서 양성하였을 경우 1 년간에 전자의 경우 각장이 1.2 cm 나 성장하지만, 후자의 경우 0.6 cm 에 불과하다는 것만 보더라도 쉽게 이해할 수 있다.

간석지에 이와 같은 시설을 한 다음 종자를 방양해서 수확시까지 양성 관리해야 하는데, 종자를 방양하는 밀도는 양성장에 따라 다르나 일반적으로 m^2당 평균 20~30 개체를 기준으로 한다. 종자를 방양한 다음 며칠간은 양성장 관리를 철저히 하는 것이 좋고, 폐사한 개체는 곧 제거해야 한다.

대합류는 이동으로 인해 언제나 썰물 방향의 조위 시설 밑에는 이동해 온 대합류가 많이 쌓여 있는 경우가 많다. 수온이 높은 시기와 유속이 빠른 때에 이동이 심하기 때문에, 여름철로서 간만의 차가 큰 곳에서는 물 때에 관계없이 언제나 이동으로 인한 퇴적이 문제가 된다.

퇴적한 대합류를 그대로 두면 그 정도가 심한 경우 많은 폐사를 가져온다. 그러므로, 퇴적한 대합류를 다시 양성장에 고르게 방양해 주는 일이 양성 관리상 대단히 중요한 일이 된다. 이와 같은 일은 양성 기간 동안에 계속된다.

해적 생물로서는 식해성 동물, 기생충, 양성장의 오염 생물 및 적조 생물 등이 있다. 식해성 동물은 불가사리류, 문어, 고둥류 및 물새무리 등인데, 이들을 구제하므로서 피해가 없도록 하는 일이 관리상 중요한 부분을 차지한다. 대합류에 기생하는 기생충으로서는 *Cercaria pectinata* 가 있는데, 이들이 기생한 어린 개체들은 양성용 종자로 사용하지 않도록 한다.

양성장에 개흙질이 많이 퇴적하면 종밋이나 파래류가 번식해서 양성장을 못 쓰게 하는 수가 있기 때문에, 육수가 많이 유입한 다음 개흙질이 퇴적하는 경우에는 이것을 제거해 주어야 하고, 그들이 폐사한 경우에는 구제해 주어야 한다. 적조 대책은 일반 양식종의 관리 대책과 마찬가지로 발생 전에 유발요인들을 억제시켜 주는 것이 가장 효과적이다.

3) 수 확

개방식 양성인 경우에는 조개틀(형망 어구의 일종)로써 채취하나, 간석지에서 조위망식으로 양성하는 경우에는 손으로 직접 채취한다(그림 9-23). 대합류는 해황 변동이나 계절에 따라 잠입 깊이가 다르기 때문에, 이에 따라 채취 깊이를 조절해야 한다.

육질의 비만은 계절에 따라 다른데, 산란기가 끝나는 10 월경에 최저값을 보인다. 이 이후부터 차차 증가해서 1 월부터 4 월 사이에는 육질이 전 중량의 약 25%를 차지하고, 산란기 직전인 6 월경에는 최고값을 나타내어 약 30% 이상 된다.

수확기는 육질의 비만기를 고려해서 결정하겠지만, 일반적으로 가격이 가장 비싼 겨울에 수확하는 경우가 많다. 이 때에 대합을 채취, 공급하기 위하여 겨울에 수확이 곤란한 개방식 양성인 경우에는 그 이전에 수확해서 축양한 다음 공급한다.

수확시에는 패각이 파손되지 않도록 주의해야 하는데, 양성장의 대합류를 전량 채취한다 하더라도 20% 정도는 빠지기 마련이다. 수확한 대합류는 육질, 특히 외투막과 수관 부위에 모래알이 있는데, 이를 제거한 다음 판매해야 한다. 이를 제거하려

〈그림 9-23〉 대합의 수확 모습

면 수확한 대합류를 해수 중에 수하시켜 9 시간 정도 두면 대부분의 모래가 없어진다. 즉, 약 70 ℓ 들이 채롱에 20 kg 정도의 대합을 수용해 두면 하루만에 모래가 거의 없어지고, 큰 용기에 40 kg 정도의 대합을 넣고 1 분간에 10 ℓ의 해수를 유수시켜 주면 6 시간 지나면 거의 없어진다. 이와 같은 과정을 통해 대합류가 가진 모래를 제거한 다음 판매해야 상품성을 높일 수 있다.

패각 전체로 판매할 경우에는 클수록 무게가 무겁기 때문에 유리하나, 육질만 판매할 경우에는 각장 5~6 cm 되는 크기의 것이 개체에서 차지하는 육질의 비율이 높기 때문에 유리하다.

제 5 절 바지락류 양식

바지락(*Tapes philippinarum*) 양식은 경기도 연안의 간석지에서 1912 년 시작했다고 알려져 있다(朴, 1966). 그 후 1918 년에는 굴과 혼합하여 양식하는 양식장의 면적이 257,225 m^2였으며, 1932 년의 양식 생산량은 2.8 톤, 1942 년의 양식 생산량은 355.6 톤이었다고 한다. 이와 같이 바지락 양식은 1930 년경까지는 그 양이 보잘 것 없었으나 그 이후 점차 양식을 많이 했다는 것을 알 수 있다. 우리나라에서 나고 있는 바지락류에 속하는 종류로 바지락과 가는줄바지락(*Tapes variegata*)의 두 종이 있는데, 이들은 구별하지 않고 같이 취급되고 있다. 1962 년에는 2,800 톤이던 것이 1964 년까지 급격히 그 양식량이 증가되어, 1990 년에는 최대치를 기록하였으나 최근에는 감소하여 15,000 톤 내외의 생산량을 보였다. 바지락은 패류 중에서는 굴과 담치류 다음으로 그 양식 생산량이 많다(그림 9-24). 바지락은 국내에서 일반적으로 소비되는 것 외에, 최근에 와서는 통조림 원료로서 그 수요가 급격히 증가되고 있다.

〈그림 9-24〉 양식 바지락

1. 종류와 분포

베누스류(Veneridae)에 속하는 종류 수는 세계적으로 56종이 알려져 있는데, 우리나라에서는 22종이 분포하고 있다. 바지락속(Tapes)에는 바지락과 가는줄바지락의 두 종이 속해 있다.

바지락은 가는줄바지락에 비해 다소 대형인 편이고, 패각 바깥쪽이나 안쪽의 색체도 약간 다르며, 방사늑과 성장맥이 교차해서 만드는 포목상(布目床)도 조금씩 다르다. 그러나, 바지락류는 형태적 변이가 심하기 때문에, 이와 같은 몇 가지로서 쉽게 종을 구별할 수는 없다.

바지락은 촉수의 돌기가 없이 간단하고 가는줄바지락은 분지한 줄기가 있어 복잡한데, 이것은 이들이 서식하고 있는 환경조건을 반영한다. 바지락은 내만성인데 비해, 가는줄바지락은 외해에 영향을 많이 받는 곳에 주로 많이 살고 있다. 따라서 가는줄바지락은 해수의 유동이 많은 곳에서도 모래나 기타 부유물이 입수관 안으로 해수와 함께 섞여 들어가는 것을 막는데 아주 잘 적응되어 있다.

바지락은 우리나라의 전 해안에 분포하고 있으나 서해안에 특히 많다. 분포는 간석지의 지반이 비교적 높은 데서부터 수심이 10여 m 되는 데까지 살고 있다.

2. 생태

1) 성숙과 방란·방정

바지락의 성숙은 수온에 따라서 좌우되기 때문에 서식하는 장소에 따라 다르다. 서해안에서는 6월 중순부터 9월경이고, 성기는 7~8월이다. 남해안에서는 5월 하순에서부터 11월 상순 사이이고, 6월 중순부터 8월 하순이 성기로서, 최초의 방란·방정시에 대부분이 방란·방정을 마친다고 한다. 일반적으로 남쪽보다는 북쪽으로 갈수록 방란·방정 기간이 짧고 최초의 방란·방정 시기가 늦다.

성숙하는 최소 성체의 크기는 북쪽의 평안도 연안산은 큰 편이고 남해안산은 작은 편이다. 성숙한 어미의 생식소 색은 다른 종류에서 보는 바와 같이 명확하지는 않으나, 수컷의 생식소는 다소 광택이 있고, 암컷의 생식소는 다소 황갈색의 반점이 있어서 암수의 구별은 가능하다.

2) 발생과 치패

바지락의 발생은 수온 22℃인 경우 수정한 다음 5시간 만에 섬모가 생겨 회전 운동을 시작하고 10시간이면 담륜자 유생으로 된다. 수정후 22시간 경과하면 몸에 패각이 완성되어 D형 유생으로 된다(그림 9-25). 수온이 21~23℃일 때 수정한 다음 2~3주가 지나면 각장 200~300 ㎛ (각고 190~220 ㎛)가 되어 부유 생활을 마치고 저서 생활로 들어가면 가느다란 족사로써 모래나 다른 고형물에 일시적으로 부착한다. 이러한 족사는 성장함에 따라 차차 퇴화되지만, 때때로 각장이 30 mm 이상 되

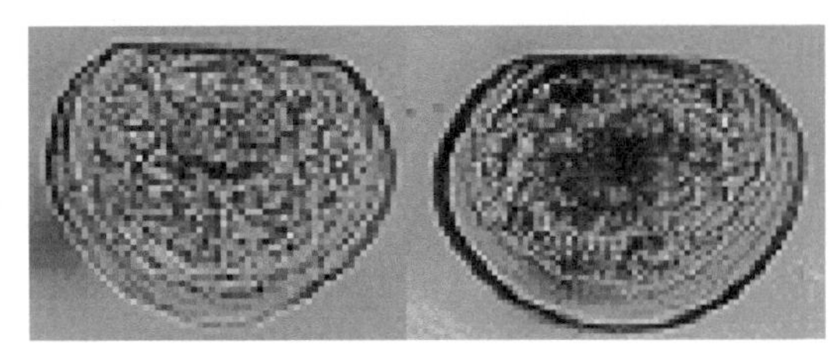

〈그림 9-25〉 바지락의 D상 유생

는 것도 족사로써 다른 물질에 부착해 있는 것을 볼 수 있다. 해수의 유동이 심한 곳일수록 대형 개체가 되더라도 족사로써 부착 생활을 하는 경우가 많으며, 해수의 유동이 적은 곳이면 각장 9 mm 정도의 크기일 때부터 그 기능이 없어진다(吉田, 1953).

저서 생활로 들어간 치패는 저질의 지반 변동으로 저질에 묻혀 폐사하는 경우도 있지만, 간석지에서는 여름철 고온과 저질의 호흡량에 영향을 크게 받는다.

치패의 발생량이 많았던 경우에는 m^2당 62 만 개체나 되는 예도 있다. 그러나, 일반적으로 1 년 후에는 그 서식량이 3% 이하로 급격히 줄어든다.

3) 성장과 이동

바지락 치패의 초기 성장에 관한 일본의 조사 결과를 보면, 6 월 10 일경에 각장 0.22 mm 정도로서 부유 생활을 마친 치패는 6 월 30 일경에는 0.45 mm, 7 월 말경에는 0.86~0.89 mm 로 된다. 곳에 따라서는 봄에 초기 치패가 바닥에 모이는 양이 아주 적은데, 대량으로 발생한 경우라도 곧 소실해 버린다. 가을 치패는 다음 해 3 월까지는 성장이 아주 늦지만, 3 월 이후에 성장이 아주 빠르고 6 월 이후에는 다소 늦다. 즉, 착저한 다음 4 개월 후인 4 월 상순에 평균 각장이 1 mm 이던 것이 6 개월 후에는 10 mm 로 되고, 만 1 년 뒤에는 27 mm 로 된다.

이상의 결과들을 종합해 보면, 늦가을에 발생한 치패는 겨울에는 성장이 거의 정지되고, 이듬해 봄까지는 성장이 늦기 때문에 봄에 발생한 치패 중에서 성장이 빠른 것과는 크기로 구별하기 힘들다. 바지락을 양성장에 표지 방류해서 40 일이 지난 다음 조사한 결과로는 거의 이동하지 않고, 각장 5 mm 정도 되는 치패는 활발한 운동을 하나 1 개월간에 직선 거리로 6 m 의 이동밖에 없었다(吉田, 1967). 이와 같이 바지락은 비이동성 동물이라는 것을 알 수 있다.

4) 환경에 대한 저항성

바지락은 온도에 대한 저항성이 강해서 고온인 37.5℃, 40℃, 42℃ 및 44℃에서의 평균 생존 시간은 각각 10.4 시간, 5.3 시간, 1.5 시간 및 0.6 시간이고(각장 0.20~0.23 mm 의 초기 치패는 37℃에서 2~8 시간, 40℃에서 1~4 시간), 저온인 경우에는 치사 온도가 -2℃ 이하이다.

이와 같이 지반이 높은 간석지 외의 일반 서식장에 있어서는 수온에 제약을 받는 일은 없다고 할 수 있다. 또, 먹이섭취에 관계하는 아가미 섬모 운동은 23℃에 가장 왕성하고 0℃와 36℃에서 정지한다. 해수 비중이 1.018~1.027 사이에 있어서는 생존에 아무런 이상이 없으며, 담수 중에서도 껍질을 닫고 3 일 정도는 생존한다(각장 0.2~1.0 mm 인 초기 치패는 1~8 시간 만에 죽는다). 또, 계속 담수 중에 있다 하더라도 하루 사이에 짧은 시간만 해수 중에 넣었다 옮기면 생존에 큰 장애는 없었다. 이와 같이 일반 서식장에서는 태풍, 기타 이상 시기 외에는 염분에 따라 생존에 제약을 받는 일은 없다고 할 수 있다. 그러나, 서식장의 지반이 불안정한 곳은 바지락이 오래 살 수 없다. 저질의 입자 조성은 패각의 형태에 영향을 미치고, 저질이 흑색인 환원 층에 사는 바지락은 조가비의 색깔이 달라지며, 또 저질의 단단하기는 바지락의 잠입 깊이에 관계된다. 간출 시간이 대체로 1~5 시간 정도 되는 장소에 바지락의 치패나 성패가 많고, 5 시간 이상 되는 곳에서도 알맞은 수분량만 있으면 지장이 없다. 일반적으로 노출 시간이 3~5 시간 이상 되면 성장이나 육질의 비만이 나빠진다. 용존산소의 결핍에 대한 저항성은 상당히 강해서 ℓ당 1 ㎖ 이상 되는 해수 중에서는 이상없이 살 수 있고, ℓ당 0.5 ㎖ 이하인 상태가 계속되면 4~5 일 후에 장애가 일어나고 약 10 일이 지나면 폐사한다.

5) 서식장

바지락의 치패가 많이 발생하는 곳은 하천수의 유입으로 인한 육수의 영향을 받는 간석지를 중심으로 한 수역이다. 일반적으로 발생장은 해수의 유동이 지나치게 심하지 않고 지형적, 해황적으로 해수가 정체하기 쉬운 곳으로서 개흙질이 적은 곳이다. 노출 시간이 5 시간 이상 되는 지반이 높은 곳은 특수한 경우를 제외하면 발생 치패량이 아주 적다. 치패는 하구 가까운 곳에 많이 발생하지만, 이와 같은 곳은 지반 변동이 일어나기 쉬운 곳이다. 따라서, 치패가 많이 발생한다 하더라도 대부분의 경우 1 년 후에는 그 서식량이 급격히 줄어든다. 이 때문에 대량 발생한 치패를 서시하기에 알맞은 곳으로 옮겨 주는 것이 필요하다(그림 9-26).

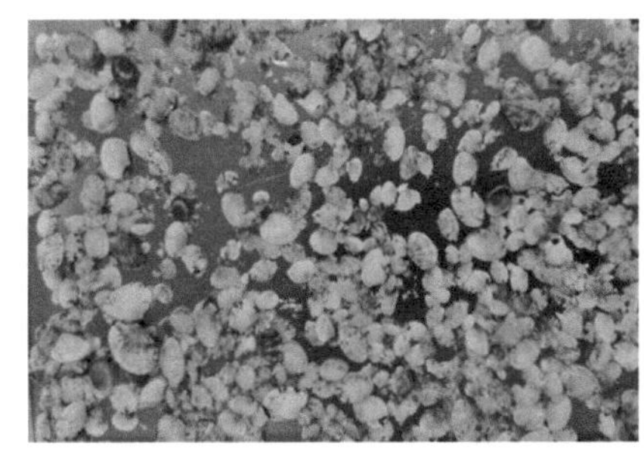

<그림 9-26> 바지락 치패

성패의 서식 적지는 앞에서 언급한 바지락의 생태 및 환경에 대한 저항성으로부터 다음과 같은 점들을 들 수 있다. 육수의 영향을 받는 파도가 조용한 내만으로서 태풍, 홍수 등에 의한 지반 변동이 거의 없는 곳이 알맞은 장소이다. 또한 썰물시 2~3 시간 노출되는 곳부터 3~4 m 사이로서 지반이 안정되어 있으며 해수의 유통이 좋고 환원층의 발달이 적으며 먹이생물이 많은 곳이다. 이와 같은 곳은 성장이 빠른 장형의 바지락을 양식 생산할 수 있다.

우리나라에 있어서 바지락이 많이 생산되는 곳은 전라도, 충남, 황해도 및 평안도 등 서해안이며, 전국 양식고의 약 90% 이상을 차지한다. 최근에는 연안역의 매립과 간척에 따라 양식장이 많이 사라지고 있으나, 전라북도의 곰소만에서는 대규모 바지락 양식이 이루어지고 있다. 이와 같은 곳은 특히 간만의 차가 심한 곳으로서 해수의 유동과 부유 개흙질 및 저질 등과 더불어 지반의 변동이 있는지의 여부, 지반이 높은 곳은 간석지의 흡수량 등에 따라 양식장으로서의 가치가 달라진다.

서해 북쪽의 간석지에서는 한 겨울 한파가 닥치면 간조 때 노출된 간석지가 얼어 저질이 바지락과 함께 만조가 되면서 수면에 떠오르는 경우가 있어서 피해가 심하다고 알려져 있다. 그러나, 이와 같은 곳에 살고 있는 바지락의 서식량은 상당히 많다고 하는 사실로 미루어 보아 이와 같은 특성은 양식에 영향을 미치는 문제까지는 안 된다 하더라도 고려할 점이라고 생각된다.

3. 종자생산

1) 채묘

바지락은 유생시기 때 부유 생활을 마친 다음 바닥에 착저할 때는 족사로써 부착생활을 하다가 잠입 생활로 들어간다. 그러나, 부착 생활 기간 동안은 저면의 모래에 아주 작은 족사로써 부착하고 몸을 지지하는데, 이 족사의 부착력이 약하기 때문에 부착기에 부착시켜 채묘 한다는 것은 불가능하다.

자연에 있어서 치패가 많이 발생하는 곳은 방파제 부근이나 하구의 삼각주 또는 간석지의 섶발 부근 등과 같이 와류가 생기거나 흐름이 완만한 곳이다. 조선 총독부 수산시험장에서는 해수의 흐름이 빠르고 지반이 불안정한 곳에다 나뭇가지, 목책(木柵), 암석, 시멘트 블록 등을 설치하여 심한 해수의 흐름을 완화시켜서 바지락 채묘를 시험했다.

해수의 흐름을 조절해 주는 방법으로는 제방식, 섶꽂이식 등 여러 가지가 있지만, 현실적으로 가장 쉽게 많이 사용하는 것은 섶꽂이식이다. 바지락 채묘는 부착기에 부착시켜 채묘할 수 없기 때문에 치패가 바닥에 모일 수 있도록 도와주고, 그들의 유실을 방지해서 치패를 생산해야 한다.

간석지에 나뭇가지나 대나무 등을 세워 주거나 기타 방법으로 해수의 흐름을 완만하게 조절해 주어 치패들을 많이 바닥에 가라앉혀 채묘 하는 것을 완류식(緩流式) 채묘라 한다. 완류식 채묘의 효과는 성숙 부유 유생의 수를 비롯하여 지형이나 해황에 따라서 다르지만, 일반적인 경우 그 발생량은 완류식 시설을 하지 않은 대조구에 비해 1.5~15 배나 많은 것으로 알려져 있다.

2) 치패의 관리

치패가 많이 발생하는 곳은 일반적으로 하구 가까이인데, 이러한 곳의 지반은 변동하기 쉬운 곳이다. 지반 변동이 심한 곳은 바지락이 발생한다 하더라도 곧 많은 양이 폐사하게 된다. 즉, m^2당 수십만 개체 이상 발생되었다 하더라도 1 년 후에는 얼마 남지 않는다(생존율 약 3%). 그러므로, 바닥에 모인 치패의 유실을 방지하는 문제는 종자 생산에 있어서 대단히 중요하다. 그래서, 대량 발생한 치패를 그들이 살아가는 데 안전한 장소로 옮겨서 관리하여야 한다. 대량 발생한 치패를 옮기는 장소는 무엇보다도 지반의 변동이 없는 안전한 곳이어야 하고, 언제나 해수 중에 잠기는 곳으로서 수심이 0 m 이상 깊은 곳이나 간석지와 같은 곳이라도 간출한 다음 해수가 괴어 있는 곳 등이다. 개흙질이 많은 곳은 성장 과정 중에 지반 변동, 기타 원인으로 폐사율이 높기 때문에 좋지 않다.

모래나 조가비 등이 차지하는 비율이 40% 이상 되는 곳은 치패가 족사로써 부착해서 정상적인 생육을 한다. 개흙질이 많은 곳에다 치패를 옮겨야 할 경우에는 모래를 살포해야 한다.

바닥에 부착된 치패를 이식해서 관리할 경우, 그 밀도가 지나치게 크면 성장에 좋지 않기 때문에 m^2당 5,000~10,000 개체 정도가 알맞다. 종자로서는 장형(長型)인 것이 좋기 때문에 치패를 잘 관리해서 이와 같은 형태를 만들이야 한다.

치패 관리에 있어서는 중요한 것은 식해동물인 물새무리, 어류, 게류, 고둥류 및 불가사리 등에 의한 피해를 막는 일이다.

4. 양 성

바지락의 양성법은 바닥 양성으로서, 알맞은 양성장에 종자를 방양해서 수확시까지 양성 관리하는 일이 중요하다(그림 9-27).

1) 종자의 양성

〈그림 9-27〉 바지락 수확 모습

종자는 될 수 있는 대로 장형을 골라야만 방양한 후에 성장이 빠르다. 종자의 크기는 작은 것일수록 성장이 빠른데, 각장이 15~22 mm 내외인 것이 알맞다. 치패는 활발한 운동을 하기 때문에 너무 작은 것은 좋지 않고, 각장이 15 mm 이상 되면 거의 이동하기 때문에 종자로서 알맞다.

양성장, 즉 종자 방양 장소는 간출 시간이 짧을수록 성장할 수 있는 시간이 길기 때문에, 간출되지 않는 곳을 중심으로 하는 것이 좋다. 종자를 방양하는 시기는 성장이 시작되는 봄이 가장 좋으나 경우에 따라서는 가을에 할 수도 있다. 방양에 사용할 종자를 원거리 운송할 때에는 기온이 10~15℃되는 때가 알맞다.

종자를 양성장에 방양하는 방법에는 석시법(潟蒔法)과 조시법(潮蒔法) 등이 있는데, 석시법은 간출된 다음 종자를 방양하는 방법으로서 고르고 정확하게 방양할 수 있으나 일손이 많이 들고, 조시법은 만조시의 정조(停潮)시에 배를 사용하여 종자를 방양하는 방법으로 아주 편리하지만 뜻대로 고르게 방양할 수 없다.

이와 같은 장단점을 고려해서 만조시에 배를 사용하여 군데군데 종자를 운반해 두었다가 간출한 다음 종자를 방양하는 것이 편리할 것이다. 종자의 방양밀도는 양성장의 조건에 따라서 다르나 표 10.6 을 참고할 수 있다. 즉, m^2당 1~3 ℓ 내외의 밀도로 방양하면, 만 1 년이 지나면 각장은 1.3~2.4 배, 중량 2.0~20.2 배로 되어 수확할 수 있는 크기로 성장한다. 만약 m^2당 3ℓ이상 방양하게 되면, 패각은 후단부가 굽어지고 성장이 나쁘며 생존율이 낮아진다.

2) 양성 관리

간석지인 바지락 양성장에 수로를 만들어 주어 해수의 유통을 좋게 하면 바지락의 성장이 빠르게 된다. 또한, 간석지의 지반이 높아서 생산력이 떨어진 곳이나 저면이 고르지 못한 곳은 지반을 고르게 하여 생산력을 회복시키거나 바지락이 한 군데 밀집되는 것을 방지해 주어야 한다. 지반이 지나치게 딱딱한 양성장은 갈이를 해주어 지반을 부드럽게 만들어서 바지락의 잠입을 쉽게 해주거나 성장을 촉진시키는데, 이 경우 치패의 발생 효과도 기대할 수 있다. 개흙질이 지나치게 많은 양성장은 모래나 패각 부스러기를 투입해서 저질을 개선하고 지반을 안정시켜 바지락의 성장을 촉진시키고 생존율을 높인다. 이와 같은 객토를 해 줄 때에는 몇 번으로 나누어 투입하고, 그 두께는 2~5 mm 를 기준으로 하는데, 치패 발생이 가능한 양성장인 경우에는 유생이 착저하기 직전에 해 주면 치패의 발생 효과도 기대할 수 있다.

<그림 9-28> 살포식과 수하식 양식 바지락
(경남 수산자원연구소)

최근, 바지락을 수하식으로 양식할 경우 크기는 2 배, 무게는 4 까지 크게 성장을 촉진시킬 수 있는 연구 결과가 알려져 주목 받고 있다(그림 9-28).

바지락의 해적 생물로서는 식해동물인 고둥류, 불가사리류, 어류, 게류 및 조류 등과, 간접적인 피해를 주는 종밋(*Musculista senhousia*), 생식소를 침해해서 폐사시키는 기생충인 *Cercaria pectinata* 및 적조를 일으켜 바지락의 대량 폐사를 가져오는 적조생물 등을 들 수 있는데, 이들에 의한 피해가 없도록 각각 알맞은 구제법으로 구제해 주거나 예방 대책을 강구해 주어야 한다.

Ⅱ. 복족류 양식

제 6 절 전복류

전복류는 여러 곳에서 발굴되고 있는 고대 패총에서 볼 수 있듯이, 과거부터 식용으로 많이 이용한 중요 수산물이다. 식용으로는 연체부(식용 가능한 육질부)를 이용하고, 패각은 색택이나 광택이 아름답기 때문에 가구 등 공예품의 원료 및 그 분말은 피부 미백제로도 사용되고 있다.

전복류는 연체동물문 복족강 원시복족목에 속하며, 남반구에서 북반구에 이르기까지 전 세계적으로 약 100 여 종이 널리 분포하고 있다.

1. 생태

1) 분포와 서식장

우리나라 연안에 분포하는 전복류는 겨울철 수온 12℃ 등온선을 경계로 제주도 근해에서 생산되는 난류계 전복인 오분자기(*Haliotis diversicolor*), 왕전복(*H. madaka*), 말전복(*H. gigantea*), 둥근전복(까막전복 *H. discus*)이 있으며, 우리나라 전 연안에서 생산되는 한류계 전복인 참전복(*H. discus hannai*)으로 나누어진다(그림 9-29).

전복의 외부 형태					
국명 (서식처)	참전복 (전국연안)	왕전복 (독도.제주)	둥근전복 (제주.남해안)	말전복 (제주)	오분자기 (제주)

<그림 9-29> 우리나라 연안에 분포하는 전복의 종류

전복의 서식수온은 10-28℃이며, 수중암반의 균열, 굴속, 암벽, 암반위에 살며, 대체로 해저의 특정한 곳에 집중 서식한다. 주 산란기는 6 ~ 7 월경이며, 저서초기에는 부착규조를 섭이하고 점차 성장하면서 미역, 파래, 다시마, 대황, 감태와 같은 해조류를 섭이한다. 패각은 얇고 긴 타원형으로 껍질의 바깥쪽 암녹갈색, 안쪽은 녹색이다. 호수공은 3~4 개 열려있으며, 각장은 최고 180 ㎜, 보통은 120 ㎜정도이다. 대한 해협과 제주도 북쪽을 동서로 달리는 경계 수역인 화도, 태랑도, 거문도 및 쓰시마 섬과 부산 사이를 연결하는 수역에는 한류계와 난류계가 섞여 살고 있다. 한겨울의 저층 수온이 12℃인 등온선을 경계로 하여 북쪽에는 한류계인 참전복, 남쪽에는 난류계인 나머지 3 종이 분포하고 있다.

참전복은 가장 천해 수심인 4~5 m 에서 주로 살고, 까막전복은 4~10 m 에 살고 있으며, 말전복은 가장 깊은 곳인 수심 30~50 m 에서도 볼 수 있다. 서식 장소는 갈조류가 많이 번식하는 곳의 암벽, 바위 틈, 동굴 및 돌 밑 등이다(그림 9-30).

〈그림 9-30〉 양식 참전복

2) 성숙과 산란

생식소는 몸의 오른쪽 뒤쪽에 쇠뿔 모양으로 위와 간장부에 둘러싸여 있다. 성숙한 난소는 짙은 녹색을 띠고, 정소는 담황색 또는 황백색을 띠기 때문에, 육안으로도 식별할 수 있다(그림 9-31). 그러나 산란 후, 또는 미성숙 생식소는 모두 연황색을 띠므로 암수 구별이 어렵다.

산란기는 종류와 서식지 및 해황 등에 따라 다른데, 한류계인 참전복은 7~11 월까지이고 수온이 20℃ 안팎인 시기이다.

산란은 생식소로부터 알이 아가미 뒤쪽에 열려 있는 제 2 및 제 3 호흡공을 통해 배출된다. 수정된 알은 분리 침성란이며 녹색을 띤다.

수정된 알의 지름은 참전복과 까먹전복이 0.22~0.23 mm, 시볼트전복과 말전복은 0.27~0.28 mm 이다. 각장이 8~10 cm 인 참전복은 1 회에 20 만~80 만개를 산란한다.

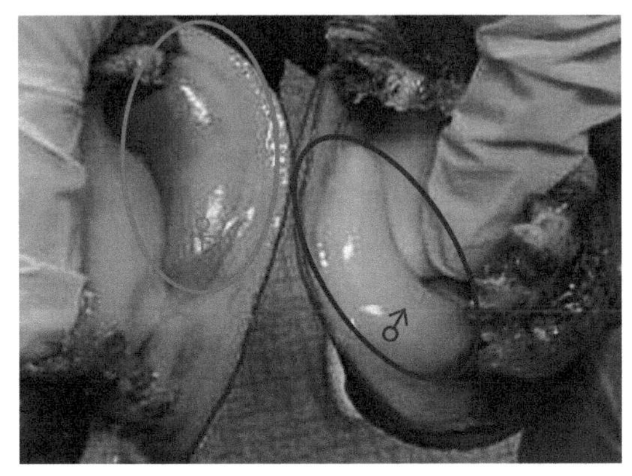

〈그림 9-31〉 전복의 암, 수 구별법

3) 부화와 성장

발생 속도는 종류와 수온이 따라 다른데, 보통 까막전복은 수온이 16~17℃인 경우는 수정 후 약 20 시간이 지나면 부화하고, 27~28 시간이 지나면 패각이 생겨 피면자 유생(벨리져 유생)이 되며, 대부분이 약 1 주일이면 저서 포복 생활로 들어간다. 참전복은 수온이 20℃인 경우는 수정 후 약 10 시간이면 부화하고, 24 시간이 지나면 피면자 유생으로 되는데, 빠른 것은 2~3 일 후에 저서 포복 생활로 들어간다.

전복의 종류와 서식 환경에 따라 성장이 다르나, 대략 3 개월이 지나면 약 5 mm, 1 년이 지나면 약 30 mm 내외로 성장한다. 수조 내에서 갈조류를 벅여서 성장시키게 되면 성장은 좋으나, 패각의 색이 연녹색 또는 청록색을 띠며, 천연산 전복은 담갈색이나 흑갈색을 띠게 된다. 이는 먹이 종류에 따라 패각의 색이 구분되는 것으로, 인공 종자 치패를 방류 후 채포하면, 수조 내에서 성장한 껍데기의 색깔로 인해 천연산과 인공산을 구분할 수 있다.

2. 종자의 생산

전복은 외양성이며 부유 유생기가 짧아 자연 채묘에 의한 종자 생산은 어렵다. 따라서, 종자 생산은 인공 종자 생산에 의존하고 있으며, 우리나라에서는 1976 년부터 인공 종자를 생산하기 시작하였다.

전복의 산란기는 가을인데, 겨울의 낮은 수온기에 따른 문제로 수온과 광주기를 조절하여 5~6 월에 산란시켜 겨울이 오기 전에 치패를 확보하는 종자 생산 방법을 택하는 것이 일반적이다(그림 9-32).

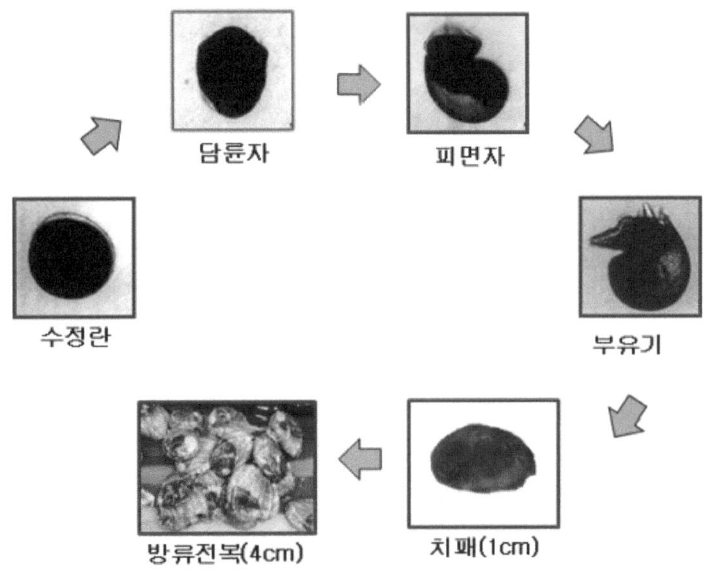

<그림 9-32> 전복의 난, 유생 및 치패의 성장과정

1) 어미의 선정 및 관리

동해안과 서해안에서는 한류계인 참전복만 사용하기 때문에 문제가 되지 않으나, 남해안 및 제주도에서는 한류계와 난류계가 공존하기 때문에 종자 생산에 앞서 대상종을 선정해야 한다.

까막전복이나 참전복은 환경에 대한 적응성이 강하기 때문에 사육이 쉽다. 채란용 어미는 성숙한 것이어야 하며, 성숙한 개체일수록 생식소가 비대하다. 채란용 어미는 안정적이고 좋은 알을 얻기 위해서는 수온 및 광주기 조절법을 이용해서 모패를 관리해야 한다.

채란용 모패는 사육 밀도, 사육 장치, 해수의 유통 등 좋은 사육 조건을 유지해 주고, 알맞은 먹이를 주면서 사육해야 한다.

2) 채란과 부화

수온과 광주기를 통해 인위적으로 사육 관리된 전복의 모패는 4~5 월에 성숙한 개체들을 볼 수 있는데, 성숙 여부는 적산 수온에 의한 방법이 편리하다.

참전복은 적산 수온이 500~1,500℃에 이르면 성숙하며 적산 수온 범위에서는 적산 수온이 증가할수록 산란 유발률이나 산란량이 증가한다.

산란 자극은 가출 자극된 성숙한 암수를 각각 산란통에 넣고 자외선 조사 바닷물을 넣으면, 2~3 시간 내에 방란 및 방정이 일어난다. 알은 방란 후 1 시간이 지나면 수정 능력이 낮아지므로, 1 시간 이내에 수정시켜야 한다.

3) 유생 사육

부유 생활 기간은 3 일 정도로, 사육 조건에 따라 1 주일이 걸릴 수도 있다. 부유 유생기는 부화한 직후부터 패각이 생기기 전인 담륜자기(트로코포라기)와 패각이 생긴 피면자기(벨리저기)로 나눌 수 있으며, 부화 후 10~14 시간이 지나면 피면자기에 이른다. 담륜자기 동안은 충격에 약하므로, 지수 상태를 유지하다가 피면자기가 되면 약하게 통기하고 주수시킨다.

4) 저서기 치패 사육

파면자기의 말기가 되면, 면반이 소실되고 패각이 발달하면서 저서 생활로 들어간다. 이때, 먹이가 배양된 파판을 부유 유생 탱크로 옮기거나, 유생을 뮐러 거즈로 걸러서 먹이 배양 수조에 직접 뿌려주면서 채묘를 한다.

파판에 부착시키는 밀도는 파판당 치패 200~500 개체가 좋으며, 너무 많이 부착되면 저서 후기에 파판의 먹이 부족으로 대량 폐사가 일어날 수도 있다.

치패가 성장함에 따라 먹이를 먹는 양이 현저하게 많아지는데, 치패의 각장이 2~3 mm 이하일 때에는 하루에 한 마리가 약 30 만 개체의 부착 규조로 충분하다. 그러나 3 mm 이상으로 되면 350 만 개체가 필요하게 되며, 이후에는 먹이를 많이 주면 그만큼 성장도 빠르다.

이 시기에 먹이가 부족하기 쉬우므로 조도를 10,000~20,000 Lx 로 높여 주고, 주수량도 증가시킨다. 먹이가 부족할 때에는 따로 규조류가 배양된 파판을 먹이가 부족한 파판 사이에 끼워서 전복이 분산되도록 해 주면 좋다.

저서 초기 치패 사육 밀도는 부착 면적이 약 500 m^2인 부착기이면 2 만~3 만 개체가 알맞으며, 각장이 약 5 mm 로 될 때까지 생존율은 20% 정도이다.

3. 양성

전복은 지금까지 서식 환경이 양호한 지역에 방류하여 양성하는 방법이 주를 이루어 왔으나, 현재는 고밀도 사육을 위하여 양성용 종자를 수조 또는 채롱에 수용하여 양성하거나 대규모 가두리 양식 시설에서 전복의 은신처이자 서식처인 Shelter를 제공하여 대량 생산을 하고 있는 것이 일반적이다. 특히, 완도를 중심으로한 전남 지역은 예로부터 미역과 다시마 등 전복의 먹이가 되는 해조류 양식 산업이 발달하여 전복 양식 산업의 구심점이 되면서 우리나라 전복 양식의 중심지로 급부상하게 되었다.

1) 수용 양성

수용 양성 시설에는 수용기인 수조와 채롱 등이 있는데, 수조 시설로는 암초 시내를 이용해서 해안의 얕은 곳에 바닥 면적 6~7 m^2되는 작은 수조를 만들거나, 육지 연안과 섬 사이를 이용하여 비교적 큰 수조를 만드는 경우가 있다.

먹이로는 미역, 다시마 등 갈조류가 가장 적합하며, 먹이 공급량은 크기와 계절에 따라 적절하게 공급해야 한다.

참전복의 종자를 채롱에 넣어서 양성한 결과, 각장이 약 70 mm로 성장하는 데 약 2년 반의 기간이 소요된다.

2) 방류 양성

참전복의 저위도 수역일수록 고위도 수역에 비해 성장이 빠르며, 전복 양성장으로는 파랑이 많고 조류가 빠른 곳으로서, 해조류가 많이 번식하는 외해성인 암초 지대가 적합하다.

종자의 크기가 클수록 방류 후의 생존률이 높으며, 종자의 크기가 20 mm 이하인 것을 방류할 때는 종자 방류용 양성장을 만들어 방류하면, 그대로 방류한 것을 비해서 1년 후의 생존률이 3배나 높다.

종자 방류 수심은 1 m 안팎의 얕은 곳보다 2~3 m 정도의 깊은 곳이 초기 성장은 약간 늦지만 생존율이 현저히 높아지기 때문에 더 유리하다.

전복 종자의 양성장은 먹이인 해조류가 많이 번식하는 곳이어야 하는데, 방류하는 종자의 양은 전복의 무게 1g을 증가시키는 데 미역의 경우에 15.2g이 필요하다는 것과, 그 밖의 해조류 번식량 등을 고려하여 결정하다.

식해성 해적 동물의 구제와 먹이 경쟁 동물인 성게를 제거하는 일은 양성 관리에 있어서 매우 중요하다.

방류 양성의 효과는 종자의 크기와 양성장에 따라 다르나, 일반적으로 약 25mm 크기인 치패 1만 개체를 방류하면 방류 3년 후인 4년패는 약 400g으로 성장하는

데, 이 기간 26% 생존율을 감안하면 약 1,000 kg 을 생산하게 된다.

3) 그물가두리 양성

전복의 서식 공간인 은신처(shelter)에 전복의 치패를 부착시킨 후 이것을 그물가두리에 옮겨 시설한 후 미역, 다시마 등의 대형갈조류를 먹이로 제공하면서 전복을 대량으로 양성하는 방법으로 최근의 전복 대량 생산은 모두 이러한 방법으로 이루어진다고 보아도 무방하다(그림 9-33).

〈그림 9-33〉 전복 양성용 shelter (좌측은 어린 것, 우측은 큰 것을 수용하며, 햇볕을 강하게 받을 경우 폐사율이 높기 때문에 주의해야 한다)

〈그림 9-34〉 전복 양식장의 먹이 공급

먹이는 양식 전반기인 동절기부터 봄철에 이르는 시기에는 1년생 해조류인 미역을 공급하다가, 미역 양식이 끝난 4월 이후의 늦봄이나 여름철에는 다시마를 주로 공급하며, 먹이가 부족할 때에는 감태, 곰피 등을 대용 먹이로 활용하기도 한다. 또한 고수온기에는 수확한 다시마를 염장하여 냉장 보관해 두었다가 먹이가 부족할 시 공급하기도 한다.

먹이 공급은 사람의 인력으로 한계가 있어, 최근에는 전복과 해조류 양식 모두를 관리하면서 운반선으로도 활용할 수 있는 대형 선박에 크레인을 설치하여 해조류 양식장에서 전복 양식용 먹이를 수확한 후, 전복 가두리 시설로 운반하여 대량으로 먹이를 공급하는 방식으로 양성이 이루어지고 있다(그림 9-34).

오늘날 전복의 대량 양식은 이러한 기계적 장비와 설비 없이는 노령화 되어 가는 어촌에서 일손의 부족과 양식 현장에서 힘든 일을 기피하려는 근로자들의 속성 때문에 양식을 경영하기가 쉽지 않은 것이 현실이다.

최근엔 전복을 중량에 따라 자동으로 선별해 주는 선별기가 개발, 보급되면서 전복 수확 후 일손 부족으로 어려움을 겪는 양식 어가에 큰 도움을 주고 있다(그림 9-35).

제 7 절 고둥류 양식

고둥류 가운데 양식 대상종으로는 참소라, 물레고둥, 수랑 등이 있으나 실질적으로는 양식이 거의 이루어지지 않고 있으며, 단지 참소라의 경우 자원관리형 증식 수단을 통해 생산량 증대가 이루어지고 있다고 보는 것이 타당하다. 대형 고둥류인 참소라(그림 9-36)는 육질은 식용으로 이용되며, 패각은 패각세공의 원료로 이용된다. 전복의 종자 생산 기술 개발로 대량 종자 생산이 실시되면서부터, 산란 발생 과정이 비슷한 참소라도 대량 종자 생산을 할 수 있게 되었고 양식도 활발해졌다. 서식장이나 식성은 전복류와 거의 같지만, 서식 적지가 넓기 때문에 전복과 같은 양성장에서도 양성할 수 있고, 또한 전복이 살 수 없는 소형 해조류가 많은 연안이라도 참소라는 살 수 있기 때문엔 이와 같은 수역을 효과적으로 이용할 수 있다. 참소라는 성장이 비교적 늦고 어획이 쉽기 때문에, 남획으로 인하여 자연자원의 관리가 어려운 종이다. 제주도 나잠 어업의 대표적인 주 소득원으로 경제적 가치가 매우 높다.

<그림 9-35> 전복 선별기

<그림 9-36> 참소라

1. 생태

1) 종류와 분포

참소라(*Turbo sazae* Fukuda, 2017; 이전 동의어 *Turbo cornutus* & *Turbo japonicus*)는 전복과 같이 복족강의 원시복족목에 속하는 비교적 체제의 분화가 잘 안 된 고둥이다. 대형종으로서 각고 100 mm, 각경 80 mm 정도 되지만, 큰 것은 각고 130 mm 되는 것도 있다. 나선층은 6 개 정도이고 석회질로 된 백색의 뚜껑을 가지며,

각구 안은 진주광택이 강하고 내면은 갈색 각표에 가시가 있는 것(유극형)과 없는 것(무극형)이 있는데, 가시가 있는 형은 염분이 높은 외해에 사는 것이고, 가시가 없는 형은 염분이 낮은 곳에서 종종 볼 수 있으며, 현탁물이 비교적 많은 내해에 많다. 참소라는 우리나라 전 연안에 걸쳐 분포하나 특히 남해안에 많다. 수직 분포는 조간대에서 수심 40 m 까지의 암초에서 해조류를 먹고 생활하며 주로 수심 2~5 m 되는 곳에 많은 편이다. 낮 동안은 바위 그늘에 숨어 있고, 해가 진 이후부터 활발하게 움직여 먹이를 먹는다.

2) 성숙과 산란

만 2 년생으로 암수딴몸이며, 각고 약 4~5 cm 정도 되면 성숙한다. 생식소는 5 월 하순부터 8 월까지 발달하고, 방란과 방정은 여름철에 하는데, 성기의 수온은 23~24℃이다. 성숙한 암컷의 생식소는 짙은 녹색이고 수컷은 유백색인데, 암수의 생식소는 다 같이 간장 표면에 발달한다. 간장부 단면을 잘랐을 때 생식소의 두께가 반지름의 1/3 이상 되는 것은 성숙한 것이다.

성숙란은 거의 구형인데, 방란 직후의 알은 바깥쪽은 한천질로 싸여 있고, 이를 포함한 난경은 0.5~0.6 mm 이다. 지수 상태에서는 침강하고 다소의 점성이 있지만, 약간의 유동이 있으면 부유한다. 암컷이 지름 0.2 mm 정도인 녹색 알을 물속에 낳으면 수컷이 그 위에 정자를 방출하여 물속에서 수정한다. 수정란에서 부화한 후 3 년 정도 되면 다 자란다.

3) 부화와 성장

수온이 23.6℃일 때, 수정 후 2 시간 30 분이 지나면 제 2~3 분열을 하고, 9~10 시간에 부화하여 담륜자 유생이 된다. 약 27 시간이 지나면 유생의 패각이 완성되어 바닥으로 가라앉는다. 이때의 크기는 각장 0.31 mm 정도이다. 부유 생활을 하는 기간은 1~2 일로서 비교적 짧고, 저서 생활로 들어갈 때까지 먹이를 먹지 않는다.

치패기에는 가시가 없지만, 각고 3~4 cm 로 성장하면 서식장의 환경에 따라 가시가 있는 형과 가시가 없는 형으로 구별이 된다. 만 1 년경까지의 치패기에는 조간대에 서식하고 있는 톳(*Sargassum fusiforme*), 지충이(*S. thunbergii*)등의 부착 부분이나 그늘이 생기는 바위 사이에서 살지만, 성장에 따라 차차 깊은 곳으로 이동해 가면서 생활한다.

2. 종자의 생산

종자는 자연산을 모아서 사용했으나, 인공 종자 생산이 되면서부터 종자를 만들어 사용할 수 있게 되었다. 이 종의 유생은 부유 기간이 짧고, 또 먹이를 줄 필요가 없기 때문에 유생 사육은 쉬운 편이다. 저서 생활로 들어간 다음부터 먹이를 준다. 합성수지로 만든 투명하거나 반투명인 채묘판에다 먹이 생물인 나비쿨라 (*Navicula* sp.), 코코네이스(*Cocconeis* sp.), 암포라(*Amphora* sp.), 및 플라티모나스(*Platymonas* sp.) 등을 번식시킨 다음, 이 채묘판을 채묘 수조에 넣어주면 부착기 치패가 부착한다. 부착한 치패는 이들 부착 규조류를 먹고 성장하며 먹이를 충분히 먹지 못하면 성장이 좋지 않고 경우에 따라서는 많은 폐사가 일어난다.

저서생활로 들어간 치패는 환경이 좋지 못하면 폐사하기 때문에 사육 해수의 교환이나 통기를 해 주어야 한다. 먹이 먹는 양은 치패가 3~4 mm 이상으로 성장하면 급격히 많아져 부착 해조류만으로는 모자라기 때문에 부드러운 소형 갈파래나 미역쇠 등을 준다.

종자로서 알맞은 크기는 각고 3 cm 정도이다. 이 크기까지 소요되는 기간은 만 1년 정도가 된다. 장기간 종자 생산용 탱크 내에서 사육하는 것은 어렵기 때문에, 치패를 채롱에 수용하여 바다에서 종자의 크기가 될 때까지 사육 관리하는 경우도 있으나 소형 치패를 그대로 사용하는 경우도 있다.

3. 양성

1) 수용 양성

채롱이나 수조에 수용하고, 먹이를 주어 양성하는 것이다. 먹이의 종류에 따라서 먹이 효과가 다른데, 대황이 우뭇가사리나 모자반에 비해 먹이 효과가 훨씬 좋다. 대황을 먹이로 주어서 소라 1 g을 증중시키려면 17.4 g이 필요하다.

2) 방류 양성

생산한 종자를 방양한 다음 그 효과를 증대시키기 위해서는 방류 종자의 크기, 방류 환경 및 방류량 등을 고려해야 한다. 방류 종자의 크기는 클수록 좋으나 성장에 따른 종자 생산 시설 내의 밀도 문제나 여러 가지 경비에 비례하는 효율 문제 등을 특히 고려하지 않으면 안 된다. 방류 환경은 치패가 안전한 은신을 할 수 있는 곳이어야 한다. 방류 수심은 치패인 경우(각고 20mm) 수심이 얕은 곳이 알맞다.

먹이는 대황, 미역, 감태 및 모자반 등과 같은 갈조류를 주로 먹지만, 이 밖에 홍조류, 석회조류 및 부착 규조류, 때로는 아주 작은 동물 등도 먹는 것을 볼 수 있다. 섭식 활동은 해진 뒤 2시간 정도 경과 시 가장 활발하고, 약 6시간이 지나면 거의 활동하지 않는다. 일반적으로 수온 13℃ 이하인 상태가 오래 지속되면 성장 휴지대가 만들어진다.

방류 환경으로서는 성장 수온 기간이 길수록 좋고, 종자의 방류량은 많아야 그 효과가 크다. 종자 방류 후 양성 결과는 1년에 1.0~3.0cm, 3년에 4.5~8.0cm 크기로 성장한다. 종자의 방류를 위해 육상 수송을 할 경우 공기 중에서 생존 가능한 시간은 기온에 따라 다르나 15.7℃이면 5일간 생존이 가능하다.

제 10 장. 갑각류 양식

제 1절 보리새우 양식

보리새우(Japanese tiger prawn, *Marsupenaeus japonicus*)는 몸길이가 보통 200 mm 이하이나, 큰 것은 250 mm에 이르는 것이 있다. 이와 같이 보리새우는 대형종일 뿐 아니라, 성장도 빨라서 1년 이내에 어미로 된다.

1902년 일본에서 축양하기 시작한 것을 시초로 하여, 1942년에 보리새우의 발생 과정을 상세히 밝힌 것이 양식의 기초를 확립하는데 공헌하였다. 우리나라에서 보리새우의 양식은 1960년 이후부터 시작되었으며, 인공적으로 종자를 생산해서 양식하게 되었다.

보리새우 외에도 대하와 같은 새우류는 저칼로리의 고단백질 식품이고, 맛이 좋기 때문에 수요의 증가에도 불구하고 최근, 바이러스성 질병으로 인해 대량 폐사가 잇따르는 등 양식 실패로 인한 경제성 어려움 등 각종 위험성(risk)이 적지 않아 보리새우뿐만 아니라 대하의 양식도 둔화되고 있는 추세에 있으며, 그 자리를 흰다리새우 양식을 통해 대체해 나가고 있는 실정이다.

1. 생태

1) 분포와 서식장

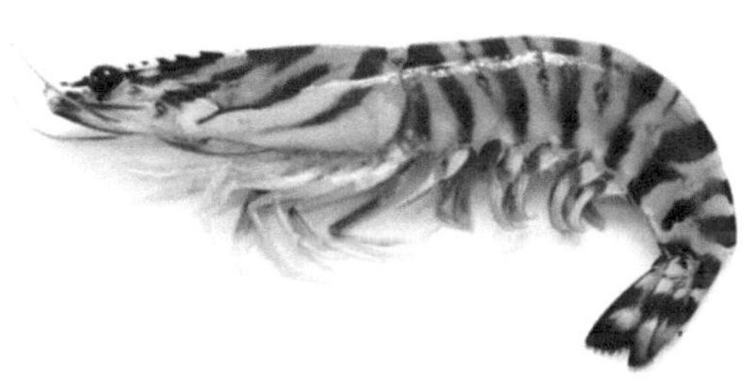

<그림 10-1> 보리새우

보리새우(그림 10-1)의 분포 수역은 우리나라와 일본의 중부 이남이다. 우리나라 연안에서의 생산량은 일본 연안에 비하여 적은 편이나 분포 수역은 넓은 편으로서, 남해안이 주 서식장으로 서해안의 전북 연안 이남이나 동해안 영일만 이남의 일부에서도 다소 포획된다. 주로 내만에 서식하고 있으며 낙동강, 거제도 및 섬진강과 광양만 등의 해역에 많은 편이다. 서식장은 보리새우의 발육 단계에 따라 다르다.

발육 단계는 형태와 생태의 변화에 따라, 배(胚), 유생(幼生), 치하(稚蝦), 유하(幼蝦), 약년(若年) 및 성체(成體)의 6단계로 구분하다. 배기와 유생기에는 부유 생활을 하며, 수심이 약간 깊은 외해에서 산다. 치하기와 유하기에는 저서생활을 하며, 수심이 얕은 내만에서 산다. 약년기와 성체기에는 내만에서 사는 것도 있으나, 주로 수심이 깊은 외해에서 살며, 월동 장소는 수심이 보다 깊은 곳이다.

2) 성숙과 산란

성숙 시기는 서식 장소에 따라 다른데, 우리나라의 연안에서는 5월 중순경부터 9월 하순경까지 성숙한 암컷을 볼 수 있다. 교미는 암컷의 성숙과는 관계없이 탈피 직후의 연갑상태(軟甲狀態)의 암컷과 경갑상태(硬甲狀態)의 수컷 사이에 이루어진다.

암컷은 수컷으로부터 정협(精莢)을 받아 이것을 저정낭(貯精囊)에 저장한다. 교미한 보리새우는 생식 보조기인 교미전(交尾栓)을 가지는데, 암컷은 탈피하면 교미전이나 정협이 탈피각과 함께 몸에서 떨어져 나가게 되고, 일반적으로 이때마다 교미를 거듭하게 된다.

성숙한 난소의 빛깔은 청록색이며 육안으로 쉽게 식별할 수 있다. 산란은 밤에 하고 산란할 때 암컷은 유영각(遊泳脚)을 움직여 수류(水流)를 일으켜 알을 물 속에 널리 퍼뜨린다. 산란된 알은 구형이며 지름이 약 0.24 mm이다. 산란 수는 어미의 크기에 따라 다르나 큰 개체는 약 70만개이다.

3) 발생과 성장

발생 속도는 수온에 따라 다르나, 수온이 27~29℃이면 13~14시간 만에 부화한다. 유생기에는 노플리우스(nauplius), 조에아(zoea) 및 미시스(mysis)의 3단계를 거치는 변태를 한다. 노플리우스는 6번째의 탈피를 하면 조에아로 되며, 조에아는 4일이 지나면 세 번째의 탈피를 하고 동시에 변태하여 후기 유생(post-larva)으로 된다. 이 때까지는 부유 생활을 하나 2회째의 탈피를 한 다음 포복 생활을 하는 것도 있다. 성장은 계속되는 탈피함에 따라 이루어지고, 그 성장도는 발생 시기에 따라 다르나, 이른 봄에 발생한 것은 약 1개월이 지나면 몸무게가 약 0.02 g으로 된다. 다음에 다시 약 1개월이 지나면 성장이 빠른 것은 1~2 g으로 된다. 이와 같이 성장해서 당년 가을까지 큰 것은 약 20 g으로 된다.

2. 종자 생산

자연산 종자의 수집은 풍흉의 격차가 심하고 채집이 힘들며, 다른 치하들과의 혼획률이 높기 때문에 불안정하고, 양식 성적도 좋지 않다. 따라서, 종자는 인공으로 생산하여 사용하는 것이 효과적이다.

우리나라에서는 1979년부터 본격적으로 보리새우의 종자를 인공으로 생산하기 시작했다.

우리나라 연안산의 보리새우는 성숙기가 늦어, 빨라도 6월 하순이다. 이것을 종자묘생산용 어미로 사영하면 성묘가 생산되는 시기는 8월경이 되므로 너무 늦어 월동이 불가능한 우리나라의 경우 연내 수확이 불가능하다. 따라서, 우리나라에서 사용하고 있는 채란용 어미는 외국으로부터 수입하여 사용하고 있다. 이를 개선하기 위한 대책으로는 보리새우의 채란용 어미를 인공적으로 월동시켜 종자를 조기에 생산하는 일이다.

1) 채란과 부화

성숙한 채란용 어미는 이미 교미한 것으로, 수컷은 필요 없고 암컷만 확보하면 된다. 어미의 방란 능력은 채란 시기, 크기, 선별 및 수송 시간이나 수송 방법 등에 따라 다를 뿐 아니라, 어미를 수용하는 수조의 조건에 따라서도 다르다.

양식한 보리새우는 일반 양식장에서는 월동이 어렵기 때문에 겨울이 되기 전에 수확해야 하므로, 이 때까지 수확할 수 있는 크기로 길러야 한다. 따라서, 종자 생산 시기는 빠를수록 좋으며 3~4월이 알맞다.

산란한 알은 정상적인 알이라야 하는데, 산란기의 후반에 채란한 것에는 불완전한 것이 많기 때문에 산란 전반기에 채란하는 것이 안전하다.

성숙한 어미를 채란용 수조에 수용한 다음부터 방란할 때까지의 기간은 어미의 성숙도에 따라 다르나, 정상적인 것은 1주일 이내에 방란한다. 방란 시각은 밤이지만, 산란기가 빠를수록 방란 시각이 빠르고 늦으면 한밤중을 지나서 하는 경우가 많다.

한 마리가 방란하는 알의 수는 어미의 크기에 따라 다르나, 보통은 30만 개 정도이다. 채란한 알은 지수 상태에서는 침강하나, 유동 상태에서는 침강하지 않는다. 알의 관리는 알이 침강하지 않게 하는 일이다.

수온이 약 28℃이면 12시간 후에 부화하여 노플리우스로 된다. 부화율은 관리 방법에 따라 다르나 일반적으로 약 50%이다.

2) 유생 사육

유생 사육수조의 크기는 수 톤들이 소형 시설에서부터 200여톤들이 대형 시설에서 이르기까지 여러 종류가 있다. 수조의 깊이는 소형인 경우 1 m내외로 하나, 대형인 경우에는 2 m내외로 하는 것도 있다. 이와 같은 사육 시설에 유생을 수용해서 사육한다.

소형 시설에서 사육할 때에는 준비해야 할 수조의 수가 많아지고 일손도 많이 든다. 매일 한 수조씩 채란하여 후기 유생을 계속해서 생산하려면 필요한 수조의 수는 14개이다.

즉, 알은 산란 12시간 만에 부화하고, 부화 후 1.5일이 지나면 조에아로 변태하며, 조에아 및 미시스의 기간은 각각 4일 및 3일이다. 또, 후기 유생으로 변태한 다음에도 부유성이 강한 3~4일간은 계속해서 사육 수조에서 사육하는 것이 생존율을 높인다.

따라서, 수조의 수는 채란 수조 1개, 노플리우스 수조 2개, 조에아 수조 4개, 미시스 수조 3개 및 후기 유생 수조 4개로서 모두 14개가 된다.

이 사육 과정 중 노플리우스 유생기는 먹이를 먹지 않기 때문에 먹이를 줄 필요가 없다. 그러나, 조에아 유생기부터는 먹이를 먹기 시작하기 때문에, 이후의 유생기에는 미리 준비한 먹이를 주어야 한다. 조에아 유생기의 먹이는 배양한 부유 규조류, 부착 규조류, 해산 윤충류, 참굴의 알이나 유생 등이다. 부유 생활을 하는 미시스 유생이나 후기 유생 초기의 먹이는 배양한 부착 규조류, 윤충류, 아르테미아의 부유 유생, 따개브이 부유 유생, 요각류(copepoda) 등이다.

사육 해수는 먹이를 주기 전에 수조 내의 해수를 전부 환수해야 하고, 사육 중에는 계속해서 포기해 주어야 한다.

후기 유생으로 된 다음 며칠이 지나면 저서 생활을 하게 된다. 이 때의 먹이는 배양한 부착 규조류, 바지락, 잡새우의 살 또는 배합 사료 등이다. 알에서부터 이 때까지의 생존율을 관리하는데 따라 다르나 일반적으로 약 2.5%이다.

대형 시설에서 사육하는 경우는 소형 시설에서 사육하는 경우에 비해 간단하고 능률적이다. 즉, 대형 시설에서는 유생의 변태 단계에 따라 필요한 여러 가지 먹이 생물의 배양과 유생의 사육을 같은 시설 내에서 동시에 한다.

먹이는 수조에 직접 영양염류를 넣어 주어 식물성 먹이 생물을 번식시켜 이용한다. 먹이를 주는 것은 저서 생활로 들어간 후기 유생기부터이며, 이 때의 먹이는 바지락, 잡새우의 살 또는 배합 사료 등이다.

사육해수의 관리는, 부유 생활을 하는 기간에는 사육 해수를 교환하지 않고 저서 생활로 들어간 다음부터 사육 해수를 환수하는데, 하루에 ⅕정도씩 해 주고, 사육중에는 계속해서 포기(aeration)를 한다. 사육 성적은 일반적으로 소형 시설보다 좋은 편이다.

3) 종자 수송

양식 종자의 수송은 폴리에틸렌 용기에 해수와 종자를 넣고 산소를 공급하여 밀봉한 다음 일정한 저온을 유지하면서 수송한다. 수송 능력은 20 ℓ들이 폴리에틸렌 용기에 해수 6~8 ℓ를 채운 다음, 종자 5,000~10,000마리를 넣어 수송할 수 있다. 수송 중의 수온은 5~10℃가 알맞은데, 가능하면 자동 온도 조절 장치를 하는 것이 좋다. 수온 범위는 5~17℃가 알맞고, 이것을 5단계로 조정할 수 있으면 편리하다. 이 장치는 차량을 이용할 때에 비교적 적합하며, 항공편일 때에는 얼음이나 드라이아이스를 이용하여 온도를 조절한다.

종자의 원거리 수송을 한 경우로서 과거 1960년대 말에 일본산 종자를 항공편과 차량을 이용해서 우리나라로 수송한 일이 있는데, 그 성적이 비교적 좋은 편이었다.

단거리 수송은 선박을 이용하여 수송하고 있다.

3. 양성

보리새우의 특성은 육식성이며 저질 속에 잠입하여 살고, 성장에 따라 계속해서 탈피한다는 점이다. 이와 같은 특성은 양성 시설을 할 때와 양성 관리를 할 때 충분히 고려되어야 한다.

상품으로 알맞은 크기는 마리당 평균 몸무게가 약 20 g이어야 하기 때문에, 가을까지 이와 같은 크기로 양성해야 한다. 이렇게 양성하는 과정에서는 생존율, 성장도 및 방양 밀도 등의 상호 관계가 중요하게 작용한다.

방양 밀도가 낮으면 성장이 빠르고 생존율도 높다. 반대로 방양 밀도가 높으면 성장이 늦고 생존율도 낮다. 경제적으로 양식업이 성립되기 위해서는 이들의 상호 관계를 충분히 검토하지 않으면 안된다.

〈그림 10-2〉 보리새우 양식장

방양 밀도가 낮은 조방적 양식은 1968년과 1969년에 우리나라에서 시행한 적이 있으나 그 성적은 좋지 않았다. 지난 1968년부터 새우 양식을 해 온 두산그룹 산하 두산상사는 경남 남해, 충남 원북, 안면도, 안홍, 당진 등 5개 지역에서 축제식 새우 양식징을 운영하여 왔으며 이 가운데 남해, 안면도, 안홍양식장은 보리새우를, 원북과 당진양식장은 대하를 양식하여 왔던 것으로 알려져 있다. 우리나라에서 본격적으로 보리새우를 양성하기 시작한 것은 1979년부터이다(그림 10-2).

1) 양성법

지리, 환경, 천해의 확보, 생물상, 기업이 형태, 기업의 규모 및 자금사정 등과 같은 여러 가지 조건에 따라 장소가 결정된다. 또 이들을 고려해서 양성방법을 정한다. 해수의 교류 방법에 따라 간만 조차형에 속하는 축제식 양성, 그물 가두리식 양성이나 주수형에 속하는 탱크식 양성, 순환 여과식 양성 및 유수식 양성 등 여러 가지 양성방법들이 있다.

(1) 축제식 양성

해안에 둑을 쌓아 못을 만든 다음, 해수 간만의 차를 이용하여 수문으로부터 주 · 배수를 하고, 이 못 안에 보리새우를 양성하는 것이다.

수문에는 양식 중의 보리새우가 주 · 배수 시 도망가지 못하게 하기 위하여 도망방지용 스크린(screen)을 설치한다.

바닥은 주 · 배수구 쪽으로 향하여 경사지게 만들어 배수할 때 물이 완전히 빠지도록 하는 것이 편리하다. 바닥과 둑의 경사면에는 보리새우의 잠입 조건으로서, 깨끗하고 가는 모래로 알맞게 모래밭을 부분적으로 만들어 준다.

수심이 얕으면 썰물과 밀물 때의 환수 시 외에는 정수 상태가 되므로, 수온의 변화가 심하고 밤에는 용존 산소량이 현저히 감소될 우려가 있다. 따라서 이와 같은 문제를 어느 정도 해결하기 위해서는 수심이 2 m 내외를 유지할 수 있도록 한다.

못의 크기는 일정한 기준이 없지만 대체로 크게 하는 경우가 많은데, 큰 것으로는 100만 ㎡ 이상 되는 것이 있다.

(2) 수조식 양성

썰물이나 밀물과는 관계 없이 양식 용수를 양수기에 의해 공급한다. 양수기에 의해 양식 용수를 공급하기 때문에 못의 크기는 간만 조차식 양성 때와 같이 크게 할 수는 없고, 큰 것이라고 하더라도 3,000 m^2 이하이다.

수심은 배수구 쪽 못 넓이의 ⅔는 1.2 m 내외로 하고 나머지 ⅓은 0.8 m 내외가 되게 한다. 이와 같이 수심이 다른 양쪽 경계 부위의 바닥은 완만한 경사를 이루게 된다. 수심이 얕은 부분은 주로 먹이터가 되고, 수심이 깊은 부분은 주로 잠입해서 쉬는 휴식처가 된다.

2) 양성관리

종자를 방양하기에 앞서 못을 정리한 다음, 종자를 방양해서 수확할 때까지 먹이를 주어 사육하고, 또한 못의 환경을 관리하는 일이다.

못의 정리는 양성지의 해수를 배수시킨 다음 물길에 쌓인 찌꺼기를 제거하고, 못 바닥을 고르게 하여 저질을 부드럽게 해 주는 동시에 햇볕에 쬔다. 간만 조차식 양성일 경우, 못 바닥의 일부에 해수가 괸 곳이 있게 된다. 이와 같은 곳에서는 보리새우를 식해하는 어류가 살고 있는 경우가 있으므로 약으로 이들을 구제한다.

못의 정리가 끝나면 해수를 채워 종자를 방양한다. 종자의 크기는 몸무게가 0.02 g 정도밖에 안 되는 작은 것이기 때문에, 먹이의 유실을 방지하고 사육 효과를 높이기 위해 못의 일부분을 화학섬유로 만든 그물로 구획한다. 다음에 이 곳에 종자를 방양하여 몇 주일간 사육하면 평균 몸무게가 1~2 g으로 성장한다. 이 기간 동안의 생존율은 약 50%이다. 이 다음 화학 섬유 그물을 제거해 주면 종자가 못 전체를 생활 장소로 사용할 수 있게 된다.

종자의 몸무게가 1~2 g으로 성장하면 중량법에 의한 마릿수 추정이 정확해지고, 그 이후의 생존율이 약 80~90%로 일정하기 때문에 생산량 추정이 비교적 확실하다.

방양 밀도는 양성하는 못의 환경과 사육 조건에 따라 다르다. 사육 조건은 인위적으로 할 수 있는 식물성플랑크톤의 번식이나 수차를 비롯한 포기(aeration)시설을 하는 것 등으로써 어느 정도까지 향상시킬 수 있으며, 그 효과도 못에 따라 크게 차이가 없다. 그러나 양성하는 못의 환경은 못에 따라 크게 다르다. 축제식 양식인 경우, 그 환경은 해수의 교환율에 따라 크게 달라진다. 조석의 한물때마다 해수의 교환율이 10%면 사육 환경이 가장 나쁜 시기에 m^2당 0.1 kg 밖에 수용할 수 없으나, 해수의 교환율이 ⅓이면 환경이 가장 나쁜 시기에 m^2당 0.45 ㎏까지 수용할 수 있다. 이 경우 종자의 방양 밀도는 사육 환경이 가장 나쁜 시기까지의 생존율을 감안하여 평균 몸무게가 1~2 g인 종자일 때 해수의 교환율이 인 못에는 ㎡당 11마리로 하고, 해수의 교환율이 ⅓인 못에는 같은 시기에 ㎡당 50마리로 한다.

보리새우의 사육은 인공 사료를 주로 이용하는데 과거에는 생선을 주로 사용하여 왔으나, 최근에 와서는 배합 사료도 부분적으로 사용하고 있다. 생선의 종류는 바지락, 담치류 및 잡어의 산 것 등이 대부분이고, 이들을 냉동한 것도 사용한다. 냉동한 먹이는 생선과 함께 급여하는 것이 좋은데, 그 비율이 75% 이하이면 생선을 사용하는 것과 거의 같은 효과가 나타난다.

인공 사료를 주는 양은, 보리새우가 작을 때일수록 사료의 유실이 많기 때문에 많이 주어야 하고, 성장함에 따라 주는 양을 적게 한다. 사료의 양은, 방양 직후에는 매일 보리새우의 평균 몸무게가 약 0.02 g일 때에는 방양 총 중량의 200~300%, 0.5~2.0 g으로 될 때까지는 사료의 절대량이 적기 때문에 사료가 쉽게 분산되도록 사료에 해수를 많이 타서 준다.

하루에 사료를 주는 횟수는 보리새우의 평균 몸무세가 1 g으로 될 때까지는 2~3회로 나누어 주지만, 1 g이상으로 성장한 다음부터는 해 질 무렵에 한 번 주면 된다.

양성 기간 동안의 증육 계수(增肉係數)는 사료의 유실이나 생존율 등에 따라 다르지만, 보리새우는 탈피가 계속되기 때문에 어류에서와 같이 증육 계수가 좋지는 않다.

3) 수확과 수송

면적이 좁은 못에서는 해수를 뺀 다음, 바닥에 잠입하고 있는 것을 손으로 잡거나, 못바닥에 전류를 통하게 하여 이 자극을 받아 저질에서 나오는 것을 잡는다. 면적이 넓은 못은 수확하는데 상당한 시일이 소요되기 때문에, 해수를 양성할 때와 같은 수준으로 유지하면서 낮에는 저질 속에 잠입하고 있는 것을 펌프(pump)망으로 포획하고, 밤에는 유영하고 있는 것을 정치망으로 잡는다.

보리새우는 공기 중에 나오더라도 저온에서는 장시간 살 수 있다. 살아 있는 보리새우이어야 가격이 비싸기 때문에 잘 살려서 수송할 필요가 있다. 보리새우의 수송은 알맞은 크기의 상자에 왕겨나 톱밥과 함께 넣어서 수송한다.

이와 같이 해서 수송하면 기온이 낮을 때에는 며칠 동안 살릴 수 있는데, 기온이 높으면 죽는 개체가 많아진다. 따라서, 온도를 낮추어 보리새우들의 대사를 억제시킬 필요가 있다. 그리고, 포장에 앞서 보리새우를 저수온에 수용하여 적응시키면 취급이 쉽고, 수송 중의 폐사도 적다. 수온이 낮을 때에는 수확과 동시에 포장해서 수송해도 되나, 여름철에는 수온을 천천히 약 15℃정도로까지 낮춘 다음 수온이 5~10℃되는 곳에서 포장한다. 수송시에도 온도가 많이 올라가지 않도록 해 주면 안전하다.

제 2 절 대하 양식

대하(Chinese white shrimp, *Fenneropenaeus chinensis,* 이전에는 *P. orientalis* Kishinouye, 1918; *P. chinensis* Osbeck, 1976 으로 통용되었음)의 산 것은 담회색이고 꼬리의 끝부분만 암갈색이다. 몸길이는 보통 220 mm, 큰 것은 270 mm 에 이르는 것도 있으며 대형종일 뿐 아니라, 성장이 빨라서 1 년 내에 어미로 된다.

<그림 10-3> 대하

대하(그림 10-3)는 서해의 특산으로서 우리나라 연안에 그 자원량이 많다. 양식을 본격적으로 시작한 것은 1960 년 대 후반부터이다. 그러나 앞서 보리새우 양식편에서도 기술한 바와 같이 최근에는 질병에 의한 대량폐사 등으로 생산량이 급감하면서 보리새우와 마찬가지로 흰다리새우 양식으로 양식 품종을 대체하고 있는 실정이다. 그러나 바이오플락(BFT) 양식 기술을 접목시키면서 나름대로 대하 양식 생산 증산에 많은 노력을 기울이고 있다.

1. 생태

1) 분포와 서식장

우리나라와 중국 대륙 사이의 해역에 분포한다. 우리나라에 대하가 분포하고 있는 수역은 서해의 전 연안과 남해의 서쪽 연안이지만, 주로 서해 연안에 분포량이 많다.

월동장은 목포 서쪽 외해의 수심이 깊은 곳이다. 월동장에서 월동을 마친 대하는 3 월부터 우리나라 연안과 중국 대륙 연안을 향해 회유해 올라간다. 빠른 것은 4 월경에는 연안 부근까지 회유해 와서 산란을 하며, 늦은 것은 6 월경까지 산란을 하고, 산란을 마친 어미는 죽는다.

2) 성숙과 산란

월동장으로 회유해 가기 전인 가을에 교미한다. 즉, 암컷은 성숙 시기와는 관계없이 월동하기 전인 가을에 수컷으로부터 정자가 들어 있는 정협을 받아 저정낭에 저장한다. 교미한 암컷은 보리새우와는 달리 생식 보조인 교미선(交尾栓)을 가지고 있지 않다.

월동장에서 가까운 곳일수록 성숙한 암컷이 빨리 나타나며, 남해의 서쪽 연안이나 서해의 남쪽 연안에서는 4 월경에 나타난다. 성숙이 늦은 것은 6 월경까지 출현하나 월동장으로부터 멀리 떨어진 서해의 북부 연안이나 발해만에서만 볼 수 있다.

성숙한 난소는 청록색이며, 육안으로도 쉽게 식별할 수 있다.

산란은 밤에 하며, 포란하고 있던 알의 대부분을 몇 시간 내에 3~4 회에 걸쳐 방란 하고, 방란할 때 암컷은 유영각을 움직여 수류를 일으켜 방란한 알을 수중에 널리 분산시킨다. 방란된 알은 구형이며, 그 지름은 약 0.14 mm 이다. 방란 하는 알의 수는 어미에 따라 다르나, 많은 것은 약 90 만 개나 된다.

3) 발생과 성장

방란한 알은 수온이 18~19℃이면 34 시간 만에 부화한다. 유생기는 노플리우스, 조에아, 미시스 및 후기 유생의 4 단계를 거치면서 변태한다.

노플리우스는 부화한 지 4 일면 여섯 번째의 탈피와 동시에 조에아로 변태하고 조에아는 5 일이 지나면 세 번째의 탈피와 동시에 미시스로 변태한다.

미시스는 4 일이 지나면 세 번째의 탈피와 동시에 후기 유생으로 변태하고, 후기 유생은 세 번째의 탈피를 할 때까지는 부유 생활을 하나, 그 이후에는 포복생활을 한다.

이 이후에도 계속해서 탈피하면서 성장한다. 성장은 매우 빨라서 부화한 다음 약 1 개월이 지나면 평균 몸무게가 0.01~0.02 g 으로 되고, 다시 약 1 개월이 지나면 대개 1~2 g 으로 된다. 이와 같이 성장을 하면 그 해 가을까지는 큰 것은 약 25 g 으로 까지 자라게 된다.

2. 종자생산

종자는 어미로부터 채란, 부화, 유생 사육에 이르기까지 모두 인위적 관리를 통해서 양성한다.

우리나라에서는 1968 년부터 대하 종자의 인공 생산을 시작했다. 성숙한 자연산 대하는 4 월경이면 쉽게 확보할 수 있기 때문에 5 월경에는 종자를 생산할 수 있다.

종자의 양성 시기는 4~6 월경에 확보한 성숙한 자연산 어미로부터 채란하여 양성하더라도 늦지는 않으며, 가을에는 수확할 수 있게 된다. 또, 산란 후반기에는 채란 성적이 좋지 않기 때문에 종자 생산이 빠를수록 좋다.

1) 채란과 부화

성숙한 채란용 어미는 월동 전에 이미 교미한 것이므로, 수컷은 필요 없고 암컷만 확보하면 된다. 채란 시기는 빠를수록 좋기 때문에 4 월경이 알맞다.

성숙한 어미를 채란용 수조에 수용한 다음부터 방란할 수 있을 때까지의 기간은 어미의 성숙도에 따라 다르나, 일반적으로 2~3 일 이내에 방란을 한다.

방란 시각은 언제나 밤이지만, 산란기의 전반인 4 월경에는 대부분이 초저녁이다.

방란이 시작된 수면에 거품이 일고 실같은 점질물이 뜨게 된다. 방란된 알은 빛을 투과시켜 잘 관찰하면 육안으로도 식별할 수 있다. 한 마리가 방란하는 알의 수는 어미에 따라 다르나, 보통 30 만~40 만 개다. 채란이 끝나면 어미를 들어내고 포기 시설을 사용하여 알이 침강하지 않을 정도로 해수를 움직여 준다.

2) 유생사육

사육 시설로서는 유생의 사육을 위한 독립된 시설을 사용한다. 이 유생 사육 시설에는 소형 시설과 대형 시설이 있다.

소형 시설은 옥내에 설치하여 사육 해수를 여과해서 사용하고, 직사 일광을 막아주며, 초기 유생의 먹이를 따로 배양해서 사용한다. 이와 같은 시설의 크기는 수 톤들이 수조이다.

대형 시설은 직사 일광을 받는 옥외에 설치하며, 유생의 변태 단계에 따라 먹이생물의 배양과 유생의 사육을 같은 시설 내에 동시에 한다. 이와 같은 시설의 크기는 수십 톤 이상이며 큰 것으로는 200 톤 정도의 수조도 있다.

소형 시설에서 유생을 사육할 때에는 소요되는 수조의 수가 많고 일손도 많이 든다. 매일 1 수조씩 채란하여 후기 유생을 계속해서 생산하려면 소요되는 수조의 수는 18 개이다.

유생의 변태 단계에 따라 필요한 수조의 수는 채란 수조 1 개, 노플리우스 수조 4 개, 조에아 수조 5 개, 미시스 수조 4 개, 후기 유생 수조 4 개로 총 18 개가 된다.

사육 과정에서 유생의 단계별 먹이로서 노플리우스기에는 먹이가 필요하지 않으나 조에아기에는 먹이로서 배양한 부유 규조류, 부착 규조류, 해산 윤충류, 참굴의 알이나 유생 등이다. 부유 생활을 하는 미시스 유생이나 전기의 후기 유생의 먹이로는 배양한 부착 규조류, 해산 윤충류, 아르테미아, 따개비의 부유 유생 및 요각류 등이 있다. 저서 생활로 들어간 후기의 후기 유생의 먹이로는 인공으로 배양한 부착 규조류, 바지락 및 잡새우살의 살, 배합 사료 등을 공급한다. 이 때, 먹이를 주는 양은 유생이 포식할 수 있을 정도를 기준으로 하여 준다.

사육 해수의 관리는, 먹이를 주기 전에 수조 내의 해수를 전부 환수하고 수조의 바닥에 쌓인 먹이 찌꺼기와 배설물을 완전히 제거하는 동시에 벽면을 깨끗이 씻어주어야 한다. 사육 중의 해수는 포기 시설로써 계속해서 유동시켜 준다. 알에서부터 이때까지의 생존율은 관리 방법에 따라 약간 다르나, 대체로 2.5% 내외이다. 대형 시설에서 유생을 사육하는 경우에는 소형 시설에 비하여 간편하고 능률적이다.

먹이공급은 저서 생활로 들어간 후기 유생기부터이고, 먹이의 종류는 바지락이나 잡새우의 살 또는 배합 사료 등이다.

사육 해수의 관리는, 저서 생활로 들어간 후기 유생기부터 사육 해수를 환수해주는데, 환수하는 양은 전 사육 해수의 1/5 정도이고 매일 한 번씩 한다.

3. 양성

대하는 육식성이고 탈피하면서 성장하며, 저질 중에 잠입하여 생활하는 특성이 있다. 양성기간은 5월경부터 시작하여 약 6개월 동안이고, 이 기간 동안에 출하가 가능한 크기로 성장시켜야 한다. 양성 기간 동안에 이와 같은 크기로 성장시키기 위해서는 양성법이나 양성 관리 등이 매우 중요하다.

1) 양성법

대하의 양성법에는 보리새우의 경우에서와 마찬가지로 사육 해수의 공급 방식에 따라 축제식 양성과 수조식 양성 등이 있다.

(1) 축제식 양성

해안에 둑을 쌓아 못을 만든 다음, 해수의 간만 차이를 이용하여 수문으로부터 주·배수를 하고, 그 못 안에 대하를 양성하는 방법이다.

간만 조차의 크기에 따라 시설비와 양성지 해수의 환수율이 달라진다. 시설비가 적게 들고, 양성지 해수의 환수율이 높아야 하기 때문에 알맞은 조차의 크기는 4 m 내외인 곳이 이상적이다(그림 10-4).

바닥은 주·배수구 쪽을 향하여 경사지게 만들어 배수할 때 물이 완전히 빠지도록 하는 것이 편리하다. 바닥과 둑의 경사면에는 대하가 잠입하는 데 알맞은 모래밭을 부분적으로 만들어 주어야 한다. 못의 수심은 2 m 내외가 알맞고, 수문은 대하가 주·배수시에 도망가지 못하도록 도망 방지용 스크리인을 설치한다. 못의 크기는 대체로 큰 것으로 하는 편인데, 대형 규모로는 100만 m^2 이상 되는 것이 있다.

〈그림 10-4〉 축제식 대하 양식장

(2) 수조식 양성

조석에 관계 없이 양식 용수의 양수에 의하여 공급한다. 양식 용수는 양수에 의해 공급되므로 양성지의 크기는 간만 조차식 양성의 경우처럼 큰 것으로 하지 않고, 또 큰 것일지라도 3,000 m^2 이하로 한다.

양식 용수의 공급은 증발에 의하여 감소되는 양만큼 주기적으로 공급하는 정도로 한다. 양성지의 깊이는 배수구 쪽을 1.2 m 내외로 하고 반대쪽은 0.8 m 내외로 한다. 깊이가 다른 양쪽 경계부분은 완만한 경사를 이루게 한다.

수심이 얕은 부분은 주로 먹이터가 되고 수심이 깊은 부분은 잠입해서 쉬는 휴식처가 된다.

2) 양성관리

양성 관리는 못의 정리가 끝나면 종자를 방양해서 수확할 때까지 사육 관리를 하는 일이다. 간만 조차식 양성에서는 특히 양성지의 정리가 대단히 중요하다.

양성지의 정리는 양성지의 해수를 뺀 다음 물길에 쌓인 찌꺼기를 제거하고 양성지의 바닥을 갈이하여 저질을 부드럽게 해 주는 동시에 햇볕에 쬔다. 양성지의 해수가 완전히 배수되지 않을 때에는 약품을 사용해서 식해성 어류를 완전히 구제한다.

종자의 방양은 양성지의 정리가 끝나고 양성지에 해수를 채운 다음, 미리 준비한 종자를 방양한다. 방양할 때의 종자의 크기는 평균 몸무게가 약 0.02 g 이다. 넓은 양성지에 이와 같이 작은 종자를 방양하면 먹이의 유실이 많아 사육 효과가 낮다. 이를 방지하기 위해 대하의 평균 몸무게가 1~2 g 으로 성장하면 곧 화학 섬유 그물을 제거해 준다. 이때부터 수확할 때까지의 대하 생존율은 80~90%로 거의 일정하다.

방양 밀도는 양성지의 환경 조건이 가장 나쁜 시기를 기준으로 하며, 이 때의 수용밀도와 종자를 방양한 때부터 수확할 때까지의 생존율을 감안하여 결정한다.

사육 관리는 대하의 생활 환경을 좋게 해 주기 위해 양성지에 식물성 플랑크톤을 번식시켜 주거나 수차와 포기 시설을 활용해서 사육 조건을 향상시켜 준다.

사육용 먹이로는 생사료와 배합 사료를 준다. 대하의 생사료로는 주로 바지락이나 담치류의 산 것과 잡어 등을 사용하고 있으나, 앞으로는 배합 사료의 개발이 요구되고 있다.

냉동 먹이는 주기 전에 완전히 해동(解凍)시킨 다음에 주어야 하고, 생선과 섞어서 사용하면 효과가 크다. 냉동 먹이와 생선과의 비율은 냉동 먹이의 비율을 75% 이하로 하면 알맞다.

인공 사료를 주는 양은 대하가 포식하는 양이 기준이 되지만, 어릴 때에는 먹이의 유실량이 많기 때문에 이를 감안해서 많이 주어야 한다. 그 양은 대하의 평균 몸무게가 약 0.02 g 인 방양 직후에는 방양 총 중량의 200~300%, 0.5~2.0 g 일 때에는 약 50%, 20 g 이상의 크기로 되면 5~10%를 매일 주어야 한다. 대하의 평균 몸무게가 약 0.5 g 으로 될 때까지는 한 번에 주는 사료의 절대량이 적기 때문에, 사료가 고르게 잘 분산하도록 사료에 해수를 많이 타서 준다. 인공 사료를 주는 횟수는 대하의 평균 몸무게가 약 1 g 으로 될 때까지는 하루에 2~3 회씩 주지만, 그 이후부터는 해질 무렵에 한번만 주면 된다.

양성 기간의 증육 계수는 사료의 유실이나 생존율 등에 따라 다르나, 대하는 성장 중에 탈피가 계속되기 때문에 어류처럼 좋지는 않다.

3) 수확

면적이 좁은 양성지는 해수를 뺀 마음에 쉽게 수확을 할 수가 있다. 그러나 면적이 넓은 못 은 못의 해수를 완전히 배수하기 어렵고, 또 수확 기간이 길기 때문에 수확이 쉽지 않다.

대하는 낮에는 저질 속에 잠입하고 있는 것을 펌프망 등으로써 어획하며, 밤에는 유영하고 있는 대하를 정치망을 시설해서 어획한다. 수확 시기가 늦으면 수온이 내려가는 철로 접어들기 때문에 대하는 밤에도 저질 속에 잠입해 있다. 이 때, 정치망으로는 어획할 수 없고, 펌프망이나 전기 자극망에 의존할 수밖에 없다.

포획용 펌프망은 여러 개의 분산 장치를 펌프와 연결한 것인데, 분산 장치의 뒤쪽에 그물주머니를 달고 양성지의 저질 위를 끌고 다니면서 해수를 분사하다. 이렇게 하면 저질 속에 잠입하고 있던 대하가 튀어 나오게 되어 어획이 쉽게 된다.

전기 자극망은 자극봉 뒤쪽에 그물주머니를 단 것인데, 이 그물주머니를 양성지의 저질 위로 끌고 다니면서 주기적으로 전기 자극봉으로부터 전기 자극을 시킨다. 이렇게 하면, 저질에 잠입하고 있던 대하가 전기자극에 놀라서 튀어나오게 되므로 쉽게 어획이 된다.

제 3 절 흰다리새우 양식

흰다리새우(*Litopenaeus vannamei*)는 보리새우과에 속한 새우로, 대서양 동쪽의 멕시코 내안에서부터 페루 북쪽이 원산지이다. 국내에서는 양식을 통해 대하의 대용으로 널리 소비된다.

<그림 10-5> 흰다리새우

1. 생태

크기는 최대 20 cm 정도. 얕은 바다에 서식한다. 갑각은 암갈색의 띠고 검은 반점이 나있다. 전체적으로 대하와 유사하지만, 이마뿔이 짧아서 코 끝을 넘지 않는 동시에 다소 높은 점, 더듬이와 수염이 대하에 비해 짧은 점, 꼬리가 푸른기 없이 붉은 빛을 띄는 점 등으로 흰다리새우임을 알 수 있다(그림 10-5).

2. 양식 및 이용

대하 양식이 흰점 바이러스에 궤멸적인 피해를 입은 이후 거의 모든 양식 업체들이 흰다리새우로 갈아타며 양식 새우 생산량 1 위로 치고 올라왔다. 흰점 바이러스에 약한 건 대하와 별 차이가 없지만 흰다리새우는 염도가 낮은 물에 적응하는 능력이 더욱 강해서 대하에 비해 양식에 유리한 점이 많아 한국을 비롯한 아시아 국가에서는 하와이에서 개체를 도입하여 양식하고 있다.

이런 이유 때문에 '대하'라는 이름을 달고 판매되는 새우의 상당수는 흰다리새우다. 특히 대하는 잡은 다음날이면 죽어버리기 때문에 산 채로 유통하는 것이 거의 불가능한데, 흰다리새우는 애초에 양식이라 산 채로 유통할 수 있기 때문에 전국 각지로 대하의 이름을 내걸고 판매되고 있다. 대하 축제 등 살아있는 대하를 파는 현장에서 역시 살아있는 새우는 대부분 흰다리새우라고 봐도 좋다.

흰다리새우와 대하의 구분에 대한 목소리가 높아지자 최근에는 대하 대신 대왕새우라 홍보하며 판매하고 있다.

대하에 비해서 상당히 저렴하기 때문에 많은 사람들이 맛 역시 대하보다 떨어진다고 생각하지만, 막상 둘을 비교해 먹어보면 살의 맛 차이는 거의 나지 않는다. 그냥 대하는 전부 자연산이라 비싼 것 뿐이다. 다만 내장 쪽은 확연히 다른데, 양식으로 관리되는 흰다리새우와는 달리 자연산이 전부인 대하는 뻘 특유의 흙내가 약간 나는 편. 이런 면에서 보면 굳이 비싼 자연산 대하보다는 저렴하고 구하기도 쉬운 양식 흰다리새우를 사먹는 것이 보다 좋은 선택일 수도 있다.

Ⅳ. 기타 무척추동물 양식

우리나라에서 양식되는 기타 무척추 동물은 척삭동물문(Chordata), 피낭동물아문(Tunicata, 이전의 미삭동물아문=Urochordata), 해초강 (Ascidiacea), 강새해초목(Stolidobranchia)에 속하는 우렁쉥이(멍게), 미더덕, 오만둥이 등과, 해삼 및 갯지렁이 등이 있다. 이 가운데 가장 생산량이 많고, 경제적 가치가 큰 양식생물은 멍게라 할 수 있다(그림 9-43). 과거에는 미덕덕과 오만둥이는 굴 양식장의 해적생물로 인식되어 왔으나 이들 생물 고유의 식감으로 인해 지금은 찜이나 국거리의 재료로 인기가 높아 경남 창원의 진동 연안을 중심으로 자연 채묘에 의한 대량 양식이 이루어지고 있다. 해삼의 경우 중국인들의 고급 기호 식품으로 알려지며 수출붐을 타고 종자생산과 양식이 확대되기 시작했는데 국내에서는 종자생산 기술은 확립되어 있으나 서해안을 중심으로한 간석지에서의 축제식 양식을 제외하면 종자를 방양하여 자연의 번식, 생장력에 의존하여 양성하는 조방적 양식 개념의 자원 증식형 방양 양식이 주를 이룬다. 갯지렁이의 경우 참갯지렁이, 두토막눈썹 갯지렁이, 바위털갯지렁이 등이 양식되고 있으며, 특히 참갯지렁이의 경우, 낚시용 미끼로 인기가 높아 고가의 소득을 올릴 수 있으며, 상당량은 일본에 수출되기도 한다.

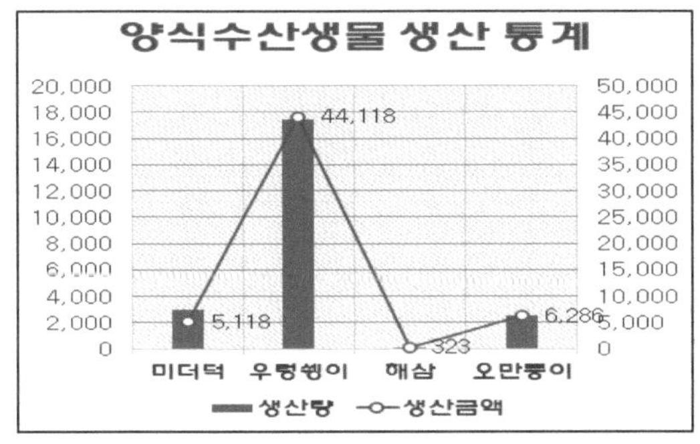

〈그림 9-43〉 기타무척추 동물의 양식 생산량과 생산액(단위:톤, 백만원)

제 1 절 우렁쉥이(멍게) 양식

우렁쉥이(그림 9-44)는 우리나라의 동해와 남해안 일대의 외양성인 곳에 주로 분포하고 있으며, 우리나라에 서식하는 종류로는 5속 10종으로 식용으로 이용되는 종류에는 우렁쉥이(*Halocynthia roretzi*), 붉은멍게(*H. aurantium*, "비단멍게"라고도 불림, 그림 9-45), 거북등안장멍게(*Chelyosoma dofleini*, 최근에는 돌멍게로 알려져 있으며, 이전에는 개우렁쉥이 또는 리테르개멍게, *H. hilgendorfi ritteri* 로도 불리웠음), 미더덕(*Styela clava*), 주름미더덕(*Styela plicata*, 혹미더덕 또는 "오만둥이"라고 불림), 등이 있다. 우렁쉥이는 한쪽으로 고형물질에 부착되어 있고, 반대쪽에 있는 입수공(+자형)으로 해수와 먹이를 흡입하며, 출수공(-자형)을 통해 해수와 배설물을 배출하며 산란기에 이곳으로 알과 정자를 방출한다.

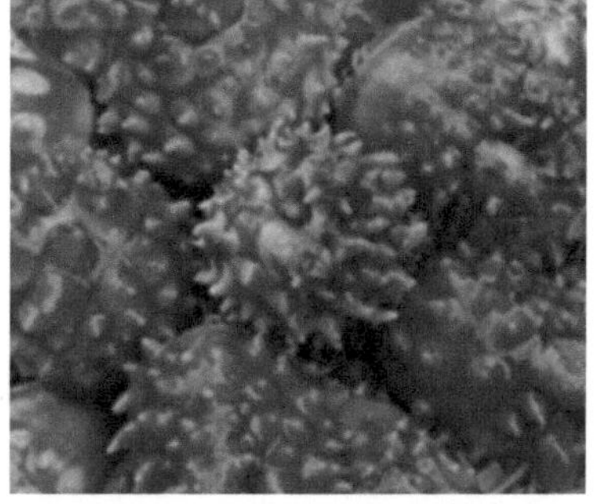
〈그림 9-44〉 양식 우렁쉥이

그리고 우렁쉥이의 특유한 맛은 불포화 알코올인 신티올(Cynthiol) 성분이 많아 사람들이 많이 먹고 있다. 또한 이 종은 다른 동물에 비해 대체로 글리코겐 함유량이 많은 편이다. 연중 어느 때나 먹지만, 수온이 낮은 때보다는 수온이 높은 여름철에 많이 먹고, 또 이 때 맛이 가장 좋다. 특히 여름철에 맛이 좋은 것은 수온이 낮은 겨울철에 비해 글리코겐 함유량이 8 배 가량 많기 때문에 외국에서는 바다의 파인애플이라고도 불린다.

〈그림 9-45〉 붉은멍게(비단멍게)

1. 생태

1) 분포와 서식장

우리나라는 전 연안에 분포하지만, 특히 동해와 남해의 연안에 많다. 서식장의 수온범위는 5~24℃이고, 주로 외해의 영향을 많이 받는 곳에 살고 있으며, 내만에서도 간혹 볼 수 있다. 해수의 비중은 비교적 높은 편으로, 서식 수심은 수 m 에서부터 약 20 m 까지이며, 주로 암초에 부착해서 사는 것을 볼 수 있다.

2) 성숙과 산란

우렁쉥이는 암수한몸으로 위새강 외벽에 생식 기관이 있고, 난소는 암갈색, 정소는 유백색이다. 알이나 정자는 위새강에 나온 다음, 출수구를 거쳐 해수 중에 나와서 수정한다. 2 년이 되면 성숙하고 산란기는 지역에 따라 다르나 대체로 11~3 월 사이로 수온은 8~13℃이고, 산란 성기는 통영 근해산이 11 월, 동해 남부 근해산은 2 월이다.

방란, 방정은 1 시간에 6~10 회 방란을 하는데, 한번에 방란량이 많을 때는 4~5 만 개 내외로 하고 중형 개체는 약 20 만 개 방란한다.

방란한 난의 크기는 335 ㎛ 내외로(난세포 크기 284 ㎛)해수 중에 나오면 난의 바깥쪽을 싸고 있는 여포 세포막이 부풀어서 알은 부유한다.

3) 발생과 성장

우렁쉥이는 수온 7~14℃에서 수정한 다음 20~30 분 만에 극체가 나타나며, 25~29 시간이 지나면 반투명한 올챙이 모양의 미충형유생기(올챙이형 유생기, tadpole larval stage)로 난 내부에 충만하게 되어 침하하게 된다.

산란 후 35~40 시간이 지나면 미충형으로 부화하고, 이때부터 약 5 시간 정도 수중에서 활발히 S 자형 유영을 한다. 그 후 서서히 유영이 완만해지면서 해저에 가라

않게 되고 두부의 부착돌기로 고형물에 부착하여 꼬리 부분이 흡수되는 것은 짧은 시간에 끝나는데 대략 20분 정도이다.

우렁쉥이는 대부분의 유생이 2일 이내에 변태하지만, 사육 조건이 나쁜 경우에는 20일 이상 유영하는 것도 볼 수 있다.

부유 유생 기간에는 먹이를 먹지 않고, 부착 생활로 들어간 다음부터 먹이를 먹기 시작한다.

2. 종자의 생산

1) 인공 종자 생산 (인공 채묘)

어미의 선정은 10cm 이상의 성숙한 개체를 이용한다. 채란용 탱크는 1~2톤 이상 되는 것을 사용하고, 탱크에서 채란한 것을 그대로 부착기에 부착시킬 때까지 유생을 사육 관리하기 하면 된다. 탱크의 용량이 1~2톤일 경우 매 분당 10~20L를 주입시켜 주고, 공기 주입은 탱크의 바닥에서 해 주어야 한다.

배수구에는 알이나 유생이 유실되지 않도록 150~200㎛ 크기의 뮐러 거즈(muller gauze)씌우고, 수온은 일정하게 유지시켜 주고, 최저 8℃ 이상이 되도록 하며, 가능하면 13~14℃가 알맞다.

방란 방정 직후에는 한때 지수 상태를 유지하고, 수정이 끝나면 유수시키되 유수량이 많지 않도록 유의한다.

채란한 다음 어미는 제거하고 알만을 관리하고, 유생의 꼬리가 흡수되어 그 길이가 짧은 것이 보이기 시작하면 곧 부착 생활로 들어가기 때문에 부착기를 넣어 채묘하게 된다.

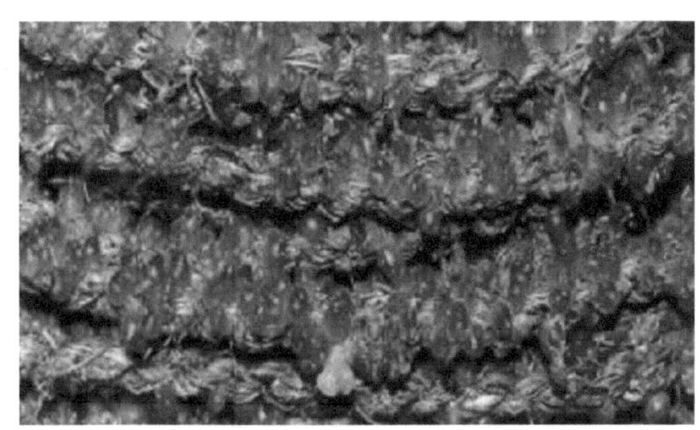

<그림 9-46> 우렁쉥이 인공종자

채묘기를 만드는 부착 기질을 팜 코드(palm cord), 산포도 덩굴, 기타 헌 로프나 그물 등을 이용한다. 이들 부착 기질들은 사용하기 전에 여러 번 해수에 담가 유해 성분을 제거한 후 사용해야 한다(그림 9-46).

이와 같이 우렁쉥이의 인공 종자 생산은 갑각류나 패류의 종자생산에 비하여 채란에서 부착까지의 기간이 짧고, 부유 기간 동안에 먹이를 먹지 않기 때문에 종자 생산이 매우 쉽다.

2) 자연 채묘

천연에서 방란, 방정해서 발생한 유생을 대상을 부착기를 넣어 채묘하는 방법으로, 산란한 다음 며칠 만에 곧 부착 생활로 들어가기 때문에 산란 성기인 1,2 월경의 수온 8~12℃인 때가 채묘 적기이다. 채묘 적지는 외양수의 영향을 많이 받고, 수심이 6~10 m 정도 되는 곳으로 해수 비중이 높고, 저질이 암반이나 모래, 자갈인 곳이다.

채묘기 재질은 산포도 덩굴, 팜 코드, 패각, 새끼 등으로, 해수 중에서 쉽게 변질하지 않는 것으로서, 2~3 년간 견딜 수 있는 것이면 된다.

산포도 덩굴은 9 월경에 채취하는데, 지금 0.5~1 cm 되는 것을 5~10 개 정도를 한 묶음으로 하여 세겹을 꼰 다음 양 끝을 묶어서 길이 2~3 m 되게 하여 사용한다. 팜 코드는 지름 1 cm 내외 되는 것을 사용해서 세 겹으로 꼬아 만든 다음, 만들어진 6 줄을 다시 세겹으로 얽어 2~3 m 길이로 하여 사용한다.

채묘 시설 방법은 수하식과 침설식이 있으며, 수하식은 뜸틀에 부착기를 6~9 m 수층에 수하 되도록 하여 채묘한다. 침설식은 말목 부착기 한쪽에다 닻을 달고 한쪽 끝에는 알맞은 부력을 가진 뜸통을 묶은 다음 6~10 m 깊이인 해저에 침설시켜 채묘한다.

채묘한 다음 1~2 개월이 지나면 흰 점과 같은 것이 육안으로 구별할 수 있고, 차츰 성장하면 적홍색으로 되어 여름이 지나면 앵두 모양의 크기로 자라, 9~10 월경에 양성용 종자로 이용된다.

3. 양성 방법

우렁쉥이 양성은 대부분이 수하 양성 방법으로, 로프식 뜸틀에 양성용 수하연을 매달아 양성한다. 수하줄을 수하하는 시기는 종자가 알맞게 자란 가을이며, 수하 수층은 성장이 빠른 수심 5~10 m 사이가 알맞다. 수하줄은 길이가 약 2 m로, 적당한 굵기의 로프나 겉면에 구멍을 많이 뚫은 플라스틱 통 등에 채묘용 부착줄을 감은 것이다. 수하줄에 부착한 우렁쉥이의 개체 수는 수확할 때를 기준으로 하여 한 줄에 100 개체 내외가 되게 하는 것이 가장 알맞다. 굴의 수하 양성 시설에 굴과 같이 양성하면, 굴 성장에 이용되지 않는 깊은 곳을 이용해서 바다를 입체적으로 이용할 수 있다(그림 9-47).

〈그림 9-47〉 우렁쉥이 양식

수하식으로 양성하면 수하 양성줄의 아래쪽이 성장이 빠르기 때문에 위치를 바꾸어 고르게 성장할 수 있도록 관리를 잘하여야 한다.

양성 중에는 각종 부착 생물이 많이 부착하는데, 특히 수온이 높은 시기에는 미더덕, 오만둥이, 기타 각종 멍게류(유령멍게 등)가, 수온이 낮은 시기에는 진주담치 등이 많이 부착하고 이외에도 각종 해조류들이 부착하여 성장에 영향을 주기 때문에 이들을 제거해 주어야 한다.

양성장의 환경 조건에 따라 다르지만 일반적으로 1년에 약 3~4 cm (7~12 g), 2년에 8~10 cm (115~150 g)로 성장하여 수확할 수 있는 크기로 된다.

4. 우렁쉥이 질병

국내산 양식 우렁쉥이(멍게)의 대량폐사는 주로 물렁증과 쪼그랑증에 의해 발생하는 것으로 알려졌다(그림 9-48).

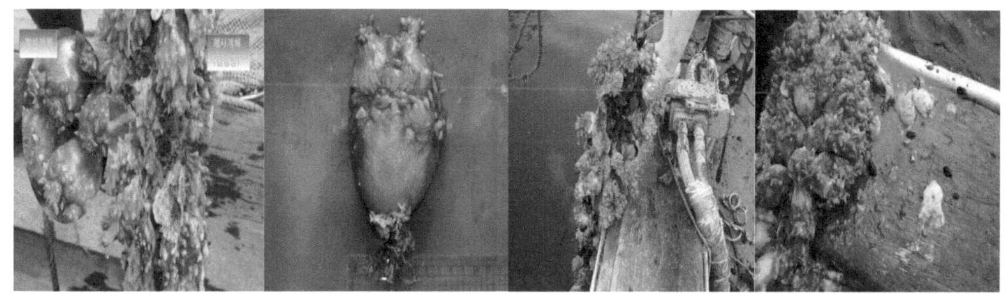

<그림 9-48> 물렁증(사진 좌)과 쪼그랑증(사진 우)에 의한 멍게의 외부형태

1) 물렁증(피낭연화증)

우렁쉥이의 대량폐사를 유발하는 물렁증(물렁병)은 멍게 껍질인 피낭이 부드럽게 연화된다고 하여 일본에서는 피낭연화증(被囊軟化症)이라고도 한다. 물렁증이란 병명은 양식 현장에서 감염된 멍게의 외피인 껍질이 물렁물렁 하게 변하는 형태를 보고 양식 어업인들이 붙인 병명인데 물렁병이라고도 한다. 물렁증에 감염된 멍게는 처음에는 입수공과 출수공만 물렁거리는 형태를 띠다가 증상이 심해져 중증 상태인 개체는 피낭의 일부가 파열되고, 육질부인 속살이 미어져 나오는 병증이 나타나게 된다. 발생은 양성 해역에 따라 남해안의 경우 2월에서 6월, 동해안의 경우 4월에서 8월까지로 주로 수온의 분포가 9-18℃ 범위에서 많이 발생하는 것으로 알려졌다. 병원체는 피낭내에 존재하고, 피낭의 단편으로부터 수중에 배출되어 다른 개체로 전염된다. 병리조직을 관찰

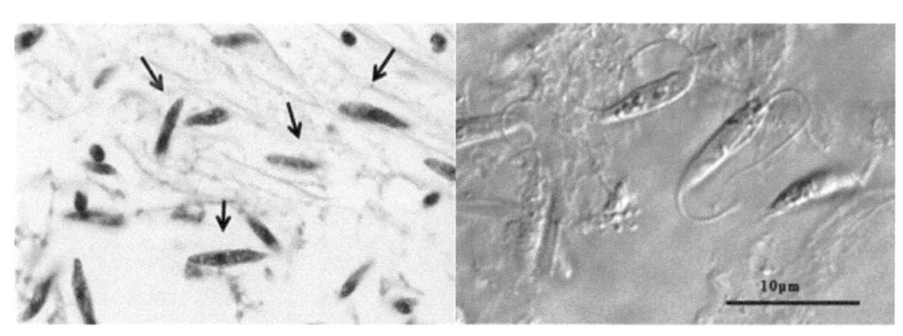

<그림 9-49> 우렁쉥이 물렁증의 원인생물인 편모충

한 결과 부드러워진(연화된) 피낭 내에 외부로부터 침입한 것으로 생각되는 편모충 형태의 세포가 특이적으로 관찰되는 전염성이 강한 기생성 질병으로 원인생물은 편모충의 일종인 *Azumiobodo hoyamushi*로 밝혀졌다(그림 9-49).

2) 쪼그랑증

물렁증 못지 않게 우렁쉥이의 대량폐사를 유발하는 쪼그랑증은 양성해역에 따라 남해안의 경우 7월에서 9월, 동해안의 경우 6월에서 8월까지로 그 원인은 주로 고수온기, 빈산소 수괴, 냉수대, 태풍 등의 영향에 의한 일시적인 수질환경 변동에 의해 발생하는 것으로 알려졌다.

3) 대책

조기양성용 멍게는 양성수심을 가능한 먹이발생량이 높은 표층으로 옮겨 단기간에 적정크기까지 성장시켜 물렁증 발생이 전체 수하봉에서 1-2마리 관찰되면 즉시 수확하는 것이 좋으며, 어미용 또는 장기간 양성시킨 멍게는 9-18℃에서의 양성기간을 최소한으로 조절하여 관리하는 것이 좋으며, 4월 이후 수온상승 시기에 가능한 한 수심 40 m 이상의 깊이로 이동하여 양성 관리하는 것이 피해를 최소화 할 수 있다. 또한 동일 장소에서 다년간 연속적인 양성을 할 경우 물렁증 발생 빈도가 높으므로 동일해역에서 장기간 양성을 피하고, 가능한 이동양식을 실시하는 것이 물렁증으로 인한 피해를 최소화 할 수 있는 방법이 될 것이다.

제 2 절 해삼 양식

해삼은 극피동물문의 해삼강을 이루는 1,500 여 종의 해산 무척추동물로 국내에서는 약 14 종이 서식하는 것으로 알려지고 있다. 산업적으로 중요한 종은 우리나라에서는 해삼(*Stichopus japonicus*)과 광삼(*Cucumaria japonica*)이 있으며, 광삼은 북방형으로 동해안의 북부 연안에만 살고 있다(그림 9-49).

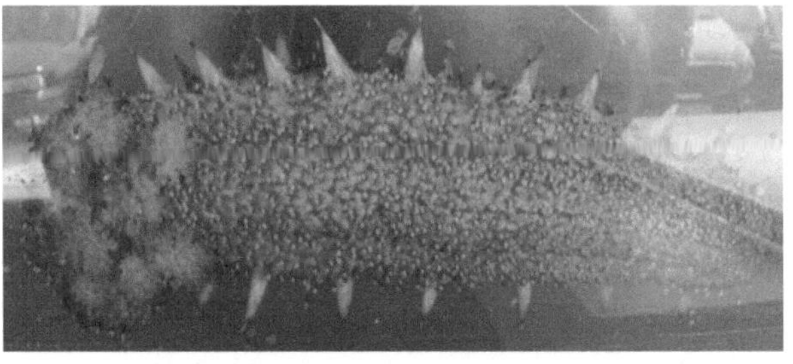

〈그림 9-49〉 돌기해삼(홍해삼)

형태적으로 살펴보면 몸은 부드럽고 원통 모양이며, 대개 흐릿하고 어두운 색깔을 띠며 흔히 혹이 있어서 오이와 비슷하게 생겼다 하여 영어권 나라에서는 바다 오이(sea cucumber)라 부르며, 중국에서는 해삼(海蔘), 일본에서는 "껍질이 미끌거린다"라는 표현으로 나마코로, 아주 오랜 옛날에는 바다쥐라 부른 적도 있다.

1. 생태

1) 분포와 서식장

해삼은 분포가 넓어 우리나라 전 연안에 서식하며, 내만성 해삼과 외해성 해삼(흔히 홍삼이라고 함)으로 구분이 되지만 분류학적으로는 같은 종으로 취급된다. 또한, 내만성 해삼은 저염분에 대한 저항성이 강하지만 외해성 해삼은 그렇지 못하다.

연중 해삼의 식욕이 가장 왕성하고 운동이 활발한 시기는 가을 이후 수온이 19℃ 이하로 내려갈 무렵부터 8~15℃ 전후로 상승하는 봄까지로 이때가 해삼의 활동기이다. 해삼은 수온이 17℃ 이상이 되면 먹는 것을 중지하고, 25℃ 이상이 되면 하면(夏眠)이라는 여름잠을 잔다. 또한 적의 피습을 받거나 강한 자극을 주면 장사를 버리거나 몸을 스스로 끊어버리기도 하는데 재생력이 아주 강해서 3-6 개월 정도면 파손된 곳이 다시 재생된다.

2) 성숙과 산란

생식소가 발달하는 생물학적 최소형은 체중 60g 정도이고, 난소는 약간 홍색, 정소는 유백색이다. 해삼의 산란기는 3 월에서 7 월이지만 성기는 5 월에서 7 월경이다.

수정란은 180 ㎛ 정도로 10 시간 후에 부화하고, 3 일 정도 지나면 오리쿨라리아(auricularia)로 변태하여 먹이를 섭취하며, 부화 후 14 일이 지나면 돌리올라리아(doliolaria)로 성장한다. 수온 19℃ 이하에서는 성장이 아주 빠르나 20℃ 이상이 되면 성장이 정지되고 고수온에서는 체중이 오히려 감소한다.

2. 종자의 생산

1) 채란용 수조와 어미의 관리

수정란 생산을 위한 어미 해삼은 생식소 중량지수가 높은 6~7 월에 표면이 매끄럽고 외부에 상처가 없으며, 돌기가 크고 가지런하게 배치된 체중 150~250 g 크기를 구입하여 사용한다. 어미의 관리를 위한 수조는 지름 6 m, 높이 70 cm 의 원형 수조 또는 5 m × 5 m × 2.3 m 의 정사각형 수조에 해삼 어미를 50 kg 씩 수용하여 2 차에 걸친 여과 해수를 공급하며, 1 일 20%씩 환수하며, 사육 수온은 20~22℃ 내외를 유지시켜 주고, 포기를 강하게 하여 용존산소량이 7~8 mg/L 가 되도록 유지한다.

채란용 어미의 입식 초기인 3 일간은 배합사료를 먹이지 않고, 그 후 7 일 정도 배합사료를 공급한 다음 채란에 가까워지면 먹이를 공급하지 않고 관리한다. 이때 배합사료는 해삼 전용 배합사료, 지충이 분말, 펄 분말 등을 공급한다.

2) 채란 및 부화

산란 자극 유도를 위하여 간출자극, 표면자극, 수온자극 순으로 산란을 유도하되, 간출 자극은 어미 해삼이 들어있는 사육수조의 해수를 전량 배수하여 약 40 분간 공기 중에 노출시킨 후, 노출된 어미 해삼을 수중 펌프의 수압을 이용하여 20 분간 어미 해삼의 표면에 살포하는 표면 자극을 가한 다음, 사육수온인 20℃보다 3~5℃의 여과해수를 채우면서 산란이 종료되는 시점까지 수온을 유지시킨다.

어미 해삼이 수용된 수조에 해수가 가득 채워지면, 육안으로 충분히 성숙한 수컷의 정소를 추출하여 80 ㎛ 멀러거즈에 담아 짜 내어 여과해수 10 L 에 희석한 정자 현탁액을 제조하여 어미 해삼이 수용된 수조에 살포한다(그림 9-50).

〈그림 9-50〉 해삼 인공종자 생산장

방란, 방정은 두부의 생식공을 통하여 이루어지는데, 방란, 방정 직전 어미 해삼은 수조 벽면 상층부에서 두부를 좌, 우로 흔들며 수차례 이루어진다. 암컷의 배출된 난은 담황색의 한줄기 선으로 되며 수류의 흐름을 따라 흘러가다 천천히 수면 아래로 가라앉는다. 수컷에서 배출된 정액은 유백색으로 연기가 흩어지듯이 수중에서 퍼져 수조 내부의 해수를 혼탁하게 한다.

이때 수컷을 제거하고, 방란·방정이 끝나면 수조 내의 어미 해삼을 쪽대를 이용하여 전량 수거하여 별도의 수조에 수용한다.

수정란이 수용된 수조에 에어레이션을 공급하지 않고 부화 완료 시점까지 1 시간 간격으로 PVC 재질이 가로 50 cm x 세로 25 cm 의 뜸판을 이용하여 수정란을 부상시켜 준다. 사육 수온은 25℃ 내외, 염분은 32 ppt, DO 7.5~8.0 ppm, 실내 조도는 550~1,300 Lux 로 유지한다.

3. 양성 방법

해삼의 활동은 일주기성이 있어 낮에는 그늘이 있는 곳에서 활동하지 않고 밤에 주로 활동한다. 투석식 양성장은 해삼이 서식하거나 번식하기에 좋은 산란장이고 먹이를 풍부하게 하며 하면기의 장소로도 양호하며, 염분이 너무 낮거나 해수 유동이 심한 곳, 부니가 거의 없는 곳은 적당하지 않으며, 어두운 해저보다는 밝은 곳, 수심이 깊은 곳보다는 저조시의 수심이 얕은 곳이 해삼의 양성장 환경으로 적당하다(그림 9-51).

육상 수조식 양성장을 활용한 전복과 해삼의 복합 양식은 전복 치패 사용용 쉘터를 1단으로 설치하여 부착, 은신 공간을 제공해 주고 해삼 전용 배합사료와 전복 전용 배합사료를 공급하면서 사육한다.

<그림 9-51> 간석지 해삼 양성장

제 3 절 갯지렁이 양식

1. 갯지렁이 현황

갯지렁이류는 생활사가 비교적 짧고 번식력이 강하며 섭식 활동을 통하여 저질의 유기 성분을 변화시켜 해저 저질을 정화시킴으로써 해양의 풍부한 2차 생산자 역할을 하며(Clark, 1977), 해양 오염의 지표 생물로도 이용되기도 한다.

어류의 주된 먹이 및 낚시 미끼로 어민들의 부업 대상으로 중요하며, 이러한 갯지렁이류는 최근 남획으로 인하여 그 생산량이 감소 추세에 있다(강 등, 1997).

우리나라에서 산업적으로 중요한 갯지렁이는 두토막눈썹참갯지렁이, 바위털갯지렁이, 넓적발갯지렁이, 털보집갯지렁이 등이 있으며, 두토막눈썹참갯지렁이는 갯지렁이류 중에서 수출량이 가장 많은 종이다.

갯지렁이류는 몸체를 절단해도 절단된 부분에서 재생되는 원기가 관찰되며, 정상적으로 재생이 되지만 재생력은 미약한 편이다.

최근에는 생태통합양식(IMTA)의 저질 개선을 위한 정화 생물로도 활용되고 있다.

2. 서식장

두토막눈썹참갯지렁이는 환형동물문 다모강, 유재목, 참갯지렁이과에 속하며 흔히 청충이라고도 하며 조간대, 기수 지역, 외해까지 우리나라 전 연안에 다양하게 분포하고 있다. 자연 상태에서 두토막눈썹갯지렁이의 서식 지역의 저질 입도 조성은 점토질 실트, 사질 시트, 실트 등의 순으로 주로 펄질에 서식한다. 따라서 두토막눈썹갯지렁이(청충)의 육상 양식 시에는 0.1 mm 이하의 저질을 이용하는 것이 저질 조건에 부합하는 것이라 할 수 있다(강 등, 1997)

3. 성숙과 산란

두토막눈썹참갯지렁이의 산란기는 6~9월로 기간이 짧아, 자연 상태에서 산란이 끝나는 10월 말부터 가온한 20℃와 25℃ 실험구에서 3개월 정도 지난 이듬해 2월부터 산란 개체가 출현 하였다.

두토막눈썹참갯지렁이를 양식할 경우 가온처리에 의해 연중 채란이 가능하고 두토막눈썹참갯지렁이의 산란량은 48,600~356,000개이며, 수정란은 담록색, 크기는 220㎛로 분리 침성란이다.

암수 구별은 체색이나 체절수와 같은 외형상의 특징으로는 구분이 불가능하며, 두토막눈썹참갯지렁이 어미는 성숙하면 변태가 일어난다. 성숙한 개체의 다리는 더 비대해지고 부채 모양으로 펴져서 수면을 헤엄쳐 다닌다.

생식형 암컷의 69%는 1차 산란이 끝나면 폐사하나 3차까지 산란하는 개체도 30% 정도 된다.

4. 난 발생 및 유생 사육

자웅이체이지만 영구적인 생식기관이나 생식세포를 수송하는 영구적인 수송관이 없는 대신에 생식세포가 생식관 및 신관을 통해 배출되기도 하고, 체벽이 파열되면서 체외로 배출되기도 한다. 생식소는 복막이 일시적으로 부풀어 올라 형성되어 배우자를 체강 내부로 내뿜는다. 수정은 체외에서 일어나며, 알을 낳는다. 간접발생으로 인해 담륜자 유생 시기를 거쳐 성체가 된다.

수정 후 2시간이 지나면 극체가 방출되고 23시간에는 전기담륜자 유생이 되어 젤리 층 안에서 회전 운동을 하며, 40시간이 지나면 담륜자 유생이 되어 안점이 출현한다(그림 9-52).

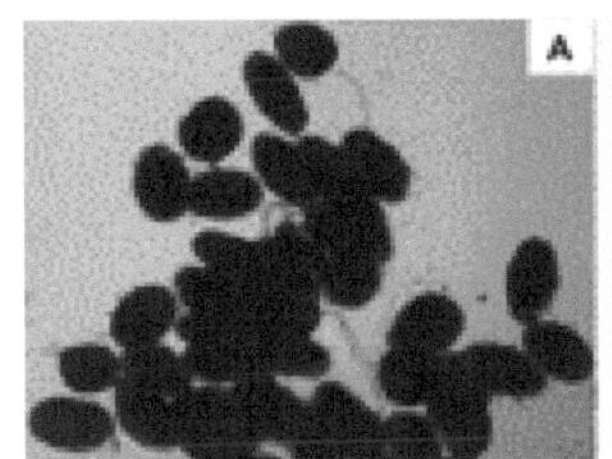

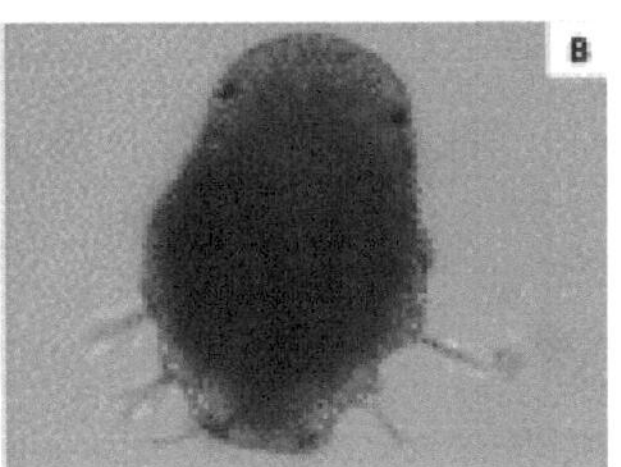

〈그림 9-52〉 갯지렁이의 담륜자 유생

그 후 몸의 양쪽의 측각의 원기가 생기며 56시간 만에 부화되어 젤리층을 뚫고 나와 부화 유생은 기어다니기도 하고 유영하기도 하지만 하루 정도 지나 평균 2개의 체절이 되면 저질 위를 다니며 먹이를 섭취한다. 부화한 지 12일이 지나면 10체절, 23일에는 19체절(체장 3.0 cm)로 성장한다(그림 9-53).

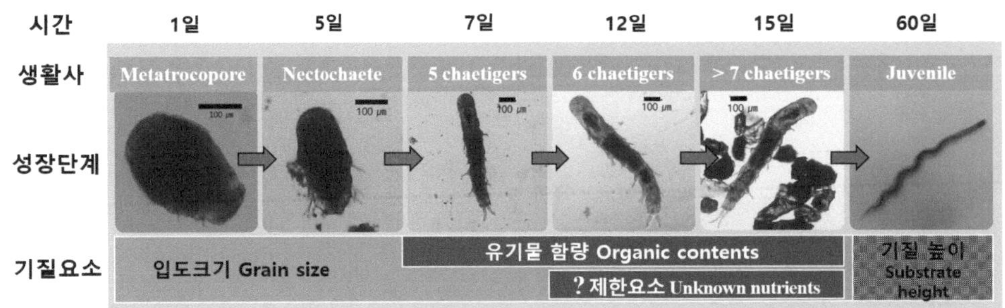

〈그림 9-53〉 갯지렁이의 초기 생활사와 성장단계(김창훈 교수 제공)

5. 사육

잡식성인 갯지렁이류는 저서동물, 해조류, 유기물을 저질과 함께 닥치는 대로 섭취한다(그림 9-54). 먹이별 성장 및 생존율은 분말 사료를 공급한 실험구에서 일간 성장률과 생존율이 각각 0.79%와 90%로 가장 좋았고, 갯지렁이의 72 시간 실험을 통하여 수온 5℃~30℃에서 100% 생존률을 보였다.

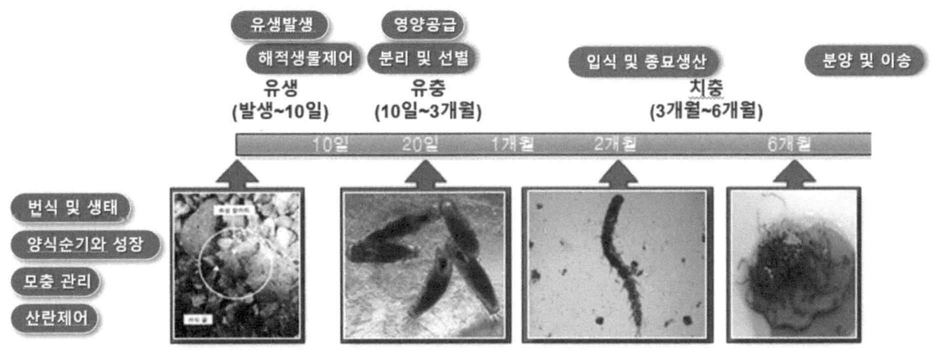

〈그림 9-54〉 갯지렁이의 종자생산 과정(김창훈 교수 제공)

참고문헌

강경호·이재학·유성규·장영진. 1997. 실험실 사육에 의한 두토막눈썹참갯지렁이, *Perinereis aibuhitensis* (Grube) 의 저질 선택성과 굴의 형태. 한수지 30(4), 634-639.

강제원. 1981. 동해 남부연안 미역양식장의 병충해. 한수지 14, 165-170.

강제원·고남표. 1977. 해조양식. 태화출판사. 부산, 1-294.

교육과학기술부. 1990. 양식환경시설. 대한교과서(주). 서울, 1-330.

교육인적자원부. 2007. 고등학교 수산양식(상). 대한교과서(주). 서울, 1-249.

교육인적자원부. 2007. 고등학교 수산양식(하). 대한교과서(주). 서울, 1-297.

교육인적자원부. 2007. 고등학교 양식생물질병. 대한교과서(주). 서울, 1-289.

국가통계포털(KOSIS). 2021. 수산통계. https://kosis.kr/index/index.do

국립수산과학원. 1988. 양식미역의 병충해 실태와 대책(바늘구멍증 중심으로). 수산기술지 24, 1-43.

국립수산과학원. 2016. 우리나라 수산양식의 발자취. 1-522.

국립수산진흥원. 1995. 조피볼락 양식. 수산기술지 39, 58.

국립수산진흥원. 1996. 적조.

국토해양부. 2008. 기장 미역 바늘구멍병 발생원인 추적을 위한 기초연구. 1-50.

김권두. 1968. 대하의 종묘생산에 관한 연구. 한수지 1(1),

김용억 . 한경호. 1991. 조피볼락, *Sebastes schlegeli*의 초기생활사. 한어지 3(2).

김용억·김용문·김영섭. 1994. 한국연근해 유영어류도감. 예문사. 부산, 1-299.

김용억·한경호. 1991. 조피볼락, *Sebastes schlegeli*의 초기생활사. 한국어류학회지 3(2), 67-83.

김인배. 1974. 한국산담수어류. 태화출판사. 부산

김창훈. 2022. 갯지렁이 종자생산 연구자료(전송받음)

노용길 · 공용근 · 이동엽 · 조용철 · 장정원. 1993. 양식미역에 기생하는 요각류(Harpacticoida)에 관하여. 수진연구보고 47, 197-210.

류호영 · 박두원 · 전창영 · 윤성종 · 정춘구 · 김대희 · 김경희 · 임영섭 · 김민철 · 김수호. 1994. 굴 인공종묘생산 기술개발에 관한 연구, 경상남도,

명정인 . 고태승 . 김병균. 1998. 사육수의 염분도, 사육밀도 및 먹이공급량이 조피볼락, *Sebastes schlegeli*의 생존율에 미치는 영향. 수진연보 54.

명정인 . 전창영 . 류호영 . 김민철. 1993. 조피볼락 종묘생산 기술개발시험. 수진사업보고, 101.

백재민. 1993. 조피볼락의 생식년 주기에 따른 성 Steroid hormone의 변화 동의대학교 대학원 석사학위논문. 부산,

백재민.한창희.김대중.박철원.전승미. 2000. 조피볼락의 생식주기. 한국수산학회지 33, 431-438.

민광식. 1998. 참굴, *Crassostrea gigas* 인공종묘 생산의 산업화, 부경대학교 대학원 박사학위논문.

박구병. 1966. 한국수산업사, 부산.

박구병. 1996. 한국수산업사. 부산.

박영제. 1995. 중국에서 양식하고 있는 해만가리비의 최근 기술, 수산계, 1995. 8/9.

박영제. 1998. 참가리비, *Patinopecten yessoensis*의 양식생물학적 연구. 제주대학교 대학원 박사학위 논문.

박주석. 1993. 한국연안의 적조생물. 국립수산진흥원.

배승철. 1997. 영양과 사료. 청문각. 파주, 1-148.

백재민. 1993. 조피볼락의 생식년 주기에 따른 성 Steroid Hormone의 변화. 동의대학교 대학원 석사학위논문.

손철헌 외. 2009. 신해조양식. 다인커뮤니케이션즈. 부산, 1-283.

손팔원. 1997. 해가리비, *Amusium japonicum japonicum* (GMELIN)의 양식생물학적 연구. 제주대학교 대학원 박사학위 논문.

유명숙 · 유성규. 1974. 피조개의 채묘와 초기성장. 한수지, 7(2)

유성규 · 1969. 중요 조개류 유생기의 먹이와 성장. 수대연보, 9(2).

유성규 · 今井丈夫. 1968. 가리비의 먹이와 성장. 수대연구보고, 8(2).

유성규 · 김기주 · 이종구, 1970, 연안산 중요 조개류의 증식에 관한 생물학적 연구(4). 한수지, 3(2).

유성규 · 김용억 · 박경양. 1979. 가리비 채묘의 개발연구. 부산수대연구보고, 19(2).

유성규 · 류호영 · 박경양. 1980. 양식가리비의 성장. 한수지, 14(4).

유성규 · 박경양 · 유명숙. 1977. 피조개의 양식에 관한 생물학적 연구. 1. 부유유생의 분포. 한국해양학회지, 12(2).

유성규 · 박경양. 1978. 피조개의 양식에 관한 생물학적 연구 2. 피조개의 성장. 부산수대연구보고, 18(1, 2).

유성규 · 박경양. 1979. 영일만의 가리비 부유유생의 분포. 한국해양학회지, 14(2).

유성규 · 박주석 · 진평. 1980. 굴 양식장 종합조사. 수산진흥원연구보고 24.

유성규 · 유명숙. 1973. 굴의 양식에 관한 생물학적 연구(II). 한수지, 6(1,2).

유성규 · 임현식 · 류호영. 1988. 진해만에서의 피조개 부유유생의 출현과 생존율. 한국해양학회지, 23(2).

유성규 · 임현식 · 임동택. 1988, 인공채묘에 의한 우렁쉥이의 성장. 한국양식학회지, 1(1).

유성규 · 장영진 · 강경호 · 김영구. 1990. 양성장에 따른 피조개의 성장. 한국양식학회지, 3(1).

유성규 · 정유정 · 류호영. 1978. 연안산 중요 조개류의 증식에 관한 생물학적 연구 6. 바지락의 산지별 특성. 수대연구보고, 18(1, 2).

유성규 . 박경양 . 유명숙. 1977. 피조개의 양식에 관한 생물학적 연구(1). 한해지,

12(2).
유성규. 1969. 중요 조개류 유생기의 먹이와 성장. 부산수대연보, 9(2).
유성규. 1970. 피조개의 성장과 형태변이에 대하여. 수대연보, 10(2).
유성규. 1971. 고막의 성장과 형태 변이에 대하여. 수대임연보, 4.
유성규. 1977. 연안산 중요 조개류의 증식에 관한 생물학적 연구 5. 새고막의 산지별 특성. 부산수대연구보고, 17(1, 2).
유성규. 2003. 천해양식. 구덕출판사. 부산, 1-639
유성규. 2012. 양식개론. 도서출판 보성, 부산. 1-359.
유정권. 1963. 미역 인공 채묘 및 양식시험 중간보고. 1-13.
이상민 . 이종윤 . 강용진. 1993. 사료의 n-3계 고도불포화지방산 함량과 사육 수온에 따른 조피볼락 *Sebastes schlegeli*의 성장 및 체성분의 변화. 수진연구보고 48.
이상민, 서총현, 조영식. 1999. 사료 공급 횟수가 넙치 치어의 성장에 미치는 영향. 한국수산학회지, 32, 18-21.
이상민. 1997. 조피볼락 치어 및 성어에서 분 수집 방볍에 따른 영양소 소화율. 한국수산학회지, 30, 62-71.
장정원 · 권세혁. 1970. 다시마 양식에 관한 연구. 수진연구보고 5, 63-74.
장정원 · 권세혁. 1970. 다시마 양식에 관한 연구. 수진연구보고 8, 1-14.
장정원 · 정영균. 1970. 미역양식에 관한 연구. 수진연구보고 5, 48-83.
장정원 . 정덕영 . 배건웅 . 윤문남. 1973. 다시마 양식에 관한 연구. 수진연구보고 11, 37-57.
전라남도교육청. 2014. 고등학교 수산양식. 창진인쇄사. 대전, 1-432.
전라남도교육청. 2020. 고등학교 수산생물. ㈜이젠미디어. 서울, 1-299.
전세규. 2000. 양식어류의 질병. 한국수산신보사.
전임기 . 민광식 . 이종윤 . 김광수 . 손맹현. 1993. 넙치 육상수조양식을 위한 적정 사육밀도. 수진연구보고 48.
정문기. 1937. 조선해태. 조선의 수산 144, 1-56.
정문기. 1958. 한국수산학사개요. 중앙수산검사소 57, 1-8.
정영균 · 정덕영. 1967. 미역 종묘생산 및 성장 상황에 관한 연구. 국립수산진흥원연구보고. 141-152.
통계청. 2022. 국가통계포털. https://kosis.kr/index/index.do
한인규. 1993. 사료가공학. 선진문화사. 서울. 495pp.
해양수산부. 2022. 수산종합포털시스템. https://www.fips.go.kr/p/Main/
황미숙·이인규. 2001. 한국산 홍조식 김속(*Porphyra*)의 분류. Algae 16(2), 233-273.
高楠表. 1997. 韓國における海藻養殖の現狀. 水産増殖 45, 565-571.
吉田 裕. 1953. 淺海産有用二枚貝の稚仔の研究. 農水講研報. 3(1)
吉田 裕. 1967. 養魚學各論. ハマグリ·アサリ 東京
大野正夫·新崎盛敏, 1969. 海藻類胞子の暗處理の檢討, 藻類, 17(1):37-42.

西井敏雄 . 西川 博. 1968. 有名海におけるマユンブの生長について水産増殖 15, 23-32.

須藤俊造, 1948. 昆市料植物の遊走子の放出, 運動並びに 着生(海藻胞子付の研究 第一報).日水誌, 13, 123-128.

須藤俊造, 1952. ワカメの·カゾメ及びアラメ遊走子の放出につりいて-II.(海藻胞子付の研究 第 13報). 同誌, 18:1-5.

神田千代一, 1939. 曖海産昆市料植物の遊走子培養について. 財團法人服部公會研究報告, 8:317-343.

長谷川由雄 · 阪井与志雄 · 船野 隆. 1963. ホソメユングの 生態. 北水試月報 20, 303-311

中久善昭, 1980. 磯焼け漁場の海中造林試驗. 裁培技研 , 9(1) :25-30.

板井英世. 1968. 佐度沿岸における マユンブ養殖の 研究. (1) 成長量に ついて. 水産増殖 15, 33-37.

幅所邦彦 · 平山和次, 1989. 初期餌料生物-シオミズツボワムシ.恒星社厚生閣.

Amemiya, I. 1928: Ecological studies of Japanese oyster. J. Coll. Agr. Univ. Tokyo, 9(5).

Andrews, J.H. 1976. The pathology of marine algae. Biol. Rev. 51, 211-253.

Bardach, J.E. Ryther, J.H. and McLarney, W.O. 1972. Aquaculture: The farming and husbandry of freshwater and marine organism. Wiley-inter-cience, New York, NY.

Boo SM, Lee WJ, Hwang IK, Keum YS, Oak JH and Cho GY. 2010. Algal Flora of Korea. Marine brown algae II. Natl Inst Biol Res, Ministry of Environment, 203.

Bower, S.M. and G.R. Meyer. 1990. Atlas of anatomy and histology of larvae and early juvenile stages of the Japanese scallop (*Patinopecten yessoensis*). Can. Spe. Pub. Fis. Aquat. Sci. 111.

Brown, M.E. 1957. Experimental studies on growth. In: M.E. Brown(Ed.), The Physiology of Fishes. Vol. I. Academic Press, New York, pp.361~400.

Canno, H. G. 1928. On the feeding mechanism of the copepods, *Calanus finmarchicus* and *Diaptomus gracilis*. Brit. J. Exp. Biol., 6.

Claudio, C. J. 1990. 世界のエビ類養殖. 東京.

Cole, H.A. and E.W. Knight. 1939. Some observations and experiments on the setting behaviour of larvae of *Ostrea edulis*. J.du Conseil, 14.

Dannevig, A. 1951. Lobster and Oyster in Norway. Rapp. Cons. Int. Explor. Mer., 128.

Davis, H.C. 1949: On the cultivation of larvae of *Ostrea lurida*. Anat. Rec., 105, 591.

De Pauw, N. and G. Pruder. 1986. Use and production of microalgae as food in aquaculture.

Dinamani, P. 1987. Gametogenic patterns in populations of Pacific oyster, *Crassostrea gigas*, in Northland, New Zealand, Aquaculture, 64.

Donald, R. 1976. California farm rears prized red abalone. Fish farming international, 3(4).

Drew, G.A. 1906. The habits, anatomy and embryology of the giant scallop (*Pecten tenuicostatus*). Univ. Maine Stud. 6.

Elton, C. 1927. Animal Ecology. New York.

Engle, J.B. 1941. Further observations on the oyster drills of Long Island Sound, with reference to the chemical control of embryos. Conv. Addr., Wat. Shell. Ass., Atlantic City, N.J.

FAO. 2020. Yearbook of Fishery Statistics.

Fulks, W. and K.L. Main. 1991. Rotifer and Microalgae culture system. Proceedings of a U. S.-Asia workshop. Honolulu, Hawaii.

Fullarton, J.H.. 1890. On the development of the common scallop (*Pecten opercularis*). 8th. Ann. Rep. Fish. Bd. Scotland for 1889, 111.

Gallager, S.M. and R. Mann. 1986. Growth and survival of larvae of *Mercenaria mercenaria* (L.) and *Crassostrea virginica* (Gmelin) relative to broodstock conditioning and lipid content of eggs. Aquaculture, 56.

Galtsoff, P S. 1938. Physiology of reproduction of *Ostrea virginica* I. Stimulation of spawning in the female oyster. Biol. Bull., 75.

Galtsoff, P.S. 1938. Physiology of reproduction of *Ostrea virginica* I. Spawning reactions of the female and male. Biol. Bull., 74.

Galtsoff, P.S. 1938. Physiology of reproduction of *Ostrea virginica* II. Stimulation of spawning in the female oyster. Ibid., 75.

Gerdes, D. 1983. The Pacific oyster *Crassostrea gigas* Part I. Feeding behaviour of larvae and adults. Aquaculture, 31.

Gong YG, Kim GJ, Kim JG and Yoon JT. 1999. Cultivation of *Pelvetia siliquosa*. Report of South Sea Fish Inst, NFRDI, 176-185

Halver, J.E. 1972. The vitamins. In: Fish nutrition, edited by J.E. Halver. Acad. Press, New York & London. pp. 29-103.

Hasegawa, Y. 1962. An ecological study of *Laminaria angustata* Kjellman on the coast of Hidaka prov. Hokkaido. Bull. Hokkaido Reg. Fish. Res. Lab. 24, 116-138.

Helm, M.M. and Millica, P.F. 1977. Experiments in the hatchery rearing of Pacific oyster larvae (*C. gigas* Thunberg). Aquaculture, 11.

Hirata, H., S. Yamasaki, T. Kawauchi and M. Ogawa. 1983. Continuous culture of the rotifer *Brachionus plicatilis* fed recycled algal diets. Hydrobiologia 104.

Hirayama, K. 1985. Biological aspects of the rotifer *Brachionus plicatilis* as a food organism for mass culture of seedling. Coll. Fr.-Japon. Oceanogr, 8.

His, E. and M.N.L. Seaman. 1992. Effects of temporary starvation on the survival, and on subsequent feeding and growth of oyster (*Crassostrea gigas*) larvae. Mar. Biol., 114.

Hudinaga, M. 1942. Reproduction, development and rearing of *Penaeus japonicus* Bate. Jap. Jour. Zool., 10.

Hwang, EK., Yoo, HC., Ha, DS. & Park, CS. 2015. Growth and maturation period of Silvetia siliquosa in the natural population in Jindo, South Korea. Korean J Fish Aquat Sci. 48:745-751.

Imai, T. 1967. Mass production of molluscs by rearing of the larvae in tanks. Venus, 25.

Imai, T. and S. Sakai. 1961. Study of breeding of Japanese oyster, *Crassostrea gigas*. Tohoku J. Agr. Res., 12.

Ito, S. and T. Imai. 1955. Ecology of oyster bed. 1. On the decline of productivity due to repeated cultures. Tohoku J. Agr. Res., 5(4).

Ito, T. 1960. On the culture of mixohaline rotifer *Brachionus plicatilis* O. F. Müller in the seawater. Rep. Fac. Fish. Pref. Univ. Mie, 3.

Johnson, G. E. 1931. Review, hibernation in animals. Quat. Rev. Bid., 6.

Kevan, L. M. and F. Wendy. 1990. The Culture of Cold-Tolerant Shrimp. The Oceanic Institute, Honolulu.

Kikuchi, S. 1964. Study on the culture of abalone, *Haliotis discus hannai*. Contribution at the 1964 Peking Symposium, (Gen 041).

Knight Jones, E.W. 1951. Aspects of the setting behabiour of larvae of *Ostrea edulis* on Essex oyster beds. Rapp. Cons. Explor. Mer., 128(II).

Korringa, P. 1952. Recent advances in oyster biology. Quart. Rev. Biol., 27. Lambert, L., 1946a: Les huitres des cotes francaises. Pêche Marit., 29.

Kubo. I. 1949. Studies on the penaeids of Japanese and its adjacent waters. Jour. Tokyo Coll. Fish., 36.

Lambert, L. 1946b. Lóstréiculture: le captage. Ibid., 29.

Lavens, P. and P. Sorgeloos. 1996. Manual on the production and use of live foodfor aquaculture. FAO Fisheries Technical Paper.

Leonard, V.K. 1969. Seasonal gonadal change in two bivalve molluscs in Tomales Bay, California. Veliger, 11.

Lindsay, E.E. and D.C. Mcmillin. 1950. Control of Japanese oyster drills. Sta. Wash. Dept. Fish., Puget Sd. Oyster Bull., Ser., 9(1).

Loosanoff, V L. and H.C. Davis. 1963. Rearing of bivalve molluscs. Adv. Mar. Biol., 1.

Loosanoff, V.L. and J B. Engle. 1940. Spawning and setting of oysters in Long Island Sound in 1937 and discussion of the method for predicting the intensity and time of oyster setting. Bull. U.S. Bur. Fish., 33.

Loosanoff, V.L. and J.B. Engle. 1947. Feeding of oysters in relation to density of microorganisms. Science, 105.

Loosanoff, V.L. and Tommers, F.D. 1948. Effect of suspended silt and other substances on rate of feeding of oysters, Ibid., 107.

Lovell, R.T. 1989. Nutrition and Feeding of Fish. Van Nostrand Reinhold, New York.

Malecha, S., 1983: Commercial seed production of the freshwater prawn *Macrobrachium rosenbergii*, in Hawaii, In CRC handbook of Mariculture, Crustacean Aquaculture, ed. J. P. McVey.

Mann, R. 1979. Some biochemical and physiological aspects of growth and gametogenesis in *Crassostrea gigas* and *Ostrea edulis* grown and sustained elevated temperatures. J. Mar. Biol. Assoc. U.K. 59.

Maru, K. 1985. Tolerance of scallop, *Patinopecten yessoensis* (JAY) to tem- perature and specific gravity during early developmental stages. Sci. Rept. Hokkaido Fish. Exp. Stn. 27.

Maru, K., 1972 Morphological observations on the veliger larvae of a scallop, *Patinopecten yessoensis* (JAY). Sci. Rept. Hokkaido Fish. Exp. Stn. 14.

Millar, R. H., 1951: Scottish research on oyster fisheries. Rapp. Cons. Epplor. Mer., 128.

Momma, H. and R. Sato. 1970. The locomotion behavior of the disc abalone, *Haliotis discus hannai*.

Muranaka, M. S. and J. E. Lannan, 1984: Broodstock management of *Crassostrea gigas*: environmental influences on broodstock conditioning. Aquaculture, 39. Needler, A. W. H., 1940: Helping oyster growers to collect spat by predicting sets. Progr. Rep. Atl. Biol. Sta., 27.

Needler, A. W. H., 1941: Oyster farming in Eastern Canada. Bull. Fish. Res. Bd. Can., 60.

Nelson, T., 1942: The oysters. The Boylston Streetm Fishweir. Pap. Peabody Fdn. Archeol., 2.

Newman, G.G. 1966. Movement of the South Africa abalon, *Haliotis midae*. Investl. Rep. Div. Sea Fish. S. Afr., 56.

NFRDI (National Fisheries Research & Development Institute). 2009. Report on capture prohibition period of the fisheries animals and plants, 1-313.

NRC (National Research Council). 1983. Nutrient Requirements of Warmwater Fishes and Shellfishes. National Acad. Press, Washington, D.C. 102pp.

NRC (National Research Council). 1993. Nutrient Requirements of Fish. NationalAcad. Press, Washington, D.C. 114pp.

Numachi, K., 1962: Serological studies of species and races in oysters. Am. Naturalist., 96.

Odum, U. 2005. Fundamentals of Ecology. Cengage Learning India 5th Edition. Patparganj, Delhi, India. 1-624.

Orton, J. H., 1926: On lunar periodicity in spawning of normally grown Falmouth oyster (*O. edulis*) in 1925, with comparison of the spawning capacity of normally grown and dumpy oysters.

Park, C.S., Park, K.Y. Baek, J.M. and Hwang, E.K. 2008. The occurrence of pinhole disease in relation to developmental stage in cultivated *Undaria pinnatifida* (Harvey) Suringar (Phaeophyta) in Korea. J. Appl. Phycol 20, 485-490.

Perusko, G. H., 1967: A study of the gonads of *Ostrea edulis* L. in relation to its spawning cycle in the North Adriatic. Thalassia Yugosl., 3.

Pruder, G. D. 1983. Biological control of gas exchange in intensive aquatic production systems. Journal of the institute of electrical and electronics engineers.

Ranson, G. 1952. Les huitres; biologie; culture. Bibliographie. *Ibid.*, 1001.

Ranson, G. 1960. Les prodissochonques (Coquilles larvaires) des Ostréidés vivants. *Ibid.*, 1183.

Riley, R.T. 1976. Changes in the total protein, lipid, carbohydrate and extracellular body fluid free amino acids of the Pacific oyster *Crassostrea gigas*, during starvation, Proc, Natl. Shellfish. Asssoc., 63.

Rodriguez, J.L., Sedano F.J., Garcia-Martin L.O., Perez-Camacho-A., Sanchez J.L. 1990. Energy metabolism of newly settled *Ostrea edulis* spat during metamorphosis. Mar. Biol., 106.

Santos, A.E.D. and I A. Nascimento. 1985. Influence of gamete density, salinity and temperature on the normal embryonic development of the mangrove oyster *Crasssostrea rhizophorae* Guilding, 1828. Aquaculture, 47.

Segawa S. and W.T. Yang. 1987. Reproduction of an estuarine *Diphanosoma aspinosum* (Branchiopoda: Cladocera) under different salinities. Bull. Plankton Soc. Japan. 34.

Seno, H., Juno, H. and Daijro, K. 1926. Effects of temperature and salinity on the development of the eggs of the common Japanese oyster, *Ostrea gigas* Thunberg. Journal of the Imperial Fisheries Institute, vol 22, No. 2.

Song, S.J. and Chang, C.Y. 1995. Marine harpacticoid copepods of Chindo Island, Korea. Korean J. Syst. Zool. 11, 65-77.

Stauber, L.A. 1950. The problem of physiological species with special reference to oysters and oyster drills. Ecology, 31.

Thomson, J.M. 1950. The effect of the orientation of culture material on the setting of the Sydney rock oyster. Aust. J. Mar. Freshw. Res., 1.

Thomson, J.M. 1954. The genera of oysters and the Australian species. *Ibid.*, 5.

Ventilla, R.F. 1984. Recent development in the Japanese oyster culture industry. Adv. Mar. Biol., 21.

Wells, M. J. and J. Wells. 1957. The function of the brain of octopus intactile discrimination. J. Exp. Biol., 34(1).

Whyte, J.N.C. 1987. Biochemical composition and energy content of six species of phytoplankton used in mariculture of bivalves. Aquaculture, 60.

Williams, A.B. 1958. Substrates as a factor in shrimp distribution. Limnol. Oceanogr., 3.

Williams, A.B. 1960. The influence of temperature on osmotic regulation in two species of estuarine shrimp (*Penaeus*). Biol., Bull., 119.

Wilson, O.P. 1941. Oyster rearing on the River Yealm. J. Mar. Biol. Ass., 25. Yonge, C. M., 1960: Oysters. Collins, London.

Yamamoto, G. 1951. Induction of spawning in the scallop. Sci. Rep. Tohoku Univ., 18.

Yamamoto, G. 1957. Tolerance of scallop spats to suspended silt, low oxygen tension, high and low salinities and sudden temperature change, Sci. Rep. Tohoku Univ., 23.

Yoo, S.Y. and H.Y. Ryu. 1982. The Metamorphosis of the Sea Squirt, Hatching, Settlement and Tail Reduction of the Tadpole Larva. Bulletin of Fisheries Research & Development Argency, No. 28.

Yoo, S.Y. and H.Y. Ryu. 1985. Occurrence and Survival Rate of the Larvae of Pacific Oyster in Hansan Bay. Bull. Korean Fish. Soc. 18(5).

Yoo. S. K. and H. Y. Ryu, 1985: Occurrence and survival rate of the larvae of pacific oyster *Crassostrea gigas* in Hansan bay. Bull. Korean Fish. Soc., 17(4).

Yoshikawa, T., Takeuchi, I. and Furuya, K. 2001. Active erosion of *Undaria pinnatifida* Suringer (Laminariales, Phaeophyceae) mass-cultured in Otsuchi Bay in northeastern Japan. J. Exp. Mar. Biol. Ecol. 266, 51-65.

Yoshimura, K., A. Hagiwara, T. Yoshimatsu and C. Kitajima. 1996. Culture technology of marine rotifers and the implications for intensive culture of marine fish in Japan. Mar. Freshwater Res. 47.

Yoshimura, K., C. Kitajima, Y. Miyamoto and G. Kishimoto. 1994. Factors inhibiting growth of the rotifer *Brachionus plicatilis* in high density cultivation by feeding condensed *Chlorella*. Nippon Suisan Gakkaishi, 60.

국문 찾아보기

[ㄷ]

[ㄹ]

[ㅁ]

[ㅂ]

[ㅅ]

[ㅇ]

[ㅈ]

[ㅊ]

[ㅋ]

영문 찾아보기

[A]

[B]

[C]

[D]

저자약력

김남길
부산수산대학 수산교육학과(양식전공), 수산학사
부산수산대학 대학원 수산생물학과(해조류양식학 전공), 수산학석사
도쿄수산대학 대학원 자원육성학과(응용조류학 전공), 수산학박사
한국산업인력관리공단, 수산양식기사, 수산양식기술사
1985-1986, 한국해양연구원 연구원
1986-1995, 통영수산전문대학 전임강사, 부교수
1995-현재, 경상국립대학교 부교수, 교수

수산양식원론

초 판 1쇄 2023년 2월 25일
발 행 일 2023년 2월 28일

저 자 김 남 길
발행인 박 철 수
발행처 도서출판 해안
부산광역시 중구 대청로 138번길 9
(대원빌딩 302호)
등록번호 제325-2001-000007호
T. (051) 254 - 2260, 2261
F. (051) 246 - 1895
E-mail haeambook@hanmail.net

ISBN 978-89-6649-234-3 93520

정가 25,000원